**2018** 注册测绘师资格考试用书

Cehui Guanli Yu Falü Fagui
Kaodian Fenxi Ji Zhenti、Moniti Xiangjie

# 测绘管理与法律法规
# 考点分析及真题、模拟题详解

### 第六版

胡伍生 / 主　编
于先文　章其祥 / 副主编

人民交通出版社股份有限公司
China Communications Press Co.,Ltd.

## 内 容 提 要

本书为注册测绘师资格考试三个科目应试辅导教材之一，依托现行考试大纲和历年考试真题，基于编写人员多年专业积累和本科目出题特点编写而成。

全书共15章，主要内容包括：法律法规概述、测绘资质资格、测绘项目管理、测绘基准和测绘系统、基础测绘、测绘标准化、测绘成果管理、界线测绘和其他测绘管理、测绘项目合同管理、测绘项目技术设计、质量管理体系、测绘项目组织与实施管理、测绘安全生产管理、测绘技术总结、测绘成果质量检查验收（部分考点有视频讲解）。

书后附两套模拟试卷及2015～2017年真题，均有详细解析和参考答案，可供考生考前模考练习。

本书可供参加注册测绘师资格考试的考生复习备考使用。

**图书在版编目(CIP)数据**

2018测绘管理与法律法规考点分析及真题、模拟题详解/胡伍生主编. — 6版. — 北京：人民交通出版社股份有限公司，2018.3
 ISBN 978-7-114-14431-8

Ⅰ.①2… Ⅱ.①胡… Ⅲ.①测绘—行政管理—中国—资格考试—题解 ②测绘法令—中国—资格考试—题解 Ⅳ.①P205-44 ②D922.17-44

中国版本图书馆CIP数据核字(2017)第309615号

| | |
|---|---|
| 书　　名： | 2018测绘管理与法律法规考点分析及真题、模拟题详解(第六版) |
| 著　作　者： | 胡伍生 |
| 责任编辑： | 刘彩云　李　梦 |
| 出版发行： | 人民交通出版社股份有限公司 |
| 地　　址： | (100011)北京市朝阳区安定门外外馆斜街3号 |
| 网　　址： | http://www.ccpress.com.cn |
| 销售电话： | (010)59757973 |
| 总 经 销： | 人民交通出版社股份有限公司发行部 |
| 经　　销： | 各地新华书店 |
| 印　　刷： | 北京鑫正大印刷有限公司 |
| 开　　本： | 787×1092　1/16 |
| 印　　张： | 30.75 |
| 字　　数： | 756千 |
| 版　　次： | 2013年4月　第1版 |
| | 2014年1月　第2版 |
| | 2015年1月　第3版 |
| | 2016年1月　第4版 |
| | 2017年3月　第5版 |
| | 2018年3月　第6版 |
| 印　　次： | 2018年3月　第6版　第1次印刷　累计第9次印刷 |
| 书　　号： | ISBN 978-7-114-14431-8 |
| 定　　价： | 88.00元 |

(有印刷、装订质量问题的图书由本公司负责调换)

# 前　言

2007年，我国建立了"注册测绘师"制度。注册测绘师，是指经考试取得"中华人民共和国注册测绘师资格证书"，并依法注册后，从事测绘活动的专业技术人员。根据《中华人民共和国测绘法》，原人事部和国家测绘局共同颁布了注册测绘师制度的有关规定及配套实施办法，并于2011年4月进行了首次注册测绘师考试，这标志着我国"注册测绘师"制度进入实施阶段。这对于加强测绘行业的管理，提高测绘专业人员素质，规范测绘行为，保证测绘成果质量，推动我国测绘工程技术人员走向国际测绘市场具有重要意义。

注册测绘师考试共设三个科目：《测绘管理与法律法规》、《测绘综合能力》和《测绘案例分析》。科目一《测绘管理与法律法规》，主要考查测绘地理信息专业技术人员在测绘地理信息项目实施和管理中，运用现行相关法律法规和标准规范解决实际问题的能力；考试题型为单选题(80题，每题1分)，多选题(20题，每题2分)，总分为120分。科目二《测绘综合能力》，主要考查测绘地理信息专业技术人员运用测绘地理信息专业理论和现行标准规范，分析、判断和解决测绘地理信息项目实施过程中专业技术问题的能力；考试题型为单选题(80题，每题1分)，多选题(20题，每题2分)，总分为120分。科目三《测绘案例分析》，主要考查测绘地理信息专业技术人员对《测绘管理与法律法规》和《测绘综合能力》科目在实务应用时体现的综合分析能力及实际执业能力；考试题型为综合分析题(7题，每题12～18分)，总分为120分。

为了帮助广大测绘专业人员以及有志于测绘执业的考生快速、高效地掌握考试大纲要求的知识，顺利通过考试，人民交通出版社股份有限公司组织东南大学交通学院测绘领域的专家、学者，编写了本套辅导教材(共三册)。本套辅导教材具有如下特点：

(1)考点突出。针对考试，我们细致分析了考试大纲的深度和广度，将主要知识点汇总呈现在每一章的章首，并对其进行必要的阐释，便于考生抓住考点进行合理复习。

(2)题量丰富。做题的复习效果要远远好于看大段的文字，更有利于复习时间紧张的考生，在极为有限的复习时间内掌握大量考点。本套教材根据考点，优选数道经典例题，通过提供参考答案及具体解析，帮助考生掌握必备基础知识，提高复习效率。

(3)真题演练。书中收录2011～2017年真题，可以较好地检验考生的综合复习效果，增加考生实战经验，便于考生在短时间内提高应试能力。

(4)视频讲解。考生可通过扫描书中二维码，观看视频讲解；也可刮开**封面上的增值卡**，登录"注考网"(www.zhukaowang.com.cn)在线学习，或关注微信公众号"注册测绘师微课程"移动端学习。

2018年，我们在上一版的基础上，对以下内容进行了重点修订：

**(1)通过对2011～2017年这七年的考题分析，对重要考点、新增考点进行针对性的补充和完善。

(2)新增2017年考试真题,附答案及完整解析。

(3)新增高频真题及解析。本书对2011~2016年考试中出现频率较高的真题进行了归类,对其涉及的考点给予了综合及详细解析,可供考生较好把握考试重点。

(4)涉及《中华人民共和国测绘法》的相关内容(考点分析、模拟题、真题)均按照2017年7月1日施行的新版测绘法进行了更新、改编,可供考生更好地备考接下来的考试。

本书编写人员及分工如下:胡伍生(第9~15章),于先文(第1~8章),章其祥(参编第8、9章)。

书中难免有疏漏和不当之处,欢迎大家多提宝贵建议,主编的联系方式为 QQ:109145221,E-mail:wusheng.hu@163.com。注册测绘师考试 QQ 群:192881063。希望考生们多沟通、多进步,顺利通过考试!

胡伍生<br/>2017年12月　南京

# 致读者

时光飞逝,岁月如梭。注册测绘师(Registered Surveyor)考试从2011年开考至今已经七年了。为了帮助大家系统、有效地复习应考,我们编写了这套考试复习丛书(共三册),同时录制了相应的视频课程。2018年丛书再版时,我们结合七年来注册测绘师《测绘管理与法律法规》科目(以下简称《法律法规》科目)试卷的组卷方案和内容做个总结与剖析,以便明确任务与目标,理清考试重点与难点,为您顺利通过注册测绘师资格考试再助一臂之力。

## 1.《法律法规》科目组卷方案综合分析

为了便于分析,我们对历年《法律法规》科目试卷的考题分布按15个大类来统计,统计结果参见表A(编者注:统计结果仅供参考)。

**2011~2017年《法律法规》科目试卷考题分布统计表**　　表A

| 分类 | 2011年 | | | 2012年 | | | 2013年 | | | 2014年 | | | 2015年 | | | 2016年 | | | 2017年 | | |
|---|---|---|---|---|---|---|---|---|---|---|---|---|---|---|---|---|---|---|---|---|---|
| | 单选 | 多选 | 分值 | 单选 | 多选 | 分值 | 单选 | 多选 | 分值 | 单选 | 多选 | 分值 | 单选 | 多选 | 分值 | 单选 | 多选 | 分值 | 单选 | 多选 | 分值 |
| 法律法规 | 3 | 1 | 5 | 4 | 2 | 8 | 7 | 2 | 11 | 4 | 2 | 8 | 6 | 2 | 10 | 3 | 0 | 3 | 5 | 2 | 9 |
| 测绘资质 | 10 | 1 | 12 | 12 | 1 | 14 | 8 | 2 | 12 | 9 | 2 | 13 | 8 | 2 | 12 | 16 | 1 | 18 | 10 | 2 | 14 |
| 项目管理 | 3 | 1 | 5 | 4 | 1 | 6 | 2 | 2 | 6 | 4 | 1 | 6 | 2 | 2 | 10 | 4 | 0 | 4 | 5 | 1 | 7 |
| 基准和系统 | 4 | 2 | 8 | 3 | 1 | 5 | 4 | 2 | 8 | 3 | 1 | 5 | 1 | 6 | 1 | 1 | 3 | 2 | 0 | 2 | |
| 基础测绘 | 2 | 1 | 4 | 3 | 2 | 7 | 3 | 1 | 5 | 2 | 1 | 4 | 1 | 4 | 2 | 1 | 4 | 1 | 1 | 6 | |
| 测绘标准化 | 2 | 2 | 6 | 1 | 2 | 5 | 1 | 1 | 3 | 1 | 1 | 3 | 1 | 1 | 3 | 1 | 0 | 1 | 3 | 0 | 3 |
| 测绘成果管理 | 19 | 4 | 27 | 16 | 3 | 22 | 17 | 3 | 23 | 22 | 3 | 28 | 19 | 4 | 27 | 17 | 8 | 33 | 14 | 5 | 24 |
| 界线测绘管理 | 5 | 0 | 5 | 2 | 0 | 2 | 3 | 0 | 3 | 0 | 0 | 0 | 1 | 0 | 1 | 0 | 4 | 0 | 4 | 5 | 0 | 5 |
| 项目合同 | 3 | 0 | 3 | 6 | 1 | 8 | 6 | 1 | 8 | 3 | 0 | 3 | 6 | 1 | 8 | 1 | 8 | 6 | 1 | 8 | 4 | 2 | 8 |
| 技术设计 | 7 | 2 | 11 | 2 | 1 | 4 | 2 | 2 | 10 | 3 | 1 | 5 | 2 | 1 | 4 | 4 | 3 | 10 | 2 | 1 | 4 |
| ISO | 1 | 1 | 3 | 3 | 1 | 5 | 2 | 1 | 4 | 4 | 1 | 6 | 3 | 1 | 5 | 5 | 1 | 7 | 5 | 0 | 5 |
| 项目组织实施 | 2 | 1 | 4 | 3 | 1 | 5 | 3 | 1 | 5 | 4 | 1 | 6 | 4 | 1 | 6 | 4 | 1 | 6 | 4 | 1 | 6 |
| 安全生产 | 6 | 1 | 8 | 6 | 0 | 6 | 3 | 0 | 3 | 3 | 0 | 3 | 3 | 0 | 3 | 1 | 0 | 1 | 4 | 1 | 6 |
| 技术总结 | 4 | 2 | 8 | 2 | 1 | 4 | 2 | 1 | 4 | 2 | 0 | 2 | 2 | 0 | 2 | 1 | 0 | 1 | 3 | 1 | 5 |
| 检查验收 | 9 | 2 | 13 | 10 | 2 | 14 | 6 | 3 | 12 | 8 | 2 | 12 | 9 | 1 | 11 | 8 | 1 | 10 | 10 | 3 | 16 |

从表A中可以看出:"测绘成果管理"占比最高,分值在22~28之间,相应比例为18%~23%;排在第二位的是"测绘资质",分值在12~14之间,相应比例为10%~12%;排在第三位的是"检查验收",分值在11~14之间,相应比例为9%~12%;占比最少的是"界线测绘管理"。

由此可知,《法律法规》科目考试的重点内容是:**测绘成果管理、测绘资质、检查验收**。

## 2. 如何准备《法律法规》科目考试

1) 准确理解考试大纲要求

考生应准确理解《法律法规》科目考试的大纲要求，熟悉考试内容，注意每年可能出现的变化。

2) 准备相关复习资料

工作忙、时间紧的考生，可以选择内容精炼、考点突出的辅导教材。本套丛书和相应的视频课程将是您不错的选择。

考生应准备的法律法规资料包括：《测绘法》、《测绘成果质量检查与验收》、《测绘资质分级标准》(2014年版)、《测绘资质管理规定》、《测绘生产质量管理规定》、《注册测绘师制度暂行规定》、《注册测绘师执业管理办法(试行)》、《测绘作业证管理规定》、《测绘标准化工作管理办法》、《测绘成果质量监督抽查管理办法》、《测绘地理信息业务档案管理规定》、《测绘地理信息质量管理办法》、《测绘技术设计规定》、《测绘技术总结编写规定》、《测绘合同》示范文本、《测绘生产成本费用定额》(2009年版)、《测绘作业人员安全规范》、《保守国家秘密法》、《测量标志保护条例》、《合同法》、《招标投标法》等。

3) 掌握合理的学习方法

看到上面应该准备的复习资料，考生也许会感到压力很大。对此我们有几点建议：

(1) 要通读，学会总结与概括。有的资料，其实内容很少，例如《测绘合同》示范文本，实际上只有3~4页纸，在通读的同时要多思考其主要知识点。

(2) 适当的时候(如精力下降时)，可以采用边做练习题边阅读相关资料的方法。如2012年第1题，是有关"测量标志保护条例"的，在《测绘法》第36条有详细规定，此时，就可以把《测绘法》第36条附近的有关条款顺便通读一遍，并思考对于这些规定，出题人会如何设置单选题。这样做，可以避免看书枯燥，也可以提高复习效率。

(3)《法律法规》科目复习总体上要全面过一遍，临近考试时，重点回顾，切忌把本科目放在后面几天突击，因为《法律法规》科目的相关内容与《案例分析》科目和《综合能力》科目联系紧密，要尽早融会贯通。

世上无难事，只怕有心人。只要不断努力、认真复习，加上您的聪明和智慧，一定能顺利过关，成为一名注册测绘师。

编者

2017年12月　南京

# 目 录

1 法律法规概述 ·········································································· 1
  1.1 考点分析 ········································································ 1
  1.2 例题 ·············································································· 7
  1.3 例题参考答案及解析 ························································ 10
  1.4 高频真题综合分析 ·························································· 14
2 测绘资质资格 ········································································ 21
  2.1 考点分析 ······································································ 21
  2.2 例题 ············································································ 33
  2.3 例题参考答案及解析 ························································ 39
  2.4 高频真题综合分析 ·························································· 44
3 测绘项目管理 ········································································ 54
  3.1 考点分析 ······································································ 54
  3.2 例题 ············································································ 56
  3.3 例题参考答案及解析 ························································ 59
  3.4 高频真题综合分析 ·························································· 61
4 测绘基准和测绘系统 ······························································· 66
  4.1 考点分析 ······································································ 66
  4.2 例题 ············································································ 71
  4.3 例题参考答案及解析 ························································ 74
  4.4 高频真题综合分析 ·························································· 77
5 基础测绘 ·············································································· 83
  5.1 考点分析 ······································································ 83
  5.2 例题 ············································································ 85
  5.3 例题参考答案及解析 ························································ 86
  5.4 高频真题综合分析 ·························································· 87
6 测绘标准化 ··········································································· 92
  6.1 考点分析 ······································································ 92
  6.2 例题 ············································································ 96
  6.3 例题参考答案及解析 ······················································· 100
  6.4 高频真题综合分析 ························································· 102
7 测绘成果管理 ······································································ 107
  7.1 考点分析 ···································································· 107

7.2　例题 ················································································· 118
　　7.3　例题参考答案及解析 ························································ 125
　　7.4　高频真题综合分析 ···························································· 131

# 8　界线测绘和其他测绘管理
　　8.1　考点分析 ········································································· 149
　　8.2　例题 ················································································· 152
　　8.3　例题参考答案及解析 ························································ 154
　　8.4　高频真题综合分析 ···························································· 156

# 9　测绘项目合同管理
　　9.1　考点分析 ········································································· 163
　　9.2　例题 ················································································· 164
　　9.3　例题参考答案及解析 ························································ 167
　　9.4　高频真题综合分析 ···························································· 170

# 10　测绘项目技术设计
　　10.1　考点分析 ······································································· 175
　　10.2　例题 ··············································································· 183
　　10.3　例题参考答案及解析 ······················································ 186
　　10.4　高频真题综合分析 ·························································· 190

# 11　质量管理体系
　　11.1　考点分析 ······································································· 195
　　11.2　例题 ··············································································· 197
　　11.3　例题参考答案及解析 ······················································ 201
　　11.4　高频真题综合分析 ·························································· 204

# 12　测绘项目组织与实施管理
　　12.1　考点分析 ······································································· 209
　　12.2　例题 ··············································································· 210
　　12.3　例题参考答案及解析 ······················································ 213
　　12.4　高频真题综合分析 ·························································· 216

# 13　测绘安全生产管理
　　13.1　考点分析 ······································································· 217
　　13.2　例题 ··············································································· 220
　　13.3　例题参考答案及解析 ······················································ 226
　　13.4　高频真题综合分析 ·························································· 231

# 14　测绘技术总结
　　14.1　考点分析 ······································································· 238
　　14.2　例题 ··············································································· 252
　　14.3　例题参考答案及解析 ······················································ 255
　　14.4　高频真题综合分析 ·························································· 257

## 15 测绘成果质量检查验收 ············ 261
### 15.1 考点分析 ············ 261
### 15.2 例题 ············ 277
### 15.3 例题参考答案及解析 ············ 281
### 15.4 高频真题综合分析 ············ 286

## 模拟题及真题详解 ············ 293
### 注册测绘师资格考试测绘管理与法律法规模拟试卷(1) ············ 295
### 注册测绘师资格考试测绘管理与法律法规模拟试卷(1)参考答案及解析 ············ 311
### 注册测绘师资格考试测绘管理与法律法规模拟试卷(2) ············ 327
### 注册测绘师资格考试测绘管理与法律法规模拟试卷(2)参考答案及解析 ············ 344
### 2015年全国注册测绘师资格考试测绘管理与法律法规试卷 ············ 360
### 2015年全国注册测绘师资格考试测绘管理与法律法规试卷参考答案及解析 ············ 377
### 2016年全国注册测绘师资格考试测绘管理与法律法规试卷 ············ 398
### 2016年全国注册测绘师资格考试测绘管理与法律法规试卷参考答案及解析 ············ 415
### 2017年全国注册测绘师资格考试测绘管理与法律法规试卷 ············ 435
### 2017年全国注册测绘师资格考试测绘管理与法律法规试卷参考答案及解析 ············ 453

## 附录
### 《中华人民共和国测绘法》 ············ 471
### 《测绘生产质量管理规定》 ············ 479

## 参考文献 ············ 482

# 1 法律法规概述

## 1.1 考点分析

### 1.1.1 我国测绘法律法规现状

1）法律

在我国，法律由全国人民代表大会及其常务委员会制定。

(1)《中华人民共和国测绘法》(以下简称《测绘法》)，于 2002 年 8 月 29 日第九届全国人民代表大会常务委员会第二十九次会议修订通过(第一次修订)，自 2002 年 12 月 1 日起施行；又于 2017 年 4 月 27 日第十二届全国人民代表大会常务委员会第二十七次会议修订通过(第二次修订)，自 2017 年 7 月 1 日起施行。《测绘法》是在我国从事测绘活动和进行测绘管理的基本准则和依据，它是我国测绘工作的基本法律，是从事测绘活动的基本准则。

(2)《中华人民共和国物权法》(以下简称《物权法》)，于 2007 年 3 月 16 日第十届全国人民代表大会第五次会议通过。2007 年 3 月 16 日胡锦涛签署主席令公布《物权法》。《物权法》自 2007 年 10 月 1 日起施行。

(3)《中华人民共和国合同法》(以下简称《合同法》)，于 1999 年 3 月 15 日第九届全国人民代表大会第二次会议通过。1999 年 3 月 15 日中华人民共和国主席令第十五号公布，自 1999 年 10 月 1 日起施行。

2）行政法规

行政法规由国务院根据宪法和法律，并且按照行政法规制定程序制定。目前，测绘行政法规主要有：

(1)《中华人民共和国地图编制出版管理条例》，于 1995 年 7 月 10 日由国务院发布，自 1995 年 10 月 1 日起施行。

(2)《中华人民共和国测量标志保护条例》，于 1996 年 9 月 4 日由国务院令公布，自 1997 年 1 月 1 日起施行。

(3)《中华人民共和国测绘成果管理条例》，于 2006 年 5 月 27 日由国务院公布，自 2006 年 9 月 1 日起施行。

(4)《基础测绘条例》，于 2009 年 5 月 12 日由国务院令第 556 号公布，自 2009 年 8 月 1 日起施行。

3）部门规章

部门规章由国务院各部、各委员会、中国人民银行、审计署和具有行政管理职能的直属机构，根据法律和国务院的行政法规、决定、命令，在本部门的权限范围内制定。目前现行的测绘部门规章如下：

(1)《测绘行政处罚程序规定》。
(2)《测绘行政执法证管理规定》。
(3)《房产测绘管理办法》。
(4)《重要地理信息数据审核公布管理规定》。
(5)《地图审核管理规定》。
(6)《外国的组织或者个人来华测绘管理暂行办法》。

4)国务院测绘地理信息行政主管部门及相关部门颁布的重要规范性文件

规范性文件指各级党政机关、团体、组织制发的各类文件中最主要的一类,因其内容具有约束和规范人们行为的性质,故而称为规范性文件。

5)地方性法规与政府规章

(1)地方性法规

省、自治区、直辖市的人民代表大会及其常务委员会根据本行政区域的具体情况和实际需要,在不同宪法、法律、行政法规相抵触的前提下,可以制定地方性法规。

(2)政府规章

省、自治区、直辖市和较大的市的人民政府,可以根据法律、行政法规和本省、自治区、直辖市的地方性法规制定规章。

### 1.1.2 我国测绘法规定的基本法律制度

1)测绘管理体制

(1)各级人民政府加强对测绘工作的领导。测绘事业是经济建设、国防建设、社会发展的基础性事业。

(2)国务院测绘地理信息主管部门对测绘工作实行统一监督管理。国务院测绘地理信息主管部门负责全国测绘工作的统一监督管理。县级以上地方人民政府测绘地理信息主管部门负责本行政区域测绘工作的统一监督管理。

(3)县级以上地方人民政府其他有关部门按照本级人民政府规定的职责分工,负责本部门有关的测绘工作。

(4)军队测绘部门负责管理军事部门的测绘工作,并按照国务院、中央军事委员会规定的职责分工负责管理海洋基础测绘工作。

2)测绘基准和测绘系统

(1)测绘基准

测绘基准有四个:大地基准、高程基准、深度基准和重力基准,由国家设立并全国统一采用。其数据由国务院测绘地理信息主管部门审核,并与国务院其他有关部门、军队测绘部门会商后,报国务院批准。

(2)测绘系统

测绘系统有五个:大地坐标系统、平面坐标系统、高程系统、地心坐标系统和重力测量系统,由国家建立并全国统一采用。

(3)建立相对独立的平面坐标系统

因建设、城市规划和科学研究的需要,国家重大工程项目和国务院确定的大城市确需建立相对独立的平面坐标系统的,由国务院测绘地理信息主管部门批准。

建立相对独立的平面坐标系统,应当与国家坐标系统相联系。

违反本法规定,未经批准擅自建立相对独立的平面坐标系统,或者采用不符合国家标准的基础地理信息数据建立地理信息系统的,给予警告,责令改正,可以并处 50 万元以下的罚款;对直接负责的主管人员和其他直接责任人员,依法给予处分。

3) 维护国家安全和权益的制度

(1) 外国组织或个人来华测绘

①外国的组织或者个人在中华人民共和国领域和中华人民共和国管辖的其他海域从事测绘活动,应当经国务院测绘地理信息主管部门会同军队测绘部门批准,并遵守中华人民共和国有关法律、行政法规的规定。

②外国的组织或者个人在中华人民共和国领域从事测绘活动,应当与中华人民共和国有关部门或者单位合作进行,并不得涉及国家秘密和危害国家安全。

③外国的组织或者个人未经批准,或者未与中华人民共和国有关部门、单位合作,擅自从事测绘活动的,责令停止违法行为,没收违法所得、测绘成果和测绘工具,并处十万元以上五十万元以下的罚款;情节严重的,并处五十万元以上一百万元以下的罚款,限期出境或者驱逐出境;构成犯罪的,依法追究刑事责任。

(2) 测绘成果的保密

测绘成果保管单位应当采取措施保障测绘成果的完整和安全,并按照国家有关规定向社会公开和提供利用。

测绘成果属于国家秘密的,适用国家保密法律、行政法规的规定;需要对外提供的,按照国务院和中央军事委员会规定的审批程序执行。

(3) 国界线测绘

中华人民共和国国界线的测绘,按照中华人民共和国与相邻国家缔结的边界条约或者协定执行。

中华人民共和国地图的国界线标准样图,由外交部和国务院测绘地理信息主管部门拟订,报国务院批准后公布。

(4) 行政区域界线测绘

行政区域界线的测绘,按照国务院有关规定执行。

省、自治区、直辖市和自治州、县、自治县、市行政区域界线的标准画法图,由国务院民政部门和国务院测绘地理信息主管部门拟订,报国务院批准后公布。

(5) 地图管理

违反规定,编制、印刷、出版、展示、登载的地图发生错绘、漏绘、泄密,危害国家主权或者安全,损害国家利益,构成犯罪的,依法追究刑事责任;尚不够刑事处罚的,依法给予行政处罚或者行政处分。

4) 测绘活动主体资质资格与权利保障制度

(1) 测绘资质管理制度

从事测绘活动的单位应当具备下列条件,并依法取得相应等级的测绘资质证书后,方可从事测绘活动:

①有与其从事的测绘活动相适应的专业技术人员。

②有与其从事的测绘活动相适应的技术装备和设施。

③有健全的技术、质量保证体系和测绘成果及资料档案管理制度。
④具备国务院测绘地理信息主管部门规定的其他条件。
测绘单位的资质证书的式样,由国务院测绘地理信息主管部门统一规定。
测绘单位不得超越其资质等级许可的范围从事测绘活动或者以其他测绘单位的名义从事测绘活动,并不得允许其他单位以本单位的名义从事测绘活动。
违反规定,未取得测绘资质证书,擅自从事测绘活动的,责令停止违法行为,没收违法所得和测绘成果,并处测绘约定报酬1倍以上2倍以下的罚款。以欺骗手段取得测绘资质证书从事测绘活动的,吊销测绘资质证书,没收违法所得和测绘成果,并处测绘约定报酬1倍以上2倍以下的罚款。
测绘单位有下列行为之一的,责令停止违法行为,没收违法所得和测绘成果,处测绘约定报酬1倍以上2倍以下的罚款,并可以责令停业整顿或者降低资质等级;情节严重的,吊销测绘资质证书:
①超越资质等级许可的范围从事测绘活动的。
②以其他测绘单位的名义从事测绘活动的。
③允许其他单位以本单位的名义从事测绘活动的。
(2)测绘执业资格制度
从事测绘活动的专业技术人员应当具备相应的执业资格条件。
测绘专业技术人员的执业证书的式样,由国务院测绘地理信息主管部门统一规定。
未取得测绘执业资格,擅自从事测绘活动的,责令停止违法行为,没收违法所得,可以并处违法所得2倍以下的罚款;造成损失的,依法承担赔偿责任。
(3)测绘权利保障制度
测绘人员进行测绘活动时,应当持有测绘作业证件。任何单位和个人不得妨碍、阻挠测绘人员依法进行测绘活动。
测绘作业证件的式样由国务院测绘地理信息主管部门统一规定。

5)测绘项目招投标制度
(1)测绘项目的招标单位让不具有相应资质等级的测绘单位中标,或者让测绘单位低于测绘成本中标的,责令改正,可以处测绘约定报酬二倍以下的罚款。
(2)招标单位的工作人员利用职务上的便利,索取他人财物,或者非法收受他人财物为他人谋取利益的,依法给予处分;构成犯罪的,依法追究刑事责任。
(3)中标的测绘单位向他人转让测绘项目的,责令改正,没收违法所得,处测绘约定报酬一倍以上二倍以下的罚款,并可以责令停业整顿或者降低测绘资质等级;情节严重的,吊销测绘资质证书。

6)基础测绘制度
(1)基础测绘分级管理
基础测绘是公益性事业。国家对基础测绘实行分级管理。
(2)基础测绘规划编制
①国务院测绘地理信息主管部门会同国务院其他有关部门、军队测绘部门组织编制全国基础测绘规划,报国务院批准后组织实施。
②县级以上地方人民政府测绘地理信息主管部门会同本级人民政府其他有关部门,根据

国家和上一级人民政府的基础测绘规划和本行政区域内的实际情况,组织编制本行政区域的基础测绘规划,报本级人民政府批准,并报上一级测绘地理信息主管部门备案后组织实施。

(3)基础测绘列入国民经济和社会发展年度计划及财政预算

①县级以上人民政府应当将基础测绘纳入本级国民经济和社会发展年度计划及财政预算。

②国家对边远地区、少数民族地区的基础测绘给予财政支持。

(4)基础测绘年度计划编制

①国务院发展计划主管部门会同国务院测绘地理信息主管部门,根据全国基础测绘规划,编制全国基础测绘年度计划。

②县级以上地方人民政府发展计划主管部门会同同级测绘地理信息主管部门,根据本行政区域的基础测绘规划,编制本行政区域的基础测绘年度计划,并分别报上一级主管部门备案。

(5)基础测绘成果更新

①基础测绘成果应当定期进行更新。

②基础测绘成果的更新周期根据不同地区国民经济和社会发展的需要确定。

③国民经济、国防建设和社会发展急需的基础测绘成果应当及时更新。

(6)海洋基础测绘

军队测绘部门按照国务院、中央军事委员会规定的职责分工负责编制海洋基础测绘规划,并组织实施。

7)维护不动产权益的测绘管理制度

(1)县级以上人民政府测绘地理信息主管部门应当会同本级人民政府不动产登记主管部门,加强对不动产测绘的管理。

(2)测量土地、建筑物、构筑物和地面其他附着物的权属界址线,应当按照县级以上人民政府确定的权属界线的界址点、界址线或者提供的有关登记资料和附图进行。权属界址线发生变化的,有关当事人应当及时进行变更测绘。

(3)城乡建设领域的工程测量活动,与房屋产权、产籍相关的房屋面积的测量,应当执行由国务院住房城乡建设主管部门、国务院测绘地理信息主管部门组织编制的测量技术规范。

8)测绘标准化和质量管理制度

(1)测绘标准化

①国家统一确定大地测量等级和精度。国务院测绘地理信息主管部门会同国务院其他有关部门、军队测绘部门制定大地测量等级和精度的具体规范和要求。

②国家统一规定国家基本比例尺地图的系列和基本精度。国务院测绘地理信息主管部门会同国务院其他有关部门、军队测绘部门制定国家基本比例尺地图的系列和基本精度。

③国家制定工程测量规范。水利、能源、交通、通信、资源开发和其他领域的工程测量活动,应当按照国家有关的工程测量技术规范进行。城市建设领域的工程测量活动应当执行由国务院建设行政主管部门、国务院测绘地理信息主管部门负责组织编制的测量技术规范。

④国家制定房产测量规范。与房屋产权、产籍相关的房屋面积的测量,应当执行由国务院建设行政主管部门、国务院测绘地理信息主管部门负责组织编制的测量技术规范。

⑤建立地理信息系统,必须采用符合国家标准的基础地理信息数据。

(2)测绘质量管理制度

测绘单位应当对其完成的测绘成果质量负责。县级以上人民政府测绘地理信息主管部门应当加强对测绘成果质量的监督管理。

测绘成果质量不合格的,责令测绘单位补测或者重测;情节严重的,责令停业整顿,降低资质等级直至吊销测绘资质证书;给用户造成损失的,依法承担赔偿责任。

9)测绘成果管理制度

(1)测绘成果的汇交

①国家实行测绘成果汇交制度。

②测绘项目完成后,测绘项目出资人或者承担国家投资的测绘项目的单位,应当向国务院测绘地理信息主管部门或者省、自治区、直辖市人民政府测绘地理信息主管部门汇交测绘成果资料。

③属于基础测绘项目的,应当汇交测绘成果副本;属于非基础测绘项目的,应当汇交测绘成果目录。

④负责接收测绘成果副本和目录的测绘地理信息主管部门应当出具测绘成果汇交凭证,并及时将测绘成果副本和目录移交给保管单位。

⑤测绘成果汇交的具体办法由国务院规定。

不汇交测绘成果资料的,责令限期汇交;逾期不汇交的,对测绘项目出资人处以重测所需费用1倍以上2倍以下的罚款;对承担国家投资的测绘项目的单位处5万元以上20万元以下的罚款,暂扣测绘资质证书,自暂扣测绘资质证书之日起6个月内仍不汇交测绘成果资料的,吊销测绘资质证书,并对负有直接责任的主管人员和其他直接责任人员依法给予行政处分。

(2)测绘成果目录向社会公布

国务院测绘地理信息主管部门和省、自治区、直辖市人民政府测绘地理信息主管部门应当定期编制测绘成果目录,向社会公布。

(3)测绘成果提供和使用

基础测绘成果和国家投资完成的其他测绘成果,用于国家机关决策和社会公益性事业的,应当无偿提供。

前款规定之外的,依法实行有偿使用制度。但是,政府及其有关部门和军队因防灾、减灾、国防建设等公共利益需要的,可以无偿使用。

(4)重要地理信息数据的审核公布

中华人民共和国领域和管辖的其他海域的位置、高程、深度、面积、长度等重要地理信息数据,由国务院测绘地理信息主管部门审核,并与国务院其他有关部门、军队测绘部门会商后,报国务院批准,由国务院或者国务院授权的部门公布。

违反《测绘法》规定,擅自发布中华人民共和国领域和管辖的其他海域的重要地理信息数据的,给予警告,责令改正,可以并处50万元以下的罚款;对直接负责的主管人员和其他直接责任人员,依法给予处分。

(5)地理信息系统的建立

建立地理信息系统,必须采用符合国家标准的基础地理信息数据。

违反《测绘法》规定,建立地理信息系统,采用不符合国家标准的基础地理信息数据的,给予警告,责令改正,可以并处50万元以下的罚款;对直接负责的主管人员和其他直接责任人员,依法给予处分。

10)测绘基础设施保护制度

(1)建设测量标志设立明显标记并委托保管

永久性测量标志的建设单位应当对永久性测量标志设立明显标记,并委托当地有关单位指派专人负责保管。

(2)使用测量标志必须出示作业证

测绘人员使用永久性测量标志,必须持有测绘作业证件,并保证测量标志的完好。保管测量标志的人员应当查验测量标志使用后的完好状况。

(3)严禁损毁或擅自移动测量标志

有下列行为之一的,给予警告,责令改正,可以并处20万元以下的罚款;造成损失的,依法承担赔偿责任;构成犯罪的,依法追究刑事责任;尚不够刑事处罚的,对负有直接责任的主管人员和其他直接责任人员,依法给予行政处分:

①损毁或者擅自移动永久性测量标志和正在使用中的临时性测量标志的。
②侵占永久性测量标志用地的。
③在永久性测量标志安全控制范围内从事危害测量标志安全和使用效能的活动的。
④在测量标志占地范围内,建设影响测量标志使用效能的建筑物的。

(4)永久性测量标志的拆迁审批

①进行工程建设,应当避开永久性测量标志。
②确实无法避开,需要拆迁永久性测量标志或者使永久性测量标志失去效能的,应当经国务院测绘地理信息主管部门或者省、自治区、直辖市人民政府测绘地理信息主管部门批准。
③涉及军用控制点的,应当征得军队测绘部门的同意。所需迁建费用由工程建设单位承担。

擅自拆除永久性测量标志或者使永久性测量标志失去使用效能,或者拒绝支付迁建费用的,给予警告,责令改正,可以并处20万元以下的罚款;造成损失的,依法承担赔偿责任;构成犯罪的,依法追究刑事责任;尚不够刑事处罚的,对负有直接责任的主管人员和其他直接责任人员,依法给予行政处分。

(5)保护测量标志

县级以上人民政府应当采取有效措施加强测量标志的保护工作。乡级人民政府应当做好本行政区域内的测量标志保护工作。

(6)检查维护永久性测量标志

县级以上人民政府测绘地理信息主管部门应当按照规定检查、维护永久性测量标志。

## 1.2 例 题

1)单项选择题(每题1分。每题的备选项中,只有1个最符合题意)

(1)新《测绘法》于2017年4月27日第十二届全国人民代表大会常务委员会第二十七次会议修订通过,自(　　)起施行。

　　A.2017年5月1日　　　　　　　　B.2018年1月1日
　　C.2017年10月1日　　　　　　　 D.2017年7月1日

(2)《测绘资质管理规定》是为实施《测绘法》,落实测绘资质管理制度而制定的,于(　　)

起施行。

  A. 2006 年 7 月 1 日      B. 2007 年 6 月 1 日
  C. 2007 年 7 月 1 日      D. 2009 年 6 月 1 日

(3)《注册测绘师制度暂行规定》于(　　)起施行。

  A. 2007 年 3 月 1 日      B. 2007 年 7 月 1 日
  C. 2007 年 10 月 1 日     D. 2007 年 12 月 1 日

(4)关于行政许可设定的说法,正确的是(　　)。

  A. 行政许可只能由法律、行政法规规定
  B. 法规、规章对实施上位法设定的行政许可作出的具体规定,可以增设行政许可
  C. 法规、规章对实施上位法设定的行政许可作出的具体规定,不得增设行政许可
  D. 地方性法规不得设定行政许可

(5)关于行政机关受理行政许可申请后,作出行政许可决定的说法,错误的是(　　)。

  A. 申请人提交的申请材料齐全、符合法定形式,行政机关能够当场作出决定的,应当场作出书面的行政许可决定
  B. 除可以当场作出行政许可决定外,行政机关应当自受理行政许可申请之日起 30 日内作出行政许可决定
  C. 行政机关作出准予行政许可的决定,应当自作出决定之日起 10 日内向申请人颁发、送达行政许可证,或者加贴标签,加盖检验、检测、检疫印章
  D. 申请人的申请符合法定条件、标准的,行政机关应依法作出准予行政许可的书面决定

(6)《测绘法》规定,采用不符合国家标准的基础地理信息数据建立地理信息系统,依法可以并处(　　)的罚款。

  A. 5 万元以下        B. 10 万元以下
  C. 20 万元以下       D. 50 万元以下

(7)《测绘法》规定,外国的组织或者个人在中华人民共和国领域或者管辖的其他海域从事测绘活动,应当经(　　)批准,并遵守中华人民共和国的有关法律、行政法规的规定。

  A. 军队测绘部门
  B. 国务院测绘地理信息主管部门
  C. 国务院测绘地理信息主管部门或者军队测绘部门任意一方
  D. 国务院测绘地理信息主管部门会同军队测绘部门

(8)擅自发布未经国务院批准的重要地理信息数据的,由省级测绘地理信息主管部门依法给予警告,责令改正,可以并处(　　)罚款。

  A. 10 万元以下       B. 20 万元以下
  C. 50 万元以下       D. 100 万元以下

(9)外国的组织或者个人未与中华人民共和国有关部门或者单位合作,擅自在中华人民共和国领域从事测绘活动的,责令停止违法行为,没收违法所得、测绘成果和测绘工具,并处(　　)的罚款。

  A. 5 万元以上 10 万元以下    B. 10 万元以上 50 万元以下
  C. 20 万元以上 50 万元以下   D. 50 万元以上 100 万元以下

(10)在测绘活动中,未经批准擅自建立相对独立的平面坐标系统,可以处(　　)以下的罚款。
　　A. 10万元以下　　　　　　　　　　B. 20万元以下
　　C. 50万元以下　　　　　　　　　　D. 100万元以下

(11)不汇交测绘成果资料的,暂扣测绘资质证书,自暂扣测绘资质证书之日起(　　)仍不汇交测绘成果资料的,吊销测绘资质证书。
　　A. 1个月内　　　　　　　　　　　　B. 3个月内
　　C. 6个月内　　　　　　　　　　　　D. 12个月内

(12)侵占永久性测量标志用地的,可以处(　　)的罚款。
　　A. 10万元以下　　　　　　　　　　B. 20万元以下
　　C. 50万元以下　　　　　　　　　　D. 100万元以下

(13)根据《测绘法》的规定,以其他测绘单位的名义从事测绘活动的,可以处测绘约定报酬(　　)的罚款。
　　A. 1倍以上2倍以下　　　　　　　　B. 2倍以上3倍以下
　　C. 2倍以下　　　　　　　　　　　　D. 3倍以下

(14)关于对外提供测绘成果的说法,错误的是(　　)。
　　A. 外国组织在我国境内从事测绘活动的成果归中方所有
　　B. 未经国家测绘局批准,不得向外方提供测绘成果
　　C. 经中方合作单位同意后外方可以传输出境
　　D. 未经依法批准,不得以任何形式携带出境

(15)关于行政许可的说法错误的是(　　)。
　　A. 设定和实施行政许可,应当遵循公开、公平、公正的原则
　　B. 实施行政许可,应当遵循便民的原则,提高办事效率,提供优质服务
　　C. 依法取得的行政许可,通过法律、法规规定、依照法定条件和程序可以转让
　　D. 行政许可的实施和结果,应当全部公开

(16)外国组织未经批准,擅自在中华人民共和国领域从事测绘活动,情节严重的处(　　)罚款。
　　A. 5万元以上10万元以下　　　　　B. 10万元以上50万元以下
　　C. 20万元以上50万元以下　　　　 D. 50万元以上100万元以下

(17)测绘项目的发包单位将测绘项目发包给不具有相应资质等级的测绘单位或者迫使测绘单位以低于测绘成本承包的,责令改正,并可以处测绘约定报酬(　　)的罚款。
　　A. 1倍以上2倍以下　　　　　　　　B. 2倍以下
　　C. 3倍以下　　　　　　　　　　　　D. 4倍以下

(18)测绘单位从事测绘活动的权利是有限的,得不到(　　)的许可是不能从事测绘活动的。
　　A. 国家　　　　　　　　　　　　　　B. 国务院
　　C. 测绘地理信息主管部门　　　　　　D. 军事测绘主管部门

(19)外国的组织未经批准,或者未与中华人民共和国有关部门、单位合作,擅自从事测绘活动的,责令停止违法行为,没收违法所得、测绘成果和测绘工具,并处(　　)的罚款。
　　A. 5万元以上10万元以下　　　　　B. 10万元以上50万元以下
　　C. 20万元以上50万元以下　　　　 D. 50万元以上100万元以下

(20)不属于《测绘法》对测绘与地理信息标准化的规定的是(　　)。

A. 从事测绘活动应当使用国家规定的测绘基准和测绘系统,执行国家规定的测绘技术规范和标准

B. 国家确定大地测量等级和精度以及国家基本比例尺地图的系列和基本精度

C. 所有强制规范和标准

D. 建立地理信息系统,必须采用符合国家标准的基础地理信息数据

2) 多项选择题(每题2分。每题的备选项中,有2个或2个以上符合题意,至少有1个错项。错选,本题不得分;少选,所选的每个选项得0.5分)

(21) 目前,我国测绘行政法规主要有(　　)。
A.《中华人民共和国地图编制出版管理条例》
B.《基础测绘条例》
C.《中华人民共和国测量标志保护条例》
D.《中华人民共和国测绘成果管理条例》
E.《地图审核管理规定》

(22) 测绘事业是(　　)的基础性事业。
A. 经济建设　　　　　B. 人民生活　　　　　C. 国防建设
D. 社会发展　　　　　E. 科学研究

(23) 下列情况中,行政机关依法将其有关行政许可手续注销的是(　　)。
A. 行政许可有效期届满未延续的　　　　　B. 法人或者其他组织依法终止的
C. 法人代表触犯国家法律的　　　　　　　D. 行政许可依法被撤销的
E. 因不可抗力导致行政许可事项无法实施的

(24) 违反《测绘法》规定,建立地理信息系统,采用不符合国家标准的基础地理信息数据,可做的处罚是(　　)。
A. 给予警告,责令改正
B. 处50万元以下的罚款
C. 降低测绘资质等级
D. 对负有直接责任的技术人员,注销其测绘作业证
E. 对负有直接责任的主管人员和其他直接责任人员,依法给予行政处分

(25) 下列属于测绘法律法规组成部分的是(　　)。
A.《测绘法》　　　　　　　　　　　　　B.《基础测绘条例》
C.《房产测绘管理办法》　　　　　　　　D.《测绘技术方案设计书》
E. 地方政府制定的测绘方面的政府规章

## 1.3　例题参考答案及解析

1) 单项选择题(每题1分。每题的备选项中,只有1个最符合题意)

(1) D

**解析:**《测绘法》于2017年4月27日第十二届全国人民代表大会常务委员会第二十七次会议修订通过,自2017年7月1日起施行(见《测绘法》第68条)。

(2) D

**解析:**《注册测绘师制度暂行规定》于 2007 年 3 月 1 日起施行;《国家涉密基础测绘成果资料提供使用审批程序规定(试行)》于 2007 年 7 月 1 日起施行;《地理信息标准化工作管理规定》于 2009 年 4 月 1 日起试行;《测绘资质管理规定》于 2009 年 6 月 1 日起施行;《测绘资质分级标准》于 2009 年 6 月 1 日起施行。

(3)A

**解析:** 同题(2)的解析。

(4)C

**解析:**《中华人民共和国行政许可法》第二章第十四条规定:本法第十二条所列事项,法律可以设定行政许可。尚未制定法律的,行政法规可以设定行政许可。必要时,国务院可以采用发布决定的方式设定行政许可。第十五条规定:本法第十二条所列事项,尚未制定法律、行政法规的,地方性法规可以设定行政许可。第十六条规定:行政法规可以在法律设定的行政许可事项范围内,对实施该行政许可作出具体规定。地方性法规可以在法律、行政法规设定的行政许可事项范围内,对实施该行政许可作出具体规定。规章可以在上位法设定的行政许可事项范围内,对实施该行政许可作出具体规定。法规、规章对实施上位法设定的行政许可做出的具体规定,不得增设行政许可;对行政许可条件做出的具体规定,不得增设违反上位法的其他条件。

(5)B

**解析:**《中华人民共和国行政许可法》第四章第四十二条规定:除可以当场作出行政许可决定外,行政机关应当自受理行政许可申请之日起 20 日内作出行政许可决定。

(6)D

**解析:**《测绘法》第五十二条规定:违反本法规定,未经批准擅自建立相对独立的平面坐标系统,或者采用不符合国家标准的基础地理信息数据建立地理信息系统的,给予警告,责令改正,可以并处五十万元以下的罚款;对直接负责的主管人员和其他直接责任人员,依法给予处分。

(7)D

**解析:**《测绘法》规定,外国的组织或者个人在中华人民共和国领域或者管辖的其海域从事测绘活动,应当经国务院测绘地理信息主管部门会同军队测绘部门批准,并遵守中华人民共和国的有关法律、行政法规的规定。

(8)C

**解析:**《测绘法》第六十一条规定:违反本法规定,擅自发布中华人民共和国领域和中华人民共和国管辖的其他海域的重要地理信息数据的,给予警告,责令改正,可以并处五十万元以下的罚款;对直接负责的主管人员和其他直接责任人员,依法给予处分;构成犯罪的,依法追究刑事责任。

(9)B

**解析:**《测绘法》第五十一条规定:违反本法规定,外国的组织或者个人未经批准,或者未与中华人民共和国有关部门、单位合作,擅自从事测绘活动的,责令停止违法行为,没收违法所得、测绘成果和测绘工具,并处十万元以上五十万元以下的罚款;情节严重的,并处五十万元以上一百万元以下的罚款,限期出境或者驱逐出境;构成犯罪的,依法追究刑事责任。

(10)C

**解析:**《测绘法》第五十二条规定:违反本法规定,未经批准擅自建立相对独立的平面坐标系统,或者采用不符合国家标准的基础地理信息数据建立地理信息系统的,给予警告,责令改正,可以并处五十万元以下的罚款;对直接负责的主管人员和其他直接责任人员,依法给予处分。

(11) C

**解析**:《测绘法》第六十条规定:违反本法规定,不汇交测绘成果资料的,责令限期汇交;测绘项目出资人逾期不汇交的,处重测所需费用一倍以上二倍以下的罚款;承担国家投资的测绘项目的单位逾期不汇交的,处五万元以上二十万元以下的罚款,并处暂扣测绘资质证书,自暂扣测绘资质证书之日起六个月内仍不汇交的,吊销测绘资质证书;对直接负责的主管人员和其他直接责任人员,依法给予处分。

(12) B

**解析**:《测绘法》第六十四条规定:违反本法规定,有下列行为之一的,给予警告,责令改正,可以并处二十万元以下的罚款;对直接负责的主管人员和其他直接责任人员,依法给予处分;造成损失的,依法承担赔偿责任;构成犯罪的,依法追究刑事责任:

(一)损毁、擅自移动永久性测量标志或者正在使用中的临时性测量标志;

(二)侵占永久性测量标志用地;

(三)在永久性测量标志安全控制范围内从事危害测量标志安全和使用效能的活动;

(四)擅自拆迁永久性测量标志或者使永久性测量标志失去使用效能,或者拒绝支付迁建费用;

(五)违反操作规程使用永久性测量标志,造成永久性测量标志毁损。

(13) A

**解析**:《测绘法》第五十六条规定:违反本法规定,测绘单位有下列行为之一的,责令停止违法行为,没收违法所得和测绘成果,处测绘约定报酬一倍以上二倍以下的罚款,并可以责令停业整顿或者降低测绘资质等级;情节严重的,吊销测绘资质证书:

(一)超越资质等级许可的范围从事测绘活动;

(二)以其他测绘单位的名义从事测绘活动;

(三)允许其他单位以本单位的名义从事测绘活动。

(14) C

**解析**:依法对外提供测绘成果,要做到:①经国家批准的中外经济、文化、科技合作项目,凡涉及对外提供我国涉密测绘成果的,要依法报国家测绘局或者省、自治区、直辖市测绘地理信息主管部门审批后再对外提供;②外国的组织或者个人经批准在中华人民共和国领域内从事测绘活动的,所产生的测绘成果归中方部门或单位所有,未经国家测绘局批准,不得向外方提供,不得以任何形式将测绘成果携带或者传输出境;③严禁任何单位和个人未经批准擅自对外提供涉密测绘成果。

(15) D

**解析**:《中华人民共和国行政许可法》第五条规定:设定和实施行政许可,应当遵循公开、公平、公正的原则。有关行政许可的规定应当公布;未经公布的,不得作为实施行政许可的依据。行政许可的实施和结果,除涉及国家秘密、商业秘密或者个人隐私之外,应当公开。

(16) D

**解析**:《测绘法》第五十一条规定:违反本法规定,外国的组织或者个人未经批准,或者未与中华人民共和国有关部门、单位合作,擅自从事测绘活动的,责令停止违法行为,没收违法所得、测绘成果和测绘工具,并处十万元以上五十万元以下的罚款;情节严重的,并处五十万元以上一百万元以下的罚款,限期出境或者驱逐出境;构成犯罪的,依法追究刑事责任。

(17)B

解析：测绘项目的发包单位将测绘项目发包给不具有相应资质等级的测绘单位或者迫使测绘单位以低于测绘成本承包的,责令改正,可以处测绘约定报酬2倍以下的罚款。

(18)A

解析：测绘资质管理制度是一项行政许可制度。测绘单位从事测绘活动的权利是由国家赋予的,是有限的,得不到国家的许可是不能从事测绘活动的。

(19)B

解析：《测绘法》第五十一条规定:违反本法规定,外国的组织或者个人未经批准,或者未与中华人民共和国有关部门、单位合作,擅自从事测绘活动的,责令停止违法行为,没收违法所得、测绘成果和测绘工具,并处十万元以上五十万元以下的罚款;情节严重的,并处五十万元以上一百万元以下的罚款,限期出境或者驱逐出境;构成犯罪的,依法追究刑事责任。

(20)C

解析：①从事测绘活动应当使用国家规定的测绘基准和测绘系统,执行国家规定的测绘技术规范和标准;②确定国家大地测量等级和精度以及国家基本比例尺地形图的系列和基本精度;③国家制定工程测量规范和房产测基规范;④建立地理信息系统,必须采用符合国家标准的基础地理信息数据。

2)多项选择题(每题2分。每题的备选项中,有2个或2个以上符合题意,至少有1个错项。错选,本题不得分;少选,所选的每个选项得0.5分)

(21)ABCD

解析：我国测绘行政法规主要有《中华人民共和国地图编制出版管理条例》、《中华人民共和国测绘成果管理条例》、《基础测绘条例》、《中华人民共和国测量标志保护条例》。

(22)ACD

解析：《测绘法》第三条规定:,测绘事业是经济建设、国防建设、社会发展的基础性事业。各级人民政府应当加强对测绘工作的领导。

(23)ABDE

解析：根据《中华人民共和国行政许可法》第七十条规定,有下列情形之一的,行政机关应当依法办理有关行政许可的注销手续:①行政许可有效期届满未延续的;②赋予公民特定资格的行政许可,该公民死亡或者丧失行为能力的;③法人或者其他组织依法终止的;④行政许可依法被撤销、撤回,或者行政许可证件依法被吊销的;⑤因不可抗力导致行政许可事项无法实施的;⑥法律、法规规定的应当注销行政许可的其他情形。

(24)ABE

解析：《测绘法》第五十二条规定:违反本法规定,未经批准擅自建立相对独立的平面坐标系统,或者采用不符合国家标准的基础地理信息数据建立地理信息系统的,给予警告,责令改正,可以并处五十万元以下的罚款;对直接负责的主管人员和其他直接责任人员,依法给予处分。

(25)ABCE

解析：我国已经初步建立了由法律、行政法规、地方性法规、部门规章、重要规范性文件等共同组成的测绘法律法规体系。

## 1.4 高频真题综合分析

### 1.4.1 高频真题——《中华人民共和国测绘法》

◀ 真 题 ▶

【2011,18】《中华人民共和国测绘法》规定批准全国统一的大地基准、高程基准、深度基准和重力基准数据的机构是(　　)。
　　A. 国务院　　　　　　　　　　B. 国务院测绘地理信息主管部门
　　C. 军队测绘部门　　　　　　　D. 国务院发展计划主管部门

【2011,36】《中华人民共和国测绘法》规定,编制全国地籍测绘的规划部门是(　　)。
　　A. 国务院测绘地理信息主管部门会同国务院发展计划主管部门
　　B. 国务院土地主管部门会同国务院发展计划部门
　　C. 国务院发展计划部门会同国务院财政部门
　　D. 国务院测绘地理信息主管部门会同国务院土地主管部门

【2011,40】《中华人民共和国测绘法》规定,与房屋产权、产籍相关的房屋面积测量,应当执行由(　　)负责组织编制的测量技术规范。
　　A. 国务院住房和城乡建设主管部门、国务院标准化主管部门
　　B. 国务院测绘地理信息主管部门、国务院土地主管部门
　　C. 国务院测绘地理信息主管部门、国务院标准化主管部门
　　D. 国务院住房和城乡建设主管部门、国务院测绘地理信息主管部门

【2011,42】《中华人民共和国测绘法》规定,采用不符合国家标准的基础地理信息数据建立地理信息系统,依法可以并处(　　)的罚款。
　　A. 5 万元以下　　　　　　　　B. 10 万元以下
　　C. 20 万元以下　　　　　　　 D. 50 万元以下

【2012,16】根据《中华人民共和国测绘法》,国家对基础测绘成果实行(　　)更新制度。
　　A. 及时　　　　B. 定期　　　　C. 适时　　　　D. 按需

【2012,81】《中华人民共和国测绘法》规定,测绘单位从事测绘活动应当取得测绘资质证书,并且不得(　　)。
　　A. 在本省、自治区、直辖市行政区域范围外从事测绘活动
　　B. 以其他测绘单位的名义从事测绘活动
　　C. 允许其他单位以本单位的名义从事测绘活动
　　D. 超越其资质等级许可的范围从事测绘活动
　　E. 从事涉密的测绘活动

【2013,89】根据《中华人民共和国测绘法》,测绘单位转包测绘项目应当承担的法律责任有(　　)。
　　A. 责令改正
　　B. 没收违法所得

C. 处测绘约定报酬一倍以上二倍以下的罚款
D. 可以责令停业整顿或者降低资质等级
E. 情节严重的,吊销营业执照

【2013,93】 根据《中华人民共和国测绘法》,测绘单位测绘成果质量不合格的,测绘地理信息主管部门可以依法对测绘单位做出的行政处罚有( )。
A. 责令补测或者重测
B. 情节严重的,责令停业整顿
C. 给用户造成损失的,依法承担赔偿责任
D. 情节严重的,降低资质等级直至吊销测绘资质证书
E. 处测绘约定报酬二倍以下的罚款

【2014,92】 根据《中华人民共和国测绘法》,下列违反测量标志管理规定的行为中,应当承担相应法律责任的有( )。
A. 未持有测绘作业证使用永久性测量标志的
B. 侵占永久性测量标志用地的
C. 在测量标志占地范围内建设影响标志效应的建筑物的
D. 擅自拆除永久性测量标志的
E. 违反规定使用永久性测量标志的

【2015,34】 根据《中华人民共和国测绘法》,中华人民共和国地图的国界线标准样图由( )拟订。
A. 国务院民政部门和国务院测绘地理信息主管部门
B. 外交部和国务院测绘地理信息主管部门
C. 国务院测绘地理信息主管部门
D. 外交部和国务院民政部门

【2015,21】 根据《中华人民共和国测绘法》,城市建设领域的工程测量活动,与房屋产权、产籍相关的房屋面积的测量,应当执行由( )负责组织编制的测量技术规范。
A. 国务院住房和城乡建设主管部门、国务院计量主管部门
B. 国务院测绘地理信息主管部门、国务院计量主管部门
C. 国务院住房和城乡建设主管部门、国务院土地主管部门
D. 国务院住房和城乡建设主管部门、国务院测绘地理信息主管部门

【2016,20】 外国的组织或者个人在我国领域从事测绘活动,必须依法采取的形式( )。
A. 委托、合资
B. 合资、合作
C. 委托、合作
D. 投资、协作

◀ 真题答案及综合分析 ▶

**答案:** A D D D B BCD ABCD ABCD BCD B D B

**解析:** 以上12题,考核的知识点是《中华人民共和国测绘法》的相关内容。

《中华人民共和国测绘法》的主要内容包括:我国测绘管理体系、测绘基准和测绘系统、维护国家安全和权益的制度、测绘资质管理与权益、测绘项目承发包、基础测绘制度、不动产权益的测绘管理、测绘标准化和质量管理制度、测绘成果管理、测绘基础设施保护等。

2011~2016年的考卷中,直接出现《中华人民共和国测绘法》的考题有35个,所以《中华人民共和国测绘法》是每年必考的重点内容。

**1.4.2 高频真题——《中华人民共和国物权法》**

◀ 真 题 ▶

【2012,42】 根据《中华人民共和国物权法》,当事人签订买卖房屋或者其他不动产物权的协议,为保障将来实现物权,按照约定可以向登记机构申请(　　)。
　　A. 变更登记　　　　　　　　B. 预告登记
　　C. 转让登记　　　　　　　　D. 物权登记

【2013,36】 根据《中华人民共和国物权法》,不动产权属证书记载的事项,与不动产登记簿不一致时,一般以(　　)为准。
　　A. 不动产权属证书　　　　　B. 不动产登记簿
　　C. 不动产登记机构认定的　　D. 在先记载或登记的

【2013,37】 根据《中华人民共和国物权法》,下列关于不动产登记的说法中,错误的是(　　)。
　　A. 当事人申请不动产登记,登记机构可以要求对不动产进行评估
　　B. 权利人、利害关系人可以申请查询、复制登记资料,登记机构应当提供
　　C. 依法属于国家所有的自然资源,所有权可以不登记
　　D. 当事人之间订立有关设立、变更、转让和消灭不动产物权的合同,未办理物权登记的,不影响合同效力

【2014,40】 根据《中华人民共和国物权法》,权利人、利害关系人认为不动产登记簿记载的事项错误的,可以申请(　　)。
　　A. 变更登记　　　　　　　　B. 更正登记
　　C. 异议登记　　　　　　　　D. 重新登记

【2014,43】 根据《中华人民共和国物权法》,国家对不动产实行(　　)登记制度。
　　A. 强制　　　B. 自愿　　　C. 统一　　　D. 分级

【2015,36】 根据《中华人民共和国物权法》,下列有关材料中,申请不动产登记时不需提供的是(　　)。
　　A. 不动产权属证明　　　　　B. 不动产界址资料
　　C. 不动产权面积资料　　　　D. 不动产登记簿

【2015,37】 根据《中华人民共和国物权法》,下列关于不动产登记费收取标准的说法中,正确的是(　　)。
　　A. 按件收取　　　　　　　　B. 按不动产面积收取
　　C. 按不动产体积收取　　　　D. 按不动产价值比例收取

◀ 真题答案及综合分析 ▶

答案:B B A B C D A

解析：以上7题，考核的知识点是《中华人民共和国物权法》的相关内容。

《中华人民共和国物权法》的主要内容包括总则、所有权、用益物权、担保物权、占有及附录六篇，对于不动产测绘的相关内容，特别是基本原则，物权的设立、变更、转让和消灭，不动产登记，国家所有权和集体所有权，私人所有权等内容应充分了解。

### 1.4.3 高频真题——《中华人民共和国合同法》

◀ 真 题 ▶

【2011,14】 下列合同订立情形中，不属于《中华人民共和国合同法》规定的合同无效的情形的是（  ）。

　　A. 一方以欺诈、胁迫的手段订立合同，损害国家利益
　　B. 恶意串通，损害国家、集体或第三人利益
　　C. 订立合同显失公平
　　D. 损害公共利益

【2011,17】 关于订立国家订货任务合同的说法，符合《中华人民共和国合同法》规定的是（  ）。

　　A. 甲乙双方自主确定合同内容
　　B. 依据有关法律、行政法规规定的权利和义务订立合同
　　C. 有关行政主管部门直接下达订货任务
　　D. 以国家订货任务的组织方的要求确定合同内容

【2011,83】 《中华人民共和国合同法》规定，中外合资企业的当事人订立、履行合同应当（  ）。

　　A. 遵守法律、行政法规　　　　　　B. 尊重社会公德
　　C. 不得扰乱社会经济秩序　　　　　D. 不得损害社会公共利益
　　E. 适用外方所在国法律解决纠纷

【2012,83】 根据《中华人民共和国合同法》，属于当事人可以解除合同的情形有（  ）。

　　A. 当事人一方发生名称变更、法定代表人或者负责人变动
　　B. 因不可抗力致使不能实现合同目的
　　C. 合同规定的履行期限不明确
　　D. 当事人协商一致同意解除合同
　　E. 当事人一方有违约行为致使不能实现合同目的

【2013,11】 根据《中华人民共和国合同法》，合同当事人既约定违约金，又约定定金的，一方违约时，对方可以（  ）。

　　A. 适用违约金条款　　　　　　　　B. 适用定金条款
　　C. 选择适用违约金或定金条款　　　D. 一并适用违约金和定金条款

【2014,14】 根据《中华人民共和国合同法》，当事人采用合同书形式订立书面合同的，自（  ）时合同成立。

　　A. 双方当事人制作合同书　　　　　B. 双方当事人表示受合同约束
　　C. 双方当事人签字、盖章　　　　　D. 双方当事人达成一致意见

【2015,12】 甲、乙双方签订了一份测绘合同,下列关于该合同变更的说法中,正确的是（　　）。

　　A. 经双方协商一致,可以变更

　　B. 任何情况下,双方都不得变更

　　C. 一方不履行合同,另一方可以变更

　　D. 需要变更的,双方必须协商一致,并报主管部门审批

【2015,13】 甲、乙测绘公司约定采用合同书形式订立测绘项目合同,但在合同签字盖章前,乙方已经履行了主要义务,甲也接受了测绘成果。根据《中华人民共和国合同法》,甲、乙公司之间的测绘项目合同（　　）。

　　A. 可变更　　　　　　　　　　B. 可撤销

　　C. 成立　　　　　　　　　　　D. 无效

【2015,83】 甲乙双方签订了一份测绘合同,根据《中华人民共和国合同法》,下列情况发生时,甲方可以解除合同的是（　　）。

　　A. 因不可抗拒力致使不能实现合同目的

　　B. 在履行期限届满之前,乙方明确表示不履行合同主要内容

　　C. 乙方延迟履行合同内容,经催告后在合理期限内仍未履行

　　D. 乙方有违法行为致使测绘资质证书被依法吊销

　　E. 乙方管理层发生重大人事变动

【2016,6】 根据《中华人民共和国合同法》,下列合同中,属于有效合同的是（　　）。

　　A. 损害社会公共利益的合同

　　B. 限制民事行为能力人订立的纯获利益的合同

　　C. 以合法形式掩盖非法目的的合同

　　D. 以胁迫手段强制订立的合同

▶ 真题答案及综合分析 ◀

**答案**：C　B　ABCD　BDE　C　C　A　C　ABCD　B

**解析**：以上10题,考核的知识点是《中华人民共和国合同法》关于合同的订立、履行、变更、解除、违约,以及有效、无效合同的界定等相关内容。《中华人民共和国合同法》的主要内容包括总则、分则和附则三大部分,以上考题内容主要涉及总则部分。

### 1.4.4 高频真题——涉密测绘

◀ 真　题 ▶

【2011,31】 向国务院测绘地理信息主管部门申请使用涉密测绘成果的,下列材料中,申请者无须提供的是（　　）。

　　A. 国家秘密基础测绘成果资料使用证明函

　　B. 国家秘密测绘成果使用申请表

　　C. 属于各级财政投资项目的项目批准文件

D. 相关省级测绘地理信息主管部门的介绍函

【2011,76】 下列使用涉密测绘成果的行为中,正确的是( )。
A. 经审批获得的涉密测绘成果,复制后存放于单位涉密资料室
B. 经审批获得的涉密测绘成果,压缩处理后在公共信息网络上免费发布
C. 使用目的完成后,用于后续涉密测绘项目
D. 使用目的完成后,由专人及时核对、清点、登记造册、报批、监督销毁

【2013,27】 根据《中华人民共和国测绘成果管理条例》,利用涉密测绘成果开发生产的保密技术处理的,其秘密等级确定原则是( )。
A. 按所用测绘成果等级定密
B. 不得低于所用测绘成果的秘密等级
C. 按最高等级定密
D. 由测绘地理信息主管部门依法确定

【2013,28】 根据《中华人民共和国保密法》,确定测绘活动中生产的和涉密测绘成果或其衍生产品的密级、保密期限知悉范围的部门或单位是( )。
A. 生产涉密测绘成果的部门或单位
B. 测绘单位所在地的市级测绘地理信息主管部门
C. 为测绘单位颁发测绘资质证书的测绘地理信息主管部门
D. 测绘单位所在地的省级保密行政管理部门

【2013,29】 根据《中华人民共和国保密法》,下列关于定密权限的说法中,错误的是( )。
A. 重要国家机关、省级机关及其授权的机关、单位可以确定绝密级、机密级和秘密级国家秘密
B. 设区的市、自治州一级机关及其授权的机关,单位可以确定机密级和秘密级国家机密
C. 下级机关、单位认为本机关、本单位产生的有关定密事项属于上级机关、单位的定密权限,应当先行定密,再报上级机关、单位批准
D. 没有上级机关、单位的,应当立即提请有相应定密权限的业务主管部门或者保密行政管理部门确定

【2013,30】 根据《关于加强涉密地理信息数据应用安全监管的通知》,使用涉密地理信息数据的建设项目可以委托( )承担。
A. 外商独资企业　　　　　　　　B. 中外合资企业
C. 中外合作企业　　　　　　　　D. 国有独资公司

【2014,32】 根据《关于进一步加强涉密测绘成果管理工作的通知》,下列关于涉密测绘成果管理与使用的说法中,错误的是( )。
A. 涉及国家机密的测绘航空摄影成果应当按照规定先送审后再提供使用
B. 涉密测绘成果应当按照先归档入库再提供使用的规定进行管理
C. 未经依法审批,任何单位和个人不得擅自提供使用涉密测绘成果
D. 经批准使用涉密成果的单位,应当在多个项目中利用该成果,提高使用效率

【2015,88】 根据《关于进一步加强涉密测绘成果管理工作的通知》,下列关于涉密成果使

用的说法中,正确的有(　　)。

A. 航空摄影成果必须先送审后提供使用

B. 涉密测绘成果必须先归档入库再提供使用

C. 如果要用于其他目的,应当向测绘地理信息主管部门备案

D. 必须依据经审批同意的目的和范围使用涉密测绘成果

E. 严格执行涉密测绘成果提供使用审核制度

【2016,25】 根据涉密测绘地理信息安全管理相关规定,使用单位应在涉密测绘成果使用完成后(　　)个月内,销毁申请使用的涉密测绘成果。

A. 1　　　　　　B. 2　　　　　　C. 3　　　　　　D. 6

【2016,26】 根据涉密测绘成果管理相关规定,涉密测绘成果必须按照被许可的(　　)使用。

A. 使用目的和范围　　　　　　B. 使用范围和时间

C. 使用目的和时间　　　　　　D. 使用时间和保证

【2016,69】 下列关于涉密测绘成果管理的要求中,正确的是(　　)。

A. 涉密测绘成果实行统一保管和提供制度

B. 造成测绘成果泄密的,必须依法追究相关人员的刑事责任

C. 涉密测绘成果的多级衍生品可以公开使用

D. 测绘成果保管单位使用涉密测绘成果不需要审批

【2016,87】 根据涉密测绘成果管理相关规定,测绘地理信息主管部门对申请使用涉密测绘成果的审核内容包括(　　)。

A. 使用目的与申请范围

B. 使用理由与时间

C. 保密制度建设情况

D. 涉密测绘成果保管使用环境设施条件

E. 核心涉密人员持证上岗情况

【2016,98】 下列关于涉密测绘成果管理的要求中,正确的是(　　)。

A. 航空摄影成果须先送审后提供使用

B. 涉密测绘成果须先归档入库再提供使用

C. 使用单位按规定获得涉密成果,项目完成后可以按涉密成果在本单位保存

D. 使用单位按规定获得涉密成果后,如需用于其他目的,应另行办理审批手续

E. 涉密测绘成果使用中造成泄密事件的都要依法追究其刑事责任

▶ 真题答案及综合分析 ◀

**答案:** D D B D C D D ABDE D A A ACD ABD

**解析:** 以上13题,考核的知识点是关于涉密测绘及其成果管理相关规定。

该知识点涉及的相关法律法规主要有《中华人民共和国保守国家秘密法》《中华人民共和国测绘成果管理条例》《关于加强涉密测绘成果管理工作的通知》《关于加强涉密地理信息数据应用安全监管的通知》等法律法规。

# 2 测绘资质资格

## 2.1 考点分析

### 2.1.1 测绘资质管理

1）测绘资质管理的概念
(1)从事测绘活动的单位应当具备相应的素质和能力
①从事测绘活动单位的人员必须具备测绘专业技术素质。
②从事测绘活动的单位必须具备必要的仪器设备。
③从事测绘活动的单位必须具备严格的质量保证体系。
④从事测绘活动的单位必须具备严格的测绘成果资料保管和保密制度。
⑤从事测绘活动的单位要具备一定的测绘生产能力。
⑥从事测绘活动的单位的主体性质要符合我国法律规定。
(2)测绘资质管理是一项法定制度
《测绘法》规定，国家对从事测绘活动的单位实行测绘资质管理制度，测绘单位依法取得测绘资质证书后，方可从事相应的测绘活动。
(3)测绘资质实行统一监督管理
①测绘资质条件统一规定。
②资质管理的具体办法统一规定。
③测绘资质证书的式样统一规定。
④统一由测绘地理信息主管部门进行测绘资质审查和统一颁发资质证书。
⑤统一监督执法。
例外：军事测绘单位的资质审查由军队测绘部门负责。
(4)测绘资质管理制度是一项行政许可制度
行政许可是指国家行政机关根据相对人的申请，依法以颁发特定证照等方式，准许相对人行使某种权利，获得从事某种活动资格的一种具体行政行为。但是，这种权利和资格并非任何人都能取得。
《测绘法》明确规定了对从事测绘活动的单位进行资质审查制度，即一般情况下禁止任何单位和个人从事测绘活动，只有通过国务院测绘地理信息主管部门和省、自治区、直辖市人民政府测绘地理信息主管部门资质审查并领取资质证书的单位，才能解除法律规定的对从事测绘活动的禁止，才获得了从事测绘活动的权利和资格。

2）测绘资质管理的原则
测绘资质管理的原则包括：①依法原则；②统一管理原则；③公开、透明原则；④公正、公平原则;⑤便民、高效原则;⑥救济原则;⑦诚实信用、信誉保护原则;⑧监督与责任原则。

3) 测绘资质等级

按照从事测绘活动单位的规模、管理水平、能力的大小,将测绘资质划分为甲、乙、丙、丁4个等级,甲级是最高等级,丁级是最低等级。

4) 资质审批机关

(1) 国家测绘地理信息局

负责审查甲级测绘资质申请并作出行政许可决定。

(2) 省级测绘地理信息行政主管部门

负责受理并审查乙、丙、丁级测绘资质申请并作出行政许可决定。

负责受理甲级测绘资质申请并提出初步审查意见。

(3) 市级测绘地理信息行政主管部门

接受省级测绘地理信息行政主管部门委托,受理本行政区域内乙、丙、丁级测绘资质申请并提出初步审查意见。

(4) 县级测绘地理信息行政主管部门

接受省级测绘地理信息行政主管部门委托,受理本行政区域内丁级测绘资质申请并提出初步审查意见。

5) 测绘资质业务范围

测绘业务划分为大地测量、测绘航空摄影、摄影测量与遥感、工程测量、不动产测绘、地理信息系统工程、海洋测绘、地图编制、导航电子地图制作、互联网地图服务等10项内容。

6) 测绘资质申请与审批

(1) 申请

初次申请测绘资质不得超过乙级。测绘资质单位申请晋升甲级测绘资质的,应当取得乙级测绘资质满2年。申请的专业范围只设甲级的,不受前款规定限制。

(2) 受理、审查、发证

各等级测绘资质申请由单位所在地省、自治区、直辖市测绘地理信息主管部门受理。测绘资质受理机关应当自收到申请材料之日起5日内作出不予受理、补正材料或予以受理决定。申请单位涉嫌违法测绘被立案调查的,案件结案前,不受理其测绘资质申请。

测绘资质申请受理后,测绘资质审批机关应当自受理申请之日起20日内作出行政许可决定。20日内不能作出决定的,经本机关负责人批准,可以延长10日,并应当将延长期限的理由告知申请单位。

申请单位符合法定条件的,测绘资质审批机关应当作出拟准予行政许可的决定,通过本机关网站向社会公示5个工作日,并于作出准予行政许可决定之日起10个工作日内向申请单位颁发测绘资质证书。测绘资质审批机关作出不予行政许可的决定,应当向申请单位书面说明理由。

(3) 测绘资质证书

①测绘资质证书分为正本和副本,由国家测绘地理信息局统一印制,正本和副本具有同等法律效力。

②测绘资质证书有效期不超过5年。编号形式为:等级+测资字+省级行政区编号+顺序号校验位。

③测绘资质证书有效期满需要延续的,测绘单位应当在有效期满60日前,向测绘资质审

批机关申请办理延续手续。

④对继续符合测绘资质条件的单位,经测绘资质审批机关批准,有效期可以延续。

(4)测绘资质单位变更

①测绘资质单位的名称、注册地址、法定代表人发生变更的,应当在有关部门核准完成变更后30日内,向测绘资质审批机关提出变更申请。

②测绘资质单位转制或者合并的,被转制或者合并单位的测绘资质条件可以计入转制或者合并后的新单位。

③测绘资质单位分立的,分立后的单位可以重新申请原资质等级和专业范围的测绘资质。

(5)测绘资质证书的换新和补证

测绘单位在领取新的测绘资质证书的同时,须将原测绘资质证书交回测绘资质审批机关。

测绘单位遗失测绘资质证书,应当及时在公众媒体上刊登遗失声明,持补证申请等其他证明材料到测绘资质审批机关办理补证手续。

7)测绘资质监督管理

(1)实行测绘资质年度报告公示制度

①测绘资质单位应当于每年2月底前,通过测绘资质管理信息系统,按照规定格式向测绘地理信息行政主管部门报送本单位上一年度测绘资质年度报告,并向社会公示,任何单位和个人均可查询。

②测绘资质年度报告内容包括本单位符合测绘资质条件、遵守测绘地理信息法律法规、上一年度单位名称、注册地址、办公地址和法定代表人变更、专业技术人员流动、仪器设备更新、基本情况变化(含上市、兼并重组、改制分立、重大股权变化等)、测绘地理信息统计报表报送情况、测绘项目质量(用户认可或者通过质检机构检查验收)、诚信等级等情况。

③测绘资质单位应当对测绘资质年度报告的真实性、合法性负责。

④各级测绘地理信息行政主管部门可以对本行政区域内测绘资质单位的测绘资质年度报告公示内容进行抽查。经检查发现测绘资质年度报告隐瞒真实情况、弄虚作假的,测绘地理信息行政主管部门依法予以相应处罚。

⑤对未按规定期限报送测绘资质年度报告的单位,测绘地理信息行政主管部门应当提醒其履行测绘资质年度报告公示义务。

(2)实行测绘资质巡查制度

①各级测绘地理信息行政主管部门应当有计划地对测绘资质单位执行《测绘资质管理规定》和《测绘资质分级标准》的有关情况进行巡查。

②国家测绘地理信息局负责指导全国测绘资质巡查工作,并对省级测绘地理信息行政主管部门开展的巡查工作进行抽查。

③省级测绘地理信息行政主管部门负责制订本行政区域内测绘资质巡查工作计划,并组织实施。每年巡查比例不少于本行政区域内各等级测绘资质单位总数的5%。

④各级测绘地理信息行政主管部门组织开展测绘资质巡查工作,应当事先向被巡查单位发出书面通知,告知巡查时间、巡查内容和具体要求。巡查结束后,应当向被巡查单位书面反馈意见。

(3)实行测绘地理信息市场信用管理制度

①各级测绘地理信息行政主管部门应当加强测绘地理信息市场信用管理,褒扬诚信,惩戒失信,营造依法经营、有序竞争的市场环境。

②测绘资质单位违法从事测绘活动被依法查处的,查处违法行为的测绘地理信息行政主管部门应当将违法事实、处理结果报告上级测绘地理信息行政主管部门和测绘资质审批机关。

8)有关处罚

作出的核减专业范围、降低资质等级、吊销测绘资质证书、办理注销手续等决定,由测绘资质审批机关实施,其他决定由各级测绘地理信息行政主管部门实施。

(1)通报批评

测绘资质单位有下列情形之一的,予以通报批评:

①在测绘资质申请和日常监督管理中隐瞒有关情况、提供虚假材料或者拒绝提供反映其测绘活动情况的真实材料的。

②两年未履行测绘资质年度报告公示义务的。

③测绘地理信息市场信用等级评定为不合格的。

(2)注销资质

测绘资质单位有下列情形之一的,应当依法予以办理注销手续:

①测绘资质证书有效期满未延续的。

②测绘资质单位法人资格终止的。

③测绘资质行政许可决定依法被撤销、撤回的。

④测绘资质证书依法被吊销的。

⑤测绘资质证书所载各专业范围均不再符合法定条件的。

⑥测绘资质单位在从事测绘活动中,因泄露国家秘密被国家安全机关查处的。

⑦测绘资质单位申请注销的。

(3)停业整顿或者降低资质等级

测绘资质单位有下列情形之一的,应当依法视情节责令停业整顿或者降低资质等级:

①超越资质等级许可的范围从事测绘活动的。

②以其他测绘资质单位的名义从事测绘活动的。

③将承揽的测绘项目转包的。

④测绘成果质量经省级以上测绘地理信息质检机构判定为批不合格的。

⑤涂改、倒卖、出租、出借或者以其他形式转让测绘资质证书的。

⑥违反保密规定加工、处理和利用涉密测绘成果,存在失泄密隐患被查处的。

(4)吊销测绘资质证书

测绘资质单位有下列情形之一的,应当依法吊销测绘资质证书:

①有应该停业整顿或者降低资质等级的情形之一且情节严重的。

②以欺骗手段取得测绘资质证书从事测绘活动的。

③承担国家投资的测绘项目,且经暂扣测绘资质证书6个月仍不汇交测绘成果资料的。

### 2.1.2　测绘执业资格

1)测绘执业资格概念

(1)执业资格是指政府对某些责任较大、社会通用性强、关系公共利益的专业实行准入控制,是依法从事某一特定专业所具备的学识、技术和能力的标准。

(2)《测绘法》确定了我国实行对测绘专业技术人员的执业资格管理制度。

(3)测绘执业资格是指自然人(公民、个人)从事测绘专业技术活动应当具备的知识、技术水平和能力等。包括:

①具有测绘理论知识。

②具有基本的测绘专业技术水平。

③具有所从事的专业技术工作的能力。

④具备一定的运用法律知识和管理知识处理事务的能力。

《注册测绘师制度暂行规定》将测绘执业资格确定为注册测绘师。

2)测绘执业资格管理制度

(1)从事测绘活动的专业技术人员应当具备相应的执业资格条件。

(2)具体办法由国务院测绘地理信息主管部门会同国务院人力资源社会保障主管部门规定。

(3)测绘专业技术人员的执业证书的式样,由国务院测绘地理信息主管部门统一规定。

(4)对未取得测绘执业资格,擅自从事测绘活动的,责令停止违法行为,没收违法所得和测绘成果,对其所在单位可以处违法所得二倍以下的罚款;情节严重的,没收测绘工具;造成损失的,依法承担赔偿责任。

### 2.1.3 注册测绘师

1)概念

《注册测绘师制度暂行规定》第四条规定:本规定所称注册测绘师,是指经考试取得《中华人民共和国注册测绘师资格证书》,并依法注册后,从事测绘活动的专业技术人员。注册测绘师英文译为 Registered Surveyor。

注册测绘师的定义具有以下几个特征:

(1)注册测绘师资格的法定证件是《中华人民共和国注册测绘师资格证书》,只有取得该证书的人员,才具有注册测绘师资格;未取得该证书的人员,不具有注册测绘师资格。

(2)取得注册测绘师资格必须经过考试,未经考试或者考试不合格的,不能取得注册测绘师资格,也就不能获得《中华人民共和国注册测绘师资格证书》。

(3)取得注册测绘师资格的人员,必须经过注册后,才能以注册测绘师的名义执业。

(4)注册测绘师是从事测绘活动的专业技术人员。

2)取得注册测绘师资格应当具备的基本条件

(1)政治条件

中华人民共和国公民,遵守国家法律、法规,恪守职业道德。

(2)业务条件

①测绘类专业大学专科学历,从事测绘业务工作满6年。

②测绘类专业大学本科学历,从事测绘业务工作满4年。

③含测绘类专业在内的双学士学位或者测绘类专业研究生班毕业,从事测绘业务工作满3年。

④测绘类专业硕士学位,从事测绘业务工作满2年。

⑤测绘类专业博士学位,从事测绘业务工作满1年。

⑥其他理学类或者工学类专业学历或者学位的人员,其从事测绘业务工作年限相应增加2年。

（3）考试合格

参加依照《注册测绘师制度暂行规定》组织的注册测绘师资格考试,并在一个考试年度内考试科目全部合格。

3)注册测绘师资格证书

符合注册测绘师资格基本条件者可以取得注册测绘师资格,由国家颁发《中华人民共和国注册测绘师资格证书》,该证书是持有人测绘专业水平能力的证明,在全国范围内有效。

对以不正当手段取得中华人民共和国注册测绘师资格证书的,由发证机关收回。自收回该证书之日起,当事人3年内不得再次参加注册测绘师资格考试。

4)注册测绘师的注册

（1）注册的意义

国家对注册测绘师资格实行注册执业管理,取得《中华人民共和国注册测绘师资格证书》的人员,经过注册后方可以注册测绘师的名义从事测绘活动。

执业资格不是终身制,随着行业的发展,它的标准是不断调整的,主要方法是继续教育和再注册。

（2）注册的管理主体

国家测绘地理信息局为注册测绘师资格的注册审批机构。

各省、自治区、直辖市人民政府测绘地理信息主管部门负责注册测绘师资格的注册审查工作。

（3）申请注册应当具备的条件

①持有《中华人民共和国注册测绘师资格证书》。

②应受聘于一个具有测绘资质的单位,并且只能受聘于一个有测绘资质的单位,以注册测绘师名义执业。

（4）申请注册

具有注册测绘师资格的人员,应当通过聘用单位所在地的测绘地理信息主管部门,向省、自治区、直辖市人民政府测绘地理信息主管部门提出注册申请。

①初始注册。初始注册者,可自取得《中华人民共和国注册测绘师资格证书》之日起1年内提出注册申请。逾期未申请者,在申请初始注册时,须符合《注册测绘师制度暂行规定》有关继续教育要求。初始注册需要提交《中华人民共和国注册测绘师初始注册申请表》、《中华人民共和国注册测绘师资格证书》、与聘用单位签订的劳动或者聘用合同、逾期申请注册人员的继续教育证明材料。

②延续注册。注册有效期届满需继续执业,且符合注册条件的,应在届满前30个工作日内申请延续注册。延续注册需要提交《中华人民共和国注册测绘师延续注册申请表》、与聘用单位签订的劳动或者聘用合同、达到注册期内继续教育要求的证明材料。

③变更注册。在注册有效期内,注册测绘师变更执业单位,应与原聘用单位解除劳动关系,并申请变更注册。变更注册后,其《中华人民共和国注册测绘师注册证》和执业印章在原注册有效期内继续有效。变更注册需要提交《中华人民共和国注册测绘师变更注册申请表》、与

新聘用单位签订的劳动或者聘用合同以及工作调动证明或者与原聘用单位解除劳动或者聘用合同的证明、退休人员的退休证明。

(5)受理注册申请

省、自治区、直辖市人民政府测绘地理信息主管部门在收到注册测绘师资格注册的申请材料后,对申请材料不齐全或者不符合法定形式的,应当当场或者在5个工作日内,一次告知申请人需要补正的全部内容,逾期不告知的,自收到申请材料之日起即为受理。

对受理或者不予受理的注册申请,均应出具加盖省、自治区、直辖市人民政府测绘地理信息主管部门专用印章和注明日期的书面凭证。

(6)审批

省、自治区、直辖市人民政府测绘地理信息主管部门自受理注册申请之日起20个工作日内,按规定条件和程序完成申报材料的审查工作,并将申报材料和审查意见报国家测绘地理信息局审批。

国家测绘地理信息局自受理申报人员材料之日起20个工作日内作出审批决定。在规定的期限内不能作出审批决定的,应将延长的期限和理由告知申请人。

国家测绘地理信息局自作出批准决定之日起10个工作日内,将批准决定送达经批准注册的申请人,并核发统一制作的《中华人民共和国注册测绘师注册证》和执业印章。对作出不予批准的决定,应当书面说明理由,并告知申请人享有依法申请行政复议或者提起行政诉讼的权利。

对于不符合注册条件的、不具有完全民事行为能力的、刑事处罚尚未执行完毕和因在测绘活动中受到刑事处罚的,自刑事处罚执行完毕之日起至申请注册之日止不满3年的不予注册。

(7)注册有效期

《中华人民共和国注册测绘师注册证》每一注册有效期为3年。

《中华人民共和国注册测绘师注册证》和执业印章在有效期限内是注册测绘师的执业凭证,由注册测绘师本人保管、使用。

(8)注销注册

注册申请人有下列情形之一的,应由注册测绘师本人或者聘用单位及时向当地省、自治区、直辖市人民政府测绘地理信息主管部门提出申请,由国家测绘地理信息局审核批准后,办理注销手续,收回《中华人民共和国注册测绘师注册证》和执业印章:

①不具有完全民事行为能力的。

②申请注销注册的。

③注册有效期满且未延续注册的。

④被依法撤销注册的。

⑤受到刑事处罚的。

⑥与聘用单位解除劳动或者聘用关系的。

⑦聘用单位被依法取消测绘资质证书的。

⑧聘用单位被吊销营业执照的。

⑨因本人过失造成利害关系人重大经济损失的。

⑩应当注销注册的其他情形。

(9)不予注册

注册申请人有下列情形之一的不予注册:

①不具有完全民事行为能力的。
②刑事处罚尚未执行完毕的。
③因在测绘活动中受到刑事处罚,自刑事处罚执行完毕之日起至申请注册之日止不满3年的。
④法律、法规规定不予注册的其他情形。不予注册的人员,重新具备初始注册条件,并符合本规定继续教育要求的,可按《注册测绘师制度暂行规定》第十四条规定的程序申请注册。

(10)注册撤销

注册申请人以不正当手段取得注册的,应当予以撤销,并由国家测绘地理信息局依法给予行政处罚;当事人在3年内不得再次申请注册;构成犯罪的,依法追究刑事责任。

(11)继续教育

继续教育是注册测绘师延续注册、重新申请注册和逾期初始注册的必备条件。在每个注册期内,注册测绘师应按规定完成本专业的继续教育。注册测绘师继续教育,分必修课和选修课,在一个注册期内必修课和选修课均为60学时。

5)注册测绘师的执业

(1)执业岗位

注册测绘师应在一个具有测绘资质的单位,开展与该单位测绘资质等级和业务许可范围相应的测绘执业活动。

(2)执业范围
①测绘项目技术设计。
②测绘项目技术咨询和技术评估。
③测绘项目技术管理、指导与监督。
④测绘成果质量检验、审查、鉴定。
⑤国务院有关部门规定的其他测绘业务。

(3)执业能力
①熟悉并掌握国家测绘及相关法律、法规和规章。
②了解国际、国内测绘技术发展状况,具有较丰富的专业知识和技术工作经验,能够处理较复杂的技术问题。
③熟练运用测绘相关标准、规范、技术手段,完成测绘项目技术设计、咨询、评估及测绘成果质量检验管理。
④具有组织实施测绘项目的能力。

(4)执业效力与责任
①在测绘活动中形成的技术设计和测绘成果质量文件,必须由注册测绘师签字并加盖执业印章后方可生效。
②修改经注册测绘师签字盖章的测绘文件,应由该注册测绘师本人进行;因特殊情况,该注册测绘师不能进行修改的,应由其他注册测绘师修改,并签字、加盖印章,同时对修改部分承担责任。
③因测绘成果质量问题造成的经济损失,接受委托的单位应承担赔偿责任;接受委托的单位依法向承担测绘业务的注册测绘师追偿。

(5)执业收费

注册测绘师从事执业活动,由其所在单位接受委托并统一收费。

6)注册测绘师的权利义务

(1)享有的权利

①使用注册测绘师称谓。

②保管和使用本人的《中华人民共和国注册测绘师注册证》和执业印章。

③在规定的范围内从事测绘执业活动。

④接受继续教育。

⑤对违反法律、法规和有关技术规范的行为提出劝告,并向上级测绘地理信息主管部门报告。

⑥获得与执业责任相应的劳动报酬。

⑦对侵犯本人执业权利的行为进行申诉。

(2)履行的义务

①遵守法律、行政法规和有关管理规定,恪守职业道德。

②执行测绘技术标准和规范。

③履行岗位职责,保证执业活动成果质量,并承担相应责任。

④保守知悉的国家秘密和委托单位的商业、技术秘密。

⑤只受聘于一个有测绘资质的单位执业。

⑥不准他人以本人名义执业。

⑦更新专业知识,提高专业技术水平。

⑧完成注册管理机构交办的相关工作。

### 2.1.4 测绘人员权利保护和测绘作业证

1)测绘人员权利保护

(1)测绘人员进行测绘活动时,应当持有测绘作业证件。

①明确测绘作业证件的发放对象。测绘作业证件的持有者必须是测绘人员,更确切地说应当是从事野外作业的测绘人员。

②明确测绘作业证件的使用条件。即持有测绘作业证件的人员,只有在从事测绘活动时才能使用,此时测绘作业证件才能具有法律效力。其他任何场合使用这个证件,都不具有法律效力。

③明确测绘人员的义务。测绘人员在从事测绘活动时要持有测绘作业证件,并接受有关权利人的查验。

(2)任何单位和个人不得妨碍、阻挠测绘人员依法进行测绘活动。

(3)测绘人员的测绘作业证件的式样由国务院测绘地理信息主管部门统一规定。

(4)测绘人员使用永久性测量标志,必须持有测绘作业证件。

2)测绘作业证的特征

(1)测绘作业证是测绘人员从事测绘活动的合法身份证明。

(2)测绘作业证为测绘人员提供权利保障,也有利于保护与测绘活动发生关系的单位和个人的合法权益。

(3)从事测绘活动出示测绘作业证件是测绘人员的义务,同时也可以防止非法测绘活动。从事测绘活动是测绘人员的法定权利,但是在测绘活动中向相关单位和个人出示测绘作业证件是测绘人员的法定义务。

(4)为持有测绘作业证件从事测绘活动的测绘人员提供便利是与测绘活动发生关系的单位和个人的义务。

(5)持有测绘作业证件的测绘人员的权利是有限的。一般来说,它适用于下列情况:

①测绘人员与从事测绘活动所在地的人民政府和有关单位、个人联系工作时。

②使用测量标志时。

③接受测绘管理部门的执法监督检查时。

④进入机关、厂矿、住宅、耕地或者其他地块时。

⑤办理与所进行的测绘活动相关的其他事项时。

不适用于测绘人员进入保密单位、军事禁区和法律法规规定的需要特殊审批的区域进行测绘活动时。

3)测绘作业证的取得

(1)取得测绘作业证的条件

①须在具有测绘资质的单位从业。申请测绘作业证是取得测绘资质证书的单位为本单位的测绘人员申请,未取得测绘资质证书的单位不得为测绘人员申请测绘作业证,个人不能直接申请。

②测绘作业证主要是保障外业测绘人员的合法权利。申请领取测绘作业证的人员应当主要是从事测绘外业工作的人员和其他需要持有测绘作业证的人员。

(2)申请测绘作业证的办法和程序

①准备申请材料。

②提出申请。申请单位向单位所在地的省、自治区、直辖市人民政府测绘地理信息主管部门或者其委托的市(地)级测绘地理信息主管部门提出申请,提交申请材料。

③审核发证。省、自治区、直辖市人民政府测绘地理信息主管部门或者其委托的市(地)级人民政府测绘地理信息主管部门应当自收到办证申请,并确认各种报表及各项手续完备之日起30日内,完成测绘作业证的审核发证工作。

(3)测绘作业证的注册

测绘作业证由省、自治区、直辖市人民政府测绘地理信息主管部门或者其委托的市(地)级人民政府测绘地理信息主管部门负责注册核准。

每次注册核准有效期为3年。注册核准有效期满前30日内,各测绘单位应当将测绘作业证送交单位所在地的省、自治区、直辖市人民政府测绘地理信息主管部门或者其委托的市(地)级人民政府测绘地理信息主管部门注册核准。过期不注册核准的测绘作业证无效。

(4)测绘作业证的补发和换新

①测绘人员调往其他测绘单位的,由新调入单位重新申领测绘作业证。

②测绘单位办理遗失证件的补证和旧证换新证的,省、自治区、直辖市人民政府测绘地理信息主管部门或者其委托的市(地)级人民政府测绘地理信息主管部门应当自收到补(换)证申请之日起30日内,完成补(换)证工作。

(5)测绘单位的责任

测绘单位申报材料不真实,虚报冒领测绘作业证的,由省、自治区、直辖市人民政府测绘地理信息主管部门收回冒领的证件,并根据其情节给予通报批评。

4)测绘作业证的使用

(1)测绘人员在下列情况下应当主动出示测绘作业证：

①进入机关、企业、住宅小区、耕地或者其他地块进行测绘时。

②使用测量标志时。

③接受测绘地理信息主管部门的执法监督检查时。

④办理与所进行的测绘活动相关的其他事项时。

进入保密单位、军事禁区和法律法规规定的需经特殊审批的区域进行测绘活动时，还应当按照规定持有关部门的批准文件。

(2)测绘人员的义务

①测绘人员进行测绘活动时，应当遵守国家法律法规，保守国家秘密，遵守职业道德，不得损毁国家、集体和他人的财产。

②测绘人员必须依法使用测绘作业证，不得利用测绘作业证从事与其测绘工作身份无关的活动。

③测绘人员对测绘作业证应当妥善保存，防止遗失，不得损毁，不得涂改。测绘作业证只限持证人本人使用，不得转借他人。

④测绘人员遗失测绘作业证，应当立即向本单位报告并说明情况。所在单位应当及时向发证机关书面报告情况。

⑤测绘人员离(退)休或调离工作单位的，必须由原所在测绘单位收回测绘作业证，并及时上交发证机关。

(3)测绘人员的责任

测绘人员有下列行为之一的，由所在单位收回其测绘作业证并及时交回发证机关，对情节严重者依法给予行政处分；构成犯罪的，依法追究刑事责任：

①将测绘作业证转借他人的。

②擅自涂改测绘作业证的。

③利用测绘作业证严重违反工作纪律、职业道德或者损害国家、集体或者他人利益的。

④利用测绘作业证进行欺诈及其他违法活动的。

### 2.1.5 涉外测绘

1)涉外测绘有关规定

(1)外国的组织或者个人在中华人民共和国领域和管辖的其他海域从事测绘活动，必须经国务院测绘地理信息主管部门会同军队测绘部门批准，并遵守中华人民共和国的有关法律、行政法规的规定。

(2)外国的组织或者个人在中华人民共和国领域从事测绘活动，必须与中华人民共和国有关部门或者单位依法采取合资、合作的形式进行，并不得涉及国家秘密和危害国家安全。

(3)县级以上各级人民政府测绘地理信息主管部门依法对来华测绘履行监督管理职责。

2)涉外测绘活动的原则

(1)必须遵守中华人民共和国的法律、行政法规的规定。

(2)不得涉及中华人民共和国的国家秘密。

(3) 不得危害中华人民共和国的国家安全。

3) 合资、合作企业申请测绘资质

合资、合作测绘应当取得国务院测绘地理信息主管部门颁发的测绘资质证书。合资、合作企业申请测绘资质,应当分别向国务院测绘地理信息主管部门和其所在地的省、自治区、直辖市人民政府测绘地理信息主管部门提交申请材料。

(1) 合资、合作企业申请测绘资质应当具备的条件

①符合《测绘法》以及外商投资的法律法规的有关规定。

②符合《测绘资质管理规定》的有关要求。

③合资、合作企业须中方控股。

④已经依法进行企业登记,并取得中华人民共和国法人资格。

(2) 合资、合作企业申请测绘资质应当提供的资料

①《测绘资质管理规定》中要求提供的申请材料。

②中方控股的证明文件。

③企业法人营业执照。

④国务院测绘地理信息主管部门规定应当提供的其他材料。

(3) 合资、合作企业从事测绘活动的限制性规定

外国的组织或者个人与中华人民共和国有关部门或者单位合资、合作,不得从事下列测绘活动:

①大地测量。

②测绘航空摄影。

③行政区域界线测绘。

④海洋测绘。

⑤地形图和普通地图编制。

⑥导航电子地图编制。

⑦国务院测绘地理信息主管部门规定的其他测绘活动。

4) 一次性测绘管理

(1) 一次性测绘的概念

一次性测绘,是指外国的组织或者个人在不设立合资、合作企业的前提下,经国务院及其有关部门或者省、自治区、直辖市人民政府批准,来华开展科技、文化、体育等活动时,需要进行的一次性测绘活动,简称一次性测绘。

(2) 一次性测绘的原则

①经国务院及其有关部门或者省、自治区、直辖市人民政府批准来华从事科技、文化、体育等特定活动。

②经国务院测绘地理信息主管部门会同军队测绘部门批准。

③与中华人民共和国的有关部门和单位的测绘人员共同进行。

④必须遵守中华人民共和国的有关法律、行政法规的规定,并不得涉及国家秘密和危害国家安全。

(3) 一次性测绘申请

申请一次性测绘,应当向国务院测绘地理信息主管部门提交申请材料。

国务院测绘地理信息主管部门在决定受理后,应当及时通知省、自治区、直辖市人民政府测绘地理信息主管部门进行初审。省、自治区、直辖市人民政府测绘地理信息主管部门在接到初审通知后,应当在 20 个工作日内提出初审意见,并报国务院测绘地理信息主管部门。国务院测绘地理信息主管部门受理或者接到初审意见后 5 个工作日内送军队测绘部门会同审查,并在接到会同审查意见后 8 个工作日内作出审查决定。

(4)一次性测绘监督管理

从事一次性测绘活动,应当按照国务院测绘地理信息主管部门批准的内容进行。县级以上人民政府测绘地理信息主管部门应当依照法律、行政法规和规章的规定,对一次性测绘履行监督管理职责。

## 2.2 例　　题

1)单项选择题(每题 1 分。每题的备选项中,只有 1 个最符合题意)

(1)从事测绘活动的单位应当取得(　　)。

　　A. 测绘许可证　　　　　　　　B. 测绘资质证书
　　C. 注册测绘师证书　　　　　　D. 测绘作业证

(2)关于申请测绘资质的说法,正确的是(　　)。

　　A. 测绘资质受理机关应当自收到申请材料之日起 15 日内作出受理决定
　　B. 申请单位涉嫌违法测绘被立案调查的,应当受理其测绘资质申请,但结案后再审批
　　C. 申请单位涉嫌违法测绘被立案调查的,案件结案前,不受理其测绘资质申请
　　D. 初次申请测绘资质原则上不得超过丁级

(3)某测绘单位的测绘资质证书载明的业务范围是工程测量,对于大地测量项目的招标邀请,该单位正确的做法是(　　)。

　　A. 使用本单位测绘资质证书投标
　　B. 使用其他单位的测绘资质证书投标
　　C. 不参与投标
　　D. 联合其他单位进行投标

(4)关于注册测绘师应履行的义务的说法,错误的是(　　)。

　　A. 应当履行岗位职责,保证执业活动成果质量,并承担相应责任
　　B. 可以同时受聘于两个测绘单位执业
　　C. 不准他人以本人名义执业
　　D. 应当更新专业知识,提高专业技术水平

(5)关于《中华人民共和国注册测绘师资格证书》初始注册申请期限的说法,正确的是(　　)。

　　A. 1 个月内　　　B. 6 个月内　　　C. 1 年内　　　D. 2 年内

(6)关于注册测绘师在一个注册周期内接受继续教育学时的说法,正确的是(　　)。

　　A. 必修课 60 学时,选修课 30 学时　　　B. 必修课和选修课均为 50 学时
　　C. 必修课和选修课均为 60 学时　　　　D. 必修课 5 学时,选修课 30 学时

(7)关于测绘人员调离或退休后,其测绘作业证处理的做法,错误的是(　　)。

　　A. 收回调离人员的测绘作业证

B. 由调离或退休人员留作纪念
C. 收回退休人员测绘许可证
D. 对调离人员,由其新调入单位为其申领测绘作业证

(8)关于测绘作业证的说法,错误的是( )。
A. 由国家测绘局统一规定式样
B. 由省、自治区、直辖市测绘地理信息主管部门审核发放
C. 在省、自治区、直辖市区域内使用
D. 测绘人员从事测绘活动应当持有测绘作业证

(9)中外合资、合作企业申请测绘资质应当向( )提供申报资料。
A. 国务院测绘地理信息主管部门和其所在地的省、自治区、直辖市人民政府测绘地理信息主管部门
B. 所在地的省、自治区、直辖市人民政府测绘地理信息主管部门
C. 国务院测绘地理信息主管部门
D. 军队测绘部门

(10)关于外国组织和个人携带我国测绘成果出境的说法,正确的是( )。
A. 可以携带出境
B. 不可携带出境
C. 未经依法批准,不得以任何形式携带出境
D. 经中方合作单位同意后可以携带出境

(11)关于从事测绘活动的中外合资企业股权构成的说法,正确的是( )。
A. 由中方控制              B. 外方股权比例不受任何限制
C. 由外方控制              D. 中方和外方股份应当各为50%

(12)测绘资质年度注册时间为每年的( )月。
A. 1        B. 3        C. 6        D. 9

(13)《注册测绘师制度暂行规定》第四条规定:本规定所称注册测绘师,是指经考试取得《中华人民共和国注册测绘师资格证书》,并依法注册后,从事测绘活动的( )人员。
A. 业余技术    B. 专业技术    C. 专业骨干    D. 高层主管

(14)注册有效期届满需继续执业,且符合注册条件的,应在届满前( )工作日内申请延续注册。
A. 10个      B. 20个      C. 30个      D. 60个

(15)《中华人民共和国注册测绘师注册证》每一次注册有效期为( )。
A. 1年       B. 3年       C. 5年       D. 终身

(16)下列有关测绘作业证描述正确的是( )。
A. 个人可以申请测绘作业证
B. 测绘内业工作的人员和其他需要持有测绘作业证的人员可以领取测绘作业证
C. 测绘人员在进入住宅小区、耕地或其他地块进行测绘时应当主动出示测绘作业证
D. 测绘人员离(退)休或调离工作单位的,由原所在测绘单位收回测绘作业证,用于以后其他人员使用

(17)以下关于外国的组织或者个人在中华人民共和国领域从事测绘活动的说法,错误的是( )。

A. 应当与中华人民共和国有关部门或者单位合作进行
B. 可以进行大地测量、海洋测绘等业务
C. 应当遵守中华人民共和国有关法律、行政法规的规定
D. 不得涉及国家秘密和危害国家安全

(18)测绘资质证书有效期最长不超过5年,编号形式为(　　)。
A. 省、自治区、直辖市编号+顺序号+等级+测资字
B. 等级+省、自治区、直辖市编号+测资字+顺序号
C. 等级+测资字+省、自治区、直辖市编号+顺序号
D. 省、自治区、直辖市编号+等级+顺序号+测资字

(19)测绘单位在从事测绘活动中,因泄露国家秘密被国家安全机关查处的,测绘资质审批机关应当(　　)。
A. 对其处5万元以上20万元以下罚款
B. 对其处100万元以下罚款
C. 注销其测绘资质证书
D. 注销其测绘资质证书并处100万元以下罚款

(20)凡中华人民共和国公民,遵守国家法律、法规,恪守职业道德,申请参加注册测绘师资格考试应具备的条件,说法正确的是(　　)。
A. 取得测绘类专业大学专科学历,从事测绘业务工作满5年
B. 取得测绘类专业大学本科学历,从事测绘业务工作满3年
C. 取得其他理学类或者工学类专业学历或者学位的人员,其从事测绘业务工作年限相应增加2年
D. 取得测绘类专业硕士学位,从事测绘业务工作满1年

(21)关于一次性测绘的说法,正确的是(　　)。
A. 初审:省、自治区、直辖市人民政府测绘地理信息主管部门应当在接到初审通知后10个工作日内提出初审意见,并报国务院测绘地理信息主管部门
B. 审查:国务院测绘地理信息主管部门受理后或者接到初审意见后10个工作日内送军队测绘部门会同审查
C. 合资、合作测绘单位来华测绘成果归中方部门或者单位所有的,可以进行复制、拷贝
D. 合资、合作测绘或者一次性测绘的,应当保证中方测绘人员全程参与具体测绘活动

(22)《测绘法》规定,测绘资质证书的式样由(　　)统一规定。
A. 测绘学会
B. 国务院测绘地理信息主管部门
C. 军队测绘部门
D. 国务院测绘地理信息主管部门会同军队测绘部门

(23)根据《测绘法》的规定,以欺骗手段取得测绘资质证书从事测绘活动的,由发证的测绘地理信息主管部门吊销测绘资质证书,同时没收违法所得和测绘成果,并处测绘约定报酬(　　)的罚款。
A. 1倍以上2倍以下　　　　　　　　B. 2倍以上3倍以下

C. 1倍以上3倍以下 D. 2倍以上5倍以下

(24)测绘单位自取得测绘资质证书之日起,原则上( )年后方可申请升级。
A. 1 B. 2 C. 3 D. 4

(25)测绘单位未按照规定汇交测绘成果的,在测绘资质年度注册时( )。
A. 可以注册 B. 不予以注册
C. 增加注册条件 D. 缓期注册

(26)( )制定了《注册测绘师制度暂行规定》,将测绘执业资格确定为注册测绘师。
A. 国务院人事行政主管部门
B. 国务院测绘地理信息主管部门
C. 军队测绘地理信息主管部门
D. 国务院测绘地理信息主管部门会同国务院人事行政主管部门

(27)对以不正当手段取得《中华人民共和国注册测绘师资格证书》的,由发证机关收回。当事人( )年内不得再次参加注册测绘师资格考试。
A. 1 B. 2 C. 3 D. 4

(28)国家测绘局自作出批准决定之日起( )内,核发统一制作的《中华人民共和国注册测绘师注册证》和执业印章。
A. 5个工作日 B. 10个工作日
C. 20个工作日 D. 30个工作日

(29)注册测绘师继续教育的一个注册期内,一共需要( )学时,分必修课( )学时和选修课( )学时。
A. 60,30,30 B. 120,60,60 C. 90,45,45 D. 60,60,0

(30)《测绘法》规定,测绘人员进行测绘活动时,应当持有( )。
A. 进出许可证 B. 本单位工作证
C. 测绘作业证件 D. 当地临时居住证

(31)测绘资质证书有效期最长不超过( )。
A. 1年 B. 3年 C. 5年 D. 8年

(32)下列情形中,不符合测绘资质审批机关应当注销资质、降低资质等级或者核减相应业务范围条件的是( )。
A. 测绘资质有效期未延续的
B. 甲级测绘单位在3年内未承担单项合同额为80万元以上测绘项目的
C. 测绘单位依法终止的
D. 测绘单位连续2次被缓期注册的

(33)测绘类专业大学本科学历取得注册测绘师资格业务条件应具备:从事测绘业务工作满( )。
A. 2年 B. 3年 C. 4年 D. 5年

(34)注册测绘师注册证被撤销的,当事人在( )内不得再次申请注册。
A. 1年 B. 2年 C. 3年 D. 4年

(35)关于注册测绘师资格的说法,错误的是( )。
A. 注册测绘师资格考试制度原则上每年举行一次
B. 取得测绘类专业博士学位后即可申请参加注册测绘师资格考试

C. 注册测绘师继续教育,分必修课和选修课

D. 在一个注册期内必修课和选修课均为60学时

(36)取得测绘资质未满( )的单位,可以不参加测绘资质年度注册。

A. 3个月　　　　B. 6个月　　　　C. 9个月　　　　D. 12个月

(37)取得注册测绘师资格的人员,必须经过( )后,才能以注册测绘师的名义执业。

A. 审核　　　　B. 检查　　　　C. 审批　　　　D. 注册

(38)外国的组织或者个人在中华人民共和国领域从事测绘活动,应当( )进行,并不得涉及国家秘密和危害国家安全。

A. 独立

B. 与中华人民共和国有关部门或者单位合作

C. 与国务院测绘地理信息主管部门指定单位合作

D. 与国家安全部门指定单位合作

(39)对于因在测绘活动中受到刑事处罚,自刑事处罚执行完毕之日起至申请注册之日止不满( )年的不予注册。

A. 1　　　　B. 2　　　　C. 3　　　　D. 4

(40)测绘单位申报材料不真实,虚报冒领测绘作业证的,由省、自治区、直辖市人民政府测绘管理与法律法规测绘地理信息主管部门( ),并根据其情节给予通报批评。

A. 吊销冒领的证件　　　　B. 销毁冒领的证件

C. 收回冒领的证件　　　　D. 不予处理,留待查看

(41)下列关于测绘资质等级的说法,正确的是( )。

A. 测绘资质等级是依据从事测绘活动的单位的注册资本划分的

B. 测绘资质划分为甲、乙、丙三级

C. 甲级是最高等级

D. 丙级是最低等级

(42)进行外业测绘活动时应当持有( )。

A. 测绘作业证　　　　B. 当地临时居住证

C. 本地单位工作证　　　　D. 进出许可证

2)多项选择题(每题2分。每题的备选项中,有2个或2个以上符合题意,至少有1个错项。错选,本题不得分;少选,所选的每个选项得0.5分)

(43)外国的组织或者个人在中华人民共和国领域测绘时,不得从事的活动有( )。

A. 大地测量　　　　B. 测绘航空摄影　　　　C. 与原单位进行交流沟通

D. 导航电子地图编制　　　　E. 与中国单位和个人进行合作

(44)违反《测绘法》规定,外国的组织或者个人未经批准,或者未与中华人民共和国有关部门、单位合作,擅自从事测绘活动的,对其处罚措施有( )。

A. 没收违法所得

B. 限期出境或者驱逐出境

C. 构成犯罪的,依法追究刑事责任

D. 没收测绘成果和测绘工具

E. 处一百万元以上的罚款

(45)测绘人员对于测绘作业证使用不正确的是( )。
  A. 将测绘作业证转借他人
  B. 自行涂改测绘作业证
  C. 在出入住宅小区时主动出示测绘作业证
  D. 丢失测绘作业证后立即报告本单位并说明情况
  E. 利用测绘作业证进行欺诈及其他违法活动的

(46)下列情形中,有关注册测绘师不予注册的说法正确的是( )。
  A. 不具有完全民事行为能力的
  B. 刑事处罚尚未执行完毕的
  C. 因本人过失造成利益关系人重大经济损失的
  D. 法律、法规规定不予注册的其他情形
  E. 因在测绘活动中受到刑事处罚,自刑事处罚执行完毕之日起至申请注册之日止不满 2 年的

(47)测绘人员在下列( ),应当主动出示测绘作业证。
  A. 使用测量标志时
  B. 进入住宅小区进行测绘时
  C. 接受测绘地理信息主管部门的执法监督检查时
  D. 办理与所进行的测绘活动相关的其他事项时
  E. 进入测绘人员自己单位时

(48)下列情况中,测绘人员的测绘作业证被单位收回的是( )。
  A. 将测绘作业证转借他人的
  B. 出入小区时,出示测绘作业证件的
  C. 利用测绘作业证进行欺诈行为的
  D. 擅自涂改测绘作业证的
  E. 使用测量标志时,出示测绘作业证件的

(49)下列选项中属于注册测绘师的职业范围的是( )。
  A. 测绘项目技术设计        B. 测绘项目技术咨询
  C. 测绘项目技术管理        D. 测绘成果质量审查
  E. 对他人进行测绘能力鉴定

(50)注册测绘师应履行的义务包括( )。
  A. 遵守法律、行政法规和有关管理规定,恪守职业道德
  B. 执行测绘技术标准和规范
  C. 保证执业活动成果质量
  D. 只受聘于一个有测绘资质的单位执业
  E. 对侵犯本人执业权利的行为进行申诉

(51)下列属于从事测绘活动单位应当具备相应素质和能力的是( )。
  A. 有与其从事的测绘活动相适应的专业技术人员
  B. 具备严格的质量保证体系
  C. 有与其从事的测绘活动相适应的技术装备和设施
  D. 具备必要的仪器设备

E. 每年能完成一定合同额测绘任务的能力

## 2.3 例题参考答案及解析

1)单项选择题(每题1分。每题的备选项中,只有1个最符合题意)

(1)B

解析:从事测绘活动的单位应当具备一定的条件,并依法取得相应等级的测绘资质证书后,方可从事测绘活动。

(2)C

解析:《测绘资质管理规定》第十一条规定:测绘资质受理机关应当自收到申请材料之日起5日内作出受理决定。申请单位涉嫌违法测绘被立案调查的,案件结案前,不受理其测绘资质申请。

(3)C

解析:《测绘资质管理规定》第二条规定:从事测绘活动的单位,应当依法申请取得测绘资质证书,并在测绘资质等级许可的范围内从事测绘活动。

(4)B

解析:注册测绘师应当履行的义务中明确指出:只受聘于一个有测绘资质的单位执业。

(5)C

解析:初始注册者,可自取得《中华人民共和国注册测绘师资格证书》之日起1年内提出注册申请。

(6)C

解析:注册测绘师继续教育分必修课和选修课,在一个注册期内必修课和选修课均为60学时。

(7)B

解析:测绘人员离(退)休或调离工作单位的,必须由原所在测绘单位收回测绘作业证,并及时上交发证机关。

(8)C

解析:《测绘法》第三十一条规定:测绘人员进行测绘活动时,应当持有测绘作业证件。任何单位和个人不得阻碍测绘人员依法进行测绘活动。

第三十二条规定:测绘单位的测绘资质证书、测绘专业技术人员的执业证书和测绘人员的测绘作业证件的式样,由国务院测绘地理信息主管部门统一规定。因此,选项ABD描述正确,选项C描述不正确。

(9)A

解析:合资、合作企业申请测绘资质,应当分别向国务院测绘地理信息主管部门和其所在地的省、自治区、直辖市人民政府测绘地理信息主管部门提交申请材料,其审批程序按照《外国的组织或者个人来华测绘管理暂行办法》执行。

(10)C

解析:外国的组织或者个人经批准在中华人民共和国领域内从事测绘活动的,所产生的测绘成果归中方部门或单位所有;未经国家测绘局批准,不得向外方提供,不得以任何形式将测绘成果携带或者传输出境。

(11)A

解析：合资、合作企业须中方控股，这是合资、合作企业申请测绘资质应当具备的条件之一。

(12)B

解析：测绘资质年度注册时间为每年的3月1日到31日。

(13)B

解析：《注册测绘师制度暂行规定》第四条规定：本规定所称注册测绘师，是指经考试取得《中华人民共和国注册测绘师资格证书》，并依法注册后，从事测绘活动的专业技术人员。

(14)C

解析：注册有效期届满需继续执业，且符合注册条件的，应在届满30个工作日内申请延续注册。

(15)B

解析：每一次注册有效期为3年。

(16)C

解析：测绘作业证是个人不能直接申请的，测绘外业工作人员应当申请领取，收回的测绘作业证应当及时上交发证机关。

(17)B

解析：《测绘法》第八条，外国的组织或者个人在中华人民共和国领域和中华人民共和国管辖的其他海域从事测绘活动，应当经国务院测绘地理信息主管部门会同军队测绘部门批准，并遵守中华人民共和国有关法律、行政法规的规定。外国的组织或者个人在中华人民共和国领域从事测绘活动，应当与中华人民共和国有关部门或者单位合作进行，并不得涉及国家秘密和危害国家安全。选项B描述不正确。故选B。

(18)C

解析：《测绘资质管理规定》第十五条规定：测绘资质证书分为正本和副本，由国家测绘局统一印制，正、副本具有同等法律效力。测绘资质证书有效期最长不超过5年。编号形式为：等级＋测资字＋省、自治区、直辖市编号＋顺序号。

(19)C

解析：《测绘资质管理规定》第三十二条规定：测绘单位在从事测绘活动中，因泄露国家秘密被国家安全机关查处的，测绘资质审批机关应当注销其测绘资质证书。

(20)C

解析：《注册测绘师制度暂行规定》第九条规定：凡中华人民共和国公民，遵守国家法律、法规，恪守职业道德，并具备下列条件之一的，可申请参加注册测绘师资格考试。①取得测绘类专业大学专科学历，从事测绘业务工作满6年；②取得测绘类专业大学本科学历，从事测绘业务工作满4年；③取得含测绘类专业在内的双学士学位或者测绘类专业研究生班毕业，从事测绘业务工作满3年；④取得测绘类专业硕士学位，从事测绘业务工作满2年；⑤取得测绘类专业博士学位，从事测绘业务工作满1年；⑥取得其他理学类或者工学类专业学历或者学位的人员，其从事测绘业务工作年限相应增加2年。

(21)D

解析：本题考查《外国的组织或者个人来华测绘管理暂行办法》中的一次性测绘有关知识。根据《外国的组织或者个人来华测绘管理暂行办法》，初审为20个工作日，审查为5个工作日,来华测绘成果未经依法批准,不准以任何形式传输出境。通过排除法故选D。

(22)B

解析:《测绘法》第三十二条规定:测绘单位的测绘资质证书、测绘专业技术人员的执业证书和测绘人员的测绘作业证件的式样,由国务院测绘地理信息主管部门统一规定。

(23)A

解析:《测绘法》第五十五条,以欺骗手段取得测绘资质证书从事测绘活动的,吊销测绘资质证书,没收违法所得和测绘成果,并处测绘约定报酬一倍以上二倍以下的罚款;情节严重的,没收测绘工具。故选A。

(24)C

解析:测绘单位自取得测绘资质证书之日起,原则上3年后方可申请升级。

(25)D

解析:《测绘资质管理规定》第二十二条规定,有下列行为之一的,予以缓期注册:①未按时报送年度注册材料或者年度注册材料不符合规定要求的;②《测绘资质证书》记载事项应当变更而未申请变更的;③测绘仪器未按期检定的;④未按照规定备案登记测绘项目的;⑤经监督检验发现有测绘成果质量批次不合格的;⑥未按照规定汇交测绘成果的;⑦测绘单位无正当理由未参加年度注册的;⑧单位信用不良经核查属实的。第二十三条规定,缓期注册的期限为60日。测绘地理信息主管部门应当书面告知测绘单位限期整改,整改后符合规定的,予以注册。

(26)D

解析:《测绘法》第三十条规定:从事测绘活动的专业技术人员应当具备相应的执业资格条件。具体办法由国务院测绘地理信息主管部门会同国务院人力资源社会保障主管部门规定。

(27)C

解析:《注册测绘师制度暂行规定》第十一条规定:对以不正当手段取得《中华人民共和国注册测绘师资格证书》的,由发证机关收回。自收回该证书之日起,当事人3年内不得再次参加注册测绘师资格考试。

(28)B

解析:国家测绘局自作出批准决定之日起10个工作日内,核发统一制作的《中华人民共和国注册测绘师注册证》和执业印章。

(29)B

解析:根据《注册测绘师制度暂行规定》中继续教育的内容,注册测绘师继续教育,分必修课和选修课,在一个注册期内必修课和选修课均为60学时。

(30)C

解析:《测绘法》第三十一条规定:测绘人员进行测绘活动时,应当持有测绘作业证件。任何单位和个人不得阻碍测绘人员依法进行测绘活动。

(31)C

解析:《测绘资质管理规定》第十五条规定:《测绘资质证书》分为正本和副本,由国家测绘局统一印制,正、副本具有同等法律效力。《测绘资质证书》有效期最长不超过5年。

(32)B

解析:《测绘资质管理规定》第二十九条规定,有下列情形之一的,测绘资质审批机关应当注销资质、降低资质等级或者核减相应业务范围：①测绘资质有效期满未延续的；②测绘单位依法终止的；③测绘资质审查决定依法被撤销、撤回的；④《测绘资质证书》依法被吊销的；⑤测绘单位在2年内未承担相应测绘项目的；⑥甲、乙级测绘单位在3年内未承担单项合同额分别为100万元以上和50万元以上测绘项目的；⑦测绘单位年度注册材料弄虚作假的；⑧测绘单位不符合相应测绘资质标准条件的；⑨缓期注册期间逾期未整改或者整改后仍不符合规定的；⑩测绘单位连续2次被缓期注册的。

(33) C

解析：《注册测绘师制度暂行规定》规定：测绘类专业大学专科学历，从事测绘业务工作需要满6年；本科需要4年；双学士学位需要3年；硕士需要2年；博士需要1年；其他理工学类专业学历学位的人员，从事测绘业务工作年限相应增加2年。

(34) C

解析：《注册测绘师制度暂行规定》第二十四条规定：注册申请人以不正当手段取得注册的，应当予以撤销，并由国家测绘局依法给予行政处罚；当事人在3年内不得再次申请注册；构成犯罪的，依法追究刑事责任。

(35) B

解析：根据《注册测绘师制度暂行规定》，取得测绘类专业博士学位，从事测绘业务工作满1年的，可以申请参加注册测绘师资格考试。

(36) B

解析：取得测绘资质未满6个月的单位，可以不参加测绘资质年度注册。

(37) D

解析：取得注册测绘师资格的人员，必须经过注册后，才能以注册测绘师的名义执业。

(38) B

解析：《测绘法》第八条，外国的组织或者个人在中华人民共和国领域从事测绘活动，应当与中华人民共和国有关部门或者单位合作进行，并不得涉及国家秘密和危害国家安全。故选B。

(39) C

解析：对于因在测绘活动中受到刑事处罚，自刑事处罚执行完毕之日起至申请注册之日止不满3年的不予注册。

(40) C

解析：《测绘作业证管理规定》第十六条规定：测绘单位申报材料不真实，虚报冒领测绘作业证的，由省、自治区、直辖市人民政府测绘地理信息主管部门收回冒领的证件，并根据其情节给予通报批评。

(41) C

解析：按照从事测绘活动的单位的规模、管理水平、能力大小，将测绘资质划分为甲、乙、丙、丁4个等级，甲级是最高等级，丁级为最低等级。

(42) A

解析：《测绘作业证管理规定》第二条规定：测绘外业作业人员和需要持测绘作业证的其他人员应当领取测绘作业证。进行外业测绘活动时应当持有测绘作业证。

2) 多项选择题（每题2分。每题的备选项中，有2个或2个以上符合题意，至少有1个错项。错选，本题不得分；少选，所选的每个选项得0.5分）

(43) ABD

解析:《外国的组织或者个人来华测绘管理暂行办法》第七条规定:合资、合作测绘不得从事下列活动:①大地测量;②测绘航空摄影;③行政区域界线测绘;④海洋测绘;⑤地形图和普通地图编制;⑥导航电子地图编制;⑦国务院测绘地理信息主管部门规定的其他测绘活动。

(44) ABCD

解析:《测绘法》第五十一条,违反本法规定,外国的组织或者个人未经批准,或者未与中华人民共和国有关部门、单位合作,擅自从事测绘活动的,责令停止违法行为,没收违法所得、测绘成果和测绘工具,并处十万元以上五十万元以下的罚款;情节严重的,并处五十万元以上一百万元以下的罚款,限期出境或者驱逐出境;构成犯罪的,依法追究刑事责任。本题只有选项 E 描述不正确。故选 ABCD。

(45) ABE

解析:《测绘作业证管理规定》第十五条规定,测绘人员有下列行为之一的,由所在单位收回其测绘作业证并及时交回发证机关,对情节严重者依法给予行政处分;构成犯罪的,依法追究刑事责任。具体规定如下:①将测绘作业证转借他人的;②擅自涂改测绘作业证的,③利用测绘作业证严重违反工作纪律、职业道德或者损害国家、集体或者他人利益的;④利用测绘作业证进行欺诈及其他违法活动的。

(46) ABD

解析:《注册测绘师制度暂行规定》第二十三条规定,注册申请人有下列情形之一的,不予注册:①不具有完全民事行为能力的;②刑事处罚尚未执行完毕的;③因在测绘活动中受到刑事处罚,自刑事处罚执行完毕之日起至申请注册之日止不满3年的;④法律、法规规定不予注册的其他情形。

(47) ABCD

解析:测绘人员在下列情况下应当主动出示测绘作业证:①进入机关、企业、住宅小区、耕地或者其他地块进行测绘时;②使用测量标志时;③接受测绘地理信息主管部门的执法监督检查时;④办理与所进行的测绘活动相关的其他事项时。进入保密单位、军事禁区和法律法规规定的需经特殊审批的区域进行测绘时,还应当按照规定,持有关部门的批准文件。

(48) ACD

解析:《测绘作业证管理规定》第十五条规定,测绘人员有下列行为之一的,由所存单位收回其测绘作业证并及时交回发证机关,对情节严重者依法给予行政处分;构成犯罪的,依法追究刑事责任。①将测绘作业证转借他人的;②擅自涂改测绘作业证的;③利用测绘作业证严重违反工作纪律、职业道德或者损害国家、集体或者他人利益的;④利用测绘作业证进行欺诈及其他违法活动的。

(49) ABCD

解析:注册测绘师的职业范围是:①测绘项目技术设计;②测绘项目技术咨询和技术评估;③测绘项目技术管理、指导与监督;④测绘成果质量检验、审查、鉴定;⑤国务院有关部门规定的其他测绘业务。

(50) ABCD

解析:《注册测绘师制度暂行规定》第三十五条规定,注册测绘师应履行下列义务:①遵守法律、行政法规和有关管理规定,恪守职业道德;②执行测绘技术标准和规范;③履行岗位职责,保证执业活动成果质量,并承担相应责任;④保守知悉的国家秘密和委托单位的商业、技术秘密;⑤只受聘于一个有测绘资质的单位执业;⑥不准他人以本人名义执业;⑦更新专业知识,提高专业技术水平;⑧完成注册管理机构交办的相关工作。

(51)ABCD

**解析:**《测绘法》第二十七条规定:从事测绘活动的单位应当具备下列条件,并依法取得相应等级的测绘资质证书,方可从事测绘活动:

(一)有法人资格;

(二)有与从事的测绘活动相适应的专业技术人员;

(三)有与从事的测绘活动相适应的技术装备和设施;

(四)有健全的技术和质量保证体系、安全保障措施、信息安全保密管理制度以及测绘成果和资料档案管理制度。

只有选项 E 描述不正确。

## 2.4 高频真题综合分析

### 2.4.1 高频真题——测绘资质

◀ 真 题 ▶

【2011,1】 从事测绘活动的单位应当取得( )。
    A. 测绘许可证            B. 测绘资质证书
    C. 测绘资格证书          D. 测绘作业证

【2011,4】 关于申请测绘资质的说法,错误的是( )。
    A. 测绘资质受理机关应当自收到申请材料之日起 5 日内做出受理决定
    B. 申请单位涉嫌违法测绘被立案调查的,应当受理其测绘资质申请,但结案后再审批
    C. 申请单位涉嫌违法测绘被立案调查的,不受理其测绘资质申请
    D. 初次申请测绘资质原则上不得超过乙级

【2011,5】 某测绘单位的测绘资质证书载明的业务范围是工程测量,对于大地测量项目的招标邀请,该单位正确的做法是( )。
    A. 使用本单位测绘资质证书投标
    B. 使用其他单位的测绘资质证书投标
    C. 不参与投标
    D. 从中标单位分包部分大地测量项目

【2011,11】 中外合资、合作企业申请测绘资质应当向( )提供申报资料。
    A. 国务院测绘地理信息主管部门和其所在地的省、自治区、直辖市人民政府测绘地理信息主管部门
    B. 所在地的省、自治区、直辖市人民政府测绘地理信息主管部门
    C. 国务院测绘地理信息主管部门
    D. 军队测绘部门

【2011,13】 关于从事测绘活动的中外合资企业股权构成的说法,正确的是(　　)。
　　A. 由中方控制　　　　　　　　B. 外方股权比例不受任何限制
　　C. 由外方控制　　　　　　　　D. 外方股份应当为50%

【2011,81】 根据《测绘资质分级标准》,关于测绘单位质量管理的说法,正确的是(　　)。
　　A. 甲级测绘单位应当通过ISO9000系列质量保证体系认证或者通过国务院测绘地理信息主管部门考核
　　B. 甲级测绘单位应当通过ISO9000系列质量保证体系认证
　　C. 乙级测绘单位应当通过ISO9000系列质量保证体系认证或者通过省级测绘地理信息主管部门考核
　　D. 丙级测绘单位应当通过ISO9000系列质量保证体系认证或者通过设区的市(州)级以上测绘地理信息主管部门考核
　　E. 丁级测绘单位应当通过县级以上测绘地理信息主管部门考核

【2011,82】 中外合资企业申请测绘资质应当具备的条件有(　　)。
　　A. 符合《中华人民共和国测绘法》以及外商投资的法律法规的有关规定
　　B. 符合《测绘资质管理规定》的有关要求
　　C. 中方控股
　　D. 已经依法进行企业登记,并取得中华人民共和国法人资格
　　E. 申请的测绘业务涉及其他有关部门的须取得相应部门的批准

【2012,21】 下列关于某中外合资企业拟申请乙级测绘资质的说法中,正确的是(　　)。
　　A. 由省、自治区、直辖市人民政府测绘地理信息主管部门审批,报国务院测绘地理信息主管部门备案
　　B. 由省、自治区、直辖市人民政府测绘地理信息主管部门初审,报军队测绘部门审批
　　C. 由国务院测绘地理信息主管部门初审,报军队测绘部门审批
　　D. 由省、自治区、直辖市人民政府测绘地理信息主管部门初审,报国务院测绘地理信息主管部门会同军队测绘部门审批

【2012,23】 下列关于测绘资质的说法中,错误的是(　　)。
　　A. 初次申请测绘资质原则上不得超过乙级
　　B. 取得测绘资质满3年后自动升级
　　C. 申请的专业只设甲级的,可以直接申请甲级
　　D. 申请升级之日前2年内有出租、出借测绘资质证书行为的,不予升级

【2012,24】 下列关于《测绘资质证书》有效期的说法中,正确的是(　　)。
　　A.《测绘资质证书》有效期最长不超过8年
　　B. 申请延续《测绘资质证书》有效期,应当在有效期满30日前提出
　　C.《测绘资质证书》有效期满需要延续的,应当向国务院测绘地理信息主管部门申请办理延续手续
　　D. 符合条件的,经批准,《测绘资质证书》有效期延续5年

【2012,26】 测绘资质实行年度注册,对予以缓期注册处理的,其缓期注册的期限为(　　)日。
　　A. 20　　　　　　B. 30　　　　　　C. 60　　　　　　D. 80

【2012,81】《中华人民共和国测绘法》规定,测绘单位从事测绘活动应当取得测绘资质证书,并且不得(　　)。
　　A. 在本省、自治区、直辖市行政区域范围外从事测绘活动
　　B. 以其他测绘单位的名义从事测绘活动
　　C. 允许其他单位以本单位的名义从事测绘活动
　　D. 超越其资质等级许可的范围从事测绘活动
　　E. 从事涉密的测绘活动

【2012,95】根据《测绘资质分级标准》,下列测量工作中,需要配备 0.5″级精度以上全站仪和 S05 级精度以上水准仪的有(　　)。
　　A. 规划检测测量　　　　　　　　B. 精密工程测量
　　C. 隧道测量　　　　　　　　　　D. 变形(沉降)观测
　　E. 形变测量

【2013,1】根据《测绘资质管理规定》,我国测绘资质的专业范围共分(　　)类。
　　A. 10　　　　B. 11　　　　C. 12　　　　D. 13

【2013,2】下列关于房产测绘资质的说法中,错误的是(　　)。
　　A. 房产测绘资质的审批,应当征求房地产行政主管部门的意见
　　B. 甲级房产测绘资质,应当向所在地省级测绘地理信息主管部门提出
　　C. 申请房地产测绘资质,应当向所在地省级测绘地理信息主管部门提出
　　D. 乙级房产测绘资质单位可以承担规划总建筑面积 200 万 $m^2$ 以下的居住小区的房产测绘项目

【2013,9】根据《外国的组织或者个人来华测绘管理暂行办法》,外国的组织或者个人在我国只申请互联网地图服务测绘资质的,必须依法设立合资企业,且外方投资者在合资企业中的出资比例,最终不得超过(　　)。
　　A. 49%　　　　B. 50%　　　　C. 51%　　　　D. 60%

【2013,22】根据《测绘资质分级标准》,甲级测绘资质单位的质量保证体系应当通过(　　)。
　　A. 国务院测绘地理信息主管部门考核
　　B. 省级测绘地理信息主管部门考核
　　C. 所在地市级测绘地理信息主管部门考核
　　D. ISO9000 系列质量保证体系认证

【2013,97】申请互联网地图服务甲级测绘资质的条件是(　　)。
　　A. 具有独立的地图引擎
　　B. 具有 20 名以上的相关专业技术人员
　　C. 具有 15 名以上的地图安全审校人员
　　D. 地图数据服务器设在我国境内
　　E. 具有事业单位法人或企业法人资格

【2014,1】根据《测绘资质分级标准》,下列专业范围中,设立丁级测绘资质业务范围的是(　　)。
　　A. 大地测量　　　　　　　　　　B. 摄影测量与遥感
　　C. 海洋测绘　　　　　　　　　　D. 地理信息系统工程

【2014,2】 某乙级测绘单位具有工程测量资质,资质证书上载明的业务范围包括控制测量、地形测量等。该单位承接的1:500比例尺地形图的面积不应超过（　　）km²。
　　　　A. 15　　　　　B. 20　　　　　C. 30　　　　　D. 50

【2014,3】 根据《测绘资质分级标准》,乙级测绘单位升级为甲级的,其近2年内完成的测绘服务总值应不少于（　　）万元。
　　　　A. 500　　　　B. 800　　　　C. 1000　　　　D. 1600

【2014,53】 根据《测绘资质分级标准》,下列专业范围中,设置测绘监理专业子项的是（　　）。
　　　　A. 大地测量　　　　　　　B. 摄影测量与遥感
　　　　C. 地图编制　　　　　　　D. 互联网地图服务

【2014,59】 根据《测绘资质分级标准》,甲、乙级测绘资质单位的注册测绘师数量,应当自标准施行之日起满（　　）年后达到考核要求。
　　　　A. 1　　　　　B. 2　　　　　C. 3　　　　　D. 5

【2014,73】 根据《测绘资质分级标准》,下列测绘专业中,不属于不动产测绘专业子项的是（　　）。
　　　　A. 地籍测绘　　　　　　　B. 行政区域界线测绘
　　　　C. 房产测绘　　　　　　　D. 工程测量

【2015,1】 根据《测绘资质分级标准》,下列测绘专业范围中,只设了甲级测绘资质等级的是（　　）。
　　　　A. 大地测量　　　　　　　B. 工程测量
　　　　C. 导航电子地图制作　　　D. 不动产测绘

【2015,2】 某公司申请乙级测绘资质,根据《测绘资质管理规定》,该申请由（　　）审批。
　　　　A. 国务院测绘地理信息主管部门　　B. 所在地省级测绘地理信息主管部门
　　　　C. 所在地市级测绘地理信息主管部门 D. 县级测绘地理信息主管部门

【2015,3】 某单位申请工程测量甲级测绘资质,根据《测绘资质管理规定》和《测绘资质分级标准》,下列关于该单位必须具备的条件的说明中,错误的是（　　）。
　　　　A. 该单位应当已取得工程测量乙级测绘资质满2年
　　　　B. 该单位近两年完成的测绘服务总值不少于400万元
　　　　C. 该单位的办公场所面积不得少于600m²
　　　　D. 该单位应当通过ISO 9000系列质量保证体系认证

【2016,2】 某单位初次申请测绘资质,按照《测绘资质管理规定》,下列专业范围中,可以受理甲级资质申请的是（　　）。
　　　　A. 工程测量　　　　　　　B. 地图编制
　　　　C. 导航电子地图制作　　　D. 互联网地图服务

【2016,3】 某测绘公司,持有乙级测绘资质,在一次测绘获得中擅自将持有的1:5万比例尺地形图进行复制,提交给外资公司使用,被该市国家安全部门查处。测绘资质审批机关应给予其（　　）的处罚。
　　　　A. 降为丙级资质　　　　　B. 核减专业范围
　　　　C. 注销资质证书　　　　　D. 暂扣资质证书6个月

【2016,16】 根据《中华人民共和国测绘法》,下列部门中,可做出暂扣测绘资质证书的行

政处罚决定的部门是（　　）。

A. 县级以上人民政府测绘地理信息主管部门

B. 颁发测绘资质证书的部门

C. 当地工商行政管理部门

D. 违法行为发生地人民政府测绘地理信息主管部门

【2016,18】国家对从事测绘活动的单位实行测绘资质管理制度,根据《测绘资质管理规定》,测绘资质的等级分为（　　）级。

A. 综甲、甲、乙、丙、丁五级　　B. 甲、乙、丙、丁四级

C. 特甲、甲、乙、丙、丁五级　　D. 甲、乙、丙 三级

【2016,19】某公司申请了工程测量、不动产测量两个专业范围的测绘资质证书,对该公司人员数量的要求是（　　）。

A. 两个专业要求人员数量之和　　B. 达到其中一个专业人员数量的1.5倍

C. 对人员数量不累加计算　　D. 根据实际,酌情处理

【2016,37】根据地图管理和资质管理相关规定,下列关于互联网地图服务单位从事相应活动的说法中,错误的是（　　）。

A. 应当使用经依法批准的地图

B. 加强对互联网地图新增内容的核查校对

C. 可以从事导航电子地图制作等相关业务

D. 新增内容按照有关规定向省级以上测绘地理信息主管部门备案

【2016,38】根据《测绘资质管理规定》,测绘资质单位的部分专业范围不符合相应资质标准条件的,应当依法给予（　　）。

A. 降低资质等级　　B. 核减相应业务范围

C. 责令限期改正　　D. 吊销测绘资质证书

【2016,39】根据《测绘资质分级标准》,下列专业技术人员中,计入测绘专业技术人员数量的是（　　）。

A. 年龄超过65周岁的人员　　B. 兼职人员

C. 财务管理专业的会计人员　　D. 大地测量工程师

【2016,42】下列关于测绘资质证书的说法中,错误的是（　　）。

A. 测绘资质证书分为正本和副本　　B. 正本、副本具有同等法律效力

C. 由国家人社部统一印制　　D. 由国家测绘地理信息局统一印制

【2016,79】根据《测绘资质分级标准》,下列专业范围中,设立丙级测绘资质的是（　　）。

A. 摄影测量与遥感　　B. 地图编制

C. 测绘航空摄影　　D. 互联网地图服务

【2016,83】下列关于测绘活动的说法中,正确的有（　　）。

A. 测绘单位可以超越资质等级许可范围从事测绘活动

B. 测绘单位不得将承包的测绘项目转包

C. 测绘单位不得以其他测绘单位名义从事测绘活动

D. 任何单位和个人不得妨碍、阻挠测绘人员依法进行测绘活动

E. 领取新的测绘资质证书的同时,应将原测绘资质证书交回测绘资质审批机关

▶ 真题答案及综合分析 ◀

答案：B B C A A BCDE ABCD D B D C BCD BDE C A B D
ABDE C C D B C D C B B C C B B C C B D C A
BCDE

解析：以上38题，考核的知识点是测绘资质管理的相关内容。
该知识点涉及《测绘资质管理规定》《测绘资质分级标准》《测绘资质证书》等法规文件。

### 2.4.2 高频真题——注册测绘师

◀ 真 题 ▶

【2011,6】 关于注册测绘师应履行的义务的说法,错误的是(　　)。
A. 应当履行岗位职责,保证执业活动成果质量,并承担相应责任
B. 可以同时受聘于两个测绘单位执业
C. 不准他人以本人名义执业
D. 应当更新专业知识,提高专业技术水平

【2011,7】 关于《中华人民共和国注册测绘师资格证书》初始注册申请期限的说法,正确的是(　　)。
A. 3个月内　　　　　　　　　　B. 6个月内
C. 1年内　　　　　　　　　　　D. 2年内

【2011,8】 关于注册测绘师在一个注册周期内接受继续教育学时的说法,正确的是(　　)。
A. 必修课60学时,选修课30学时　　B. 必修课和选修课均为50学时
C. 必修课和选修课均为60学时　　　D. 必修课50学时,选修课30学时

【2012,27】 下列关于在注册有效期内注册测绘师变更执业单位的说法中,错误的是(　　)。
A. 变更注册后,注册测绘师的《中华人民共和国注册测绘师注册证》和执业印章不再有效
B. 注册测绘师应当按规定程序办理变更注册手续
C. 注册测绘师应当与原聘用单位解除劳动关系
D. 注册测绘师应当与变更后的执业单位签订劳动合同

【2012,28】 《中华人民共和国注册测绘师注册证》每一注册有效期为(　　)年。
A. 1　　　　　B. 2　　　　　C. 3　　　　　D. 4

【2012,29】 下列关于注册测绘师执业活动的说法中,错误的是(　　)。
A. 修改经注册测绘师签字盖章的测绘文件,应由该注册测绘师本人进行
B. 在测绘活动中形成的测绘成果质量文件,必须由注册测绘师签字后方可生效

C. 注册测绘师从事执业活动,由其所在单位接收委托并统一收费

D. 注册测绘师应在一个具有测绘资质的单位,开展与该单位测绘资质等级和业务许可范围相应的测绘执业活动

【2013,5】 根据《注册测绘师制度暂行管理规定》,负责注册测绘师资格注册审查工作的机构是(    )。

A. 国务院测绘地理信息主管部门

B. 省级测绘地理信息主管部门

C. 省级人事部门

D. 聘用单位所在地的市级测绘地理信息主管部门

【2013,6】 下列关于注册测绘师执业活动的说法中,正确的是(    )。

A. 在测绘活动中形成的技术设计文件,必须由注册测绘师签字并加盖执业印章后方可生效

B. 修改经注册测绘师签字盖章的测绘文件,应由该注册测绘师所在单位法定代表人进行

C. 注册测绘师从事执业活动,由注册测绘师所在地测绘地理信息主管部门统一接受委托并收费

D. 因特殊情况,注册测绘师不能修改其本人签字盖章的测绘文件的,应当由其所在单位法定代表人或总工程师修改,并签字、加盖印章

【2013,7】 注册测绘师执业过程中,因测绘成果质量问题造成的经济损失,应当由(    )承担赔偿责任。

A. 注册测绘师          B. 接受委托的单位

C. 测绘成果质量负责人  D. 测绘成果完成人

【2014,4】 根据《注册测绘师制度履行规定》,注册申请人以不正当手段取得注册的,在(    )年内不得再次申请注册。

A. 1          B. 2          C. 3          D. 5

【2014,5】 张三、李四是同一家测绘资质单位的注册测绘师。根据《注册测绘师制度暂行规定》,下列关于他们执业活动的说法中,错误的是(    )。

A. 张三、李四可以开展与该单位测绘资质等级和业务范围相应的测绘执业活动

B. 修改经张三签字盖章的测绘文件,应当由张三本人进行

C. 因特殊情况,李四修改经张三签字盖章的测绘文件,应由李四对修改部分承担责任

D. 其所在单位可以统一保管张三、李四的注册测绘师注册证和执业印章

【2014,81】 根据《注册测绘师制度暂行规定》,下列关于注册测绘师执业的说法中,正确的有(    )。

A. 注册测绘师应当在一个测绘资质单位开展相应的执业活动

B. 测绘活动中形成的测绘成果质量文件,由注册测绘师签字盖章后生效

C. 注册测绘师可以个人名义接受委托从事执业活动

D. 因测绘成果质量问题造成的经济损失,注册测绘师所在单位应承担赔偿责任

E. 注册测绘师所在单位承担赔偿责任后,可依法向相关的注册测绘师追偿

【2015,4】 根据《注册测绘师制度暂行规定》,下列测绘活动中,不属于注册测绘师执业范围的是( )。
A. 测绘项目技术设计　　　　　　B. 测绘项目技术咨询和技术评估
C. 测绘项目组织管理与实施　　　D. 测绘成果质量检验、审查、鉴定

【2015,5】 注册测绘师王某在一家测绘资质单位工作,在其执业过程中因测绘成果质量问题给他人造成了经济损失,根据《注册测绘师制度暂行规定》,该经济损失的赔偿责任应当由( )承担。
A. 王某所在的测绘资质单位　　　B. 王某
C. 王某所在的测绘资质单位负责人　D. 测绘成果实际完成人

【2015,6】 根据《注册测绘师执业管理办法(试行)》,下列关于注册测绘师执业活动的说法中,错误的是( )。
A. 注册测绘师只能在一个测绘资质单位办理注册手续
B. 注册单位与注册测绘师人事关系所在单位或聘用单位必须一致
C. 修改经注册测绘师签字盖章的文件原则上由注册测绘师本人进行
D. 注册测绘师应恪守职业道德,严守国家秘密和委托单位的商业、技术秘密

【2015,23】 根据《注册测绘师执业管理办法(试行)》,在一个注册有效期内,注册测绘师继续教育的必修内容和选修内容均不得少于( )学时。
A. 30　　　　B. 40　　　　C. 60　　　　D. 80

【2015,72】 根据《测绘地理信息管理办法》,取得注册测绘师资格的人员经测绘质检机构( )后,以注册测绘师名义开展工作。
A. 批准　　　B. 登记　　　C. 考核合格　　D. 注册

【2016,1】 根据《注册测绘师制度暂行规定》,下列行为中,属于注册测绘师依法享受的权利是( )。
A. 允许他人以本人名义执业
B. 获得与执业责任相应的劳动报酬
C. 对本单位的成果质量进行监管
D. 以个人名义从事测绘活动,承担测绘业务

【2016,5】 负责注册测绘师资格注册审查工作的部门是( )。
A. 省级测绘地理信息主管部门　　B. 国家测绘地理信息局
C. 受聘测绘单位　　　　　　　　D. 县级以上人力资源主管部门

【2016,10】 注册测绘师延续注册、重新申请注册和逾期初始注册的必备条件是( )。
A. 脱产培训　　　　　　　　　　B. 考试合格
C. 继续教育　　　　　　　　　　D. 技术水平

【2016,12】《中华人民共和国注册测绘师注册证》的注册有效期为( )年。
A. 2　　　　　B. 3　　　　　C. 5　　　　　D. 10

◀ 真题答案及综合分析 ▶

答案:B C C A C B B A B C D ABDE C A B C D B A C B

**解析:** 以上 21 题,考核的知识点是注册测绘师的相关内容。

该知识点涉及《中华人民共和国测绘法》《注册测绘师制度暂行规定》《中华人民共和国注册测绘师注册证》等法规文件。

### 2.4.3 高频真题——测绘作业证

◀ 真 题 ▶

【2011,9】 关于测绘人员调离或退休后,其测绘作业证处理的做法,错误的是( )。
   A. 收回调离人员的测绘作业证
   B. 由调离或退休人员自行销毁
   C. 收回退休人员测绘许可证
   D. 对调离人员,由其新调入单位为其申领测绘作业证

【2011,10】 关于测绘作业证的说法,错误的是( )。
   A. 由国家测绘局统一规定式样
   B. 由省、自治区、直辖市测绘地理信息主管部门审核发放
   C. 在省、自治区、直辖市区域内使用
   D. 测绘人员从事测绘活动应当持有测绘作业证

【2012,30】 测绘作业证每次注册核准的有效期为( )年。
   A. 1    B. 2    C. 3    D. 4

【2013,10】 根据《测绘作业证管理规定》,测绘单位申报材料不真实,虚报冒领测绘作业证的,由省、自治区、直辖市人民政府测绘地理信息主管部门收回冒领的证件,并根据其情节给予( )。
   A. 通报批评         B. 责令改正
   C. 警告             D. 行政处分

【2013,99】 下列关于测绘作业证的说法中,正确的有( )。
   A. 过期不注册核准的测绘作业证无效
   B. 测绘作业证只限本人使用,不得转借他人
   C. 遗失测绘作业证的,测绘人员应当立即向发证机关书面报告情况
   D. 测绘人员调往其他测绘单位的,原测绘作业证可变更使用
   E. 进入军事禁区从事测绘活动,不能单纯持有测绘作业证件

【2014,8】 根据《测绘作业证管理规定》,下列关于使用测绘作业证的说法中,错误的是( )。
   A. 测绘人员进入机关、企业、住宅小区等进行测绘时,应当主动出示测绘作业证
   B. 测绘人员持测绘作业证可进入军事禁区进行测绘活动
   C. 测绘人员不得利用测绘作业证从事与其测绘工作身份无关的活动
   D. 测绘人员遗失测绘作业证,应当立即向本单位报告并说明情况

【2014,9】 根据《测绘作业证管理规定》,下列人员中,应当领取测绘作业证的是( )。
   A. 注册测绘师         B. 测绘行业技师

C. 测绘外业作业人员　　　　　　D. 测绘内业作业人员

**【2014,82】** 根据《测绘作业证管理规定》,测绘人员的下列行为中,应当由所在单位收回其测绘作业证并及时交回发证机关的有( )。

A. 将测绘作业证转借他人的

B. 擅自涂改测绘作业证的

C. 利用测绘作业证损害他人利益的

D. 利用测绘作业证从事与测绘工作无关活动的

E. 利用测绘作业证进行欺诈等违法活动的

**【2015,9】** 根据《测绘作业证管理规定》,下列关于测绘作业证的说法中,错误的是( )。

A. 所有测绘人员必须领取测绘作业证

B. 进入机关、企业、住宅小区进行测绘时,应当主动出示测绘作业证

C. 使用测量标志或者接受监督检查时,应当主动出示测绘作业证

D. 遗失测绘作业证,应当立即向所在单位报告并说明情况

**【2016,17】** 测绘作业证的注册核准有效期为( )年。
A. 2　　　　　　B. 3　　　　　　C. 5　　　　　　D. 8

◀ 真题答案及综合分析 ▶

**答案:** B C C A ABE B C ABCE A B

**解析:** 以上10题,考核的知识点是测绘作业证的相关内容。该知识点主要涉及《测绘作业证管理规定》等资料。

# 3 测绘项目管理

## 3.1 考点分析

### 3.1.1 承包发包与招标投标

1)概念

(1)测绘项目发包

测绘项目发包有两种方式:招标发包和直接发包。

较大规模的工程测绘项目、地籍测绘项目、房产测绘项目等一般采取招标发包的方式;小规模的工程测绘项目、地籍测绘项目、房产测绘项目采取直接发包的方式。由于基础测绘成果往往属于保密范畴,目前仍以直接发包为主。

(2)测绘项目承包

承担测绘项目的单位须具备如下条件:

①必须具备相应的测绘资质。

②要有完成所承担测绘项目的能力,不能将测绘项目转包他人。

③应当对测绘成果质量负责。

(3)招标

招标是发包的一种方式,招标发包是业主对自愿参加某一特定工程项目的承包单位进行审查、评比和选定的过程。

招标有三种方式:公开招标、邀请招标、议标。

公开招标也称为无限竞争性招标,是招标方按照法定程序,在公开的媒体上发布招标公告,所有符合条件自愿承包的单位都可以平等参加投标竞争,从中选择承包者的方式。

邀请招标也称有限竞争性选择招标,是招标方选择若干自愿承包的单位,向其发出邀请,由被邀请的单位竞争,从中选择承包者的方式。

议标也称非竞争性招标或指定性招标,是发包者邀请两家或者两家以上愿意承包的单位直接协商确定承包者。

(4)投标

投标是有意承包项目的单位响应招标,向招标方书面提出自己提供的项目报价及其他响应招标要求的条件,参与项目竞争。

2)《测绘法》的有关规定

《测绘法》第二十九条,对测绘项目作出具体规定,主要包括以下内容:

(1)测绘项目实行招投标的,测绘项目的招标单位应当依法在招标公告或者投标邀请书中对测绘单位资质等级作出要求,不得让不具有相应测绘资质等级的单位中标,不得让测绘单位低于测绘成本中标。

(2)中标的测绘单位不得向他人转让测绘项目。

### 3.1.2 测绘合同

1)合同的基本原则

合同是平等主体的自然人、法人、其他组织之间设立、变更、终止民事权利义务关系的协议。订立合同应遵循以下基本原则:①当事人法律地位平等;②自愿的原则;③公平的原则;④诚实信用的原则;⑤遵守法律和不得损害社会公共利益的原则。

2)合同的订立

(1)合同当事人的资格

当事人订立合同,应当具有相应的民事权利能力和民事行为能力。当事人依法可以委托代理人订立合同。

(2)合同的形式

当事人订立合同的形式包括:书面形式、口头形式、其他形式。法律、行政法规规定采用书面形式的,应当采用书面形式。当事人约定采用书面形式的,应当采用书面形式。

(3)合同的主要条款

合同的内容由当事人约定,一般包括以下条款:①当事人的名称或者姓名和住所;②标的;③数量;④质量;⑤价款或者报酬;⑥履行期限、地点和方式;⑦违约责任;⑧解决争议的方法。

(4)合同订立的方式

当事人订立合同,采取要约、承诺方式。

(5)缔约过失责任

当事人在订立合同过程中有下列情形之一,给对方造成损失的,应当承担损害赔偿责任:①假借订立合同,恶意进行磋商;②故意隐瞒与订立合同有关的重要事实或者提供虚假情况;③有其他违背诚实信用原则的行为。

(6)当事人保密义务

当事人在订立合同过程中知悉的商业秘密,无论合同是否成立,不得泄露或者不正当地使用。泄露或者不正当地使用该商业秘密给对方造成损失的,应当承担损害赔偿责任。

3)合同的效力

(1)合同生效时间

依法成立的合同,自成立时生效。法律、行政法规规定应当办理批准、登记等手续生效的,依照其规定。

(2)附条件合同的效力

所谓附条件的合同,是指合同的双方当事人在合同中约定某种事实状态,并以其将来发生或者不发生作为合同生效或者不生效的限制条件的合同。

附生效条件的合同,自条件成就时生效。附解除条件的合同,自条件成就时失效。当事人为自己的利益不正当地阻止条件成就的,视为条件已成就;不正当地促成条件成就的,视为条件不成就。

(3)无效合同

有下列情形之一的,合同无效:①一方以欺诈、胁迫的手段订立合同,损害国家利益;②恶意串通,损害国家、集体或者第三人利益;③以合法形式掩盖非法目的;④损害社会公共利益;⑤违反法律、行政法规的强制性规定。

所谓无效合同就是不具有法律约束力和不发生履行效力的合同。

### 3.1.3 反不正当竞争

1)市场交易的基本原则

市场交易的基本原则包括:①自愿原则;②平等原则;③公平原则;④诚实信用原则;⑤遵守公认的商业道德。

2)不正当竞争的概念

(1)不正当竞争是经营者违反《反不正当竞争法》的行为,包括:

①采用假冒或混淆等不正当手段从事市场交易的行为。

②商业贿赂行为。

③利用广告或其他方法,对商品作引人误解的虚假宣传行为。

④侵犯商业秘密。

⑤违反本法规定的有奖销售行为。

⑥诋毁竞争对手商业信誉、商品声誉的行为。

⑦公用企业或者其他依法具有独占地位的经营者限定他人购买其指定的经营者的商品,以排挤其他经营者公平竞争的行为。

⑧以排挤竞争对手为目的,以低于成本的价格倾销商品的行为。

⑨招标、投标中的串通行为。

⑩政府及其所属部门滥用行政权力限制经营者正当经营活动和限制商品地区间正当流通行为。

⑪搭售商品或附加其他不合理条件的行为。

(2)不正当竞争是损害其他经营者合法权益的行为。

(3)不正当竞争是扰乱社会经济秩序的行为。

3)对不正当竞争行为的监督检查

(1)县级以上监督检查部门对不正当竞争行为,可以进行监督检查。

(2)监督检查部门包括人民政府工商行政管理机关和法律、法规规定的其他机关。

(3)县级以上人民政府工商行政部门是反不正当竞争的主管部门。

## 3.2 例 题

1)单项选择题(每题1分。每题的备选项中,只有1个最符合题意)

(1)下列合同订立情形中,不属于《中华人民共和国合同法》(以下简称《合同法》)规定的合同无效的情形的是( )。

    A.一方以欺诈、胁迫的手段订立合同,损害国家利益

B. 恶意串通,损害国家、集体或第三人利益
C. 订立合同显失公平
D. 以合法形式掩盖非法目的

(2)投标人的下列投标行为中,不违反《招标投标法》的是(　　)。
A. 互相串通投标
B. 投标人以低于成本的报价投标
C. 以他人名义投标
D. 法人联合体以一个投标人的身份共同投标

(3)关于当事人订立合同形式的说法,错误的是(　　)。
A. 订立合同可以采用口头形式
B. 订立合同必须采用书面形式
C. 订立合同可以采用书面形式
D. 法律规定采用书面形式的应当采用书面形式

(4)下列关于测绘项目承发包说法不正确的是(　　)。
A. 测绘项目发包单位不得向不具有相应测绘资质等级的单位发包
B. 测绘项目发包单位不得迫使测绘单位以低于测绘成本承包
C. 测绘单位可以将承包的测绘项目转包
D. 对于测绘项目发包单位来说,必须查验承包单位的测绘资质

(5)在《中华人民共和国招标投标法》(以下简称《招标投标法》)中规定了两种招标方式,即(　　)。
A. 公开招标和邀请招标　　　　　B. 公开招标和内部招标
C. 邀请招标和内部招标　　　　　D. 公开招标和议标

(6)在招标方式中,被称为无限竞争性招标的是(　　)。
A. 议标　　　B. 邀请招标　　　C. 秘密招标　　　D. 公开招标

(7)招标人采用邀请招标方式的,应当向(　　)具备承担招标项目的能力、资信良好的特定的法人或者其他组织发出投标邀请书。
A. 1个以上　　　B. 2个以上　　　C. 3个以上　　　D. 4个以上

(8)基础测绘项目目前主要以(　　)的方式确定承担单位。
A. 公开招标　　　B. 议标　　　C. 直接发包　　　D. 邀请招标

(9)在测绘项目中,技术依据及质量标准的确定需要在合同签订前由(　　)认定。
A. 发包方　　　　　　　　　　　B. 承包方
C. 承包方或发包方任意一方　　　D. 当事人双方协商

(10)向对方提出合同条件作出签订合同的意思表示称为(　　)。
A. 要约　　　B. 邀请　　　C. 承诺　　　D. 预订合同

(11)投标者和招标者相互勾结,以排挤竞争对手的公平竞争的,其中标无效,监督检查部门可以根据情节处以(　　)的罚款。
A. 5万元以下　　　　　　　　　B. 2万元以上10万元以下
C. 1万元以上20万元以下　　　　D. 2万元以上20万元以下

(12)下列关于测绘合同的说法错误的是(　　)。
A. 测绘合同的制定应在平等协商的基础上来对合同的各项条款进行规定

B. 应当遵循公平原则来确定各方的权利和义务
C. 必须遵守国家的相关法律和法规
D. 合同内容由发包人确定

(13)市场交易的基本原则不包括（　　）。
A. 自愿原则　　　　B. 平等原则　　　　C. 风险共担原则　　　　D. 公平原则

(14)关于测绘项目的承发包中，测绘单位义务的描述不正确的是（　　）。
A. 不得超越其资质等级许可的范围从事测绘活动
B. 不得以其他测绘单位的名义从事测绘活动
C. 不得允许其他单位以本单位的名义从事测绘活动
D. 测绘单位可以将承包的测绘项目转包给同资质的其他测绘单位

(15)违反《测绘法》规定，测绘项目的招标单位让不具有相应资质等级的测绘单位中标，或者让测绘单位低于测绘成本中标的，责令改正，可以处测绘约定报酬（　　）倍以下的罚款。
A. 1　　　　B. 2　　　　C. 3　　　　D. 4

2)多项选择题（每题2分。每题的备选项中，有2个或2个以上符合题意，至少有1个错项。错选，本题不得分；少选，所选的每个选项得0.5分）

(16)对于合同当事人的资格，《合同法》规定，当事人签订合同，应当具有相应的（　　）。
A. 民事权利能力　　　　B. 注册资金　　　　C. 民事行为能力
D. 良好社会信誉　　　　E. 履行合同能力

(17)根据《合同法》的规定，关于订立合同应遵循原则的说法正确的是（　　）。
A. 当事人法律地位平等
B. 诚实信用的原则
C. 遵守法律和不得损害社会公共利益的原则
D. 自愿的原则
E. 守时的原则

(18)下列情形中，属于不正当竞争行为的是（　　）。
A. 商业贿赂行为　　　　B. 利用广告对商品做引人误解的虚假宣传
C. 搭售商品的行为　　　　D. 通过专利后，对商品进行专利宣传的行为
E. 低价倾销

(19)下列情况下构成受迫使而订立合同的要件的是（　　）。
A. 必须有受迫使方因迫使行为而违背自己的真实意思与迫使方订立合同
B. 迫使人对部分信息进行了刻意隐瞒
C. 迫使行为必须是合法的
D. 迫使方必须实施了迫使行为
E. 迫使人具有迫使的故意

(20)发包是指将工程项目、加工生产项目等生产经营项目交给承担单位或者个人来完成，发包的方式包括（　　）。
A. 招标发包　　　　B. 直接发包　　　　C. 间接发包
D. 定向发包　　　　E. 委托发包

(21)下列情况中，属于投标中的禁止事项的是（　　）。

A. 互相串通投标
B. 以他人名义投标
C. 投标人以低于成本的报价投标
D. 法人联合体以一个投标人的身份共同投标
E. 投标人以其他方式弄虚作假,骗取中标

## 3.3 例题参考答案及解析

1)单项选择题(每题1分。每题的备选项中,只有1个最符合题意)

(1)C

**解析:**《合同法》第五十二条规定,有下列情形之一的,合同无效:①一方以欺诈、胁迫的手段订立合同,损害国家利益;②恶意串通,损害国家、集体或者第三人利益;③以合法形式掩盖非法目的;④损害社会公共利益;⑤违反法律、行政法规的强制性规定。

(2)D

**解析:**《招标投标法》对投标人组成联合体共同投标是允许的。投标中的禁止事项:①禁止串通投标;②禁止投标人以向招标人或者评标委员会成员行贿的手段谋取中标;③投标人不得以低于成本的报价竞标;④投标人不得以他人名义投标或者以其他方式弄虚作假,骗取中标。

(3)B

**解析:**《合同法》第十条规定:当事人订立合同,有书面形式、口头形式和其他形式。法律、行政法规规定采用书面形式的,应当采用书面形式。当事人约定采用书面形式的,应当采用书面形式。

(4)C

**解析:**《测绘法》第二十九条规定:测绘单位不得超越资质等级许可的范围从事测绘活动,不得以其他测绘单位的名义从事测绘活动,不得允许其他单位以本单位的名义从事测绘活动。测绘项目实行招投标的,测绘项目的招标单位应当依法在招标公告或者投标邀请书中对测绘单位资质等级作出要求,不得让不具有相应测绘资质等级的单位中标,不得让测绘单位低于测绘成本中标。中标的测绘单位不得向他人转让测绘项目。

(5)A

**解析:**《招标投标法》规定的投标方式包括公开招标和邀请招标。

(6)D

**解析:**招标是发包的一种方式,招标分为公开招标、邀请招标、议标三种方式。其中,公开招标又称为无限竞争性招标,邀请招标也称为有限竞争性选择招标,议标也称非竞争性招标或指定性招标。

(7)C

**解析:**《招标投标法》第十七条规定:招标人采用邀请招标方式的,应当向3个以上具备承担招标项目的能力、资信良好的特定的法人或者其他组织发出招标邀请书。

(8)C

**解析:**由于基础测绘成果往往属于保密范畴,基础测绘项目上不宜采用招标的方式确定承担单位,目前仍以直接发包为主。就当前情况来说,较大规模的工程测绘项目、地籍测绘项

59

目、房产测绘项目等,一般采取招标发包的方式;小规模的工程测绘项目、地籍测绘项目、房产测绘项目采取直接发包的方式。

(9)D

**解析:** 一般情况下,技术依据及质量标准的确定需要合同签订前由当事人双方协商认定;对于未做约定的情形,应注明按照本行业相关规范及技术规程执行,以避免出现合同漏洞导致不必要的争议。

(10)A

**解析:**《合同法》第十三条规定:当事人订立合同,采取要约、承诺方式。当事人对合同内容协商一致的过程,就是经过要约、承诺完成的。向对方提出合同条件做出签订合同的意思表示称为"要约"。而另一方如果表示接受就称为"承诺"。

(11)C

**解析:** 投标者串通投标,抬高标价或者压低标价;投标者和招标者相互勾结,以排挤竞争对手的公平竞争的,其中标无效。监督检查部门可以根据情节处以1万元以上20万元以下的罚款。

(12)D

**解析:** 测绘合同的制定应在平等协商的基础上来对合同的各项条款进行规定,应当遵循公平原则来确定各方的权利和义务,并且必须遵守国家的相关法律和法规。合同内容由当事人约定。

(13)C

**解析:** 市场交易的基本原则包括:自愿原则、平等原则、公平原则、诚实信用原则和遵守公认的商业道德。

(14)D

**解析:**《测绘法》第二十九条规定:测绘单位不得超越资质等级许可的范围从事测绘活动,不得以其他测绘单位的名义从事测绘活动,不得允许其他单位以本单位的名义从事测绘活动。测绘项目实行招投标的,测绘项目的招标单位应当依法在招标公告或者投标邀请书中对测绘单位资质等级作出要求,不得让不具有相应测绘资质等级的单位中标,不得让测绘单位低于测绘成本中标。中标的测绘单位不得向他人转让测绘项目。

(15)B

**解析:**《测绘法》第五十七条,违反本法规定,测绘项目的招标单位让不具有相应资质等级的测绘单位中标,或者让测绘单位低于测绘成本中标的,责令改正,可以处测绘约定报酬二倍以下的罚款。故选B。

2)多项选择题(每题2分。每题的备选项中,有2个或2个以上符合题意,至少有1个错项。错选,本题不得分;少选,所选的每个选项得0.5分)

(16)AC

**解析:**《合同法》第九条规定:当事人订立合同,应当具有相应的民事权利能力和民事行为能力。

(17)ABCD

**解析:**《合同法》第五条规定,当事人应当遵循公平原则确定各方的权利和义务;第六条规定,当事人行使权利、履行义务应当遵循诚实信用原则;第七条规定,当事人订立、履行合同,应当遵守法律、行政法规,尊重社会公德,不得扰乱社会经济秩序,损害社会公共利益。

(18) ABCE

**解析:**《反不正当竞争法》第二条规定,本法所称的不正当竞争,是指经营者违反本法规定,损害其他经营者的合法权益,扰乱社会经济秩序的行为。

(19) ADE

**解析:** 测绘项目的发包单位不得迫使测绘单位以低于测绘成本承包。所谓"迫使",是指测绘项目发包方不正确地利用自己所处的项目发包优势地位,以将要发生的损害或者以直接实施损害相威胁,使对方测绘单位产生恐惧而与之订立合同。因迫使而订立合同要具有如下构成要件:①迫使方具有迫使的故意;②迫使方必须实施了迫使行为;③迫使行为必须是非法的;④必须要有受迫使方因迫使行为而违背自己的真实意思与迫使方订立合同。

(20) AB

**解析:** 发包是指将工程项目、加工生产项目等生产经营项目交给承担单位或者个人来完成,发包的方式包括招标发包、直接发包。

(21) ABCE

**解析:** 投标中的禁止事项:①禁止串通投标;②禁止投标人以向招标人或者评标委员会成员行贿的手段谋取中标;③投标人不得以低于成本的报价竞标;④投标人不得以他人名义投标或者以其他方式弄虚作假,骗取中标。

## 3.4 高频真题综合分析

### 3.4.1 高频真题——招投标

◀ 真 题 ▶

【2011,5】 某测绘单位的测绘资质证书载明的业务范围是工程测量,对于大地测量项目的招标邀请,该单位正确的做法是( )。

  A. 使用本单位测绘资质证书投标

  B. 使用其他单位的测绘资质证书投标

  C. 不参与投标

  D. 从中标单位分包部分大地测量项目

【2011,15】 投标人的下列投标行为中,不违反《中华人民共和国招标投标法》的是( )。

  A. 互相串通投标

  B. 以他人名义投标

  C. 投标人以低于成本的报价投标

  D. 法人联合体以一个投标人的身份共同投标

【2012,18】 根据《中华人民共和国招标投标法》,招标人采用邀请招标方式的,应当向( )个以上具备承担招标项目的能力、资信良好的特定的法人或者其他组织发出投标邀请书。

A. 2   B. 3   C. 4   D. 5

【2012,20】下列关于招标代理机构的说法中,正确的是( )。

A. 依法必须进行招标的项目,招标必须通过招标代理机构办理
B. 如果招标人具有编制招标文件和组织评标能力的,可以自行办理招标事宜,不必通过招标代理机构办理
C. 如果招标人不具有编制招标文件和组织评标能力,则由相关主管部门为其指定招标代理机构办理
D. 依法必须进行招标的项目,招标人委托招标代理机构须报相关主管部门批准

【2013,13】根据《中华人民共和国招标投标法》,投标人少于( )个的,招标人应当依法重新招标。

A. 2   B. 3   C. 5   D. 7

【2014,83】根据《中华人民共和国招标投标法》,下列关于招标的说法中,正确的有( )。

A. 国务院发展改革部门确定的国家重点项目必须公开招标
B. 招标方式分为公开招标和邀请招标
C. 招标代理机构必须具备相应的法定条件
D. 招标人有能力时可以自行办理招标事宜
E. 招标人不能自行选择招标代理机构

【2015,10】下列投标行为中,《中华人民共和国招标投标法》没有禁止的是( )。

A. 相互串通投标报价   B. 以低于成本的报价竞标
C. 低于测绘产品收费标准报价   D. 向招标人行贿

【2016,7】根据《中华人民共和国招标投标法》,招标人对已发出的招标文件进行必要的澄清时,应按招标文件要求提交投标文件截止时间至少( )日前,以书面形式通知所有标书收受人。

A. 七   B. 十   C. 十五   D. 二十

◀ 真题答案及综合分析 ▶

答案:C D B B B BCD C C

解析:以上 8 题,考核的知识点是测绘项目招投标的相关内容。

该知识点涉及《中华人民共和国招标投标法》《中华人民共和国反不正当竞争法》《招标投标法实施条例》《测绘资质管理规定》等相关资料。

### 3.4.2 高频真题——测绘合同

◀ 真 题 ▶

【2012,17】根据《测绘市场管理暂行办法》,下列关于测绘市场的合同管理的说法中,错误的是( )。

A. 测绘项目当事人应当签订书面合同
B. 签订书面合同应当使用统一的测绘合同文本
C. 在合同中应当明确合同标的和技术标准
D. 发生纠纷应当报测绘地理信息主管部门解决

【2013,58】 按照《测绘合同》示范文本,乙方向甲方交付全部测绘成果的时间是(　　)。
A. 测绘生产工作完成后　　　　B. 测绘成果验收通过后
C. 测绘成果整理结束后　　　　D. 测绘工程费结清后

【2013,100】 根据《测绘市场管理暂行办法》,测绘合同承揽方的义务有(　　)。
A. 遵守有关的法律、法规,全面履行合同,遵守职业道德
B. 按合同约定向委托方提交成果资料
C. 根据各省、自治区、直辖市的有关规定,向测绘主管部门备案登记测绘项目
D. 按合同约定,享有测绘成果的所有权和使用权
E. 按合同约定,不向第三方提供受委托完成的测绘成果

【2014,55】 根据《测绘合同》示范文本,下列关于测绘合同的说法中,错误的是(　　)。
A. 合同由双方代表签字,加盖双方公章或合同专用章即生效
B. 合同执行过程中的未尽事宜,双方可协商签订补充协议
C. 因合同发生争议,未能达成调解和书面仲裁协议的,双方可向人民法院起诉
D. 测绘项目全部成果交接完毕后,合同终止

【2014,76】 根据《测绘合同》示范文本,如果甲乙双方签订合同后,发现乙方擅自转包合同标约,甲方有权解除合同,并可要求乙方偿付的违约金数额为(　　)。
A. 预算工程费的30%　　　　B. 定金的2倍
C. 工程款总额的20%　　　　D. 已付工程款的2倍

【2014,77】 根据《测绘合同》示范文本,对于乙方提供的图纸等资料及属于乙方的测绘成果,甲方有义务保密,不得向第三方提供或用于本合同以外的项目,否则乙方有权要求甲方按本合同工程款总额的(　　)赔偿损失。
A. 10%　　　B. 20%　　　C. 25%　　　D. 30%

【2015,12】 甲、乙双方签订了一份测绘合同,下列关于该合同变更的说法中,正确的是(　　)。
A. 经双方协商一致,可以变更
B. 任何情况下,双方都不得变更
C. 一方不履行合同,另一方可以变更
D. 需要变更的,双方必须协商一致,并报主管部门审批

【2015,77】 根据《测绘合同》示范文本,甲方按约定结清全部工程费用后,乙方应当按照(　　)向甲方交付全部测量成果
A. 技术设计书要求　　　　B. 测绘技术标准要求
C. 测绘法律法规要求　　　　D. 技术总结说明

【2015,83】 甲乙双方签订了一份测绘合同,根据《中华人民共和国合同法》,下列情况发生时,甲方可以解除合同的是(　　)。

A. 因不可抗拒力致使不能实现合同目的的
B. 在履行期限届满之前,乙方明确表示不履行合同主要内容
C. 乙方延迟履行合同内容,经催告后在合理期限内仍未履行
D. 乙方有违法行为致使测绘资质证书被依法吊销
E. 乙方管理层发生重大人事变动

【2015,94】根据《测绘合同》示范文本,测绘项目合同的主要内容有( )。
A. 测量范围　　　　　　　　B. 执行技术标准
C. 测绘设备　　　　　　　　D. 测绘内容
E. 测绘工程费

【2016,76】测绘合同签订后,由于甲方工程停止而终止,并且乙方未进入现场工作,双方没有约定定金。根据《测绘合同》示范文本,甲方应偿付乙方预算工程费的( )。
A. 5%　　　　B. 10%　　　　C. 20%　　　　D. 30%

◀ 真题答案及综合分析 ▶

**答案:** D　D　ABCE　D　A　B　A　A　ABCE　ABDE　D

**解析:** 以上11题,考核的知识点是测绘合同管理的相关内容。
该知识点涉及《中华人民共和国合同法》、《测绘合同》示范文本(GF-2000—0306)、《测绘市场管理暂行办法》等相关资料。

### 3.4.3　高频真题——不正当竞争

◀ 真　题 ▶

【2012,19】根据《中华人民共和国反不正当竞争法》,属于正当竞争行为的是( )。
A. 经营者利用广告,对商品的质量作引人误解的虚假宣传
B. 具有独占地位的经营者,限定他人购买其指定的商品
C. 政府利用行政权力,限制外地商品进入本地市场
D. 经营者以低于成本的价格处理有效期即将到期的商品

【2013,12】经营者采取不正当竞争手段,因侵权给经营者乙造成了损害,但乙的损失难以计算。经查,甲在侵权期间的经营额为6000万元,利润为1000万元,因侵权所获得的利润为600万元,根据《中华人民共和国反不正当竞争法》,甲应赔偿乙( )万元。
A. 600　　　　B. 1000　　　　C. 1200　　　　D. 6000

【2014,11】根据《中华人民共和国反不正当竞争法》,下列行为中,不属于不正当竞争行为的是( )。
A. 串通投标抬高标价
B. 串通投标压低标价
C. 招标者与投标者相互勾结,排挤竞争对手
D. 投标人组成联合体共同投标

【2014,13】根据《中华人民共和国反不正当竞争法》,滥用行政权力限制市场竞争的主

体是（　　）。
　　　　A. 公用企业　　　　　　　　　　B. 专卖企业
　　　　C. 具有独占地位的经营者　　　　D. 政府及其所属部门

【2016,13】下列行为中，属于不正当竞争行为的是（　　）。
　　　　A. 季节性降价
　　　　B. 以低于成本的价格销售商品来占有市场
　　　　C. 处理有效期即将到期的商品
　　　　D. 转产降价销售商品

【2016,47】根据《测绘工程产品价格》，测绘工程产品合同价格可在测绘工程产品价格基础上上下浮动（　　）。
　　　　A. 10%　　　　B. 15%　　　　C. 20%　　　　D. 30%

◀ 真题答案及综合分析 ▶

**答案：** D A D D B A

**解析：** 以上6题，考核的知识点是反不正当竞争的相关内容。

该知识点涉及《中华人民共和国合同法》、《测绘合同》示范文本（GF-2000—0306）、《测绘市场管理暂行办法》、《测绘工程产品价格》等相关资料。例如，根据《测绘工程产品价格》规定，为保护测绘单位和用户的合法权益，防止不正当竞争，确保测绘工程产品质量，测绘工程产品合同价格可在本价格的基础上上下浮动10%。

# 4 测绘基准和测绘系统

## 4.1 考点分析

### 4.1.1 测绘基准

1)测绘基准的概念

测绘基准是指一个国家的整个测绘的起算依据和各种测绘系统的基础。我国目前采用的四个测绘基准如下。

(1)大地基准:大地基准是建立大地坐标系统和测量空间点点位的大地坐标的基本依据。我国目前大多数地区采用的大地基准是 1980 西安坐标系。

(2)高程基准:高程基准是建立高程系统和测量空间点高程的基本依据。我国目前采用的高程基准为 1985 国家高程基准。

(3)重力基准:重力基准是建立重力测量系统和测量空间点的重力值的基本依据。我国目前采用的重力基准为 2000 国家重力基准。

(4)深度基准:深度基准是海洋深度测量和海图上图载水深的基本依据。我国目前采用的深度基准因海区不同而有所不同。

2)测绘基准的特征

测绘基准的特征包括:①科学性;②统一性;③法定性;④稳定性。

3)测绘基准管理

(1)国家规定测绘基准

①测绘基准的数据由国务院测绘地理信息主管部门审核后,还必须与国务院其他有关部门、军队测绘部门进行会商,充分听取各相关部门的意见。

②测绘基准的数据经相关部门审核后,必须经过国务院批准后才能实施,各项测绘基准数据经国务院批准后,便成为所有测绘活动的起算依据。

(2)国家要求使用统一的测绘基准

《测绘法》规定,国家建立全国统一的大地坐标系统、平面坐标系统、高程系统、地心坐标系统和重力测量系统,确定国家大地测量等级和精度以及国家基本比例尺地图的系列和基本精度。违反《测绘法》规定,未经批准擅自建立相对独立的平面坐标系统,或者采用不符合国家标准的基础地理信息数据建立地理信息系统的,给予警告,责令改正,可以并处五十万元以下的罚款;对直接负责的主管人员和其他直接责任人员,依法给予处分。

### 4.1.2 测绘系统

1)测绘系统的概念

测绘系统是指由测绘基准延伸,在一定范围内布设的各种测量控制网,它们是各类测绘成果的依据。

五个测绘系统包括大地坐标系统、平面坐标系统、高程系统、地心坐标系统和重力测量系统。

2)测绘系统管理的基本法律规定

(1)从事测绘活动要使用国家规定的测绘系统。

(2)国家建立全国统一的大地坐标系统、平面坐标系统、高程系统、地心坐标系统和重力测量系统,确定国家大地测量等级和精度。

(3)建立相对独立的平面坐标系统要依法经过批准。

(4)未经批准擅自采用国际坐标系统和建立相对独立的平面坐标系统的,应当承担相应的法律责任。

3)测绘系统管理的职责

(1)国务院测绘地理信息主管部门的职责

①负责建立全国统一的大地坐标系统、平面坐标系统、高程系统、地心坐标系统和重力测量系统。

②会同国务院其他有关部门、军队测绘部门制定国家大地测量等级和精度以及国家基本比例尺地图的系列和基本精度的具体规范和要求。

③负责因建设、城市规划和科学研究的需要,大城市和国家重大工程项目确需建立相对独立的平面坐标系统的审批。

④负责全国测绘系统的维护和统一监督管理。

(2)省级测绘地理信息主管部门的职责

①建立本省行政区域内与国家测绘系统相统一的大地控制网和高程控制网。

②负责因建设、城市规划和科学研究的需要,除大城市和国家重大工程项目以外确需建立相对独立的平面坐标系统的审批。

③负责本省行政区域内全国统一的测绘系统的维护和统一监督管理。

(3)市、县级测绘地理信息主管部门的职责

①建立本行政区域内与国家测绘系统相统一的大地控制网和高程控制网的加密网。

②负责测绘系统的维护和统一监督管理。

4)相对独立的平面坐标系统管理

(1)相对独立的平面坐标系统的概念

相对独立的平面坐标系统,是指为满足在局部地区进行大比例尺测图和工程测量的需要,以任意点和方向起算建立的平面坐标系统或者在全国统一的坐标系统基础上,进行中央子午线投影变换以及平移、旋转等而建立的平面坐标系统。

(2)建立相对独立的平面坐标系统的原则

①必须是因建设、城市规划和科学研究的需要,如果不是满足建设、城市规划和科学研究

的需要，必须按照国家规定采用全国统一的测绘系统。

②确实需要建立。建立相对独立的平面坐标系统必须有明确的目的和理由，不建设就会对工程建设、城市规划等造成严重影响的。

③必须经过批准，未按照规定程序经省级以上测绘地理信息主管部门批准，任何单位都不得建立相对独立的平面坐标系统。

④应当与国家坐标系统相联系，建立的相对独立的平面坐标系统必须与国家统一的测量控制网点进行联测，建立与国家坐标系统之间的联系。

(3)建立相对独立的平面坐标系统的审批

建立相对独立的平面坐标系统审批是一项有数量限制的行政许可。一个城市只能建设一个相对独立的平面坐标系统。

①国家测绘地理信息局的审批职责，包括50万人口以上的城市，列入国家计划的国家重大工程项目，其他确需国家测绘地理信息局审批的。

②省级测绘地理信息主管部门的审批职责，包括50万人口以下的城市，列入省级计划的大型工程项目，其他确需省级测绘地理信息主管部门审批的。

(4)不予批准的情形

有以下情况之一的，对建立相对独立的平面坐标系统的申请不予批准：

①申请材料内容虚假的。

②国家坐标系统能够满足需要的。

③已依法建有相关的相对独立的平面坐标系统的。

④测绘地理信息主管部门依法认定的应当不予批准的其他情形。

5)建立相对独立的平面坐标系统的法律责任

《测绘法》对未经批准、擅自建立相对独立的平面坐标系统的，设定了严格的法律责任，主要包括给予警告、责令改正，可以并处50万元以下的罚款；构成犯罪的，依法追究刑事责任；尚不够刑事处罚的，对负有直接责任的主管人员和其他直接责任人员，依法给予行政处分。

### 4.1.3 测量标志

1)测量标志的概念

测量标志是指在陆地和海洋标定测量控制点位置的标石、觇标以及其他标记的总称。

2)测量标志管理体制

(1)各级人民政府

①加强对测量标志保护工作的领导，采取有效措施加强测量标志保护工作，增强公民依法保护测量标志的意识。

②对在测量标志保护工作中做出显著成绩的单位和个人，给予奖励。

③将测量标志保护经费列入当地政府财政预算和年度计划。

(2)国务院测绘地理信息主管部门

①研究制定有关测量标志保护的行政法规(草案)、规章和相关政策，制定测量标志有偿使用的具体办法。

②组织制定全国测量标志保护规划和普查、维修年度计划。

③组织测量标志保护法律、法规的宣传，提高全民的测量标志保护意识。
④负责国家一、二等永久性测量标志的拆迁审批。
⑤检查、维护国家一、二等永久性测量标志。
⑥依法查处损毁测量标志的违法行为。
(3)省级测绘地理信息主管部门
①组织贯彻实施有关测量标志保护的法律、法规和规章。
②参与制定或者制定测量标志保护的地方法规、规章和规范性文件。
③负责国家和本省统一设置的四等以上三角点、水准点和D级以上全球卫星定位控制点的测量标志的迁建审批工作。
④制定全省测量标志普查和维修年度计划及定期普查维护制度。
⑤组织建立永久性测量标志档案。
⑥组织实施永久性测量标志的检查、维护和管理工作。
⑦查处永久性测量标志违法案件。
(4)市、县(市)级人民政府测绘地理信息主管部门
①组织贯彻实施有关测量标志保护的法律、法规、规章和相关政策。
②负责本市、县(市)级设置的永久性测量标志的迁建审批工作。
③建立和修订永久性测量标志档案。
④负责永久性测量标志的检查、维护和管理工作。
⑤负责永久性测量标志的统计、报告工作。
⑥处理永久性测量标志损毁事件以及因测量标志损坏造成的事故。
⑦查处违反测量标志保护有关法律、法规和规章的行为。
(5)乡(镇)人民政府
①宣传贯彻测量标志保护的法律、法规、规章和测量标志保护政策。
②确定永久性测量标志的保管单位或者人员，并对其保管责任的落实情况进行监督检查。
③根据测绘地理信息主管部门委托，办理永久性测量标志委托保管手续。
④负责永久性测量标志的日常检查，制止损毁永久性测量标志的行为，并定期向当地测绘地理信息主管部门报告测量标志保护情况。

3)测量标志建设
(1)使用国家规定的测绘基准和测绘标准。
(2)选择有利于测量标志长期保护和管理的点位。
(3)应当对永久性测量标志设立明显标记；设置基础性测量标志的，还应当设立由国务院测绘地理信息主管部门统一监制的专门标牌。
(4)建设永久性测量标志需要占用土地的，地面标志占用土地的范围为 $36\sim100m^2$，地下标志占用土地的范围为 $16\sim36m^2$。
(5)设置永久性测量标志的部门应当将永久性测量标志委托当地有关单位或者人员负责保管。
(6)符合法律、法规规定的其他要求。

4)测量标志保管
(1)设立明显标记。

(2)实行委托保管制度。
测量标志保管人员的职责主要包括：
①经常检查测量标志的使用情况,查验永久性测量标志使用后的完好状况。
②发现永久性测量标志有移动或者损毁的情况,及时向当地乡级人民政府报告。
③制止、检举和控告移动、损毁、盗窃永久性测量标志的行为。
④查询使用永久性测量标志的测绘人员的有关情况。
(3)工程建设要避开永久性测量标志。
(4)拆迁永久性测量标志要经过批准,并支付拆迁费用。
(5)使用测量标志应当持有测绘作业证件,并保证测量标志的完好。
(6)定期组织开展测量标志普查和维护。

5)测量标志拆迁审批职责
(1)国务院测绘地理信息主管部门审批职责
①国家一、二等三角点(含同等级的大地点)、水准点(含同等级的水准点)。
②国家天文点、重力点(包括地壳形变监测点等具有物理因素的点),GPS点(B级精度以上)。
③国家明确规定需要重点保护的其他永久性测量标志等。
(2)省级测绘地理信息主管部门审批职责
①国家三、四等三角点(含同等级的大地点)、水准点(含同等级的水准点)。
②省级测绘地理信息主管部门建立的不同等级的三角点、水准点、GPS点等。
③省级测绘地理信息主管部门明确需要重点保护的其他永久性测量标志。
(3)市、县级测绘地理信息主管部门的审批职责
①国家平面控制网、高程控制网和空间定位网的加密网点。
②市、县测绘地理信息主管部门自行建造的其他不同等级的三角点、水准点和GPS点。

6)测量标志的使用
(1)测量标志使用的基本规定
①测绘人员使用永久性测量标志,应当持有测绘作业证件,接受县级以上人民政府管理测绘工作的部门的监督和负责保管测量标志的单位和人员的查询,并按照操作规程进行测绘,保证测量标志的完好。
②国家对测量标志实行有偿使用,但是使用测量标志从事军事测绘任务的除外。测量标志有偿使用的收入应当用于测量标志的维护、维修,不得挪作他用。
(2)测绘人员的义务
①测绘人员使用永久性测量标志,必须持有测绘作业证件,并保证测量标志的完好。
②测绘人员根据测绘项目开展情况建立永久性测量标志,应当按照国家有关的技术规定执行,并设立明显的标记。
③接受县级以上测绘地理信息主管部门的监督和测量标志保管人员的查询。
④依法交纳测绘基础设施使用费。
⑤积极宣传测量标志保护的法律、法规和相关政策。

7)法律责任
有下列行为之一的,给予警告,责令改正,可以并处5万元以下的罚款;造成损失的,依法

承担赔偿责任;构成犯罪的,依法追究刑事责任;尚不够刑事处罚的,对负有直接责任的主管人员和其他直接责任人员,依法给予行政处分:

(1)损毁或者擅自移动永久性测量标志和正在使用中的临时性测量标志的。

(2)侵占永久性测量标志用地的。

(3)在永久性测量标志安全控制范围内从事危害测量标志安全和使用效能的活动的。

(4)在测量标志占地范围内,建设影响测量标志使用效能的建筑物的。

(5)擅自拆除永久性测量标志或者使永久性测量标志失去使用效能,或者拒绝支付迁建费用的。

(6)违反操作规程使用永久性测量标志,造成永久性测量标志毁损的。

(7)无证使用永久性测量标志并且拒绝县级以上人民政府管理测绘工作的部门监督和负责保管测量标志的单位和人员查询的。

(8)干扰或者阻挠测量标志建设单位依法使用土地或者在建筑物上建设永久性测量标志的。

## 4.2 例 题

1)单项选择题(每题 1 分。每题的备选项中,只有 1 个最符合题意)

(1)《测绘法》规定批准全国统一的大地基准、高程基准、深度基准和重力基准数据的机构是(　　)。

　　A. 国务院　　　　　　　　　　　B. 国务院测绘地理信息主管部门
　　C. 军队测绘部门　　　　　　　　D. 国家标准化管理委员会

(2)某中等城市拟启动建立城市 GPS 控制网基础测绘项目。坐标系统应当基于(　　)。

　　A. 1954 北京坐标系　　　　　　　B. 2000 国家坐标系
　　C. 1980 西安坐标系　　　　　　　D. WGS-84 坐标系

(3)根据《测绘标志保护条例》,下列工作中,不属于测量标志保管人员义务的是(　　)。

　　A. 收取测量标志有偿使用费
　　B. 制止、检举和控告移动、损毁、盗窃测量标志的行为
　　C. 发现测量标志有移动或者损毁的情况时,及时向当地乡级人民政府报告
　　D. 经常检查保管测量标志

(4)拆迁永久性测量标志或者使永久性测量标志失去效能的,依法应当经(　　)批准。

　　A. 测量标志建筑单位
　　B. 测量标志所在地市级测绘地理信息主管部门
　　C. 测量标志管理单位
　　D. 省级以上测绘地理信息主管部门

(5)我国目前采用的高程基准为(　　)。

　　A. 1956 国家高程基准　　　　　　B. 1985 国家高程基准
　　C. 1997 国家高程基准　　　　　　D. 2000 国家高程基准

(6)《测绘法》对未经批准、擅自建立相对独立的平面坐标系统的,设定了严格的法律责任,主要包括给予警告、责令改正,可以并处(　　)罚款。

　　A. 10 万元以下　　　　　　　　　B. 20 万元以下

C. 50万元以下　　　　　　　　　D. 100万元以下

(7)测绘人员在使用测量标志的过程中,下列情况不符合测绘人员义务的是(　　)。
　　A. 测绘人员使用永久性测量标志,不必履行手续和出示证件
　　B. 接受县级以上测绘地理信息主管部门的监督和测量标志管理人员的查询
　　C. 依法缴纳测绘基础设施使用费
　　D. 积极宣传测量标志保护的法律、法规和相关政策

(8)我国正式开始启用2000年国家大地坐标系的时间是(　　)。
　　A. 2007年7月1日　　　　　　B. 2007年10月1日
　　C. 2008年7月1日　　　　　　D. 2008年10月1日

(9)下列不属于我国重力测量系统的是(　　)。
　　A. 1957重力测量系统　　　　　B. 1980重力测量系统
　　C. 1985重力测量系统　　　　　D. 2000重力测量系统

(10)2000国家大地坐标系与现行国家大地坐标系转换、衔接的过渡期为(　　)。
　　A. 8年　　　　　　　　　　　B. 10年
　　C. 8～10年　　　　　　　　　D. 5年

(11)因建设、城市规划和科学研究的需要,国家重大工程项目确需建立相对独立的平面坐标系统的,必须经(　　)批准。
　　A. 国务院测绘地理信息主管部门
　　B. 军队测绘部门
　　C. 国务院测绘地理信息主管部门会同军队测绘部门
　　D. 国务院测绘地理信息主管部门或者军队测绘部门

(12)下列选项中,属于临时性测量标志的是(　　)。
　　A. 国家二等三角点钢质觇标
　　B. 国家四等导线点标石
　　C. 水准点和卫星定位点的木质觇标
　　D. 活动的航空摄影的地面标志和测旗

(13)《测绘法》对国家建立统一的测绘系统进行了规定,并明确测绘系统的具体规范和要求由(　　)制定。
　　A. 军队测绘部门
　　B. 国务院测绘地理信息主管部门
　　C. 国务院测绘地理信息主管部门会同军队测绘部门
　　D. 国务院测绘地理信息主管部门会同国务院其他有关部门、军队测绘部门

(14)国家一、二等三角点、水准点的拆迁审批权属于(　　)。
　　A. 国务院测绘地理信息主管部门　　B. 省级测绘地理信息主管部门
　　C. 市级测绘地理信息主管部门　　　D. 军队测绘部门

2)多项选择题(每题2分。每题的备选项中,有2个或2个以上符合题意,至少有1个错项。错选,本题不得分;少选,所选的每个选项得0.5分)

(15)某城市建立相对独立的平面坐标系统,申请人应当依法向测绘地理信息主管部门提交的申请材料有(　　)。

A. 建立相对独立的平面坐标系统申请书
B. 立项批准文件
C. 申请建立相对独立的平面坐标系统的区域内及周边地区现有坐标系统的情况
D. 该市人民政府同意建立该系统的文件
E. 工程项目申请人的有效身份证明

(16)建设永久性测量标志,应当遵守的基本规定有( )。
A. 使用国家规定的测绘基准和测绘标准
B. 选择有利于测量标志长期保护和管理的点位
C. 地面标志占用土地的范围不小于 $100m^2$
D. 应当对永久性测量标志设立明显标记
E. 委托当地有关单位指派专人负责保管

(17)下列确需建立相对独立的平面坐标系统的,由国务院测绘地理信息主管部门负责审批的是( )。
A. 50万人口以上的城市        B. 50万人口以下的城市
C. 列入省级计划的大型工程项目    D. 列入国家计划的国家重大工程项目
E. 项目合同额在500万元以上的

(18)关于拆迁永久性测量标志的说法,正确的是( )。
A. 永久性测量标志的重建工作,由收取测量标志迁建费用的部门组织实施
B. 拆迁基础性测量标志或者使基础性测量标志失去使用效能的,由国务院测绘地理信息主管部门或者省、自治区、直辖市人民政府管理测绘工作的部门批准
C. 拆迁永久性测量标志,还应当通知负责保管测量标志的有关单位和人员
D. 永久性测量标志的重建工作,由测绘单位组织实施
E. 经批准拆迁部门专用的测量标志或使用部门专用的测量标志失去使用效能的,工程建设单位应当按照国家有关规定向拆迁部门支付迁建费用

(19)建立相对独立的平面坐标系统的原则是( )。
A. 必须是因建设、城市规划和科学研究的需要
B. 确实需要建立
C. 必须经过批准
D. 应当与国家坐标系统相联系
E. 实用原则

(20)测绘系统包括( )。
A. 大地坐标系统      B. 平面坐标系统      C. 高程系统
D. 地心坐标系统      E. 引力测量系统

(21)以下选项中,属于测量标志保管人员义务职责的是( )。
A. 发现永久性测量标志有移动或者损毁的情况,及时向当地县级人民政府报告
B. 收取测量标志有偿使用费
C. 查询使用永久性测量标志的测绘人员的有关情况
D. 制止、检举和控告移动、损毁、盗窃永久性测量标志的行为
E. 经常检查测量标志的使用情况,查验永久性测量标志使用后的完好状况

(22)国家建立全国统一的( ),具体规范和要求由国务院测绘地理信息主管部门会同

国务院其他有关部门、军队测绘部门制定。

A. 大地坐标系统　　B. 地心坐标系统　　C. 地理坐标系统

D. 重力测量系统　　E. 高程系统

(23)关于测量标志的使用说法,正确的是(　　)。

A. 国家对测量标志实行无偿使用

B. 测绘人员使用永久性测量标志,必须持有测绘作业证件

C. 接受县级以上人民政府管理测绘工作的部门的监督和负责保管测量标志的单位和人员的查询

D. 根据测绘项目开展情况建立永久性测量标志,应当按照国家有关的技术规定执行,并设立明显的标记

E. 测绘人员损坏永久性测量标志的只要及时恢复即可

## 4.3　例题参考答案及解析

1)单项选择题(每题1分。每题的备选项中,只有1个最符合题意)

(1) A

**解析:**《测绘法》第九条规定,国家设立和采用全国统一的大地基准、高程基准、深度基准和重力基准,其数据由国务院测绘地理信息主管部门审核,并与国务院其他有关部门、军队测绘部门会商后,报国务院批准。

(2) B

**解析:** 国家测绘局在2008年发布的2号公告中指出,2000国家大地坐标系与现行国家大地坐标系转换、衔接的过渡期为8～10年。现有各类测绘成果在过渡期内可沿用现行国家大地坐标系。2008年7月1日后新生产的各类测绘成果应采用2000国家大地坐标系。

(3) A

**解析:** 测量标志保管人员的职责,主要包括:①经常检查测量标志的使用情况,查验永久性测量标志使用后的完好状况;②发现永久性测量标志有被移动或者损毁的情况,及时向当地乡级人民政府报告;③制止、检举和控告移动、损毁、盗窃永久性测量标志的行为;④查询使用永久性测量标志的测绘人员的有关情况。

(4) D

**解析:**《测绘法》第四十三条规定:进行工程建设,应当避开永久性测量标志;确实无法避开,需要拆迁永久性测量标志或者使永久性测量标志失去使用效能的,应当经省、自治区、直辖市人民政府测绘地理信息主管部门批准;涉及军用控制点的,应当征得军队测绘部门的同意。所需迁建费用由工程建设单位承担。

(5) B

**解析:** 我国目前采用的高程基准为"1985国家高程基准"。同时注意,不要混淆2000国家大地坐标系和2000国家重力基准。

(6) C

**解析:**《测绘法》第五十二条规定:违反本法规定,未经批准擅自建立相对独立的平面坐标系统,或者采用不符合国家标准的基础地理信息数据建立地理信息系统的,给予警告,责令改正,可以并处五十万元以下的罚款;对直接负责的主管人员和其他直接责任人员,依法给予处分。

(7) A

解析:测绘人员在使用测量标志时的义务为:①测绘人员使用永久性测量标志,必须持有测绘作业证件,并保证测量标志的完好;②测绘人员根据测绘项目开展情况建立永久性测量标志,应当按照国家有关的技术规定执行,并设立明显的标记;③接受县级以上测绘地理信息主管部门的监督和测量标志保管人员的查询;④依法缴纳测绘基础设施使用费;⑤积极宣传测量标志保护的法律。

(8) C

解析:2008年7月1日,经国务院批准,我国正式开始启用2000国家大地坐标系,2000国家大地坐标系是全球地心坐标系在我国的具体体现。

(9) B

解析:我国先后使用了1957重力测量系统、1985重力测量系统、2000重力测量系统。我国目前采用的重力基准为2000国家重力基准。

(10) C

解析:国家测绘局在2008年发布的2号公告中指出,2000国家大地坐标系与现行国家大地坐标系转换、衔接的过渡期为8~10年。

(11) C

解析:《测绘法》第十一条规定:因建设、城市规划和科学研究的需要,国家重大工程项目和国务院确定的大城市确需建立相对独立的平面坐标系统的,由国务院测绘地理信息主管部门批准。故选A。

(12) D

解析:永久性测量标志是指设有固定标志物以供测量标志使用单位长期使用的需要永久保存的测量标志,包括国家各等级的三角点、基线点、导线点、军用控制点、重力点、天文点、水准点和卫星定位点的木质觇标、钢质觇标和标识标志,以及用于地形图测量、工程测量和变形测量等的固定标志和海底大地点设施等。临时性测量标志是指测绘单位在测量过程中临时设立和使用的,不需要长期保存的标志和标记。如测站点的木桩、活动觇标、测旗、测杆、航空摄影的地面标志、描绘在地面或者建筑物上的标记等,都属于临时性测量标志。

(13) D

解析:《测绘法》第十条规定:国家建立全国统一的大地坐标系统、平面坐标系统、高程系统、地心坐标系统和重力测量系统,确定国家大地测量等级和精度以及国家基本比例尺地图的系列和基本精度。具体规范和要求由国务院测绘地理信息主管部门会同国务院其他有关部门、军队测绘部门制定。

(14) A

解析:国家一、二等三角点、水准点的拆迁应由国务院测绘地理信息主管部门审批。

2) 多项选择题(每题2分。每题的备选项中,有2个或2个以上符合题意,至少有1个错项。错选,本题不得分;少选,所选的每个选项得0.5分)

(15) ABDE

解析:申请建立相对独立的平面坐标系统应当提交的材料是:①建立相对独立的平面坐标系统申请书;②工程项目的申请人的有效身份证明;③立项批准文件;④能够反映建设单位测绘成果及材料档案管理设施和制度的证明文件;⑤建立城市相对独立的平面坐标系统的,应当提供该市人民政府同意建立的文件;⑥建立相对独立的平面坐标系统的城市市政府同意的文件,应当提交原件。

(16)ABDE

**解析:** 永久性测量标志需要占用土地的,地面占用土地范围为 36~100m²,地下占用为 16~36m²。

(17)AD

**解析:** 建立相对独立的平面坐标系统,国家测绘局的审批职责是:①50 万人口以上的城市;②列入国家计划的国家重大工程项目;③其他确需国家测绘局审批的。

(18)ABC

**解析:**《中华人民共和国测量标志保护条例》第十二条规定:经批准拆迁部门专用的测量标志或者使用部门专用的测量标志失去使用效能的,工程建设单位应当按照国家有关规定向设置测量标志的部门支付迁建费用。第二十一条规定:永久性标志的重建工作,由收取测量标志迁建费用的部门组织实施。

(19)ABCD

**解析:**《测绘法》第十一条规定:因建设、城市规划和科学研究的需要,国家重大工程项目和国务院确定的大城市确需建立相对独立的平面坐标系统的,由国务院测绘地理信息主管部门批准;其他确需建立相对独立的平面坐标系统的,由省、自治区、直辖市人民政府测绘地理信息主管部门批准。建立相对独立的平面坐标系统,应当与国家坐标系统相联系。

(20)ABCD

**解析:** 测绘系统是指由测绘基准延伸,在一定范围内布设的各种测量控制网,它们是各类测绘成果的依据,包括大地坐标系统、平面坐标系统、高程系统、地心坐标系统和重力测量系统。

(21)CDE

**解析:** 测量标志保管人员的职责是:①经常检查测量标志的使用情况,查验永久性测量标志使用后的完好状况;②发现永久性测量标志有移动或者损毁的情况,及时向当地乡级人民政府报告;③制止、检举和控告移动、损毁、盗窃永久性测量标志的行为;④查询使用永久性测量标志的测绘人员的有关情况。

(22)ABDE

**解析:**《测绘法》第十条规定,国家建立全国统一的大地坐标系统、平面坐标系统、高程系统、地心坐标系统和重力测量系统,确定国家大地测量等级和精度以及国家基本比例尺地图的系列和基本精度。具体规范和要求由国务院测绘地理信息主管部门会同国务院其他有关部门、军队测绘部门制定。故选 ABDE。

(23)BCD

**解析:** 测量标志使用的基本规定如下:①测绘人员使用永久性测量标志,应当持有测绘作业证件,接受县级以上人民政府管理测绘工作的部门的监督和负责保管测量标志的单位和人员的查询,并按照操作规程进行测绘,保证测量标志的完好;②国家对测量标志实行有偿使用,但是使用测量标志从事军事测绘任务的除外。测量标志有偿使用的收入应当用于测量标志的维护、维修,不得挪作他用。

## 4.4 高频真题综合分析

### 4.4.1 高频真题——测绘基准

◀ 真 题 ▶

【2011,18】《中华人民共和国测绘法》规定批准全国统一的大地基准、高程基准、深度基准和重力基准数据的机构是（　　）。
    A. 国务院　　　　　　　　　　　B. 国务院测绘地理信息主管部门
    C. 军队测绘部门　　　　　　　　D. 国务院发展计划主管部门

【2012,91】下列情形中，应当制定强制性测绘标准或者强制性条款的情形有（　　）。
    A. 长期采用国际标准化组织以及其他国际组织技术报告的
    B. 国家基本比例尺地图测绘与更新必须遵守的技术要求
    C. 测绘行业范围内必须统一的技术术语、符号、代码、生产与检验方法等
    D. 建立和维护测绘基准与系统必须遵守的技术要求
    E. 需要控制的重要测绘成果质量技术要求

【2014,16】根据《中华人民共和国测绘法》，全国统一的大地基准、高程基准、深度基准和重力基准，其数据由（　　）批准。
    A. 国务院
    B. 国务院测绘地理信息主管部门
    C. 国务院测绘地理信息主管部门会同国务院其他有关部门
    D. 军队测绘部门

【2015,15】根据《中华人民共和国测绘法》，全国统一的大地基准、高程基准、深度基准和重力基准，其数据由（　　）审核。
    A. 国务院
    B. 军队测绘部门
    C. 国务院测绘地理信息主管部门
    D. 国务院测绘地理信息主管部门会同有关部门

【2016,81】从事基础测绘活动应当使用全国统一的测绘基准，包括（　　）。
    A. 深度基准　　　　　　　　　　B. 长度基准
    C. 高程基准　　　　　　　　　　D. 大地基准
    E. 极坐标基准

◀ 真题答案及综合分析 ▶

**答案：** A　BCDE　A　C　ACD

**解析：** 以上 5 题，考核的知识点是测绘基准相关内容。
《中华人民共和国测绘法》第九条，国家设立和采用全国统一的大地基准、高程基准、深度

基准和重力基准,其数据由国务院测绘地理信息主管部门审核,并与国务院其他有关部门、军队测绘部门会商后,报国务院批准(注意关键词:"审核"和"批准")。

#### 4.4.2 高频真题——坐标系

▶ 真 题 ▶

【2011,19】 某中等城市拟在2011年启动建立城市GPS控制网基础测绘项目。其城市坐标系统应当基于(　　)。

　　A. 1954北京坐标系　　　　B. 2000国家坐标系
　　C. 1980西安坐标系　　　　D. 城市独立坐标系

【2011,85】 某城市建立相对独立的平面坐标系统,申请人应当依法向测绘地理信息主管部门提交的申请材料有(　　)。

　　A. 建立相对独立的平面坐标系统申请书
　　B. 立项批准文件
　　C. 申请建立相对独立的平面坐标系统的区域内及周边地区现有坐标系统的情况
　　D. 该市人民政府同意建立该系统的文件
　　E. 工程项目申请人的有效身份证明

【2012,92】 下列关于建立相关独立的平面坐标系统的申请人义务的说法中,正确的有(　　)。

　　A. 系统建设完成后实现与国家坐标系统建立联系
　　B. 系统建设完成后将系统转换参数向社会公布
　　C. 系统建设后保证其更新维护
　　D. 按国家有关规定及时向用户提供使用
　　E. 系统建设完成后依法汇交成果资料

【2013,15】 下列关于建立相对独立的平面坐标系统的说法中,错误的是(　　)。

　　A. 一个城市只能建立一个相对独立的平面坐标系统
　　B. 建立相对独立的平面坐标系统,应当与国家坐标系统相联系
　　C. 建立相对独立的平面坐标系统,是指以任意点和正北方向起算建立的平面坐标系统
　　D. 建立城市相对独立的平面坐标系统,应当经该市人民政府同意

【2013,90】 根据《建立相对独立的平面坐标系统管理办法》,审批建立相对独立的平面坐标系统申请时,下列情形中,应当不予批准的有(　　)。

　　A. 申请材料不齐全的　　　　B. 申请材料内容虚假的
　　C. 国家坐标系统能够满足要求的　　D. 申请材料不符合规定形式要求的
　　E. 已依法建有相关的相对独立的平面坐标系统的

【2014,15】 根据《建立相对独立的平面坐标系统管理办法》,河北省石家庄市建立相对独立的平面坐标系统,应当由(　　)批准。

　　A. 国务院测绘地理信息主管部门　　B. 河北省测绘地理信息主管部门

C. 石家庄市测绘地理信息主管部门　　D. 军队测绘部门

【2015,16】 根据《建立相对独立的平面坐标系统管理办法》，江苏省南京市建立相对独立的平面坐标系统，应当由（　　）负责审批。

A. 国务院测绘地理信息主管部门　　B. 江苏省测绘地理信息主管部门
C. 南京市测绘地理信息主管部门　　D. 军队测绘部门

◀ 真题答案及综合分析 ▶

**答案：** B　ABDE　ACDE　C　BCE　A　A

**解析：** 以上7题，考核的知识点是关于2000国家大地坐标系和相对独立的平面坐标系的相关问题。我国自2008年7月1日，经国务院批准正式开始启用2000国家大地坐标系。现有各类测绘成果在过渡期内可沿用现行国家大地坐标系；2008年7月1日后新生产的各类测绘成果应采用2000国家大地坐标系。相对独立的平面坐标系的建立依据《建立相对独立的平面坐标系统管理办法》实施。

4.4.3 高频真题——测量标志

◀ 真　题 ▶

【2011,47】 根据《中华人民共和国测绘标志保护条例》，下列工作中，不属于测量标志保管人员义务的是（　　）。

A. 收取测量标志有偿使用费
B. 制止、检举和控告移动、损毁、盗窃测量标志的行为
C. 发现测量标志有移动或者损毁的情况时，及时向当地乡级人民政府报告
D. 经常检查保管测量标志

【2011,48】 拆迁永久性测量标志或者使永久性测量标志失去效能的，依法应当经（　　）批准。

A. 测量标志建筑单位
B. 测量标志所在地市级测绘地理信息主管部门
C. 测量标志管理单位
D. 省级以上测绘地理信息主管部门

【2011,92】 建设永久性测量标志，应当遵守的基本规定有（　　）。

A. 使用国家规定的测绘基准和测绘标准
B. 选择有利于测量标志长期保护和管理的点位
C. 地面标志占用土地的范围不超过500m$^2$
D. 应当对永久性测量标志设立明显标记
E. 委托当地有关单位指派专人负责保管

【2012,1】 根据《中华人民共和国测量标志保护条例》，永久性测量标志委托保管的委托方是（　　）。

A. 永久性测量标志设置地的乡级人民政府

B. 设置永久性测量标志的部门
C. 省级人民政府测绘地理信息主管部门
D. 县级人民政府测绘地理信息主管部门

【2012,2】《中华人民共和国测绘法》规定,进行工程建设时,拆迁永久性测量标志所需的迁建费用由(　　)承担。
A. 工程建设单位　　　　　　　B. 设置永久性测量标志的部门
C. 批准进行工程建设的部门　　D. 保管永久性测量标志的部门

【2012,3】下列关于测绘人员使用永久性测量标志的说法中,正确的是(　　)。
A. 向永久性测量标志所在地的县级人民政府测绘地理信息主管部门提出申请,经批准后方可使用
B. 使用永久性测量标志,应当持有测绘作业证件,并保证测量标志完好
C. 使用永久性测量标志,涉及军用控制点的,应当征得军队测绘部门的同意
D. 使用永久性测量标志,应当向测量标志保管员支付有偿使用费用

【2012,87】测量标志受国家保护。下列行为中属于法律法规禁止的有(　　)。
A. 在测量标志占地范围内烧荒、耕作、取土、挖沙
B. 在距永久性测量标志50米范围内采石、爆破、射击、架设高压电线
C. 在测量标志占地范围内,建设建筑物但不影响测量标志使用效能
D. 在建筑物上建设永久性测量标志
E. 在测量标识上架设通信设施

【2013,46】根据《中华人民共和国测量标志保护条例》,负责永久性测量标志重建工作的部门或单位的是(　　)。
A. 损毁测量标志的单位　　　　B. 标志所在地测绘地理信息主管部门
C. 收取测量标志迁建费用的部门　　D. 标志所在地县级人民政府

【2013,47】根据《中华人民共和国测量标志保护条例》,下列关于测量标志迁建费用的说法中,错误的是(　　)。
A. 基础性测量标志迁建费用,由工程建设单位依法向省级测绘地理信息主管部门支付
B. 部门专用的测量标志迁建费用,由工程建筑单位依法向设置测量标志的部门支付
C. 工程建设单位拒绝按照国家有关规定支付迁建费用的,测绘地理信息主管部门应当依法给予行政处罚
D. 设置部门专用测量标志的部门查找不到的,工程建设部门应当向当地县级人民政府支付迁建费用

【2013,48】拆迁基础性测量标志或者使基础性测量标志失去使用效能的,应当由(　　)批准。
A. 国务院测绘地理信息主管部门
B. 省级测绘地理信息主管部门
C. 标志所在地的市级测绘地理信息主管部门
D. 国务院测绘地理信息主管部门或者省级测绘地理信息主管部门

【2013,96】根据《中华人民共和国测量标志保护条例》,下列新位置,属于测量标志保管

人权利和义务的有（　　）。

A. 对所保管的测量标志进行检查
B. 发现移动或损毁情况，及时报告当地乡级人民政府
C. 制止、检举和控告移动、损毁、盗窃测量标志的行为
D. 查询使用永久测量标志人员的测绘工作证件
E. 收取测量标志有偿使用费

【2014，49】 根据《中华人民共和国测量标志保护条例》，永久性测量标志的重建工作，由（　　）组织实施。

A. 国务院测绘地理信息主管部门　　B. 省级测绘地理信息主管部门
C. 测量标志所在地的县级人民政府　　D. 收取测量标志迁建费用的部门

【2014，50】 根据《中华人民共和国测量标志保护条例》，全国测量标志维修规划，由（　　）制定。

A. 国务院测绘地理信息主管部门
B. 军队测绘地理信息主管部门
C. 国务院测绘地理信息主管部门会同国务院其他有关部门
D. 国务院测绘地理信息主管部门会同军队测绘部门

【2014，91】 根据《中华人民共和国测量标志保护条例》，下列关于测量标志迁建的说法中，正确的有（　　）。

A. 进行工程建设，应当避开永久性测量标志，确需拆迁需依法履行批准手续
B. 拆迁基础性测量标志，由国务院测绘地理信息主管部门或者省级测绘地理信息主管部门批准
C. 拆迁部门专用的永久性测量标志，直接按设置测量标志的部门批准
D. 拆迁永久性测量标志，应当通知负责保管测量标志的有关单位和人员
E. 经批准迁建基础型测量标志的，工程单位应当依法支付迁建费用

【2014，92】 根据《中华人民共和国测绘法》，下列违反测量标志管理规定的行为中，应当承担相应法律责任的有（　　）。

A. 未持有测绘作业证使用永久性测量标志的
B. 侵占永久性测量标志用地的
C. 使永久性测量标志失去使用效能的
D. 擅自拆除永久性测量标志的
E. 违反操作规程使用永久性测量标志的

【2015，46】 根据《中华人民共和国测量标志保护条例》，建设永久性测量标志需要占用土地的，地面标志的范围为（　　）$m^2$。

A. 20～50　　　　　　　　　　B. 36～100
C. 100～200　　　　　　　　　D. 200～300

【2015，47】 根据《中华人民共和国测量标志保护条例》，下列关于测量标志保护制度的说法中，错误的是（　　）。

A. 国家对测量标志实行义务保管制度
B. 国家对测量标志实行有偿使用制度

C. 从事军事测绘任务可以无偿使用测量标志

D. 设置永久性测量标志的,应当设立统一监制的专门标牌

【2015,92】根据《中华人民共和国测量标志保护条例》,下列行为中,依法应当受到行政处罚的有(　　)。

A. 设立永久性测量标志未设定明显标记

B. 违反测绘操作规程进行测绘,使永久性测量标志受到损坏

C. 损毁永久性测量标志

D. 建设永久性测量标志未使用国家规定的测绘标准

E. 工程建设单位擅自拆迁永久性测量标志

【2016,40】根据《中华人民共和国测量标志保护条例》,工程建设单位经批准拆迁永久性测量标志,但拒绝按照国家有关规定支付迁建费用的,由县级以上测绘地理信息主管部门责令限期改正,给予警告,并可以根据情节处以(　　)万元以下的罚款。

A. 1　　　　　B. 3　　　　　C. 5　　　　　D. 10

◀ 真题答案及综合分析 ▶

**答案:** A　D　ABDE　B　A　B　ABE　C　D　D　ABCD　D　C　ABDE　BCD　B　D　BCE　C

**解析:** 以上19题,考核的知识点是关于测量标志保护的相关问题。

该知识点涉及《中华人民共和国测绘法》《中华人民共和国测量标志保护条例》等法律法规,内容较多,如测量标志的建立、保管、使用、拆迁及毁损赔偿责任等。

# 5 基础测绘

## 5.1 考点分析

### 5.1.1 基础测绘的概念及范围

1)基础测绘的内容
(1)建立全国统一的测绘基准和测绘系统。
(2)进行基础航空摄影。
(3)获取基础地理信息的遥感资料。
(4)测制和更新国家基本比例尺地图、影像图和数字化产品。
(5)建立、更新基础地理信息系统。

2)基础测绘的性质
基础测绘的性质包括:①基础性;②公益性;③通用性;④权威性;⑤持续性。

3)基础测绘的工作原则
基础测绘的工作原则包括:①统筹规划;②分级管理;③定期更新;④保障安全。

4)基础测绘管理体制
国务院测绘地理信息主管部门负责全国基础测绘工作的统一监督管理。县级以上地方人民政府负责管理测绘工作的行政部门负责本行政区域基础测绘工作的统一监督管理。

### 5.1.2 基础测绘的规划和审批

1)基础测绘规划的编制
(1)分级编制制度。
(2)专家论证制度。
(3)征求意见制度。

2)基础测绘规划审批和公布
(1)全国基础测绘规划须报国务院批准,地方基础测绘规划报本级政府批准。
(2)经批准的基础测绘规划应当依法公布,但涉及国家秘密的内容不得公布。公布主体是组织编制机关。

3)基础测绘应急保障预案的制定
(1)县级以上人民政府测绘地理信息主管部门制定基础测绘应急保障预案。

(2)基础测绘应急保障预案的内容包括:①应急保障组织体系;②应急装备和器材配备;③应急响应;④基础地理信息数据的应急测制和更新。

### 5.1.3 基础测绘项目的组织实施

1)基础测绘实施的原则

(1)分级实施的原则。基础测绘的实施分为三级:国务院测绘地理信息主管部门,省、自治区、直辖市测绘地理信息主管部门,设区的市、县级人民政府。

(2)依据基础测绘规划和年度计划实施的原则。

2)基础测绘的技术要求

(1)基础测绘活动应当使用国家统一基准和系统。

(2)基础测绘活动应当执行国家测绘技术规范和标准。

(3)建立相对独立的平面坐标系统应当与国家坐标系统相联系。

3)基础测绘项目承担单位的要求和责任

(1)测绘资质要求

基础测绘项目承担单位的资质必须与承担的基础测绘项目要求相一致。

(2)保密责任

①基础测绘项目承担单位应当具备健全的保密制度和完善的保密设施。

②基础测绘项目承担单位应当严格执行有关保守国家秘密的法律、法规规定。

4)基础测绘设施建设和保护

(1)基础测绘设施建设的基本原则

基础测绘设施,指为实现基础地理信息资源共享,用于基础地理信息的获取、处理、存储、传输、分发和提供的设备、软件及其他有关设施。

基础测绘设施在建设中应遵循的原则包括科学规划、合理布局、有效利用、兼顾当前与长远需要。

(2)基础测绘设施建设的优先原则

①航空摄影测量、卫星遥感等基础测绘设施建设优先;②数据传输基础设施建设优先;③基础测绘应急保障设施建设优先。

### 5.1.4 基础测绘成果的更新与利用

1)基础测绘成果的更新制度

(1)基础测绘成果更新周期

1:100万至1:5000国家基本比例尺地图、影像图和数字化产品至少5年更新一次;自然灾害多发地区以及国民经济、国防建设和社会发展急需的基础测绘成果应当及时更新。

确定基础测绘成果更新周期主要考虑以下三个因素:

①国民经济和社会发展对基础地理信息的需求。

②测绘科学技术水平和测绘生产能力。

③基础地理信息变化情况。

(2)确定基础测绘成果更新周期的职责

《基础测绘条例》授权国务院测绘地理信息主管部门会同军队测绘部门和国务院其他有关部门具体确定基础测绘成果的更新周期。

2)基础测绘成果质量监督管理

(1)县级以上人民政府测绘地理信息主管部门应履行基础测绘成果质量监督管理义务
①完善测绘行业国家标准和行业标准。
②实行以抽查为主要方式的监督检验制度。
③加强对测绘单位在生产中使用的测量器具定期检定情况进行监督检查。
④依法查处质量不合格的测绘成果。
(2)基础测绘项目承担单位应履行基础测绘成果质量管理义务

基础测绘项目承担单位应当建立健全基础测绘成果质量管理制度,严格执行国家规定的测绘技术规范和标准,对其完成的基础测绘成果质量负责。

3)基础测绘成果的使用

基础测绘成果是由公共财政支付的用于公共服务的产品。作为国家意志的实际执行者的国家机关在决策时,有权无偿使用国家所有的测绘成果。

## 5.2 例 题

1)单项选择题(每题1分。每题的备选项中,只有1个最符合题意)

(1)(　　)指建立全国统一的测绘基准和测绘系统,进行基础航空摄影,获取基础地理信息的遥感资料,测制和更新国家基本比例尺地图、影像图和数字化产品,建立、更新基础地理信息系统。

  A. 国家测绘         B. 数字测绘
  C. 基础测绘         D. 大比例尺地形图测绘

(2)1∶100万至1∶5000国家基本比例尺地形图、影像图和数字化产品至少(　　)年更新一次。

  A. 1    B. 2    C. 5    D. 8

(3)《基础测绘条例》规定,(　　)应当及时收集有关行政区域界线、地名、水系、交通、居民点、植被等地理信息的变化情况,定期更新基础测绘成果。

  A. 县级人民政府测绘地理信息主管部门

  B. 县级以上人民政府测绘地理信息主管部门

  C. 省、自治区、直辖市人民政府测绘地理信息主管部门

  D. 国务院测绘地理信息主管部门

(4)基础测绘成果包括全国性基础测绘成果和(　　)基础测绘成果。

  A. 区域性    B. 国际性    C. 地区性    D. 行业性

2)多项选择题(每题2分。每题的备选项中,有2个或2个以上符合题意,至少有1个错项。错选,本题不得分;少选,所选的每个选项得0.5分)

(5)基础测绘内容包括(　　)。

  A. 建立全国统一的测绘基准和测绘系统

  B. 进行遥感监测

C. 获取基础地理信息的遥感资料

D. 测制和更新国家基本比例尺地图、影像图和数字化产品

E. 建立、更新基础地理信息系统

(6)基础测绘的工作原则是( )。

A. 统筹规划　　　B. 分级管理　　　C. 定期更新

D. 公益性　　　　E. 保障安全

(7)基础测绘的技术要求是( )。

A. 基础测绘活动应当使用国家统一基准和系统

B. 基础测绘活动应当执行国家测绘技术规范和标准

C. 基础测绘图件应采用6°带投影

D. 建立相对独立的平面坐标系统应当与国家坐标系统相联系

E. 基础测绘要比普通测绘工作采用更为严格的技术指标

## 5.3　例题参考答案及解析

1)单项选择题(每题1分。每题的备选项中,只有1个最符合题意)

(1) C

**解析:** 基础测绘是指建立全国统一的测绘基准和测绘系统,进行基础航空摄影,获取基础地理信息的遥感资料,测制和更新国家基本比例尺地图、影像图和数字化产品,建立、更新基础地理信息系统。

(2) C

**解析:** 《基础测绘条例》第二十一条规定:国家实行基础测绘成果定期更新制度。基础测绘成果更新周期应当根据不同地区国民经济和社会发展的需要、测绘科学技术水平和测绘生产能力、基础地理信息变化情况等因素确定。其中,1:100万至1:5000国家基本比例尺地图、影像图和数字化产品至少5年更新一次;自然灾害多发地区以及国民经济、国防建设和社会发展急需的基础测绘成果应当及时更新。基础测绘成果更新周期确定的具体办法,由国务院测绘地理信息主管部门会同军队测绘部门和国务院其他有关部门制定。

(3) B

**解析:** 《基础测绘条例》第二十二条规定:县级以上人民政府测绘地理信息主管部门应当及时收集有关行政区域界线、地名、水系、交通、居民点、植被等地理信息的变化情况,定期更新基础测绘成果。县级以上人民政府其他有关部门和单位应当对测绘地理信息主管部门的信息收集工作予以支持和配合。

(4) C

**解析:** 测绘成果分为基础测绘成果和非基础测绘成果。基础测绘成果包括全国性基础测绘成果和地区性基础测绘成果。

2)多项选择题(每题2分。每题的备选项中,有2个或2个以上符合题意,至少有1个错项。错选,本题不得分;少选,所选的每个选项得0.5分)

(5) ACDE

**解析:** 基础测绘包括以下5个方面:①建立全国统一的测绘基准和测绘系统;②进行基础

航空摄影;③获取基础地理信息的遥感资料;④测制和更新国家基本比例尺地图、影像图和数字化产品;⑤建立、更新基础地理信息系统。

(6) ABCE

**解析**：基础测绘的工作原则是：①统筹规划;②分级管理;③定期更新;④保障安全。

(7) ABD

**解析**：基础测绘的技术要求包括：①基础测绘活动应当使用国家统一基准和系统;②基础测绘活动应当执行国家测绘技术规范和标准;③建立相对独立的平面坐标系统应当与国家坐标系统相联系。

## 5.4 高频真题综合分析

### 5.4.1 高频真题——基础测绘成果使用

◀ 真 题 ▶

【2012,18】下列关于被许可使用人使用涉密基础测绘成果的说法中,错误的是( )。
　　A. 被许可使用人必须根据涉密基础测绘成果的密级按国家有关测绘、保密法律法规的要求使用
　　B. 所领取的涉密基础测绘成果仅限于被许可使用人本单位及其上级部门使用
　　C. 被许可使用人应当在使用涉密基础测绘成果所形成的成果的显著位置注明基础测绘成果版权的所有者
　　D. 被许可使用人主体资格发生变化时,应向原受理审批的测绘地理信息主管部门重新提出使用申请

【2012,76】下列涉及国家秘密的基础测绘成果数据传递方法中,错误的是( )。
　　A. 机要邮寄　　　　　　　　B. 专网传输
　　C. 特快专递　　　　　　　　D. 专人送达

【2012,89】下列基础测绘成果中,应当向国务院测绘地理信息主管部门提出使用申请的有( )。
　　A. 1∶5000 国家基本比例尺地图　　B. 三、四等高程控制网数据、图件
　　C. 1∶50000 国家基本比例尺地图　　D. 国家基础地理信息数据
　　E. 全国统一的一、二等平面控制网数据、图件

【2013,54】根据《基础测绘成果提供使用管理暂行办法》,下列说法中,不属于使用基础测绘成果申请条件的是( )。
　　A. 有明确、合法的使用目的
　　B. 申请的基础测绘成果范围、种类、精度与使用目的相一致
　　C. 符合国家的保密法律法规及政策
　　D. 有相应的测绘资质

【2016,88】根据《基础测绘成果提供使用管理暂行办法》,申请使用基础测绘成果应当

87

符合的条件有(    )。

  A. 有明确的合法的使用目的　　　　B. 申请的范围与使用目的相一致
  C. 申请的种类与使用范围相对应　　D. 申请的精度与使用目的相一致
  E. 符合国家的保密法律法规及政策

▶ **真题答案及综合分析** ◀

**答案**：B　C　CDE　D　ABDE

解析：以上 5 题，考核的知识点是基础测绘成果使用的相关内容。

该知识点涉及《中华人民共和国测绘法》《基础测绘条例》《基础测绘成果提供使用管理暂行办法》《基础测绘成果保密制度》等相关资料。

### 5.4.2　高频真题——基础测绘计划与审批

◀ **真　题** ▶

【2012,10】根据《基础测绘条例》，按照国家规定需要有关部门批准或者核准的测绘项目，有关部门在批准或者核准前应当书面征求(　　)的意见。
  A. 同级发展改革部门　　　　　　　B. 同级财政部门
  C. 同级测绘地理信息主管部门　　　D. 省级以上测绘地理信息主管部门

【2012,14】《基础测绘条例》规定，负责编制全国基础测绘年度计划的部门是(　　)。
  A. 财政部会同国务院测绘地理信息主管部门
  B. 国务院发展改革部门会同国务院测绘地理信息主管部门
  C. 国务院测绘地理信息主管部门会同军队测绘部门
  D. 国务院测绘地理信息主管部门会同国务院其他有关部门

【2012,85】根据《基础测绘条例》，属于国家安排基础测绘设施建设资金应优先考虑的项目有(　　)。
  A. 永久性测量标志保护　　　　B. 卫星遥感
  C. 基础测绘应急保障　　　　　D. 航空摄影测量
  E. 数据传输

【2013,94】根据《中华人民共和国测绘成果管理条例》，法人或其他组织需要利用属于国家秘密的基础测绘成果，经成果所在地测绘地理信息主管部门审核同意后，测绘地理信息主管部门应该书面告知测绘成果的(　　)。
  A. 技术规定　　　　　　　B. 使用标准
  C. 秘密等级　　　　　　　D. 保密要求
  E. 著作权保护要求

【2014,18】基础测绘中长期规划是政府对基础测绘在时间和空间上的战略部署及其具体安排，其规划期一般至少为(　　)年。
  A. 5　　　　　　B. 10　　　　　　C. 15　　　　　　D. 20

【2014,33】南京市一家测绘资质单位要使用江苏省域内 1∶5 万国家基本比例尺地图

和数字化产品,根据《基础测绘成果提供使用管理暂行办法》,应当由( )审批。
  A. 国务院测绘地理信息主管部门  B. 江苏省测绘地理信息主管部门
  C. 南京市测绘地理信息主管部门  D. 江苏省军区测绘主管部门

【2015,18】 根据《中华人民共和国测绘法》,全国基础测绘规划应当报( )批准。
  A. 国务院
  B. 国务院发展改革主管部门
  C. 国务院测绘地理信息主管部门
  D. 国务院测绘地理信息主管部门会同军队测绘部门

【2016,27】 根据《基础测绘成果提供使用管理暂行办法》,提供、使用不涉及国家秘密的基础测绘成果的相应管理办法由( )制定。
  A. 县级以上测绘地理信息主管部门  B. 测绘成果资料保管单位
  C. 测绘项目的出资人  D. 省级以上测绘地理信息主管部门

◀ 真题答案及综合分析 ▶

答案:C B BCDE CDE A A A B

解析:以上8题,考核的知识点是关于基础测绘计划与成果审批的相关问题。
  该知识点涉及《中华人民共和国测绘法》《基础测绘条例》《基础测绘成果提供使用管理暂行办法》《基础测绘计划管理办法》等相关资料。

### 5.4.3 高频真题——基础测绘成果质量与更新

◀ 真 题 ▶

【2012,15】 根据《基础测绘条例》,对基础测绘项目成果质量负责的是( )。
  A. 主管部门  B. 发包单位
  C. 承担单位  D. 验收单位

【2012,16】 根据《中华人民共和国测绘法》,国家对基础测绘成果实行( )更新制度。
  A. 及时  B. 定期
  C. 适时  D. 按需

【2013,31】 根据《基础测绘成果提供使用管理暂行办法》,提供方应根据测绘地理信息主管部门的批准文件,及时向使用方提供基础地理信息数据,同时提供相应的( )。
  A. 技术文件  B. 数据说明
  C. 版本信息  D. 保密要求

【2013,91】 根据《基础测绘条例》,确定基础测绘成果的更新周期应当考虑的因素有( )。
  A. 不同地区国民经济和社会发展的需要
  B. 测绘科学技术水平和测绘生产能力
  C. 基础地理信息变化情况
  D. 国家基础测绘计划

E. 省级基础测绘年度计划

【2015,17】 根据《基础测绘条例》，测制和更新1∶1万至1∶5000国家基本比例尺地图，应当由（　）组织实施。
　　A. 国务院测绘地理信息主管部门　　B. 省级测绘地理信息主管部门
　　C. 市级测绘地理信息主管部门　　　D. 县级测绘地理信息主管部门

【2016,41】 根据《测绘地理信息质量管理办法》，下列测绘成果的验收方式中，适用于基础测绘项目、测绘地理信息专项和重大建设工程测绘地理信息项目的是（　）。
　　A. 材料验收　　　　　　　　　　　B. 会议验收
　　C. 质量检验　　　　　　　　　　　D. 用户试用检查

【2016,81】 从事基础测绘活动应当使用全国统一的测绘基准，包括（　）。
　　A. 深度基准　　　　　　　　　　　B. 长度基准
　　C. 高程基准　　　　　　　　　　　D. 大地基准
　　E. 极坐标基准

【2016,84】 基础测绘项目承担单位应当具备的条件包括（　）。
　　A. 具有与所承担的基础测绘项目相应等级的测绘资质
　　B. 国家企、事业单位
　　C. 具备健全的保密制度和完善的保密设施
　　D. 能严格执行有关保守国家秘密法律、法规的规定
　　E. 专业技术人员超过单位人员的60%

◀ 真题答案及综合分析 ▶

**答案**：C　B　B　ABC　B　C　ACD　ACD

**解析**：以上8题，考核的知识点是关于基础测绘的质量控制与成果更新问题。

该知识点涉及《中华人民共和国测绘法》《基础测绘条例》《基础测绘成果提供使用管理暂行办法》《测绘地理信息质量管理办法》等相关资料。

《中华人民共和国测绘法》第十九条，基础测绘成果应当定期更新，经济建设、国防建设、社会发展和生态保护急需的基础测绘成果应当及时更新。基础测绘成果的更新周期根据不同地区国民经济和社会发展的需要确定。

《测绘地理信息质量管理办法》第二十条，测绘地理信息项目实行"两级检查、一级验收"制度。项目委托方负责项目验收。基础测绘项目、测绘地理信息专项和重大建设工程测绘地理信息项目的成果未经测绘质检机构实施质量检验，不得采取材料验收、会议验收等方式验收，以确保成果质量；其他项目的验收应根据合同约定执行。

### 5.4.4　高频真题——基础测绘工作原则与成果分类

◀ 真 题 ▶

【2012,37】 根据《中华人民共和国测绘成果管理条例》，下列测绘成果中不属于基础测绘成果的是（　）。

A. 工程测量数据和图件　　　　　B. 1∶500 比例尺地形图
C. 基础航空摄影所获取的影像资料　D. 基础地理信息系统的数据、信息

**【2012,17】** 根据《基础测绘条例》，基础测绘工作应当遵循的原则是（　　）。
A. 统筹规划、分级管理、及时更新
B. 分级管理、实时更新、安全保障
C. 综合规划、分级管理、及时更新、安全保密
D. 统筹规划、分级管理、定期更新、保障安全

**【2012,18】** 根据《基础测绘条例》，下列内容中，不属于基础测绘应急保障预案内容的是（　　）。
A. 应急保障经费收入
B. 应急装备和器材配置
C. 应急响应
D. 基础地理信息数据的应急测制与更新

**【2015,84】** 根据《基础测绘条例》，基础测绘工作应当遵循的原则有（　　）。
A. 高效便民　　　　　　　　B. 分级管理
C. 定期更新　　　　　　　　D. 保障安全
E. 统筹规划

**【2016,22】** 根据《测绘成果管理条例》，下列测绘成果中，不属于基础测绘成果的是（　　）。
A. 基础航空摄影所获得的数据影像资料
B. 国家基本比例尺地图
C. 正式印刷的教学地图
D. 基础地理信息系统的数据信息等

◀ 真题答案及综合分析 ▶

**答案：** A　D　A　BCDE　C

**解析：** 以上5题，考核的知识点是关于基础测绘工作应当遵循的原则和成果分类的问题。

《基础测绘条例》第四条，基础测绘工作应当遵循统筹规划、分级管理、定期更新、保障安全的原则。

《中华人民共和国测绘成果管理条例》第七条，下列测绘成果为基础测绘成果：

(1) 为建立全国统一的测绘基准和测绘系统进行的天文测量、三角测量、水准测量、卫星大地测量、重力测量所获取的数据、图件；
(2) 基础航空摄影所获取的数据、影像资料；
(3) 遥感卫星和其他航天飞行器对地观测所获取的基础地理信息遥感资料；
(4) 国家基本比例尺地图、影像图及其数字化产品；
(5) 基础地理信息系统的数据、信息等。

# 6 测绘标准化

## 6.1 考点分析

### 6.1.1 测绘标准化管理

1)测绘标准的概念和特征

(1)标准的概念

国家标准、行业标准均可分为强制性标准和推荐性标准两种。

保障人体健康及人身、财产安全的标准和法律、行政法规规定强制执行的标准是强制性标准;其他标准是推荐性标准。

省、自治区、直辖市标准化行政主管部门制定的工业产品安全、卫生要求的地方标准,在本地区内是强制性标准。

强制性标准是由法律规定必须遵照执行的标准。强制性标准以外的标准是推荐性标准,也叫非强制性标准。推荐性国家标准的代号为"GB/T",强制性国家标准的代号为"GB"。行业标准中的推荐性标准也是在行业标准代号后加个"T"字,如"JB/T"即机械行业推荐性标准,不加"T"字即为强制性行业标准。

(2)标准的层级

我国标准划分为四个层次:国家标准、行业标准、地方标准和企业标准等。

行业标准不得与国家标准相违背,地方标准不得与国家标准和行业标准相违背。

(3)测绘标准的特征

测绘标准的特征包括:①科学性;②实用性;③权威性;④法定性;⑤协调性。

2)标准的制定

(1)测绘国家标准

①测绘术语、分类、模式、代号、代码、符号、图式、图例等技术要求。

②国家测绘基准的定义和技术参数,国家测绘系统的实现、更新和维护的仪器、方法、过程等方面的技术要求。

③国家基本比例尺地图、公众版地图及其测绘的方法、过程、质量、检验和管理等方面的技术要求。

④基础航空摄影的仪器、方法、过程、质量、检验和管理等方面的技术指标和技术要求,用于测绘的遥感卫星影像的质量、检验和管理等方面的技术要求。

⑤基础地理信息数据生产及基础地理信息系统建设、更新与维护的方法、过程、质量、检验和管理等方面的技术要求。

⑥测绘工作中需要统一的其他技术要求。

(2)强制性测绘标准

①涉及国家安全、人身及财产安全的技术要求。
②建立和维护测绘基准与测绘系统必须遵守的技术要求。
③国家基本比例尺地图测绘与更新必须遵守的技术要求。
④基础地理信息标准数据的生产和认定。
⑤测绘行业范围内必须统一的技术术语、符号、代码、生产与检验方法等。
⑥需要控制的重要测绘成果质量的技术要求。
⑦国家法律、行政法规规定强制执行的内容及其技术要求。

(3)测绘标准化指导性技术文件

符合下列情形之一的,可以制定测绘标准化指导性技术文件:

①技术尚在发展中,需要有相应的测绘标准文件引导其发展或者具有标准化价值,尚不能制定为标准的。
②采用国际标准化组织以及其他国际组织(包括区域性国际组织)技术报告的。
③国家基础测绘项目及有关重大专项实施过程中,没有国家标准和行业标准而又需要统一的技术要求。

3)测绘标准的分类

(1)定义与描述类

通过对基础地理信息的相对确定的定义与描述,使得标准化涉及的各方在一定的时间和空间范围内达到对地理信息相对一致的理解。

基于地理标识的参考系统、分类与代码、要素词典、地图图式等标准都属于定义与描述类标准。

(2)获取与处理类

以测绘和地理信息数据获取与处理中各专业技术、各类工程中的需要协调统一的各种技术、方法、过程等为对象制定的标准。

《全球定位系统(GPS)测量规范》(GB/T 18314—2009)、《测量外业电子记录基本格式》(CH/T 2004—1999)、《国家基本比例尺地形图更新规范》(GB/T 14268—2008)、《地籍测绘规范(附说明)》(CH 5002—1994)等都属于获取与处理类标准。

(3)检验与测试类

检验各种测绘和地理信息产品(成果)质量,以检测对象、质量要求、检测方法及其技术要求为对象制定的标准。

《公开版地图质量评定标准》(GB/T 1996—2005)、《地理信息质量原则》(GB/T 21337—2008)、《光电测距仪检定规范》(CH 8001—1991)、《全球定位系统(GPS)测量型接收机检定规程》(CH 8016—1995)等都属于检验与测试类标准。

(4)成果与服务类

为保证测绘与地理信息产品(成果)满足用户需要,对一种或一组测绘和基础地理信息产品应达到的技术要求作出规定的标准。

《地理空间数据交换格式》(GB/T 17798—2007)、《数字地形图产品基本要求》(GB/T 17278—2009)、《基础地理信息标准数据基本规定》(GB 21139—2007)等都属于成果与服务类标准。

(5)管理类

以测绘和基础地理信息项目管理、成果管理、归档管理、认证管理为对象制定的标准。

《测绘技术设计规定》(CH/T 1004—2005)、《测绘作业人员安全规范》(CH 1016—2008)、《导航电子地图安全处理技术基本要求》(GB 20263—2006)等都属于管理类标准。

4)测绘标准的发布

(1)发布主体

①属于测绘国家标准和国家标准化指导性技术文件的,报国务院标准化行政主管部门批准、编号、发布。

②属于测绘行业标准和行业标准化指导性技术文件的,由国家测绘地理信息局批准、编号、发布。

(2)标准编号

编号由行业标准代号、标准发布的顺序号及标准发布的年号构成。

强制性测绘行业标准编号：

CH ××××(顺序号)—××××(发布年号)。

推荐性测绘行业标准编号：

CH/T ××××(顺序号)—××××(发布年号)。

测绘行业标准化指导性技术文件编号：

CH/Z ××××(顺序号)—××××(发布年号)。

(3)测绘标准的复审

测绘标准的复审工作由国家测绘地理信息局组织测绘标委会实施。标准复审周期一般不超过5年。下列情况应当及时进行复审：

①不适应科学技术的发展和经济建设需要的。

②相关技术发生了重大变化的。

③标准实施过程中出现重大技术问题或有重要反对意见的。

测绘国家和行业标准化指导性技术文件发布后3年内必须复审,以决定是否继续有效、转化为标准或者撤销。

5)《测绘法》对测绘标准化的规定

(1)从事测绘活动应当使用国家规定的测绘基准和测绘系统,执行国家规定的测绘技术规范和标准。

(2)国家确定大地测量等级和精度以及国家基本比例尺地图的系列和基本精度。

(3)国家制定工程测量规范和房产测量规范。

(4)建立地理信息系统必须采用符合国家标准的基础地理信息数据。

### 6.1.2 测绘计量管理

1)测绘计量管理的法律规定

(1)对计量检定的法律规定

计量检定活动,是指法律规定或者质量技术监督部门授权的用于保障量值溯源和准确传递而进行的强制检定和其他检定活动。

①对执行国家计量检定规程的规定

计量检定必须执行计量检定规程。国家计量检定规程由国务院计量行政部门制定。没有国家计量检定规程的,由国务院有关主管部门和省、自治区、直辖市人民政府计量行政部门分别制定部门计量检定规程和地方计量检定规程,并向国务院计量行政部门备案。

②对强制性检定的规定

县级以上人民政府计量行政部门对社会公用计量标准器具,部门和企业、事业单位使用的最高计量标准器具,以及用于贸易结算、安全防护、医疗卫生、环境监测方面的列入强制检定目录的工作计量器具,实行强制检定。未按照规定申请检定或者检定不合格的,不得使用。

③对周期检定的规定

使用实行强制检定的工作计量器具的单位和个人,应当向当地县级以上人民政府计量行政部门指定的计量检定机构申请周期检定。任何单位和个人不准在工作岗位上使用无检定合格印、证或者超过检定周期以及经检定不合格的计量器具。

(2)对产品质量检验机构的规定

①为社会提供公证数据的产品质量检验机构,必须经省级以上人民政府计量行政部门对其计量检定、测试的能力和可靠性进行考核。取得计量认证合格证书方可开展检验。

②测绘产品质量监督检验机构,必须向省级以上政府计量行政主管部门申请计量认证。取得计量认证合格证书后,在测绘产品质量监督检验、委托检验、仲裁检验、产品质量评价和成果鉴定中提供作为公证的数据,具有法律效力。

(3)对计量检定人员资格的规定

①法定计量检定人员的资格

国家法定计量检定机构的计量检定人员,必须经县级以上人民政府计量行政部门考核合格,并取得计量检定证件。其他单位的计量检定人员,由其主管部门考核发证。无计量检定证书的,不得从事计量检定工作。

②对计量检定人员的禁止性规定

伪造、篡改数据、报告、证书或技术档案等资料,违反计量检定规程开展计量检定,使用未经考核合格的计量标准开展计量检定,变造、倒卖、出租、出借或者以其他方式非法转让计量检定员证或注册计量师注册证。

2)测绘计量检定人员资格

测绘计量检定人员,是指受聘于测绘计量检定机构,从事非强制性测绘计量检定工作的专业技术人员。测绘计量检定人员资格审批是测绘地理信息主管部门的一项重要职责。

(1)申请测绘计量检定人员资格的条件

①具有中专以上文化程度。

②具有技术员以上技术职称。

③了解计量工作的相关法律、法规、规章。

④熟练掌握所从事测绘计量检定项目的专业知识和操作技能。

⑤受聘于测绘计量检定机构。

(2)测绘计量检定人员资格考试

①申请测绘计量检定人员资格,必须通过由测绘地理信息主管部门组织的考试。

②测绘计量检定人员资格考试实行全国统一命题。

③国家测绘地理信息局负责组织考试试题的命题和提供工作。

④测绘计量检定人员资格考试于每年第三季度举行一次。

⑤测绘计量检定人员资格考试的合格分数线由国家测绘地理信息局确定。

⑥测绘计量检定人员资格考试结果,由组织考试的测绘地理信息主管部门书面通知申请人所在单位。

(3)发证

组织考核认证的测绘地理信息主管部门应当对所颁发的计量检定员证进行登记造册。由省级测绘地理信息主管部门颁发《计量检定员证》的人员名单及证书编号、检定项目、有效期限等,应当向国家测绘地理信息局备案。

《计量检定员证》有效期为5年。在有效期届满90日前,测绘计量检定人员应当按照相关规定,向原颁证机关提出复审申请;逾期未经复审的,其《计量检定员证》自动失效。

(4)监督管理

①测绘计量检定人员有下列行为之一的,由县级以上计量行政主管部门给予行政处分;构成犯罪的,依法追究刑事责任:

a. 伪造检定数据的。

b. 出具错误数据,给送检一方造成损失的。

c. 违反计量检定规程进行计量检定的。

d. 使用未经考核合格的计量标准开展检定的。

e. 未取得计量检定证件执行计量检定的。

②测绘计量检定人员未按照国家规定的服务标准、资费标准和行政机关依法规定的条件,向用户提供安全、方便、稳定和价格合理的服务,并履行普遍服务的义务的,测绘地理信息主管部门应当责令限期改正,或者依法采取有效措施督促其履行义务。

③被许可人涂改、倒卖、出租、出借测绘计量检定人员证件,或者以其他形式非法转卖的,超越行政许可范围进行测绘计量检定的,向负责监督检查的行政机关隐瞒有关情况、提供虚假材料或者拒绝提供反映其活动情况的真实材料的,以及法律法规、规章规定的其他违法行为的,行政机关应当依法给予行政处罚;构成犯罪的,一并追究刑事责任。

## 6.2 例 题

1)单项选择题(每题1分。每题的备选项中,只有1个最符合题意)

(1)《测绘计量管理暂行办法》规定,测绘产品质量监督检验机构必须向(　　)申请计量认证。

A. 省级以上测绘地理信息主管部门　　B. 省级以上计量行政主管部门

C. 国务院测绘地理信息主管部门　　D. 国务院计量行政主管部门

(2)下列标准中,属于获取与处理类标准的是(　　)。

A.《测绘技术设计规定》

B.《测绘成果质量检查与验收》

C.《基础地理信息数字成果 1:10000 1:50000 数字高程模型》

D.《工程测量规范》

(3)下列选项中,属于成果与服务类标准的是(　　)。

A.《基础地理信息数字产品 1:10000 1:50000 数字高程模型》

B.《测绘技术设计规定》

C.《城市测量规范》

D.《测绘产品检查验收规定》

(4)根据《测绘计量管理暂行办法》的规定,为社会提供公证数据的产品质量检验机构,必须经( )对其计量检定、测试的能力和可靠性进行考核。
　　A. 国务院计量行政部门　　　　　　　B. 国务院测绘地理信息主管部门
　　C. 省级以上行政主管部门　　　　　　D. 省级以上人民政府计量行政部门

(5)下列选项中,全部是计量标准器具的一项为( )。
　　A. 温度计、气压计、GPS接收机检定场、经纬仪检定仪
　　B. 因瓦基线尺、高低温箱、长度基线场、毫伽级重力仪
　　C. 激光干涉仪、微伽级重力仪、水准标尺、准直仪
　　D. 光学平板仪、激光经纬仪、计时设备、频率计

(6)测绘国家标准及测绘行业标准分为( )。
　　A. 强制性标准和推荐性标准　　　　　B. 专业性标准和国家性标准
　　C. 强制性标准和专业性标准　　　　　D. 国家性标准和推荐性标准

(7)测绘地方标准发布后( ),省级测绘地理信息主管部门应当向国家测绘局备案。
　　A. 10日内　　　B. 20日内　　　C. 30日内　　　D. 60天

(8)测绘计量检定人员资格考试于每年( )举行一次。
　　A. 第一季度　　　B. 第二季度　　　C. 第三季度　　　D. 第四季度

(9)目前,我国国家标准由( )发布。
　　A. 国家标准化管理委员会
　　B. 国家质检总局
　　C. 国家质检总局或国家标准化管理委员会
　　D. 国家质检总局和国家标准化管理委员会

(10)下列选项中,属于检验与测试类标准的是( )。
　　A.《公开版地图质量评定标准》
　　B.《建筑变形测量规范》
　　C.《导航电子地图安全处理技术基本要求》
　　D.《基础地理信息标准数据基本规定》

(11)测绘标准的复审周期一般不超过( )。
　　A. 2年　　　B. 5年　　　C. 8年　　　D. 10年

(12)《计量检定员证》的有效期为( )。
　　A. 1年　　　B. 3年　　　C. 5年　　　D. 10年

(13)测绘计量标准在合格证书期满前( ),应按规定向原发证机关申请复查。
　　A. 3个月　　　　　　　　　　　　　　B. 6个月
　　C. 12个月　　　　　　　　　　　　　D. 15个月

(14)( )是标准化活动的成果,是标准化系统中最基本的要素,也是标准化学科中最基本的术语和概念。
　　A. 修订　　　　　　　　　　　　　　B. 标准
　　C. 规范　　　　　　　　　　　　　　D. 查询

(15)下列情况中,不属于《测绘法》对测绘与地理信息标准化的规定的是( )。
　　A. 从事测绘活动应当使用国家规定的测绘基准和测绘系统,执行国家规定的测绘

技术规范和标准
B. 国家确定大地测量等级和精度以及国家基本比例尺地图的系列和基本精度
C. 对测绘成果实行统一的管理
D. 国家制定工程测量规范和房产测量规范

(16)根据标准化法的规定,我国积极鼓励采用(　　)。
A. 国际标准　　　　　　　　　　B. 国家标准
C. 行业标准　　　　　　　　　　D. 地方标准

(17)我国在1998年规定的四级标准之外,增加了一种(　　)作为对国家标准的补充,其代号为"GB/Z"。
A. 国家标准化指导性技术文件　　B. 食业标准
C. 区域标准　　　　　　　　　　D. 地方标准

(18)"GB/T"为(　　)的代号。
A. 国家标准　　　　　　　　　　B. 高级标准
C. 推荐性国家标准　　　　　　　D. 强制性国家标准

(19)测绘计量检定人员应当在有效期届满(　　)前按照相关规定,向原颁证机关提出《计量检定员证》的复审申请。
A. 30日　　　　　　　　　　　　B. 60日
C. 90日　　　　　　　　　　　　D. 120日

2)多项选择题(每题2分。每题的备选项中,有2个或2个以上符合题意,至少有1个错项。错选,本题不得分;少选,所选的每个选项得0.5分)

(20)根据《测绘标准化工作管理办法》,下列情形中,可以制定测绘标准化指导性技术文件的有(　　)。
A. 国家基本比例尺地图、公众版地图及其测绘的方法、过程、质量、检验和管理等方面的技术要求
B. 采用国际标准化组织及其他国际组织的技术报告
C. 国家基础测绘项目及有关重大专项实施中,没有国家标准和行业标准而又需要统一的技术要求
D. 技术尚在发展中,需要有相应的标准文件引导其发展或者具有标准化价值
E. 测绘术语、分类、模式、代号、代码、符号、图式、图例等技术要求

(21)《测绘计量管理暂行办法》规定,测绘单位使用未经检定,或者检定不合格或者超过检定周期的测绘计量器具进行测绘生产的,测绘地理信息主管部门可以采取的处理措施有(　　)。
A. 测绘成果不予验收　　　　　　B. 销毁测绘成果
C. 测绘成果不准使用　　　　　　D. 没收测绘仪器
E. 成果质量监督检验时作不合格处理

(22)关于测绘计量仪器检定的说法,正确的有(　　)。
A. 测绘单位使用的测绘仪器须经周期检定合格,方可用于测绘生产
B. 教学示范用测绘仪器可以免检,无须向测绘主管部门登记,即可使用
C. 教学示范用测绘仪器经检定合格后方可用于测绘生产

D. 教学示范用测绘仪器无论是否合格,均不可用于测绘生产

E. 测绘仪器经国家权威科研机构检测合格后即可用于测绘生产

(23)测绘产品质量监督检验机构取得计量认证合格证书后,在测绘产品(　　)中提供作为公证的数据,具有法律效力。

A. 质量监督检验　　B. 委托检验　　C. 使用

D. 产品质量评价　　E. 成果鉴定

(24)测绘标准应具备的特征是(　　)。

A. 时效性　　B. 科学性　　C. 权威性

D. 协调性　　E. 实时性

(25)下列属于测绘计量管理法律规定的是(　　)。

A. 实行委托保管制度　　B. 对执行国家计量检定规程的规定

C. 对强制性检定的规定　　D. 对周期检定的规定

E. 实行资格考试制度

(26)使用测绘计量标准器具,必须具备的条件是(　　)。

A. 经计量检定合格　　B. 具有正常工作所需的环境条件

C. 具有职称的保存、维护、使用人员　　D. 具有完善的管理制度

E. 具有 3C 认证

(27)对计量检定人员的禁止性规定包括(　　)。

A. 违反计量检定规程

B. 伪造、篡改数据、报告、证书或技术档案材料

C. 使用未经考核合格的计量标准开展计量检定

D. 使用考核合格的计量标准开展计量检定

E. 变造、倒卖、出租、出借或者以其他方式转让《计量检定员证》或《注册计量师注册证》

(28)下列属于测绘标准分类的是(　　)。

A. 定义与描述类　　B. 获取与处理类　　C. 检验与测试类

D. 程序类　　E. 管理类

(29)《测绘法》对标准化管理作出了特别规定,主要体现在(　　)。

A. 测绘专业人员必须经过全国性的统一上岗培训

B. 从事测绘活动应当使用国家规定的测绘基准和测绘系统,执行国家规定的测绘技术规范和标准

C. 国家确定大地测量等级和精度以及国家基本比例尺地图的系列和基本精度

D. 国家制定工程测量规范和房产测量规范

E. 建立地理信息系统,必须采用符合国家标准的基础地理信息数据

(30)下列选项中,属于管理类标准的是(　　)。

A.《基础地理信息标准数据基本规定》

B.《公开版地图质量评定标准》

C.《导航电子地图安全处理技术基本要求》

D.《工程测量规范》

E.《测绘作业人员安全规范》

## 6.3 例题参考答案及解析

1)单项选择题(每题1分。每题的备选项中,只有1个最符合题意)

(1)B

**解析:** 测绘产品质量监督检验机构必须向省级以上政府计量行政主管部门申请计量认证。

(2)D

**解析:** 选项A为管理类标准,选项B为检验与测试类标准,选项C为成果与服务类标准,选项D为获取与处理类标准。

(3)A

**解析:** 根据测绘标准的分类:《测绘产品检查验收规定》为检验与测试类标准;《城市测量规范》为获取与处理类标准;《测绘技术设计规定》为管理类标准。

(4)D

**解析:** 为社会提供公共数据产品质量检验机构,必须经省级以上计量行政主管部门对其计量检定、测试的能力及可靠性进行考核。

(5)A

**解析:** 计量标准器具包括温度计、气压计、GPS接收机检定场、经纬仪检定仪、计时设备、频率计、因瓦基线尺、长度基线场、高低温箱;工作计量器具包括光学平板仪、激光经纬仪、激光干涉仪、微伽级重力仪、水准标尺、准直仪、毫伽级重力仪。

(6)A

**解析:** 测绘国家标准及测绘行业标准分为强制性标准和推荐性标准。

(7)C

**解析:** 测绘地方标准发布后30日内,省级测绘地理信息主管部门应当向国家测绘局备案。同时需要具备备案材料,包括地方标准批文、地方标准文本、标准编制说明及相关材料等。

(8)C

**解析:** 测绘计量检定人员资格考试于每年第三季度举行一次。计量检定员证有效期为5年。

(9)D

**解析:** 国家标准是由国家标准机构通过并公开发布的标准。目前,我国国家标准由国家质检总局和国家标准化管理委员会联合发布。

(10)A

**解析:** 根据测绘标准的分类,《建筑变形测量规范》属于获取与处理类标准;《导航电子地图安全处理技术基本要求》属于管理类标准;《基础地理信息标准数据基本规定》属于成果与服务类标准。

(11)B

**解析:** 测绘标准的复审工作由国家测绘局组织测绘标委会实施。标准复审周期一般不超过5年。

(12)C

**解析:** 计量检定员证有效期为5年。在有效期届满90日前,测绘计量检定人员应当按照相关规定,向原颁证机关提出复审申请;逾期未经复审的,其计量检定员证自动失效。

(13)B

解析:测绘计量标准在合格证书期满前6个月,应按规定向原发证机关申请复查。

(14)B

解析:标准是为在一定范围内获得最佳效果,对活动或其结果规定共同的和重复使用的规则、导则或者特性的文件。

(15)C

解析:《测绘法》对测绘与地理信息标准化的规定为:①从事测绘活动应当使用国家规定的测绘基准和测绘系统,执行国家规定的测绘技术规范和标准;②国家确定大地测量等级和精度以及国家基本比例尺地形图的系列和基本精度;③国家制定工程测量规范和房产测量规范;④建立地理信息系统,必须采用符合国家标准的基础地理信息数据。

(16)A

解析:根据《标准化法》的规定,我国积极鼓励采用国际标准。

(17)A

解析:为适应某些领域标准快速发展和快速变化的需要,我国在1998年规定的四级标准之外,增加了一种国家标准化指导性技术文件,作为对国家标准的补充,其代号为"GB/Z"。

(18)C

解析:推荐性国家标准的代码为GB/T。

(19)C

解析:测绘计量检定人员应当在有效期届满90日前按照相关规定,向原颁证机关提出《计量检定员证》的复审申请。

2)多项选择题(每题2分。每题的备选项中,有2个或2个以上符合题意,至少有1个错项。错选,本题不得分;少选,所选的每个选项得0.5分)

(20)BCD

解析:测绘标准化管理中可以制定测绘标准化指导性技术文件的条件是:①技术尚在发展中,需要有相应的文件引导其发展或具有标准化价值,尚不能制定为标准的。②采用国际标准化组织、其他国际组织(包括区域性国际组织)的技术报告的。③国家基础测绘项目及有关重大专项实施过程中,没有国家标准和行业标准而又需要统一的技术要求。

(21)ACE

解析:《测绘计量管理暂行办法》第十六条规定:违反本办法第十三条规定,使用未经检定,或检定不合格或超过检定周期的测绘计量器具进行测绘生产的,所测成果成图不予验收并不准使用,产品质量监督检验时作不合格处理;给用户造成损失的,按合同约定赔偿损失;情节严重的,由测绘主管部门吊销其测绘资格证书。

(22)AC

解析:测绘计量器具校准基本规定:①承担测绘任务的单位和个体测绘业者,其所使用的测绘计量器具必须经政府计量行政主管部门考核合格的测绘计量检定之后或测绘计量标准检定合格,方可申领测绘资格证书。无检定合格证书的,不予受理资格审查申请。②测绘单位和个体测绘业者使用的测绘计量器具,必须经周期检定合格,才能用于测绘生产。未经检定、检定不合格或超过检定周期的测绘计量器具,不得使用。教学示范用测绘计量器具可以免检,但须向省级测绘主管部门登记,并不得用于测绘生产。

(23) ABDE

解析:《测绘计量管理暂行办法》第十四条规定:测绘产品质量监督检验机构,必须向省级以上政府计量行政主管部门申请计量认证。取得计量认证合格证书后,在测绘产品质量监督检验、委托检验、仲裁检验、产品质量评价和成果鉴定中提供作为公证的数据,具有法律效力。计量认证的具体事项,执行国务院计量行政主管部门发布的《产品质量检验机构计量认证管理办法》的规定。

(24) BCD

解析:测绘标准的特征为:①科学性;②实用性;③权威性;④法定性;⑤协调性。

(25) BCD

解析:计量检定的法律规定包括:对执行国家计量检定规程的规定、对强制性检定的规定、对周期检定的规定。

(26) ABCD

解析:使用测绘计量标准器具,必须具备的条件是:经计量检定合格,具有正常工作所需的环境条件,具有职称的保存、维护、使用人员,具有完善的管理制度。

(27) ABCE

解析:对计量检定人员的禁止性规定包括:①违反计量检定规程;②伪造、篡改数据、报告、证书或技术档案材料;③使用未经考核合格的计量标准开展计量检定;④变造、倒卖、出租、出借或者以其他方式转让"计量检定员证"或"注册计量师注册证"。

(28) ABCE

解析:测绘标准的分类包括:定义与描述类、获取与处理类、检验与测试类、管理类和成果与服务类标准。

(29) BCDE

解析:《测绘法》对测绘与地理信息标准化的规定:①从事测绘活动应当使用国家规定的测绘基准和测绘系统,执行国家规定的测绘技术规范和标准;②国家确定大地测量等级和精度以及国家基本比例尺地形图的系列和基本精度;③国家制定工程测量规范和房产测量规范;④建立地理信息系统,必须采用符合国家标准的基础地理信息数据。

(30) CE

解析:根据测绘标准的分类,《工程测量规范》属于获取与处理类标准;《导航电子地图安全处理技术基本要求》、《测绘作业人员安全规范》属于管理类标准;《基础地理信息标准数据基本规定》属于成果与服务类标准;《公开版地图质量评定标准》属于检验与测试类标准。

## 6.4 高频真题综合分析

### 6.4.1 高频真题——测绘标准化

▶ 真 题 ◀

【2011,86】 根据《测绘标准化工作管理办法》,下列情形中,可以制定测绘标准化指导性

技术文件的有（　　）。
  A. 国家基本比例尺地图、公众版地图及其测绘的方法、过程、质量、检验和管理等方面的技术要求
  B. 采用国际标准化组织及其他国际组织的技术报告
  C. 国家基础测绘项目及有关重大专项实施中，没有国家标准和行业标准而又需要统一的技术要求
  D. 技术尚在发展中，需要有相应的标准文件引导其发展或者具有标准化价值
  E. 测绘术语、分类、模式、代号、代码、符号、图式、图例等技术要求

【2012,34】根据《测绘标准化工作管理办法》，标准复审结论由国务院测绘地理信息主管部门负责审批的标准化文件是（　　）。
  A. 测绘国家标准　　　　　　　　B. 测绘行业标准
  C. 测绘国家标准化指导性技术文件　D. 测绘地方标准

【2012,35】《测绘标准化工作管理办法》规定，测绘标准复审周期一般不超过（　　）年。
  A. 2　　　　B. 3　　　　C. 4　　　　D. 5

【2012,91】下列情形中，应当制定强制性测绘标准或者强制性条款的情形有（　　）。
  A. 长期采用国际标准化组织以及其他国际组织技术报告的
  B. 国家基本比例尺地图测绘与更新必须遵守的技术要求
  C. 测绘行业范围内必须统一的技术术语、符号、代码、生产与检验方法等
  D. 建立和维护测绘基准与系统必须遵守的技术要求
  E. 需要控制的重要测绘成果质量技术要求

【2013,19】根据《中华人民共和国标准化法》，企业对有国家标准或者行业标准的产品，可以向国务院标准化行政主管部门或者国务院标准化行政主管部门授权的部门申请（　　）。
  A. 产品质量检验　　　　　　　　B. 产品标准检验
  C. 产品质量认证　　　　　　　　D. 产品质量检定

【2013,21】下列关于标准的说法中，错误的是（　　）。
  A. 国家标准由国务院有关部门制定，国务院标准化行政主管部门发布
  B. 国家鼓励积极采用国际标准
  C. 国家鼓励企业自愿采用推荐性标准
  D. 国家保障人体健康和人身、财产安全的标准是强制性标准

【2014,20】根据《测绘标准化工作管理办法》，测绘国家和行业标准化指导性技术文件发布后（　　）年内必须复审。
  A. 一　　　　B. 二　　　　C. 三　　　　D. 四

【2014,21】根据《中华人民共和国标准化法》，下列关于国家标准公布后相应行业标准效力的说法中，正确的是（　　）。
  A. 行业标准继续有效　　　　　　B. 行业标准应当及时修订
  C. 行业标准应当及时复审　　　　D. 行业标准即行废止

【2014,23】根据《中华人民共和国标准化法》，测绘标准《导航电子地图安全处理技术基本要求》属于（　　）。
  A. 强制性国家标准　　　　　　　B. 推荐性国家标准

C. 强制性行业标准　　　　　　D. 推荐性行业标准

**【2014,85】** 根据《测绘标准化工作管理办法》,下列技术要求中,应当制定测绘国家标准的有(　　)。

A. 技术尚在发展中,需要有相应标准引导其发展的技术要求
B. 地理信息系统建设的技术要求
C. 测绘术语、符号、图式等技术要求
D. 国家大地基准、高程基准的技术参数
E. 基础航空摄影的技术指标

▶ 真题答案及综合分析 ◀

**答案:** BCD　B　D　BCDE　C　A　C　D　A　BCDE

**解析:** 以上10题,考核的知识点是测绘标准化相关内容。

该知识点涉及《中华人民共和国标准化法》《测绘标准化工作管理办法》《导航电子地图安全处理技术基本要求》等资料。

《测绘标准化工作管理办法》第十一条,下列需要在全国范围内统一的技术要求,应当制定测绘国家标准:

(一)测绘术语、分类、模式、代号、代码、符号、图式、图例等技术要求;

(二)国家大地基准、高程基准、重力基准和深度基准的定义和技术参数,国家大地坐标系统、平面坐标系统、高程系统、地心坐标系统和重力测量系统的实现、更新和维护的仪器、方法、过程等方面的技术要求;

(三)国家基本比例尺地图、公众版地图及其测绘的方法、过程、质量、检验和管理等方面的技术要求;

(四)基础航空摄影的仪器、方法、过程、质量、检验和管理等方面的技术指标和技术要求,用于测绘的遥感卫星影像的质量、检验和管理等方面的技术要求;

(五)基础地理信息数据生产及基础地理信息系统建设、更新与维护的方法、过程、质量、检验和管理等方面的技术要求;

(六)测绘工作中需要统一的其他技术要求。

**注:** 新修订的《中华人民共和国标准法》于2018年1月1日起施行。

## 6.4.2 高频真题——测绘计量

▶ 真 题 ◀

**【2011,21】**《测绘计量管理暂行办法》规定,测绘产品质量监督检验机构必须向(　　)申请计量认证。

A. 省级以上测绘地理信息主管部门　　B. 国务院测绘地理信息主管部门
C. 省级以上计量行政主管部门　　　　D. 国务院计量行政主管部门

**【2011,87】**《测绘计量管理暂行办法》规定,测绘单位使用未经检定,或者检定不合格或者超过检定周期的测绘计量器具进行测绘生产的,测绘地理信息主管部门可以采取的处理措

施有（　　）。

　　A. 测绘成果不予验收　　　　B. 没收测绘成果
　　C. 测绘成果不准使用　　　　D. 没收测绘仪器
　　E. 成果质量监督检验时作不合格处理

【2011,99】关于测绘计量仪器检定的说法，正确的有（　　）。
　　A. 测绘单位使用的测绘仪器须经周期检定合格，方可用于测绘生产
　　B. 教学示范用测绘仪器可以免检，无须向测绘主管部门登记，即可使用
　　C. 教学示范用测绘仪器经检定合格后方可用于测绘生产
　　D. 测绘仪器只要经周期检定，无论是否合格，均可用于测绘生产
　　E. 测绘仪器经国家权威科研机构检测合格后即可用于测绘生产

【2012,43】下列关于测绘计量标准的说法中，错误的是（　　）。
　　A. 省级以上测绘主管部门建立的各项最高等级的测绘计量标准，必须有计量溯源，并且向同级政府计量行政主管部门申请建标考核
　　B. 取得计量标准证书后，属于社会公用计量标准的，由组织建立该项标准的政府计量行政主管部门审批核发社会公用计量标准证书，方可使用，并向同级测绘地理信息主管部门备案
　　C. 取得计量标准证书后，属部门最高等级计量标准的，由省级测绘主管部门批准使用，并向国务院测绘地理信息主管部门备案
　　D. 社会公用计量标准、部门最高等级的测绘计量标准，应按国务院计量行政主管部门规定的检定周期，向同级政府计量行政主管部门申请周期检定

【2012,100】根据《中华人民共和国计量法实施细则》，计量标准器具的使用必须具备的条件有（　　）。
　　A. 经计量检定合格　　　　B. 具有测绘计量检定人员
　　C. 具有完善的管理制度　　　D. 具有称职的保存、维护、使用人员
　　E. 具有正常工作所需要的环境条件

【2013,20】国家法定计量检定机构的测绘计量检定人员，必须经（　　）考核合格。
　　A. 国务院计量行政部门
　　B. 省级以上人民政府计量行政部门
　　C. 县级以上人民政府计量行政部门
　　D. 省级以上人民政府测绘地理信息主管部门

【2013,92】根据《中华人民共和国计量法》，下列计量标准分类中，县级以上人民政府计量行政部门需要对其进行强制检定的有（　　）。
　　A. 社会公用计量标准器具
　　B. 企业使用的计量标准器具
　　C. 企业使用的最高计量标准器具
　　D. 国务院有关部门限定在本部门使用的计量标准器具
　　E. 省级人民政府有关部门限定在本部门使用的计量标准器具

【2014,22】根据《测绘计量管理暂行办法》，下列关于测绘计量器具的说法中，错误的是（　　）。
　　A. 必须经测绘计量检定机构或测绘计量标准检定合格

B. 超过检定周期的测绘计量器具不得使用
C. 必须经周期检定合格才能用于测绘生产
D. 教学示范用测绘计量器具经依法登记后可用于测绘生产

【2015,59】 根据《测绘计量检定人员资格认证办法》,计量检定员证的有效期为（　　）年。

A. 2　　　　　　B. 3　　　　　　C. 4　　　　　　D. 5

◀ 真题答案及综合分析 ▶

**答案**：C　ACE　AC　C　ACDE　C　AC　D　D

**解析**：以上9题,考核的知识点是测绘计量管理相关内容。

该知识点涉及《中华人民共和国计量法》《中华人民共和国计量法实施细则》《测绘计量管理暂行办法》《测绘计量检定人员资格认证办法》等资料。

# 7 测绘成果管理

## 7.1 考点分析

### 7.1.1 测绘成果概念与特征

1）测绘成果的概念

（1）测绘成果的概念

测绘成果是指通过测绘形成的数据、信息、图件以及相关的技术资料，是各类测绘活动形成的记录和描述自然地理要素或者地表人工设施的形状、大小、空间位置及其属性的地理信息、数据、资料、图件和档案。

测绘成果分为基础测绘成果和非基础测绘成果。

基础测绘成果包括全国性基础测绘成果和地区性基础测绘成果。

（2）测绘成果的表现形式

测绘成果有如下几种表现形式：

①天文测量、大地测量、卫星大地测量、重力测量的数据和图件。

②航空航天摄影和遥感的底片、磁带。

③各种地图（包括地形图、普通地图、地籍图、海图和其他有关的专题地图等）及其数字化成果。

④各类基础地理信息以及在基础地理信息基础上挖掘、分析形成的信息。

⑤工程测量数据和图件。

⑥地理信息系统中的测绘数据及其运行软件。

⑦其他有关地理信息数据。

⑧与测绘成果直接有关的技术资料、档案等。

2）测绘成果的特征

测绘成果的特征包括：①科学性；②保密性；③系统性；④专业性。

### 7.1.2 测绘成果质量

1）测绘成果质量的概念

测绘成果质量是指测绘成果满足国家规定的测绘技术规范和标准，以及满足用户期望目标值的程度。

2）测绘成果质量的监督管理制度

（1）测绘地理信息主管部门质量监管的措施

①加强测绘标准化管理。一方面,测绘地理信息主管部门要通过制定国家标准和行业标准,加强质量、标准及计量基础工作,确保测绘成果质量;另一方面,测绘地理信息主管部门要加强对测绘计量检定人员资格的考核,严格测绘计量检定人员资格审批,做到持证上岗,保证量值的准确溯源和传递。

②开展测绘成果质量监督检查。对测绘单位完成的测绘成果定期或者不定期进行监督检查,是各级测绘地理信息主管部门测绘成果质量监督的重要方法。检查的主要内容一般包括质量管理制度建立情况,执行测绘技术标准的情况,产品质量状况,仪器设备的检定情况等。

③加强对测绘仪器设备计量检定情况的监督检查。未按规定申请检定或检定不合格的测绘计量器具,不准使用。J2级以上经纬仪、S3级以上水准仪、GPS接收机、精度优于5mm+$5\times10^{-6}D$的测距仪、全站仪、微伽级重力仪,以及尺类等仪器设备的检定周期为一年,其他精度的仪器设备检定周期一般为两年。

④引导测绘单位建立健全质量管理制度。建立健全完善的测绘技术、质量保证体系是测绘资质申请的一个基本条件。

⑤依法查处不合格的测绘成果。测绘成果质量不合格的,责令测绘单位补测或者重测;情节严重的,责令停业整顿,降低资质等级,直至吊销测绘资质证书;给用户造成损失的,依法承担赔偿责任。

(2)测绘单位的质量责任

①测绘单位应当建立健全测绘成果质量管理制度

甲、乙级单位应当设立专门的质量管理或者质量检查机构,丙级测绘单位应当设立专职质量检查人员,丁级测绘单位应当设立兼职质量检查人员。

甲级测绘单位应当通过 ISO 9000 系列质量保证体系认证,乙级测绘单位应当通过 ISO 9000 系列质量保证体系认证或者通过省级测绘地理信息主管部门考核,丙级测绘单位应当通过 ISO 9000 系列质量保证体系认证或者通过设区的市(州)级以上测绘地理信息主管部门考核,丁级测绘单位应当通过县级以上测绘地理信息主管部门考核。

②测绘单位主要人员的质量责任(见表 7-1)

**测绘单位主要人员的质量责任** 表 7-1

| 责任人 | 质量责任 |
| --- | --- |
| 测绘单位的法定代表人 | ①确定本单位的质量方针和质量目标。<br>②签发质量手册。<br>③建立本单位的质量体系并保证有效运行。<br>④对本单位提供的测绘成果承担质量责任 |
| 测绘单位的行政领导及总工程师(质量主管负责人) | ①按照职责分工负责质量方针、质量目标的贯彻实施。<br>②签发有关的质量文件及作业指导书。<br>③处理生产过程中的重大技术问题和质量争议。<br>④审议技术总结,对本单位成果的技术设计质量负责 |
| 测绘单位的质量管理机构及质量检查人员 | ①在规定的职权范围内,负责质量管理的日常工作。<br>②编制年度质量计划。<br>③贯彻技术标准和质量文件。<br>④对作业过程进行现场监督和检查。<br>⑤处理质量问题。<br>⑥组织实施内部质量审核工作 |

测绘单位按照测绘项目的实际情况实行项目质量负责人制度。项目质量负责人对该测绘项目的产品质量负直接责任。

测绘成果质量不合格的,责令测绘单位补测或者重测;情节严重的,责令停业整顿,降低资质等级,直至吊销测绘资质证书;给用户造成损失的,依法承担赔偿责任。

③测绘成果必须经过检查验收,验收合格后方能对外提供利用

测绘单位对测绘成果质量实行过程检查和最终检查。测绘成果过程检查由测绘单位的中队(室、车间)检查人员承担。测绘成果最终检查由测绘单位的质量管理机构负责实施。

验收工作由测绘项目的委托单位组织实施,或由该单位委托具有检验资格的检验机构验收,验收工作应在测绘成果最终检查合格后进行。

检查、验收人员与被检查单位在质量问题的处理上有分歧时,属检查中的,由测绘单位的总工程师裁定;属验收中的,由测绘单位上级质量管理机构裁定。凡委托验收中产生的分歧可报各省、自治区、直辖市测绘地理信息主管部门的质量管理机构裁定。

### 7.1.3 测绘成果汇交

1)测绘成果汇交的概念和特征

(1)测绘成果汇交的概念

测绘成果汇交指向法定的测绘公共服务和公共管理机构提交测绘成果副本或者目录,由测绘公共服务和公共管理机构编制测绘成果目录,并向社会发布信息,利用汇交的测绘成果副本更新测绘公共产品和依法向社会提供利用。

(2)测绘成果汇交的特征

测绘成果汇交的特征包括:①法定性;②无偿性;③完整性;④时效性。

(3)测绘成果汇交期限

自测绘项目验收完成之日起三个月内,向测绘地理信息主管部门汇交测绘成果副本或者目录。

2)测绘成果汇交的主体和内容

(1)测绘成果汇交的主体

①测绘项目出资人

对没有使用国家投资的测绘项目,或者是由公民、法人或者其他组织自行出资的测绘项目,由测绘项目出资人按照规定向测绘项目所在地的省、自治区、直辖市测绘地理信息主管部门汇交测绘成果目录。

②承担测绘项目的测绘单位

基础测绘项目或者国家投资的其他测绘项目,测绘成果汇交的主体为承担测绘项目的单位,由测绘单位汇交测绘成果副本或者目录。

中央财政投资完成的测绘项目,由承担测绘项目的单位向国务院测绘地理信息主管部门汇交测绘成果资料;地方财政投资完成的测绘项目,由承担测绘项目的单位向测绘项目所在地的省、自治区、直辖市人民政府测绘地理信息主管部门汇交测绘成果资料。

属于基础测绘的,承担测绘项目的单位要依法汇交测绘成果副本。

③中方部门或者单位

外国的组织或者个人与中华人民共和国有关部门或者单位合资、合作,经批准在中华人民共和国领域内从事测绘活动的,测绘成果归中方部门或者单位所有,并由中方部门或者单位向国务院测绘地理信息主管部门汇交测绘成果副本。

④市、县级测绘地理信息主管部门

测绘单位或者测绘项目出资人按照属地管理的原则,将测绘成果资料汇交至所在地测绘地理信息主管部门,然后按照规定的时限,由市、县级测绘地理信息主管部门统一汇交至省级测绘地理信息主管部门。

(2)测绘成果汇交的内容

①测绘成果目录

按国家基准和技术标准施测的一、二、三、四等天文、三角、导线、长度、水准测量成果的目录;重力测量成果的目录;具有稳固地面标志的全球定位测量(GPS)、多普勒定位测量、卫星激光测距(SLR)等空间大地测量成果的目录;用于测制各种比例尺地形图和专业测绘的航空摄影底片的目录;我国自己拍摄的和收集国外的可用于测绘或修测地形图及其他专业测绘的卫星摄影底片和磁带的目录;面积在 $10km^2$ 以上的 1:500～1:2000 比例尺地形图和整幅的 1:5000～1:100 万比例尺地形图(包括影像地图)的目录;其他普通地图、地籍图、海图和专题地图的目录;上级有关部门主管的跨省区、跨流域、面积在 $50km^2$ 以上,以及其他重大国家项目的工程测量的数据和图件目录;县级以上地方人民政府主管的面积在省管限额以上的工程测量的数据和图件目录。

②测绘成果副本

按国家基准和技术标准施测的一、二、三、四等天文、三角、导线、长度、水准测量成果的成果表、展点图(路线图)、技术总结和验收报告的副本;重力测量成果的成果表(含重力值归算、点位坐标和高程、重力异常值)、展点图、异常图、技术总结和验收报告的副本;具有稳固地面标志的全球定位测量(GPS)、多普勒定位测量、卫星激光测距(SLR)等空间大地测量的测量成果、布网图、技术总结和验收报告的副本;正式印制的地图,包括各种正式印刷的普通地图、政区地图、教学地图、交通旅游地图,以及全国性和省级的其他专题地图。

(3)基础测绘成果汇交的内容

①为建立全国统一的测绘基准和测绘系统进行的天文测量、三角测量、水准测量、卫星大地测量、重力测量所获取的数据、图件。

②基础航空摄影所获取的数据、影像资料。

③遥感卫星和其他航天飞行器对地观测所获取的基础地理信息遥感资料。

④国家基本比例尺地图、影像图及其数字化产品。

⑤基础地理信息系统的数据、信息等。

上述基础测绘成果应当由承担基础测绘项目的测绘单位依法汇交测绘成果副本。

(4)测绘成果资料目录

①包括全国测绘成果目录和省级测绘成果目录。

②测绘成果目录由国务院测绘地理信息主管部门和省、自治区、直辖市人民政府测绘地理信息主管部门编制。

③测绘成果资料目录应当向社会公布。

3)测绘成果汇交的法律责任

(1)不按照规定汇交测绘成果资料的法律责任

不汇交测绘成果资料的,责令限期汇交;测绘项目出资人逾期不汇交的,处重测所需费用一倍以上二倍以下的罚款;承担国家投资的测绘项目的单位逾期不汇交的,处五万元以上二十万元以下的罚款,并处暂扣测绘资质证书,自暂扣测绘资质证书之日起六个月内仍不汇交的,吊销测绘资质证书;对直接负责的主管人员和其他直接责任人员,依法给予处分。

(2)测绘地理信息主管部门的法律责任

县级以上人民政府测绘地理信息主管部门有下列行为之一的,由本级人民政府或者上级人民政府测绘地理信息主管部门责令改正,通报批评;对直接负责的主管人员和其他直接责任人员,依法给予处分:

①接收汇交的测绘成果副本或者目录,未依法出具汇交凭证的。

②未及时向测绘成果保管单位移交测绘成果资料的。

③未依法编制和公布测绘成果资料目录的。

④发现违法行为或者接到对违法行为的举报后,不及时进行处理的。

⑤不依法履行监督管理职责的其他行为。

(3)测绘成果保管单位的法律责任

测绘成果保管单位有下列行为之一的,由测绘地理信息主管部门给予警告,责令改正;有违法所得的,没收违法所得;造成损失的,依法承担赔偿责任;对直接负责的主管人员和其他直接责任人员,依法给予处分:

①未按照测绘成果资料的保管制度管理测绘成果资料,造成测绘成果资料损毁、散失的。

②擅自转让汇交的测绘成果资料的。

③未依法向测绘成果的使用人提供测绘成果资料的。

### 7.1.4 测绘成果保管

1)测绘成果保管的概念与特征

(1)测绘成果保管的概念

测绘成果保管是指测绘成果保管单位依照国家有关档案法律、行政法规的规定,采取科学的防护措施和手段,对测绘成果进行归档、保存和管理的活动。

(2)测绘成果保管的特征

①测绘成果保管要采取安全保障措施。测绘成果资料的存放设施与条件,应当符合国家保密、消防及档案管理的有关规定和要求。

②基础测绘成果保管要采取异地备份存放制度。

③测绘成果保管不得损坏、散失和转让。

2)测绘科技档案

(1)测绘科技资料的形成、积累和归档

①测绘科技资料的形成、积累、整理和归档工作应当纳入单位生产、技术、科研等计划中,列入有关部门和人员的职责范围。

②测绘单位对生产任务、科研成果、基建工程或其他项目进行鉴定、验收时,应当对归档的科技资料加以检验,没有完整、准确、系统的科技资料,不能通过鉴定验收。

③一项生产任务、科研课题、试制产品、基建工程等项目完成或告一段落时,应当将所形成的科技资料进行整理,组成保管单位,严格按照规定的归档范围、份数、保管期限、保存地点

等及时进行归档工作。

④需要归档的科技档案资料,应当做到书写材料优良、字迹清楚、数据准确、图像清晰、信息载体能够长期保存。

⑤几个单位分工协作完成的测绘科技项目或工程,由主办单位保存一套完整档案。协作单位可以保存与各自承担任务有关的档案正本,但应将副本或复制本送交主办单位保存。

(2)测绘科技档案的保管

测绘科技档案的保管:按期限分为永久、长期和短期三种。

①永久:具有重要凭证作用和长久需要查考、利用的测绘科技档案应列为永久保存。

②长期:在相当长的时期内(15年至20年)具有查考、利用、凭证作用的测绘科技档案应列为长期保存。

③短期:在短期内(15年以内)具有查考、利用、凭证作用的测绘科技档案应列为短期保存。

(3)测绘科技档案的利用

①测绘科技档案保管部门应当主动地开展科技档案的提供利用工作。

②提供属机密(含机密)以下的测绘科技档案,应由测绘科技档案保管部门的领导批准,属绝密级的由上级主管领导批准,涉及国际交往需要提供测绘科技档案时,按有关规定执行。

③提供测绘生产档案时,要执行分级管理,归口负责制度。复制或借用时需经领用测绘成果主管单位审查并开具正式公函,方可办理领(借)手续。

④测绘科技档案只提供复制品,不提供原件,必须使用原件时,经领导批准,只能借用;对借用的测绘科技档案要保持清洁、完整无损并及时归还。

(4)测绘科技档案的销毁

销毁已满保存期限的测绘科技档案,须经单位领导批准并造具清册,报上级主管部门备案。

3)测绘成果保管的措施

(1)配备必要的设施

必要的设施包括:

①存放载体介质的库房设施。

②存放载体介质的柜架设施。

③专业技术设备。如档案资料修复与保护设备、磁介质读取备份与维护设备、档案资料杀虫除菌设备、温湿度检测控制设备等。

④安全防护设施。如监视设施、报警设施、防盗设施、防火设施、防磁设施、换风设施等。

⑤管理与服务设备。如日常管理与服务用计算机、档案资料管理与服务专业软件、网络设备、目录数据采集设备、档案资料扫描数字化设备、数据存储设备等。

(2)基础测绘成果资料实行异地备份存放制度

基础测绘成果异地备份存放,就是将基础测绘成果进行备份,并存放于不同地点,以保证基础测绘成果意外损毁后,可以迅速恢复基础测绘成果服务。

### 7.1.5 测绘成果保密管理

1)测绘成果保密的概念

(1)绝密级测绘成果

①国家大地坐标系、地心坐标系以及独立坐标系之间的相互转换参数。

②分辨率高于 $5'\times5'$，精度优于±1毫伽的全国性高精度重力异常成果。
③1:1万、1:5万全国高精度数字高程模型。
④地形图保密处理技术参数及算法。
(2)机密级测绘成果
①国家等级控制点坐标成果以及其他精度相当的坐标成果。
②国家等级天文测量、三角测量、导线测量、卫星大地测量的观测成果。
③国家等级重力点成果及其他精度相当的重力点成果。
④分辨率高于 $30'\times30'$，精度优于±5毫伽的重力异常成果。
⑤精度优于±1m 的高程异常成果，精度优于±3″的垂线偏差成果。
⑥涉及军事禁区的大于或等于1:1万国家基本比例尺地形图及其数字化成果。
⑦1:2.5万、1:5万、1:10万国家基本比例尺地形图及其数字化成果。
⑧空间精度及涉及的要素和范围相当于上述机密基础测绘成果的非基础测绘成果。
(3)秘密级测绘成果
①构成环线或者线路长度超过1000m的国家等级水准网成果资料。
②重力加密点成果。
③分辨率高于 $30'\times30'\sim1°\times1°$，精度在±(5～10)毫伽的重力异常成果。
④精度优于±(1～2)m 的高程异常成果，精度优于±(3″～6″)的垂线偏差成果。
⑤非军事禁区1:5000国家基本比例尺地形图，或多张连续的、覆盖范围超过 $6km^2$ 的大于1:5000的国家基本比例尺地形图及其数字化成果。
⑥1:10万、1:25万、1:50万国家基本比例尺地形图及其数字化成果。
⑦军事禁区及国家安全要害部门所在地的航摄影像。
⑧空间精度及涉及的要素和范围相当于上述秘密基础测绘成果的非基础测绘成果。
⑨涉及军事、国家安全要害部门的点位名称及坐标。
⑩涉及国民经济重要设施精度优于±100m 的点位坐标。
属于国家秘密测绘成果的保密期限，一律定为"长期"保存。

2)测绘成果保密的特征
(1)测绘成果涉及的国家秘密事项是客观存在的实物。
(2)测绘成果涉及的国家秘密事项具有广泛性。
(3)涉及国家秘密的测绘成果数量大，涉及面广。
(4)测绘成果涉及的国家秘密事项保密时间长。
(5)测绘成果不同于其他文件、档案等保密资料。
测绘成果一经提供出去，便由使用单位自行使用、保存和销毁，与其他带有密级的文件、档案等秘密资料不同。其他带有密级的文件、档案、音像等资料一般都采取登记借阅的方式，借阅完后要在规定的时间内归还。

### 7.1.6 测绘成果提供利用

1)测绘成果提供利用的法律规定
(1)基础测绘成果和国家投资完成的其他测绘成果
用于国家机关决策和社会公益性事业的，应当无偿提供。前款规定之外的，依法实行有偿使用制度,但是政府及其有关部门和军队因防灾、减灾、国防建设等公共利益的需要,可以无偿使用。

(2)属于国家秘密的测绘成果

①对法人或者其他组织需要利用属于国家秘密的基础测绘成果的,要求申请人应当提出明确的利用目的和范围,报测绘成果所在地的测绘地理信息主管部门审批。

②对外提供属于国家秘密的测绘成果的,要严格按照国务院和中央军事委员会规定的审批程序,报国务院测绘地理信息主管部门或者省、自治区、直辖市人民政府测绘地理信息主管部门审批。

③规定了测绘地理信息主管部门的法定义务,要求测绘地理信息主管部门审查同意后,应当以书面形式告知申请人测绘成果的秘密等级、保密要求以及相关著作权保护要求。

(3)对外提供属于国家秘密的测绘成果不予批准的情况

①对外提供的测绘成果资料妨碍国家安全的。

②非涉密的测绘成果资料能够满足需要的。

③申请材料内容虚假的。

④审批机关依法不予批准的其他情形。

(4)测绘成果使用人的权利义务

①测绘成果使用人与测绘项目出资人应当签订书面协议,明确双方的权利和义务。使用人应当根据基础测绘成果的秘密等级按照国家有关保密法律、法规的要求使用,并采取有效的保密措施,严防泄密。

②使用人所领取的基础测绘成果仅限于在本单位的范围内,按批准的使用目的使用。本单位以被许可使用人在企业登记主管机关、机构编制主管机关或者社会团体登记管理机关的登记为限,不得扩展到所属系统和上级、下级或者同级其他单位。

③使用人若委托第三方开发,项目完成后,负有督促其销毁相应测绘成果的义务。第三方为外国组织和个人以及在我国注册的外商独资企业和中外合资、合作企业的,被许可使用人应当履行对外提供我国测绘成果的审批程序,依法经国家测绘地理信息局或者省、自治区、直辖市测绘地理信息主管部门批准后,方可委托。

④使用人应当在使用基础测绘成果所形成的成果的显著位置注明基础测绘成果版权的所有者。测绘成果涉及著作权保护和管理的,依照有关法律、行政法规的规定执行。

⑤使用人主体资格发生变化时,应向原受理审批的测绘地理信息主管部门重新提出使用申请。

2)测绘成果提供的职责分工

(1)国家测绘地理信息局负责审批的基础测绘成果

①全国统一的一、二等平面控制网、高程控制网和国家重力控制网的数据、图件。

②1:50万、1:25万、1:10万、1:5万、1:2.5万国家基本比例尺地图、影像图和数字化产品。

③国家基础航空摄影所获取的数据、影像等资料,以及获取基础地理信息的遥感资料。

④国家基础地理信息数据。

⑤其他应当由国家测绘地理信息局审批的基础测绘成果。

(2)省级测绘地理信息主管部门负责审批的基础测绘成果

①本行政区域内统一的三、四等平面控制网、高程控制网的数据、图件。

②本行政区域内的1:1万、1:5000等国家基本比例尺地图、影像图和数字化产品。

③本行政区域内的基础航空摄影所获取的数据、影像等资料,以及获取基础地理信息的遥感资料。

④本行政区域内的基础地理信息数据。

⑤属国家测绘地理信息局审批范围,但已委托省、自治区、直辖市测绘地理信息主管部门负责管理的基础测绘成果。

⑥其他应当由省、自治区、直辖市测绘地理信息主管部门审批的基础测绘成果。

(3)市(地)、县级测绘地理信息主管部门负责审批的基础测绘成果

①本行政区域内加密控制网的数据、图件。

②本行政区域内1:500、1:1000、1:2000国家基本比例尺地图、影像图及其数字化成果。

③本行政区域内的基础地理信息数据。

④其他应当由市(地)、县级测绘地理信息主管部门负责审批的基础测绘成果。

⑤属省级测绘地理信息主管部门审批范围,但已委托市级测绘地理信息主管部门审批的基础测绘成果。

3)申请利用基础测绘成果的条件

(1)有明确、合法的使用目的。

(2)申请的基础测绘成果范围、种类、精度与使用目的相一致。

(3)符合国家的保密法律法规及政策。

### 7.1.7 地图管理

1)地图的概念及特征

(1)地图的概念

地图指根据特定的数学法则,将地球上的自然和社会现象,通过制图综合,并以符号和注记缩绘在平面或者曲面上的图像。

(2)地图的特征

地图的特征包括:①科学性;②政治性;③法定性。

(3)国家基本比例尺地图

我国目前确定的国家基本比例尺地图包括1:500、1:1000、1:2000、1:5000、1:1万、1:2.5万、1:5万、1:10万、1:25万、1:50万和1:100万共11种。

①国家确定国家基本比例尺地图的系列和基本精度。

②国家制定国家基本比例尺地图的系列和基本精度的具体规范和要求。

③测制国家基本比例尺地图,应当执行国家制定的制图规范和要求。

2)地图编制管理

地图编制分为三个阶段:编辑准备、原图编绘和出版准备。

(1)地图编制资质管理

①从事地图编制必须依法取得测绘资质证书并在测绘资质证书许可的业务范围从事地图编制工作。

②从事导航电子地图制作、互联网地图服务业务的,也要按照规定取得相应的导航电子地图制作及互联网地图服务资质。

(2)地图编制内容规定

①编制地图必须遵守保密法律、法规,公开地图不得表示任何国家秘密和内部事项。

②编制地图应当遵守国家有关地图内容表示的规定。

③编制地图,应当选择最新地图资料作为编制基础,并及时补充或者更改现势变化的内容。

④正确反映各要素的地理位置、形态、名称及相互关系,具备符合地图使用目的的有关数据和专业内容。

⑤地图的比例尺和开本应当符合国家有关规定。

⑥在地图上绘制中华人民共和国国界、中国历史疆界、世界各国国界以及中华人民共和国省、自治区、直辖市行政区域界线的,应当严格按照地图编制出版管理条例确定的基本原则进行。

3)地图出版管理

(1)地图出版机构管理

①普通地图由专门地图出版社出版,其他出版社不得出版。

②中央级专门地图出版社,可以按照国务院出版行政管理部门批准的地图出版范围出版各种地图。

③地方专门地图出版社,按照国务院出版行政管理部门批准的地图出版范围,可以出版除世界性地图、全国性地图以外的各种地图。

④中央级专业出版社,具备出版地图的专业技术条件的,按照国务院出版行政管理部门批准的地图出版范围,可以出版本专业的专题地图。

⑤地方专业出版社,具备出版地图的专业技术条件的,按照国务院出版行政管理部门批准的地图出版范围,可以出版本专业的地方性专题地图。

(2)地图出版管理

①出版绘有国界线或者省、自治区、直辖市行政区域界线的地图(含图书、报刊插图、示意图)的,在地图印刷前,应当依照有关规定送省级以上测绘地理信息主管部门审核批准。

②保密地图和内部地图不得以任何形式公开出版、发行。地图出版物发行前,有关的中央级出版社和地方出版社应当按照国家有关规定向有关部门和单位送交样本,并将样本一式两份报国务院测绘地理信息主管部门或者省、自治区、直辖市人民政府负责管理测绘工作的部门备案。

③出版地图应当注明地图上国界线画法的依据资料及其来源,广告、商标、宣传画、电影电视画面中的示意地图除外。

④任何出版单位不得出版未经审定的中、小学教学地图。中、小学教学地图,由中央级专门地图出版社按照国务院出版行政管理部门批准的地图出版范围出版;其他中央级出版社出版中、小学教学地图,以及地方出版社出版地方性中、小学教学地图的,应当经国务院出版行政管理部门商国务院测绘地理信息主管部门审核批准,方可按照批准的地图出版范围出版。但是,中、小学教科书中的插附地图除外。

⑤地图出版物必须按照国家有关规定载明地图作者、出版者、印刷者或者复制者、发行者的名称、地址、书号、地图审图号或者版号、出版日期、刊期以及其他有关事项。地图出版物的规格、开本、版式等必须符合国家有关地图出版的标准和规范要求,保证地图质量。

4)地图展示与登载管理

(1)地图展示

①展示未出版的绘有国界线或者省、自治区、直辖市行政区域界线的地图(含图书、报刊插图、示意图等)的,在地图展示前,必须经过省级以上测绘地理信息主管部门审核。

②保密地图和内部地图不得以任何形式公开展示。

③公开展示的地图不得表示任何国家秘密和内部事项。

(2)地图登载管理

①地图登载前,应当送地图审核部门审核。

②在互联网上登载地图,应当依法经省级以上测绘地理信息主管部门审核。

5)地图审核管理

(1)地图审核的职责

①国务院测绘地理信息主管部门负责审核的地图:世界性和全国性地图(含历史地图),中国台湾省、香港特别行政区、澳门特别行政区地图,涉及国界线的省区地图,涉及两个以上省级行政区域的地图,全国性和省、自治区、直辖市地方性中、小学教学地图,省、自治区、直辖市历史地图,引进的境外地图,世界性和全国性示意地图。

②省级测绘地理信息主管部门负责审核的地图:本省行政区域内的地图,根据国家测绘地理信息局委托,负责审核涉及国界线的省级行政区域地图,省、自治区、直辖市历史地图,省、自治区、直辖市地方性中、小学教学地图,世界性和全国性示意地图。

(2)需申请地图审核的情形

①在地图出版、展示、登载、引进、生产、加工前。

②使用国务院测绘地理信息主管部门或者省级测绘地理信息主管部门提供的标准画法地图,并对地图内容进行编辑改动的。

(3)不用申请地图审核的情形

直接使用国务院测绘地理信息主管部门或者省级测绘地理信息主管部门提供的标准画法地图,未对其地图内容进行编辑改动的,可以不送审,但应当在地图上注明地图制作单位名称。

(4)地图审核的内容

①保密审查。

②国界线,省、自治区、直辖市行政区域界线(包括中国历史疆界)和特别行政区界线。

③重要地理要素及名称等内容。

④国务院测绘地理信息主管部门规定需要审查的其他地图内容。

6)地图著作权管理

(1)地图的著作权受法律保护。

(2)未经地图著作权人许可,任何单位和个人不得以复制、发行、改编、翻译、编辑等方式使用其地图。

(3)针对以下情况可以不经地图著作权人许可而对其地图作品进行复制、发行、改编、翻译、编辑等,不向其支付报酬,但应当指明作者姓名、作品名称,并不得侵犯著作权人依照著作权法享有的其他权利。

①为个人学习、研究或者欣赏使用他人已经发表的地图作品的。

②为介绍、评论某一地图作品或者说明某一问题,在作品中适当引用他人已经发表的地图作品的。

③为报道时事新闻,在报纸、期刊、广播电台、电视台等媒体中不可避免地再现或者引用已经发表的地图作品的。

④为学校教学或者科学研究,翻译或者少量复制已经发表的地图,供教学或者科研人员使用,但不得出版发行。

⑤国家机关为执行公务在合理范围内使用已经发表的地图。

⑥图书馆、档案馆、纪念馆、博物馆、美术馆等为陈列或者保存版本的需要,复制本馆收藏的地图。

⑦将已经发表的地图修改成盲文出版等。

### 7.1.8 重要地理信息数据审核与公布

1)重要地理信息数据的内容和特征

(1)重要地理信息数据的内容

①涉及国家主权、政治主张的地理信息数据。

②国界、国家面积、国家海岸线长度,国家版图重要特征点、地势、地貌分区位置等地理信息数据。

③冠以"全国"、"中国"、"中华"等字样的地理信息数据。

④经相邻省级人民政府联合勘定并经国务院批复的省级界线长度及行政区域面积,沿海省、自治区、直辖市海岸线长度。

⑤法律、法规规定以及需要由国务院测绘地理信息主管部门审核的其他重要地理信息数据。

(2)重要地理信息数据的特征

重要地理信息数据的特征包括:①权威性;②准确性;③法定性。

2)重要地理信息数据审核与公布

(1)重要地理信息数据审核

申请审核公布重要地理信息数据,必须依法向国务院测绘地理信息主管部门提出申请。

国务院测绘地理信息主管部门审核重要地理信息数据时,须与国务院有关部门进行会商。如有关国界线的重要地理信息数据必须与外交部会商,有关行政区域界线的长度等重要地理信息数据,必须要与民政部门进行会商。

(2)重要地理信息数据公布

重要地理信息数据经国务院批准并明确授权公布的部门后,要以公告形式公布,并在全国范围内发行的报纸或者互联网上刊登。

## 7.2 例 题

1)单项选择题(每题1分。每题的备选项中,只有1个最符合题意)

(1)《测绘质量监督管理办法》规定,测绘产品质量监督检查的主要方式为( )。

    A. 对首件产品检验                 B. 抽样检验

    C. 全部产品检验                   D. 对末件产品检验

(2)汇交测绘成果目录和副本的方式是（　　）。
　　A. 无偿汇交　　　　　　　　　　B. 按政府指导价汇交
　　C. 按测绘成本价汇交　　　　　　D. 按工本费汇交

(3)外国的组织或者个人与我国有关部门、单位合作测绘时，由（　　）在测绘任务完成后两个月内，向国务院测绘地理信息主管部门提交全部测绘成果副本一式两份。
　　A. 中方合作者　　　　　　　　　B. 外方合作者
　　C. 中方合作者和外方合作者　　　D. 项目批准单位

(4)利用涉及国家秘密的测绘成果开发生产的产品，未经国务院测绘地理信息主管部门或者省、自治区、直辖市人民政府测绘地理信息主管部门（　　），其秘密等级不得低于所用测绘成果的秘密等级。
　　A. 批准　　　　　　　　　　　　B. 进行论证
　　C. 进行保密技术处理的　　　　　D. 进行审查

(5)法人或者其他组织需要使用属于国家秘密的基础测绘成果的，应当提出明确、合法的使用目的和范围，报（　　）审批。
　　A. 国务院测绘地理信息主管部门
　　B. 测绘成果所在地的县级以上测绘地理信息主管部门
　　C. 测绘成果保管单位
　　D. 该测绘成果原作业单位

(6)《测绘成果管理条例》规定，测绘地理信息主管部门在审批对外国组织提供属于国家秘密的测绘成果前，应该征求（　　）的意见。
　　A. 保密工作部门　　　　　　　　B. 军队有关部门
　　C. 国务院测绘地理信息主管部门　D. 国家安全部门

(7)下列地理信息数据中，不需要国务院测绘地理信息主管部门审核就能向社会公布的是（　　）。
　　A. 涉及国家主权的地理信息数据　B. 国界线长度
　　C. 国家海岸线长度　　　　　　　D. 沿海省的滩涂面积

(8)国务院批准公布的重要地理信息数据，由（　　）公布。
　　A. 提出审核重要地理信息数据的建议人
　　B. 省测绘地理信息主管部门
　　C. 国务院或者国务院授权的部门
　　D 重要地理信息所在地省级人民政府或其授权部门

(9)关于公开出版、发行或者展示地图的说法，错误的是（　　）。
　　A. 保密地图经批准后可以公开出版、发行或者展示
　　B. 保密地图不得以任何形式公开出版、发行或者展示
　　C. 内部地图不得以任何形式公开出版、发行或展示
　　D. 保密地图和内部地图不得以任何形式公开出版、发行或者展示

(10)下列内容中，可以在地图上公开展示的是（　　）。
　　A. 国防、军事设施及军事单位　　B. 输电线路电压的精确数据
　　C. 航道水深、水库库容的精确深度　D. 国务院公布的重要地理信息数据

(11)下列地图中，由省级测绘地理信息主管部门负责审核的是（　　）。

A. 涉及两个以上省级行政区域的地图

B. 全国性和省、自治区、直辖市地方性中、小学教学地图

C. 引进的境外地图

D. 省、自治区、直辖市行政区域内的地方性地图

(12)关于地图送审的说法,正确的是(　　)。

A. 直接使用国务院测绘地理信息主管部门标准画法的地图,未对其地图内容进行编辑改动的应当送审,并在地图上注明地图制作单位名称

B. 直接使用省测绘地理信息主管部门提供的标准画法地图,未对其地图内容进行编辑改动的应当送审,并在地图上注明地图制作单位名称

C. 直接使用国务院测绘地理信息主管部门或省级测绘主管部门提供的标准画法的地图,未对其地图内容进行编辑改动的可以不送审,但应当在地图上注明地图制作单位名称

D. 直接使用国务院测绘地理信息主管部门或省级测绘主管部门提供的标准画法的地图,未对其地图内容进行编辑改动的,使用单位自主决定是否送审

(13)《测绘科学技术档案管理规定》规定,凡在相当长的时间内具有查考、利用、凭证作用的测绘科技档案,其保管期限为(　　)年。

  A. 5~10　　　　B. 10~15　　　　C. 15~20　　　　D. 20~25

(14)精度优于 $10mm+3\times10^{-6}D$ 的 GPS 接收机的检定周期是(　　)年。

  A. 1　　　　B. 1.5　　　　C. 2　　　　D. 2.5

(15)下列使用涉密测绘成果的行为中,正确的是(　　)。

A. 经审批获得的涉密测绘成果,复制后存放于单位涉密资料室

B. 经审批获得的涉密测绘成果,压缩处理后在公共信息网络上免费发布

C. 使用目的完成后,用于后续涉密测绘项目

D. 使用目的完成后,由专人及时核对、清点、登记、造册、报批、监督销毁

(16)下列情形中,对地理信息数据安全造成不利影响最大的是(　　)。

  A. 异地备份　　　B. 数据复制　　　C. 数据转存　　　D. 硬盘损坏

(17)在某城市数字城市化项目中,(　　)对该测绘项目的产品质量负直接责任。

  A. 测绘地理信息主管部门　　　　　B. 项目质量负责人

  C. 监理单位　　　　　　　　　　　D. 验收单位

(18)关于测绘成果汇交的说法错误的是(　　)。

A. 测绘成果属于基础测绘成果的,应当汇交副本

B. 测绘成果属于非基础测绘成果的,应当汇交目录

C. 测绘成果资料目录属于政府信息的重要内容,测绘地理信息主管部门不能向社会公开

D. 依法汇交测绘成果目录,是测绘项目出资人的法定义务

(19)对外提供属于国家秘密的测绘成果,应当按照(　　)规定的审批程序,报国务院测绘地理信息主管部门或者省、自治区、直辖市人民政府测绘地理信息主管部门。

  A. 国务院　　　　　　　　　　　　B. 中央军事委员会

  C. 国务院和中央军事委员会　　　　D. 保密工作部门

(20)在下列关于地图出版管理说法中,有误的是(　　)。

A.出版地图,应当注明地图上国界线画法的依据资料及其来源

B.中央级专门地图出版社,按照国务院出版行政管理部门批准的地图出版范围,可以出版各种地图

C.地方性中、小学教学地图,可以由省、自治区、直辖市人民政府教育行政管理部门会同省、自治区、直辖市人民政府负责管理测绘工作的部门组织审定

D.普通地图可以由专门地图出版社出版,也可以由其他出版社出版

(21)检查、验收人员与被检查单位在质量问题的处理上有分歧时,属验收中的,由测绘单位的(　　)裁定。

A.总工程师　　　　　　　　B.项目负责人
C.上级质量管理机构　　　　D.负责人

(22)基础测绘项目或者国家投资的其他测绘项目,测绘成果汇交的主体为承担测绘项目的单位,由测绘单位汇交测绘成果(　　)。

A.副本　　B.目录　　C.副本或目录　　D.副本和目录

(23)基础测绘成果和国家投资完成的其他测绘成果,用于国家机关决策和社会公益性事业的,应当(　　)。

A.无偿提供　　　　　　　　B.按政府指导价提供
C.按成本价提供　　　　　　D.按市场价提供

(24)从事互联网地图服务的单位,应当依法经省级以上测绘地理信息主管部门审核,并按照(　　)的规定,取得互联网地图服务资质,向省级电信主管部门或者国务院信息产业主管部门申请经营许可。

A.《测绘法》　　　　　　　　B.《测绘资质分级标准》
C.《互联网信息服务管理办法》　D.《测绘资质管理规定》

(25)测绘成果汇交的特征不包括(　　)。

A.法定性　　B.无偿性　　C.完整性　　D.系统性

(26)测绘成果目录由(　　)编制。

A.国务院测绘地理信息主管部门
B.省级测绘地理信息主管部门
C.国务院测绘地理信息主管部门和省级测绘地理信息主管部门
D.国务院测绘地理信息主管部门或省级测绘地理信息主管部门

(27)下列测绘成果中,属于秘密级测绘成果的是(　　)。

A.国家等级重力点成果及其他精度相当的重力点成果
B.1:2.5万、1:5万、1:10万国家基本比例尺地形图及其数字化成果
C.涉及军事禁区的大于或等于1:1万的国家基本比例尺地形图及其数字化成果
D.涉及国民经济重要设施精度优于±100m的点位坐标

(28)下列情况中,不属于申请利用基础测绘成果条件的是(　　)。

A.有明确、合法的使用目的
B.申请的基础测绘成果范围、种类、精度与使用目的相一致
C.符合国家的保密法律、法规及政策
D.具有测绘资质

(29)我国目前确定的国家比例尺地图共有(　　)种。

A. 9　　　　　　　　B. 10　　　　　　　　C. 11　　　　　　　　D. 12

(30) 下列关于地图出版管理说法，正确的是（　　）。
　　A. 内部地图可以由中央级专门地图出版社公开出版
　　B. 教育出版单位可以出版未经审定的小学地图
　　C. 出版地图应当注明地图上国界线画法的依据材料
　　D. 出版社均可以出版普通地图

(31) 省级测绘地理信息主管部门建立（　　），负责实施测绘产品质量监督检验工作。
　　A. 测绘产品质量监督检验站　　　　B. 测绘产品质量监督处
　　C. 测绘监理单位　　　　　　　　　D. 测绘验收单位

(32) 地形图保密处理技术参数及算法属于（　　）级测绘成果。
　　A. 半公开　　　　B. 秘密　　　　C. 机密　　　　D. 绝密

(33) 下列选项中，不属于地图特征的是（　　）。
　　A. 科学性　　　　B. 政治性　　　　C. 权威性　　　　D. 法定性

(34) 《测绘法》规定，测绘成果质量不合格的，给用户造成损失的，（　　）。
　　A. 不承担法律责任　　　　　　　　B. 依法承担赔偿责任
　　C. 不承担赔偿责任　　　　　　　　D. 只给予赔付，不负责重测

(35) 不按规定汇交测绘成果资料的，对承担国家投资的测绘项目的单位处（　　）的罚款。
　　A. 5万元以上10万元以上　　　　　B. 5万元以上20万元以下
　　C. 20万元以上50万元以下　　　　 D. 50万元以上100万元以下

(36) 属于国家秘密测绘成果的保密期限，一律定为（　　）保存。
　　A. 永久　　　　B. 长期　　　　C. 短期　　　　D. 15年

(37) 根据《测绘生产质量管理规定》，下列职责中，不属于测绘单位法定代表人质量管理职责的是（　　）。
　　A. 确定本单位的质量方针
　　B. 签发质量手册
　　C. 建立本单位的质量体系并保证有效运行
　　D. 签发作业指导书

(38) 重要地理信息数据经国务院批准并明确授权公布的部门后，要以（　　）形式公布。
　　A. 公告　　　　B. 简报　　　　C. 广播　　　　D. 口头

2) 多项选择题（每题2分。每题的备选项中，有2个或2个以上符合题意，至少有1个错项。错选，本题不得分；少选，所选的每个选项得0.5分）

(39) 《地图编制出版管理条例》规定，编制地图应当符合的要求有（　　）。
　　A. 选用最新的地图资料作为编制基础，并及时补充或者更改现势变化的内容
　　B. 正确反映各要素的地理位置、形态、名称及相关要素
　　C. 按照统一的表示方法绘制
　　D. 具备符合地图使用目的的有关数据和专业内容
　　E. 地图的比例尺符合国家规定

(40) 根据《测绘生产质量管理规定》，下列测绘单位中，应当设立质量管理或者质量检查

机构的有( )。
　　A. 甲级测绘资质单位　　　　　　　B. 乙级测绘资质单位
　　C. 丙级测绘资质单位　　　　　　　D. 丁级测绘资质单位

(41)根据《测绘资质分级标准》,关于测绘单位质量管理的说法,正确的是( )。
　　A. 甲级测绘单位应当通过 ISO 9000 系列质量保证体系认证或者通过国务院测绘地理信息主管部门考核
　　B. 甲级测绘单位应当通过 ISO 9000 系列质量保证体系认证
　　C. 乙级测绘单位应当通过 ISO 9000 系列质量保证体系认证或者通过省级测绘地理信息主管部门考核
　　D. 丙级测绘单位应当通过 ISO 9000 系列质量保证体系认证或者通过设区的市(州)级以上测绘地理信息主管部门考核
　　E. 丁级测绘单位应当通过县级以上测绘地理信息主管部门考核

(42)下列情形中,应当无偿提供测绘成果的有( )。
　　A. 基础测绘成果用于国家机关决策的
　　B. 国家投资完成的非基础测绘成果用于国家机关决策的
　　C. 基础测绘成果用于社会公益性事业的
　　D. 国家投资完成的非基础测绘成果用于社会公益性事业的
　　E. 基础测绘成果用于导航电子地图制作的

(43)下列地理信息数据中,属于国家重要地理信息数据的有( )。
　　A. 国家版图的地势、地貌分区位置
　　B. 领土、领海、毗连区、专属经济区面积
　　C. 国家版图的重要特征点
　　D. 国家岛礁数量和面积
　　E. 经依法批准的相邻的设区的市(州)之间的界线长度

(44)地方人民政府建设审核公布重要地理信息数据时,应当向国务院测绘地理信息主管部门提交的书面材料有( )。
　　A. 建议人基本情况
　　B. 重要地理信息数据的详细数据成果资料
　　C. 重要地理信息数据获取的技术方案
　　D. 重要地理信息数据验收评估的有关材料
　　E. 所提供资料真实性的证明

(45)出版地图,应当在地图上注明( )。
　　A. 广告　　　　　　　B. 商标　　　　　　　C. 宣传画
　　D. 国界线画法的依据来源　　　　　E. 国界线画法的依据资料

(46)测绘单位必须健全质量管理的规章制度。( )应当设立专门的质量管理或者质量检查机构。
　　A. 甲级测绘资格单位　　　　　　　B. 乙级测绘资格单位
　　C. 丙级测绘资格单位　　　　　　　D. 丁级测绘资格单位
　　E. 测绘质量监督机构

(47)测绘成果保管单位应当按照规定保管测绘成果资料,不得( )。

A. 损毁 B. 散失 C. 查看
D. 转让 E. 保存

(48)国务院测绘地理信息主管部门应当组织对建议人提交的重要地理信息数据进行审核。审核的内容主要包括(　　)。
　　A. 重要地理信息数据获取的技术方案
　　B. 重要地理信息数据公布的必要性
　　C. 提交的有关资料的真实性与完整性
　　D. 重要地理信息数据的可靠性与科学性
　　E. 建议人的基本情况

(49)测绘成果是指通过测绘形成的数据、信息、图件以及相关的技术资料,是各类测绘活动形成的记录和描述自然地理要素或者地表人工设施的(　　)及其属性的地理信息、数据、资料、图件和档案。
　　A. 形状 B. 大小 C. 空间位置
　　D. 颜色 E. 用处

(50)测绘成果目录包括(　　)两种。
　　A. 全国测绘成果目录 B. 省级测绘成果目录
　　C. 市级测绘成果目录 D. 国家重点项目测绘成果目录
　　E. 省级重点项目测绘成果目录

(51)测绘科技档案的保管期限分为(　　)三种。
　　A. 短期 B. 长期 C. 临时
　　D. 永久 E. 销毁期

(52)我国国家秘密的密级分为(　　)三级。
　　A. 保密 B. 秘密 C. 隐秘
　　D. 机密 E. 绝密

(53)下列情况中,属于对外提供国家秘密测绘成果的是(　　)。
　　A. 向境外、国外提供属于国家秘密的测绘成果
　　B. 向国内有关单位合资、合作的法人提供属于国家秘密的测绘成果
　　C. 向省级测绘主管部门提供属于国家秘密的测绘成果
　　D. 向国内的合资、合作组织提供属于国家秘密的测绘成果
　　E. 向县级土地管理部门提供属于国家秘密的测绘成果

(54)测绘成果的特征包括(　　)。
　　A. 科学性 B. 保密性 C. 系统性
　　D. 专业性 E. 严谨性

(55)建议审核公布重要地理信息数据,建议人应向国务院测绘地理信息主管部门提交的材料有(　　)。
　　A. 建议人的基本情况
　　B. 重要地理信息数据的发布方式
　　C. 重要地理信息数据的详细数据成果资料,科学性及公布的必要性说明
　　D. 重要地理信息数据获取的技术方案及对数据验收评估的有关资料
　　E. 建议人对重要地理信息数据使用说明

(56)关于测绘成果汇交的说法,正确的是(   )。
   A. 测绘成果属于基础测绘成果的,应当汇交副本
   B. 测绘成果属于非基础测绘成果的,应当汇交目录
   C. 测绘成果资料目录属于政府信息的重要内容,测绘地理信息主管部门不能向社会公开
   D. 测绘成果目录由测绘编制
   E. 测绘成果资料目录是测绘成果类别、规格和属性信息等的索引

(57)重要地理信息数据具有的特征是(   )。
   A. 有偿性    B. 时效性    C. 权威性
   D. 准确性    E. 法定性

(58)下列职责中,属于质量主管负责人职责的是(   )。
   A. 编制年度质量计划
   B. 负责质量方针、质量目标的贯彻实施
   C. 贯彻技术标准和质量文件
   D. 处理生产过程中的重大技术问题和质量争议
   E. 组织实施内部的质量审核工作

## 7.3 例题参考答案及解析

1)单项选择题(每题1分。每题的备选项中,只有1个最符合题意)

(1)B

解析:《测绘质量监督管理办法》第十六条规定:测绘产品质量监督检查的主要方式为抽样检验,其工作程序和检验方法,按照《测绘产品质量监督检验管理办法》执行。

(2)A

解析:《测绘成果管理条例》规定了测绘成果目录或者副本实行无偿汇交的制度。

(3)A

解析:《测绘成果管理条例》第八条规定:外国的组织或者个人依法与中华人民共和国有关部门或者单位合资、合作,经批准在中华人民共和国领域内从事测绘活动的,测绘成果归中方部门或者单位所有,并由中方部门或者单位向国务院测绘地理信息主管部门汇交测绘成果副本。

(4)C

解析:《测绘成果管理条例》第十六条规定:国家保密工作部门、国务院测绘地理信息主管部门应当会商军队测绘部门,依照有关保密法律、行政法规的规定,确定测绘成果的秘密范围和秘密等级。利用涉及国家秘密的测绘成果开发生产的产品,未经国务院测绘地理信息主管部门或者省、自治区、直辖市人民政府测绘地理信息主管部门进行保密技术处理的,其秘密等级不得低于所用测绘成果的秘密等级。

(5)B

解析:法人或者其他组织申请使用涉密测绘成果的,应当具有明确、合法的使用目的和范围,具备成果保管、保密的基本设施与条件,按管理权限报测绘成果所在地的县级以上测绘地理信息主管部门审批。

(6)B

解析:《测绘成果管理条例》规定:对外提供属于国家秘密的测绘成果,应当按照国务院和中央军事委员会规定的审批程序,报国务院测绘地理信息主管部门或者省、自治区、直辖市人民政府测绘地理信息主管部门审批;测绘地理信息主管部门在审批前,应当征求军队有关部门的意见。

(7)D

解析:《测绘成果管理条例》第二十二条规定:国家对重要地理信息数据实行统一审核与公布制度。任何单位和个人不得擅自公布重要地理信息数据。第二十三条规定:重要地理信息数据包括①国界、国家海岸线长度;②领土、领海、毗连区、专属经济区面积;③国家海岸滩涂面积、岛礁数量和面积;④国家版图的重要特征点,地势、地貌分区位置;⑤国务院测绘地理信息主管部门商国务院其他有关部门确定的其他重要自然和人文地理实体的位置、高程、深度、面积、长度等地理信息数据。

(8)C

解析:重要地理信息数据由国务院测绘地理信息主管部门审核,并要与国务院其他有关部门、军队测绘部门会商后,报国务院批准,由国务院或者国务院授权的部门以公告形式公布,并在全国范围内发行的报纸或者互联网上刊登,这体现出了重要地理信息数据的权威性。

(9)A

解析:保密地图和内部地图不得以任何形式公开展示。

(10)D

解析:《中华人民共和国地图编制出版管理条例》规定:①展示未出版的绘有国界线或者省、自治区、直辖市行政区域界线地图(含图书、报刊插图、示意图等)的,在地图展示前,必须经过省级以上测绘地理信息主管部门审核;②保密地图和内部地图不得以任何形式公开展示;③公开展示的地图不得表示任何国家秘密和内部事项。

(11)D

解析:省级测绘地理信息主管部门负责审核的地图有:①本省行政区域内的地图;②根据国家测绘局委托,负责审核涉及国界线的省级行政区域地图,省、自治区、直辖市历史地图,省、自治区、直辖市地方性中小学地图,世界性和全国性示意地图。

(12)C

解析:直接使用国务院测绘地理信息主管部门或者省级测绘地理信息主管部门提供的标准画法地图,未对其地图内容进行编辑改动的,可以不送审,但应当在地图上注明地图制作单位名称。

(13)C

解析:在相当长的时期内(15~20年)具有查考、利用、凭证作用的测绘科技档案应列为长期保存。

(14)A

解析:J2级以上经纬仪,S3级以上水准仪,精度优于$10mm+3\times10^{-6}D$的GPS接收机,精度优于$5mm+5\times10^{-6}D$的测距仪、全站仪、毫伽级重力仪以及尺类等测绘计量器具检定周期一般为1年;其他精度的仪器一般为2年。

(15)D

解析:经审批获得的涉密测绘成果,被许可使用人(以下简称用户)只能用于被许可的使用目的和范围。使用目的或项目完成后,用户要按照有关规定及时销毁涉密测绘成果,由专人核对、清点、登记、造册、报批、监销,并报提供成果的单位备案;也可请提供成果的单位核对、回收,统一销毁。如需要用于其他目的的,应另行办理审批手续。任何单位和个人不得擅自复制、转让或转借涉密测绘成果。

(16) D

解析:影响地理信息数据安全的因素主要有:①安全意识淡薄;②测绘技术上的落后;③硬盘驱动器损坏;④人为错误;⑤黑客入侵;⑥病毒;⑦信息窃取;⑧自然灾害;⑨电源故障;⑩磁干扰。

(17) B

解析:根据测绘成果质量管理规定,测绘单位对其完成的测绘成果质量负责,承担相应的质量责任,测绘单位按照测绘项目的实际情况施行项目质量负责人制度。项目质量负责人对该测绘项目的产品质量负直接责任。

(18) C

解析:《测绘法》及《测绘成果管理条例》对测绘成果资料目录的编制与公布均作出了明确的规定,测绘成果资料目录应当向社会公布。

(19) C

解析:根据测绘成果保密管理规定内容,对外提供属于国家秘密的测绘成果,按照国务院和中央军事委员会规定的审批程序执行,故选C。本题考点为测绘成果保密管理规定中的对外提供属于国家秘密的测绘成果的内容。

(20) D

解析:《中华人民共和国地图编制出版管理条例》第十条规定:普通地图应当由专门地图出版社出版,其他出版社不得出版。

(21) C

解析:检查、验收人员与被检查单位在质量问题的处理上有分歧时,属检查中的,由测绘单位的总工程师裁定;属验收中的,由测绘单位上级质量管理机构裁定。

(22) C

解析:基础测绘项目或者国家投资的其他测绘项目,测绘成果汇交的主体为承担测绘项目的单位,由测绘单位汇交测绘成果副本或者目录。

(23) A

解析:《测绘法》第三十六条规定:基础测绘成果和国家投资完成的其他测绘成果,用于政府决策、国防建设和公共服务的,应当无偿提供。除前款规定情形外,测绘成果依法实行有偿使用制度。但是,各级人民政府及有关部门和军队因防灾减灾、应对突发事件、维护国家安全等公共利益的需要,可以无偿使用。

(24) D

解析:依据《互联网信息服务管理办法》的规定,从事互联网地图服务的单位,在向省级电信主管部门或者国务院信息产业主管部门申请经营许可或者履行备案手续前,应当依法经省级以上测绘地理信息主管部门审核,并按照《测绘资质管理规定》取得互联网地图服务资质,具有从事互联网地图服务的相应的专业技术人员和条件。

(25) D

解析:测绘成果汇交的特征为:法定性、无偿性、完整性、时效性。

(26)C

**解析:**《测绘法》及《测绘成果管理条例》对测绘成果资料目录的编制作出了明确的规定:测绘成果目录由国务院测绘地理信息主管部门和省、自治区、直辖市人民政府测绘地理信息主管部门编制。

(27)D

**解析:**选项D为秘密级测绘成果;选项A、B、C均属于机密级测绘成果。

(28)D

**解析:**申请利用基础测绘成果的条件是:①有明确、合法的使用目的;②申请的基础测绘成果范围、种类、精度与使用目的相一致;③符合国家的保密法律法规及政策。申请使用基础测绘成果,应当按照规定提交《基础测绘成果使用申请表》及加盖有关单位公章的证明函;属于各级财政投资的项目,应当提交项目批准文件。

(29)C

**解析:**我国目前确定的国家基本比例尺地图包括1∶500、1∶1000、1∶2000、1∶5000、1∶1万、1∶2.5万、1∶5万、1∶10万、1∶25万、1∶50万和1∶100万共11种。

(30)C

**解析:**《中华人民共和国地图编制出版管理条例》第十条规定:普通地图应当由专门地图出版社出版,其他出版社不得出版。第十一条规定:中央级专门地图出版社,按照国务院出版行政管理部门批准的地图出版范围,可以出版各种地图。地方专门地图出版社,按照国务院出版行政管理部门批准的地图出版范围,可以出版除世界性地图、全国性地图以外的各种地图。第十四条规定:全国性中、小学教学地图,由国务院教育行政管理部门会同国务院测绘地理信息主管部门和外交部组织审定;地方性中、小学教学地图,可以由省、自治区、直辖市人民政府教育行政管理部门会同省、自治区、直辖市人民政府负责管理测绘工作的部门组织审定。任何出版单位不得出版未经审定的中、小学教学地图。第二十三条规定:出版地图,应当注明地图上国界线画法的依据资料及其来源;广告、商标、宣传画、电影电视画面中的示意地图除外。

(31)A

**解析:**《测绘质量监督管理办法》第十三条规定:国务院测绘行政主管部门建立"测绘产品质量监督检查测试中心";省、自治区、直辖市人民政府测绘主管部门建立"测绘产品质量监督检验站",负责实施测绘产品质量监督检查工作。

(32)D

**解析:**地形图保密处理技术参数及算法属于绝密级测绘成果。

(33)C

**解析:**地图的特征为:科学性、政治性、法定性。

(34)B

**解析:**《测绘法》第六十三条规定:违反本法规定,测绘成果质量不合格的,责令测绘单位补测或者重测;情节严重的,责令停业整顿,并处降低测绘资质等级或者吊销测绘资质证书;造成损失的,依法承担赔偿责任。

(35)B

**解析:**《测绘法》第六十条规定:违反本法规定,不汇交测绘成果资料的,责令限期汇交;测绘项目出资人逾期不汇交的,处重测所需费用1倍以上2倍以下的罚款;承担国家投资的测绘项目的单位逾期不汇交的,处五万元以上二十万元以下的罚款,并处暂扣测绘资质证书,自暂扣测绘资质证书之日起6个月内仍不汇交的,吊销测绘资质证书;对直接负责的主管人员和其他直接责任人员,依法给予处分。

(36) B

**解析:** 属于国家秘密测绘成果的保密期限,一律定为长期保存。

(37) D

**解析:** 测绘单位的法定代表人确定单位的质量方针和质量目标,签发质量手册,建立本单位的质量体系并保证有效运行,对本单位提供的测绘成果承担质量责任。

(38) A

**解析:** 重要地理信息数据经国务院批准并明确授权公布的部门后,要以公告形式公布。

2) 多项选择题(每题2分。每题的备选项中,有2个或2个以上符合题意,至少有1个错项。错选,本题不得分;少选,所选的每个选项得0.5分)

(39) ABDE

**解析:**《地图编制出版管理条例》对地图编制内容进行了严格的规定,主要内容如下:①编制地图必须遵守保密法律、法规,公开地图不得展示任何国家秘密和内部事项;②编制地图应当遵守国家有关地图内容表示的规定;③编制地图,应当选择最新地图资料作为编制基础,并及时补充或者更改现势变化的内容;④正确反映各要素的地理位置、形态、名称及相互关系,具备符合地图使用目的的有关数据和专业内容;⑤地图的比例尺和开本应当符合国家有关规定。

(40) AB

**解析:** 测绘单位必须健全测绘成果质量管理制度。甲、乙级单位应当设立专门的质量管理或者质量检查机构;丙级测绘单位应当设立专职质量检查人员;丁级测绘单位应当设立兼职质量检查人员。

(41) BCDE

**解析:** 测绘单位应当按照国家的《质量管理和质量保证》标准,推行全面质量管理,建立和完善测绘质量体系。甲级测绘单位应当通过ISO 9000系列质量保证体系认证,乙级测绘单位应当通过ISO 9000系列质量保证体系认证或者通过省级测绘地理信息主管部门考核,丙级测绘单位应当通过ISO 9000系列质量保证体系认证或者通过设区的市(州)级以上测绘地理信息主管部门考核,丁级测绘单位应当通过县级以上测绘地理信息主管部门考核。

(42) ABCD

**解析:**《测绘法》第三十六条规定:基础测绘成果和国家投资完成的其他测绘成果,用于政府决策、国防建设和公共服务的,应当无偿提供。除前款规定情形外,测绘成果依法实行有偿使用制度。但是,各级人民政府及有关部门和军队因防灾减灾、应对突发事件、维护国家安全等公共利益的需要,可以无偿使用。测绘成果使用的具体办法由国务院规定。

(43) AC

**解析:** 重要地理信息数据主要包括以下内容:①涉及国家主权、政治主张的地理信息数据;②国界、国家面积、国家海岸线长度,国家版图重要特征点、地势、地貌分区位置等地理信息数据;③冠以"全国"、"中国"、"中华"等字样的地理信息数据;④经相邻省级人民政府联合勘定并经国务院批复的省级界线长度及行政区域面积,沿海省、自治区、直辖市海岸线长度;⑤法律法规规定以及需要由国务院测绘地理信息主管部门审核的其他重要地理信息数据。

(44) ABCD

解析:建议审核公布重要地理信息数据,应向国务院测绘地理信息主管部门提交如下资料:①建议人的基本情况;②重要地理信息数据的详细数据成果资料,科学性及公布的必要性说明;③重要地理信息数据获取的技术方案及对数据验收评估的有关资料;④国务院测绘地理信息主管部门规定的其他资料。

(45)DE

解析:《地图编制出版管理条例》第二十三条规定:出版地图,应当注明地图上国界线画法的依据资料及其来源;广告、商标、宣传画、电影电视画面中的示意地图除外。

(46)AB

解析:《测绘生产质量管理规定》第五条规定:测绘单位必须健全质量管理的规章制度。甲级、乙级测绘资格单位应当设立质量管理或质量检查机构;丙级、丁级测绘资格单位应当设立专职质量管理或质量检查人员。

(47)ABD

解析:《中华人民共和国测绘成果管理条例》第十二条规定:测绘成果保管单位应当按照规定保管测绘成果资料,不得损毁、散失、转让。

(48)BCD

解析:《重要地理信息数据审核公布管理规定》第九条规定:国务院测绘地理信息主管部门应当组织对建议人提交的重要地理信息数据进行审核。审核主要包括以下内容:①重要地理信息数据公布的必要性;②提交的有关资料的真实性与完整性;③重要地理信息数据的可靠性与科学性;④重要地理信息数据是否符合国家利益,是否影响国家安全;⑤与相关历史数据、已公布数据的对比。

(49)ABC

解析:测绘成果是指通过测绘形成的数据、信息、图件以及相关的技术资料,是各类测绘活动形成的记录和描述自然地理要素或者地表人工设施的形状、大小、空间位置及其属性的地理信息、数据、资料、图件和档案。

(50)AB

解析:测绘成果资料目录是测绘成果类别、规格和属性信息等的索引,是按照一定的分类规则将测绘成果的名称、数量、规格及属性等信息编制成册。测绘成果目录包括全国测绘成果目录和省级测绘成果目录。

(51)ABD

解析:本题考查测绘科技档案的保管期限,分为永久、长期和短期3种。同时需要掌握长期的时间为15~20年,短期的时间为15年内。

(52)BDE

解析:我国国家秘密的密级分为"绝密"、"机密"、"秘密"3级。"绝密"是最重要的国家秘密,泄露会使国家的安全和利益受到特别严重的损害;"机密"是重要的国家秘密,泄露会使国家的安全和利益遭受严重的损害;"秘密"是一般的国家秘密,泄露会使国家的安全和利益遭受一定程度的损害。

(53)ABD

解析:根据测绘成果提供利用的法律规定,对外提供属于国家秘密的测绘成果,是指向境外、国外以及其与国内有关单位合资、合作的法人或者其他组织提供的属于国家秘密的测绘成果。

(54)ABCD

解析:测绘成果的特征包括科学性、保密性、系统性、专业性。

(55)ACD

解析:国务院测绘地理信息主管部门负责受理单位和个人(建议人)提出的审核公布重要地理信息数据的建议。建议审核公布重要地理信息数据,应当向国务院测绘地理信息主管部门提交如下资料:①建议人的基本情况;②重要地理信息数据的详细数据成果资料,科学性及公布的必要性说明;③重要地理信息数据获取的技术方案及对数据验收评估的有关资料;④国务院测绘地理信息主管部门规定的其他资料。

(56)ABE

解析:《测绘法》及《测绘成果管理条例》对测绘成果资料目录的编制与公布均作出了明确的规定,测绘成果资料目录应当向社会公布。测绘成果目录由国务院测绘地理信息主管部门和省、自治区、直辖市人民政府测绘地理信息主管部门编制。

(57)CDE

解析:重要地理信息数据的特征是:权威性、准确性、法定性。

(58)BD

解析:选项 A、C、E 是测绘单位质量检查人员职责。质量主管负责人的职责是负责质量方针、质量目标的贯彻实施、处理生产过程中的重大技术问题和质量争议。

## 7.4 高频真题综合分析

### 7.4.1 高频真题——测绘成果管理

◀ 真 题 ▶

【2011,12】 关于外国组织和个人携带我国测绘成果出境的说法,正确的是( )。
A. 可以携带出境
B. 不可携带出境
C. 未经依法批准,不得以任何形式携带出境
D. 经中方合作单位同意后可以携带出境

【2011,30】《中华人民共和国测绘成果管理条例》规定,测绘地理信息主管部门在审批对外国组织提供属于国家秘密的测绘成果前,应该征求( )的意见。
A. 保密工作部门        B. 军队有关部门
C. 上级行政主管部门     D. 国家安全部门

【2012,41】 当事人对房产测绘成果有异议的,可以委托的鉴定机构是( )。
A. 测绘地理信息主管部门        B. 建设行政主管部门
C. 测绘产品质量监督检验机构    D. 国家认定的房产测绘成果鉴定机构

【2013,26】 根据《测绘科学技术档案管理规定》,凡是几个单位分工协作完成的测绘项目或工程,由主办单位保存一套完整档案,协作单位可以保存与自己承担任务相关的( )。
A. 档案副本        B. 档案复制本

C. 档案正本　　　　　　　　　　D. 档案索引

【2013,94】根据《中华人民共和国测绘成果管理条例》,法人或其他组织需要利用属于国家秘密的基础测绘成果,经成果所在地测绘地理信息主管部门审核同意后,测绘地理信息主管部门应该书面告知测绘成果的(　　)。
A. 技术规定　　　　　　　　　　B. 使用标准
C. 秘密等级　　　　　　　　　　D. 保密要求
E. 著作权保护要求

【2015,8】根据《中华人民共和国测绘成果管理条例》,外国的组织或个人依法在我国合资、合作从事测绘活动的,测绘成果归(　　)所有。
A. 外国的组织或个人　　　　　　B. 合资、合作企业
C. 中方部门或者单位　　　　　　D. 测绘地理信息主管部门

【2015,31】广州市一家测绘资质单位要使用广东省域内1∶5万国家基本比例尺地图和数字化产品。根据《基础测绘成果提供使用管理暂行办法》,负责审批测绘成果的部门是(　　)。
A. 国务院测绘地理信息主管部门　B. 广东省测绘地理信息主管部门
C. 广州市测绘地理信息主管部门　D. 军队测绘部门

【2015,90】根据《房产测绘管理办法》,用于房屋权属登记等房产管理的房产测绘成果,房地产行政主管部门应当对其(　　)进行审核。
A. 实测单位的资格　　　　　　　B. 适用性
C. 界址点准确性　　　　　　　　D. 面积测算依据与方法
E. 档案管理情况

【2016,27】根据《基础测绘成果提供使用管理暂行办法》,提供、使用不涉及国家秘密的基础测绘成果的相应管理办法由(　　)制定。
A. 县级以上测绘地理信息主管部门　B. 测绘成果资料保管单位
C. 测绘项目的出资人　　　　　　D. 省级以上测绘地理信息主管部门

【2016,28】根据《中华人民共和国测绘成果管理条例》,国家要对重要的地理信息数据实行(　　)制度。
A. 统一监督与管理　　　　　　　B. 统一审核与管理
C. 统一公布与监督　　　　　　　D. 统一审核与公布

【2016,29】根据《中华人民共和国测绘成果管理条例》,在建立以地理信息数据为基础的信息系统过程中,对利用不符合国家标准的基础地理信息数据的行为,除责令改正、给予警告外,可以处(　　)万元以下的罚款。
A. 50　　　　B. 10　　　　C. 5　　　　D. 1

【2016,86】根据《中华人民共和国测绘成果管理条例》,测绘成果保管单位需要采取的测绘成果资料管理措施有(　　)。
A. 配备必要的设施
B. 建立健全测绘成果资料的保管制度
C. 对外提供涉密测绘成果,需要经单位领导审批
D. 对基础测绘成果资料实行异地备份存放制度
E. 对涉密人员实行分类管理

▶ 真题答案及综合分析 ◀

**答案**：C B D C CDE C A ABCD B D B ABD

**解析**：以上12题，考核的知识点是测绘成果管理的相关内容。

该知识点涉及《中华人民共和国测绘法》《中华人民共和国测绘成果管理条例》《基础测绘成果提供使用管理暂行办法》《外国的组织或者个人来华测绘管理暂行办法》《房产测绘管理办法》《测绘科学技术档案管理规定》等相关资料。

### 7.4.2 高频真题——测绘成果汇交

▶ 真 题 ◀

【2011,26】汇交测绘成果目录和副本的方式是（　　）。
  A. 无偿汇交　  B. 按政府指导价汇交
  C. 按成本价汇交　  D. 按工本费汇交

【2011,27】外国的组织或者个人与我国有关部门、单位合作测绘时，由（　　）在测绘任务完成后两个月内，向国务院测绘地理信息主管部门提交全部测绘成果副本一式两份。
  A. 中方合作者　  B. 外方合作者
  C. 中方合作者或者外方合作者　  D. 项目批准单位

【2012,25】某承担国家投资的测绘项目的单位未依法汇交测绘成果资料，下列关于其法律责任的说法，错误的是（　　）。
  A. 自暂扣该单位测绘资质证书之日起三个月内仍不汇交的，降低该单位的测绘资质等级
  B. 暂扣该单位的测绘资质证书
  C. 对该单位处以一万元以上五万元以下的罚款
  D. 自暂扣单位测绘资质证书之日起六个月内仍不汇交的吊销测绘资质证书

【2012,33】根据《关于汇交测绘成果目录和副本的实施办法》，下列内容不包含在地籍测绘成果目录中的是（　　）。
  A. 质量等级　  B. 成果类型
  C. 坐标系统　  D. 测区名称

【2012,26】测绘项目出资人或者承担国家投资的测绘项目的单位，应当自测绘项目验收完成之日起（　　）个月内，向测绘地理信息主管部门汇交测绘成果副本或者目录。
  A. 1　  B. 2　  C. 3　  D. 6

【2013,8】外国的组织或者个人依法与我国有关部门或者单位合作，经批准在我国从事测绘活动，汇交成果的主体是（　　）。
  A. 中方部门或者单位　  B. 外国的组织或者个人
  C. 合资、合作企业　  D. 成果所在地省级测绘部门

【2013,25】下列关于测绘成果汇交与保管的说法中，错误的是（　　）。
  A. 外国的组织或者个人与中华人民共和国有关部门或者单位合作从事测

绘活动,由中方部门或者单位向国务院测绘地理信息主管部门汇交测绘成果

B. 测绘单位或者测绘项目出资人汇交测绘成果资料的范围,由国务院测绘地理信息主管部门制定并公布

C. 测绘成果保管单位应当采取必要的措施,确保测绘成果资料的安全

D. 测绘成果资料的存放设施与条件,应当符合国家保密、消防及档案管理的有关规定和要求

【2014,29】根据《中华人民共和国测绘成果管理条例》,下列关于测绘成果汇交的说法中,错误的是( )。

A. 财政投资完成的测绘项目,由项目承担单位负责汇交
B. 使用其他资金完成的测绘项目,由项目出资人负责汇交
C. 基础测绘成果汇交副本,非基础测绘成果汇交目录
D. 测绘成果的副本和目录实行有偿汇交

【2014,35】根据《中华人民共和国测绘成果管理条例》,外国公司与中方公司共同组建合资公司,合资公司经批准在我国从事测绘活动的,由( )负责汇交测绘成果。

A. 外国公司　　　　　　　　B. 中方公司
C. 合资公司　　　　　　　　D. 中方公司的主管部门

【2015,26】根据《中华人民共和国测绘成果管理条例》,外国的组织或者个人依法在中华人民共和国领域内从事测绘活动的,应当向( )汇交测绘成果。

A. 国务院测绘地理信息主管部门　　B. 省级测绘地理信息主管部门
C. 市级测绘地理信息主管部门　　　D. 军队测绘地理信息主管部门

【2015,33】某甲级测绘资质单位依法承担一项省级财政投资的基础测绘项目。根据《中华人民共和国测绘成果管理筑条例》,下列关于该项目测绘成果汇交的说法中,错误的是( )。

A. 应当由该测绘单位负责汇交成果
B. 应当向国务院测绘地理信息主管部门汇交成果
C. 应当汇交测绘成果副本
D. 应当无偿汇交测绘成果

【2016,21】根据《中华人民共和国测绘成果管理条例》,使用财政资金以外的其他资金完成的测绘项目,负责汇交测绘成果资料的是( )。

A. 测绘项目出资人　　　　　B. 测绘项目承担单位
C. 测绘项目监理单位　　　　D. 测绘项目管理部门

【2016,23】根据《中华人民共和国测绘成果管理条例》,测绘地理信息主管部门自收到汇交的测绘成果副本或者目录之日起( )个工作日内,应当将其移交给测绘成果保管单位。

A. 5　　　　B. 10　　　　C. 15　　　　D. 20

◀ 真题答案及综合分析 ▶

**答案**:A A A A C A B D B A B A B

**解析**:以上13题,考核的知识点是测绘成果汇交的相关内容。

该知识点涉及《中华人民共和国测绘法》《中华人民共和国测绘成果管理条例》《关于汇交测绘成果目录和副本的实施办法》等相关资料。

### 7.4.3 高频真题——测绘成果提供与利用

▶ 真 题 ◀

【2011,28】 利用涉及国家秘密的测绘成果开发生产的产品,未经国务院测绘地理信息主管部门或者省、自治区、直辖市人民政府测绘地理信息主管部门（　　）,其秘密等级不得低于所用测绘成果的秘密等级。

   A. 批准        B. 进行论证
   C. 进行保密技术处理的   D. 进行评审

【2011,29】 法人或者其他组织需要利用属于国家秘密的基础测绘成果的,应当提出明确的使用目的和范围,报（　　）审批。

   A. 国务院测绘地理信息主管部门
   B. 测绘成果所在地的测绘地理信息主管部门
   C. 测绘成果保管单位
   D. 测绘成果所在地省级测绘地理信息主管部门

【2012,89】 下列基础测绘成果中,应当向国务院测绘地理信息主管部门提出使用申请的有（　　）。

   A. 1∶5000 国家基本比例尺地图  B. 三、四等高程控制网数据、图件
   C. 1∶50000 国家基本比例尺地图  D. 国家基础地理信息数据
   E. 全国统一的一、二等平面控制网数据、图件

【2013,16】 湖北省武汉市洪山区一家单位要利用国家 A、B 级 GPS 点成果,应当依法提出明确的利用目的和范围,报（　　）审批。

   A. 洪山区测绘地理信息主管部门  B. 武汉市测绘地理信息主管部门
   C. 湖北省测绘地理信息主管部门  D. 国务院测绘地理信息主管部门

【2013,27】 根据《中华人民共和国测绘成果管理条例》,利用涉密测绘成果开发生产的保密技术处理的,其秘密等级确定原则是（　　）。

   A. 按所用测绘成果等级定密  B. 不得低于所用测绘成果的秘密等级
   C. 按最高等级定密     D. 由测绘地理信息主管部门依法确定

【2013,31】 根据《基础测绘成果提供使用管理暂行办法》,提供方应根据测绘地理信息主管部门的批准文件,及时向使用方提供基础地理信息数据,同时提供相应的（　　）。

   A. 技术文件       B. 数据说明
   C. 版本信息       D. 保密要求

【2013,54】 根据《基础测绘成果提供使用管理暂行办法》,下列说法中,不属于使用基础测绘成果申请条件的是（　　）。

   A. 有明确、合法的使用目的
   B. 申请的基础测绘成果范围、种类、精度与使用目的相一致
   C. 符合国家的保密法律法规及政策

D. 有相应的测绘资质

【2013,94】根据《中华人民共和国测绘成果管理条例》，法人或其他组织需要利用属于国家秘密的基础测绘成果，经成果所在地测绘地理信息主管部门审核同意后，测绘地理信息主管部门应该书面告知测绘成果的（　　）。

  A. 技术规定　　　　　　　　　B. 使用标准
  C. 秘密等级　　　　　　　　　D. 保密要求
  E. 著作权保护要求

【2014,31】根据《中华人民共和国测绘成果管理条例》，对外提供属于国家秘密的测绘成果，应当按照国务院和中央军事委员会规定的审批程序，报（　　）审批。

  A. 国务院测绘地理信息主管部门
  B. 军队测绘部门
  C. 国务院测绘地理信息主管部门会同军队测绘部门
  D. 国务院测绘地理信息主管部门或者省级测绘地理信息主管部门

【2014,33】南京市一家测绘资质单位要使用江苏省域内1∶5万国家基本比例尺地图和数字化产品，根据《基础测绘成果提供使用管理暂行办法》，应当由（　　）审批。

  A. 国务院测绘地理信息主管部门　　B. 江苏省测绘地理信息主管部门
  C. 南京市测绘地理信息主管部门　　D. 江苏省军区测绘主管部门

【2015,27】根据《中华人民共和国测绘成果管理条例》，利用涉及国家秘密测绘成果开发生产的产品，未经（　　）进行保密技术处理的，其秘密等级不得低于所用测绘成果的秘密等级。

  A. 省级以上测绘地理信息主管部门　B. 省级以上保密管理部门
  C. 县级测绘地理信息主管部门　　　D. 县级以上保密管理部门

【2015,30】某测绘资质单位要利用涉密的基础测绘成果，已经测绘地理信息主管部门审查同意。根据《中华人民共和国测绘成果管理条例》，下列有关测绘成果说明的内容中，测绘地理信息主管部门可不书面告知的是（　　）。

  A. 测绘成果的秘密等级　　　　　B. 测绘成果的保密要求
  C. 测绘成果的著作权保护要求　　D. 测绘成果的生产单位及技术指标

【2015,31】广州市一家测绘资质单位要使用广东省域内1∶5万国家基本比例尺地图和数字化产品。根据《基础测绘成果提供使用管理暂行办法》，负责审批测绘成果的部门是（　　）。

  A. 国务院测绘地理信息主管部门　　B. 广东省测绘地理信息主管部门
  C. 广州市测绘地理信息主管部门　　D. 军队测绘部门

【2015,88】根据《关于进一步加强涉密测绘成果管理工作的通知》，下列关于涉密成果使用的说法中，正确的有（　　）。

  A. 航空摄影成果必须先送审后提供使用
  B. 涉密测绘成果必须先归档入库后再提供使用
  C. 如果要用于其他目的，应当向测绘地理信息主管部门备案
  D. 必须依据经审批同意的目的和范围使用涉密测绘成果
  E. 严格执行涉密测绘成果提供使用审核制度

【2016,27】根据《基础测绘成果提供使用管理暂行办法》，提供、使用不涉及国家秘密的

基础测绘成果的相应管理办法由（　　）制定。

A. 县级以上测绘地理信息主管部门　　B. 测绘成果资料保管单位

C. 测绘项目的出资人　　　　　　　　D. 省级以上测绘地理信息主管部门

【2016,29】根据《中华人民共和国测绘成果管理条例》，在建立以地理信息数据为基础的信息系统过程中，对利用不符合国家标准的基础地理信息数据的行为，除责令改正、给予警告外，还可以处（　　）万元以下的罚款。

A. 50　　　　B. 10　　　　C. 5　　　　D. 1

【2011,88】根据《基础测绘成果提供使用管理暂行办法》，申请使用基础测绘成果应当符合的条件有（　　）。

A. 有明确的合法的使用目的　　B. 申请的范围与使用目的相一致

C. 申请的种类与使用范围相对应　　D. 申请的精度与使用目的相一致

E. 符合国家的保密法律法规及政策

◀ 真题答案及综合分析 ▶

**答案：** C　B　CDE　D　B　B　D　CDE　D　A　A　D　A　ABDE　B　B　ABDE

**解析：** 以上17题，考核的知识点是测绘成果的提供与利用相关内容。

该知识点主要涉及《中华人民共和国测绘成果管理条例》《基础测绘成果提供使用管理暂行办法》《关于进一步加强涉密测绘成果管理工作的通知》等资料。

## 7.4.4 高频真题——测绘成果保密管理

◀ 真　题 ▶

【2012,9】测绘成果的秘密范围和秘密等级，由（　　）确定。

A. 国务院测绘地理信息主管部门商军队测绘部门

B. 国务院测绘地理信息主管部门商国家保密行政管理部门

C. 国家保密行政管理部门商国务院测绘地理信息主管部门

D. 国家保密行政管理部门、国务院测绘地理信息主管部门商军队测绘部门

【2012,38】下列关于被许可使用人使用涉密基础测绘成果的说法中，错误的是（　　）。

A. 被许可使用人必须根据涉密基础测绘成果的密级按国家有关测绘、保密法律法规的要求使用

B. 所领取的涉密基础测绘成果仅限于被许可使用人本单位及其上级部门使用

C. 被许可使用人应当在使用涉密基础测绘成果所形成的成果的显著位置注明基础测绘成果版权的所有者

D. 被许可使用人主体资格发生变化时，应向原受理审批的测绘地理信息主管部门重新提出使用申请

【2013,27】根据《中华人民共和国测绘成果管理条例》，利用涉密测绘成果开发生产的保密技术处理的，其秘密等级确定原则是（　　）。

A. 按所用测绘成果等级定密  B. 不得低于所用测绘成果的秘密等级
C. 按最高等级定密  D. 由测绘地理信息主管部门依法确定

【2013,27】 根据《中华人民共和国保密法》,确定测绘活动中生产的和涉密测绘成果或其衍生产品的密级、保密期限知悉范围的部门或单位是(　　)。

A. 生产涉密测绘成果的部门或单位
B. 测绘单位所在地的市级测绘地理信息主管部门
C. 为测绘单位颁发测绘资质证书的测绘地理信息主管部门
D. 测绘单位所在地的省级保密行政管理部门

【2013,29】 根据《中华人民共和国保密法》,下列关于定密权限的说法中,错误的是(　　)。

A. 重要国家机关、省级机关及其授权的机关、单位可以确定绝密级、机密级和秘密级国家秘密
B. 设区的市、自治州一级机关及其授权的机关、单位可以确定机密级和秘密级国家机密
C. 下级机关、单位认为本机关、本单位产生的有关定密事项属于上级机关、单位的定密权限,应当先行定密,再报上级机关、单位批准
D. 没有上级机关、单位的,应当立即提请有相应定密权限的业务主管部门或者保密行政管理部门确定

【2013,30】 根据《关于加强涉密地理信息数据应用安全监管的通知》,使用涉密地理信息数据的建设项目可以委托(　　)承担。

A. 外商独资企业  B. 中外合资企业
C. 中外合作企业  D. 国有独资公司

【2014,30】 根据《中华人民共和国保密法》,机关、单位应当将涉及绝密或者较多机密级、秘密级国家秘密的机构确定为(　　)。

A. 保密要害部门  B. 重要涉密部门
C. 核心涉密部门  D. 重点防护部门

【2014,32】 根据《关于进一步加强涉密测绘成果管理工作的通知》,下列关于涉密测绘成果管理与使用的说法中,错误的是(　　)。

A. 涉及国家机密的测绘航空摄影成果应当按照规定先送审后再提供使用
B. 涉密测绘成果应当按照先归档入库后再提供使用的规定进行管理
C. 未经依法审批,任何单位和个人不得擅自提供使用涉密测绘成果
D. 经批准使用涉密成果的单位,应当在多个项目中利用该成果,提高使用效率

【2014,72】 根据《测绘管理工作国家秘密范围的规定》,下列测绘成果中,属于机密级成果的是(　　)。

A. 涉及军事禁区的大于或等于1∶1万国家基本比例尺地形图
B. 重力加密点成果
C. 1∶50万、1∶25万、1∶1万国家基本比例尺地形图
D. 1∶1万、1∶5万全国高精度数字高程模型

【2015,27】 根据《中华人民共和国测绘成果管理条例》,利用涉及国家秘密测绘成果开

发生产的产品,未经( )进行保密技术处理的,其秘密等级不得低于所用测绘成果的秘密等级。

A. 省级以上测绘地理信息主管部门
B. 省级以上保密管理部门
C. 县级测绘地理信息主管部门
D. 县级以上保密管理部门

【2015,28】 根据《中华人民共和国保守国家秘密法》,国家秘密的保密期限,除另有规定外,绝密级不得超过( )年。

A. 10　　　　　B. 15　　　　　C. 20　　　　　D. 30

【2015,29】 根据《遥感影像公开使用管理规定(试行)》,公开使用的遥感影像空间位置精度最高不得高于( )m。

A. 5　　　　　B. 10　　　　　C. 25　　　　　D. 50

【2015,30】 某测绘资质单位要利用涉密的基础测绘成果,已经测绘地理信息主管部门审查同意。根据《中华人民共和国测绘成果管理条例》,下列有关测绘成果说明的内容中,测绘地理信息主管部门可不书面告知的是( )。

A. 测绘成果的秘密等级　　　　B. 测绘成果的保密要求
C. 测绘成果的著作权保护要求　　D. 测绘成果的生产单位及技术指标

【2015,32】 根据《中华人民共和国测绘成果管理条例》,测绘成果的秘密范围和秘密等级由( )依法确定。

A. 国家保密工作部门
B. 国务院测绘地理信息主管部门
C. 国务院测绘地理信息主管部门会同军队测绘部门
D. 国家保密工作部门、国务院测绘地理信息主管部门商军队测绘部门

【2015,88】 根据《关于进一步加强涉密测绘成果管理工作的通知》,下列关于涉密成果使用的说法中,正确的有( )。

A. 航空摄影成果必须先送审后提供使用
B. 涉密测绘成果必须先归档入库后再提供使用
C. 如果要用于其他目的,应当向测绘地理信息主管部门备案
D. 必须依据经审批同意的目的和范围使用涉密测绘成果
E. 严格执行涉密测绘成果提供使用审核制度

【2016,24】 根据《中华人民共和国测绘成果管理条例》,对外提供属于国家秘密的测绘成果,测绘地理信息主管部门在审批前应征求( )的意见。

A. 省级以上保密行政管理部门　　B. 省级以上国家安全机关
C. 军队有关部门　　　　　　　　D. 外交部门

【2016,25】 根据涉密测绘地理信息安全管理相关规定,使用单位应在涉密测绘成果使用完成后( )个月内,销毁申请使用的涉密测绘成果。

A. 1　　　　　B. 2　　　　　C. 3　　　　　D. 6

【2016,26】 根据涉密测绘成果管理相关规定,涉密测绘成果必须按照被许可的( )使用。

A. 使用目的和范围　　　　　　B. 使用范围和时间

C. 使用目的和时间　　　　　　　　D. 使用时间和保证

【2016,68】根据《测绘管理工作国家秘密范围的规定》，下面所列的国家基本比例尺地形图及其数字化成果中,定为秘密级的是（　　）。
A. 1∶25 万　　　　　　　　　　　B. 1∶2.5 万
C. 1∶5 万　　　　　　　　　　　　D. 1∶10 万

【2016,69】下列关于涉密测绘成果管理的要求中,正确的是（　　）。
A. 涉密测绘成果实行统一保管和提供
B. 造成测绘成果泄密的,必须依法追究相关人员的刑事责任
C. 涉密测绘成果的多级衍生品可以公开使用
D. 测绘成果保管单位使用涉密测绘成果不需要审批

【2016,70】根据《测绘管理工作国家秘密范围的规定》,下列测绘成果中,定位绝密级的是（　　）。
A. 国家大地坐标系、地心坐标系之间的相互转换参数
B. 重力加密点成果
C. 线路长度超过 1000km 的国家等级水准网成果资料
D. 山东省青岛市 GPS C 级网控制点坐标成果

【2016,87】根据涉密测绘成果管理相关规定,测绘地理信息主管部门对申请使用涉密测绘成果的审核内容包括（　　）。
A. 使用目的与申请范围
B. 使用理由与时间
C. 保密制度建设情况
D. 涉密测绘成果保管使用环境设施条件
E. 核心涉密人员持证上岗情况

【2016,98】下列关于涉密测绘成果管理的要求中,正确的是（　　）。
A. 航空摄影成果须先送审后提供使用
B. 涉密测绘成果须先归档入库后再提供使用
C. 使用单位按规定获得涉密成果,项目完成后可以按涉密成果在本单位保存
D. 使用单位按规定获得涉密成果后,如需用于其他目的,应另行办理审批手续
E. 涉密测绘成果使用中造成泄密事件的都要依法追究其刑事责任

▶ 真题答案及综合分析 ◀

答案：D B B D C D A D A A D D D ABDE C D A A
　　　A A ACD ABD

解析：以上 23 题,考核的知识点是测绘成果的保密管理相关内容。
该知识点主要涉及《中华人民共和国保守国家秘密法》《中华人民共和国测绘法》《中华人民共和国测绘成果管理条例》《测绘管理工作国家秘密范围的规定》《关于加强涉密测绘成果管理工作的通知》《国家测绘局关于进一步加强涉密测绘成果行政审批与使用管理工作的通知》

《遥感影像公开使用管理规定(试行)》等资料。

### 7.4.5 高频真题——地图审核

◄ 真 题 ►

【2011,45】 下列地图中,由省级测绘地理信息主管部门负责审核的是(　　)。
　　A. 涉及两个以上省级行政区域的地图
　　B. 全国性和省、自治区、直辖市地方性中小学教学地图
　　C. 引进的境外地图
　　D. 省、自治区、直辖市行政区域内的地方性地图

【2011,46】 关于地图送审的说法,正确的是(　　)。
　　A. 直接使用国务院测绘地理信息主管部门标准画法的地图,未对其地图内容进行编辑改动的应当送审,并在地图上注明地图制作单位名称
　　B. 直接使用省测绘地理信息主管部门提供的标准画法地图,未对其地图内容进行编辑改动的应当送审,并在地图上注明地图制作单位名称
　　C. 直接使用国务院测绘地理信息主管部门或省级测绘主管部门提供的标准画法的地图,未对其地图内容进行编辑改动的可以不送审,但应当在地图上注明地图制作单位名称
　　D. 直接使用国务院测绘地理信息主管部门或省级测绘主管部门提供的标准画法的地图,未对其地图内容进行编辑改动的,使用单位自主决定是否送审

【2012,45】 根据《地图审核管理规定》,地图审核申请被批准后,申请人应当在地图出版发行、销售前向(　　)报送地图样图一式两份备案。
　　A. 国务院测绘地理信息主管部门　　B. 省级以上测绘地理信息主管部门
　　C. 地图审核部门　　D. 申请单位上级主管部门

【2012,46】 下列地图中,不属于国务院测绘地理信息主管部门可以委托省级测绘地理信息主管部门审核的地图是(　　)。
　　A. 涉及国界线的历史地图
　　B. 涉及国界线的省级行政区域地图
　　C. 世界性和全国性示意地图
　　D. 省、自治区、直辖市地方性中小学教学地图

【2013,44】 根据《地图审核管理规定》,伪造或者冒用地图审核批准文件和地图审图号的,由国务院测绘地理信息主管部门或者省级测绘地理信息主管部门给予警告,并处(　　)的罚款。
　　A. 三千以上一万元以下　　B. 五千元以上一万元以下
　　C. 一万元以上二万元以下　　D. 二万元以上三万元以下

【2014,37】 根据《地图审核管理规定》,下列地图中,国务院测绘执行主管部门可以委托省级测绘地理信息主管部门审核的是(　　)。
　　A. 世界性和全国性地图

B. 省、自治区、直辖市地方性中小学教学地图
C. 涉及两个以上省级厅行政区区域的地图
D. 涉及国界线的省、自治区、直辖市历史地图

【2014,38】根据《地图审核管理规定》，下列地图审查内容中，测绘地理信息主管部门不需要审查的是（　　）。
A. 保密审查
B. 国界线、省、自治区、直辖市行政区域界线
C. 重要地理要素及名称内容
D. 公开地图的比例尺、开本、经纬线等

【2014,48】根据《地图审核管理规定》，审核使用国家秘密成果编制的地图时，申请人应当提交经（　　）进行保密技术处理和使用保密插件的证明文件。
A. 国务院保密行政管理部门
B. 国务院测绘地理信息主管部门
C. 军队测绘部门
D. 国务院测绘地理信息主管部门有关机构

【2014,54】根据《地图审核管理规定》，地图审核申请材料的原始图件保管期为（　　）年。
A. 一　　　　B. 三　　　　C. 五　　　　D. 八

【2014,90】根据《地图审核管理规定》，下列地图无明确审核标准和依据时，应当由国务院测绘地理信息主管部门受理商外交部进行审查的有（　　）。
A. 引进的境外地图
B. 世界性地图
C. 世界性示意地图
D. 时事宣传地图
E. 历史地图

【2015,42】根据《地图审核管理规定》，下列内容中，测绘地理信息主管部门进行地图审核不必审查的是（　　）。
A. 保密审查
B. 重要地理要素名称
C. 国界线、省级区域界限
D. 居民地与道路等公共设施的相互关系

【2015,44】根据《地图审核管理规定》，涉及两个以上省级行政区域的地图，应当由（　　）审核。
A. 国务院测绘地理信息主管部门
B. 省级测绘地理信息主管部门
C. 涉及两个省的省级测绘地理信息主管部门
D. 涉及两个省的省级民政部门

◀ 真题答案及综合分析 ▶

**答案：** D C C A D B D D C BDE D A

**解析：** 以上12题，考核的知识点是地图审核管理的相关内容。

**注**：为了加强地图审核管理，维护国家主权、安全和利益，根据《中华人民共和国测绘法》《地图管理条例》等法律、法规，制定本规定。新版《地图审核管理规定》已经 2017 年 11 月 20 日国土资源部第 3 次部务会议审议通过，自 2018 年 1 月 1 日起施行。

### 7.4.6　高频真题——公开地图内容

◀ **真 题** ▶

【2011,44】　下列内容中，可以在地图上公开展示的是(　　)。
　　A. 国防、军事设施及军事单位　　B. 输电线路电压的精确数据
　　C. 航道水深、水库库容的精确深度　　D. 国务院公布的重要地理信息数据

【2012,44】　根据《公开地图内容表示补充规定(试行)》，公开地图的位置精度不得高于(　　)m。
　　A. 10　　　　　B. 20　　　　　C. 50　　　　　D. 100

【2013,40】　根据《公开地图内容表示补充规定(试行)》，公开地图确需表示大型水利、电力、通信等设施的位置时，其位置精度不得高于(　　)m。
　　A. 20　　　　　B. 50　　　　　C. 100　　　　　D. 200

【2013,42】　根据《公开地图内容表示若干规定》，时事宣传图、旅游图、书刊插图和互联网上使用的各类示意性地图，其位置精度不能高于(　　)国家基本比例尺地图的精度。
　　A. 1∶10 万　　　　　B. 1∶25 万
　　C. 1∶50 万　　　　　D. 1∶100 万

【2013,43】　根据《公开地图内容表示若干规定》，中国全图必须表示南海诸岛、钓鱼岛、赤尾屿等重要岛屿，并用相应的符号绘出(　　)。
　　A. 南海诸岛归属范围线　　B. 南海诸岛范围线
　　C. 南海诸岛边界线　　D. 南海诸岛的海基线

【2013,87】　根据《公开地图内容表示若干规定》，下列关于公开地图比例尺规定的说法中，正确的有(　　)。
　　A. 中国地图比例尺等于或小于 1∶100 万
　　B. 省、自治区地图比例尺等于或小于 1∶50 万
　　C. 直辖市地图比例尺等于或小于 1∶25 万
　　D. 辖区面积小于 10 万平方千米的省、自治区、直辖市地图比例尺等于或小于 1∶20 万
　　E. 香港、澳门特别行政区和台湾省地图比例尺不限

【2014,47】　根据《公开地图内容表示补充规定(试行)》，数字高程模型格网不得小于(　　)m。
　　A. 50　　　　　B. 100　　　　　C. 150　　　　　D. 200

【2015,45】　根据《公开地图内容表示若干规定》，下列设施和内容中，不得在公开地图产品上表示的是(　　)。
　　A. 民用机场　　B. 国家经济运行数据
　　C. 港湾、港口性质　　D. 国防军事设施

▶ 真题答案及综合分析 ◀

**答案**：D C C C A ABCE B D

**解析**：以上8题，考核的知识点是公开地图内容表示的相关规定。

本知识点涉及《公开地图内容表示若干规定》《公开地图内容表示补充规定(试行)》。

《公开地图内容表示若干规定》的主要内容包括总则、比例尺、开本、经纬线、界线、有关省区及相邻国外地区地图、其他和附则等。

### 7.4.7 高频真题——地图管理

▶ 真 题 ◀

【2016,34】 根据《地图管理条例》，在地图上绘制中华人民共和国国界，应当按照中国国界线（　　）绘制。

A. 有关参考样图  B. 画法参考样图
C. 有关标准样图  D. 画法标准样图

【2016,35】 《地图管理条例》规定，国家对向社会公开的地图实行（　　）制度。

A. 审查    B. 审核    C. 核准    D. 备案

【2016,36】 根据《地图管理条例》，下列地图中，需要向国务院测绘地理信息行政主管部门审批的是（　　）。

A. 广东省地图  B. 江苏省政区图
C. 河北省全图  D. 澳门特别行政区地图

【2016,36】 根据地图管理和资质管理相关规定，下列关于互联网地图服务单位从事相应活动的说法中，错误的是（　　）。

A. 应当使用经依法批准的地图
B. 加强对互联网地图新增内容的核查校对
C. 可以从事导航电子地图制作等相关业务
D. 新增内容按照有关规定向省级以上测绘地理信息主管部门备案

【2016,85】 根据《地图管理条例》，编制地图应当遵守国家有关地图内容表示的规定。根据规定，下列内容中，地图上不得表示的有（　　）。

A. 危害国家统一、主权和领土完整的
B. 危害国家安全，损害国家荣誉和利益的
C. 属于国家秘密的
D. 影响民族团结、侵害民族风俗习惯的
E. 政府驻地及名称

【2016,90】 根据《地图管理条例》，下列地图中，不需要送审的有（　　）。

A. 时事宣传图  B. 北京市全图
C. 景区图    D. 街区图
E. 地铁线路图

▶ 真题答案及综合分析 ◀

**答案:** D B D C ABCD CDE

**解析:** 以上6题,考核的知识点是《地图管理条例》的相关内容。

**注:** 现行《地图管理条例》已经2015年11月11日国务院第111次常务会议通过,现予公布,自2016年1月1日起施行。该条例分8章58条,主要内容为总则、地图编制、地图审核、地图出版、互联网地图服务、监督检查、法律责任和附则。

### 7.4.8 高频真题——地图编制出版管理

◀ 真 题 ▶

【2011,84】《地图编制出版管理条例》规定,编制地图应当符合的要求有( )。
　　A. 选用最新的地图资料作为编制基础,并及时补充或者更改现势变化的内容
　　B. 正确反映各要素的地理位置、形态、名称及相关要素
　　C. 按照统一的表示方法绘制
　　D. 具备符合地图使用目的的有关数据和专业内容
　　E. 地图的比例尺符合国家规定

【2012,47】根据《地图编制出版管理条例》,制定中国历史疆界标准样图和世界各国间边界标准样图的部门是( )。
　　A. 外交部
　　B. 国务院测绘地理信息主管部门
　　C. 外交部和国务院测绘地理信息主管部门
　　D. 外交部和军队测绘部门

【2013,41】根据《地图编制出版管理条例》,出版或者展示未出版的含有国界线或者省、自治区、直辖市行政区域的历史地图、线界地图和时事宣传图,应当报( )审核。
　　A. 国务院测绘地理信息主管部门
　　B. 外交部和国务院出版行政主管部门
　　C. 外交部和国务院测绘地理信息主管部门
　　D. 外交部和军队测绘部门

【2015,91】下列关于地图编制出版活动的说法中,正确的有( )。
　　A. 保密地图不得以任何形式出版发行展示
　　B. 公开地图不得表示任何国家秘密及事项
　　C. 内部地图经质量检查合格可以公开出版
　　D. 地图的比例尺应当符合国家规范
　　E. 公开出版或者展示地图应当依法

145

► 真题答案及综合分析 ◄

**答案:** ABDE　C　C　ABDE

**解析:** 以上 4 题,考核的知识点是《地图编制出版管理条例》的相关内容。

**注:** 《地图管理条例》自 2016 年 1 月 1 日起施行。国务院 1995 年 7 月 10 日发布的《中华人民共和国地图编制出版管理条例》同时废止。

### 7.4.9 高频真题——重要地理信息数据

◄ 真　题 ►

【2011,33】 国务院批准公布的重要地理信息数据,由(　　)公布。
　　A. 提出审核重要地理信息数据的建议人
　　B. 省测绘地理信息主管部门
　　C. 国务院或者国务院授权的部门
　　D. 重要地理信息所在地省级人民政府或其授权部门

【2011,90】 下列地理信息数据中,属于国家重要地理信息数据的有(　　)。
　　A. 国家版图的地势、地貌分区位置
　　B. 领土、领海、毗连区、专属经济区面积
　　C. 国家版图的重要特征点
　　D. 国家岛礁数量和面积
　　E. 经依法批准的相邻的设区的市(州)之间的界线长度

【2011,91】 地方人民政府建设审核公布重要地理信息数据时,应当向国务院测绘行政主管部门提交的书面材料有(　　)。
　　A. 建议人的基本情况
　　B. 重要地理信息数据的详细数据成果资料
　　C. 重要地理信息数据获取的技术方案
　　D. 重要地理信息数据验收评估的有关材料
　　E. 所提供资料真实性的证明

【2012,5】 下列地理信息数据中,需要由国务院测绘地理信息主管部门审核并报国务院批准才能公布的是(　　)。
　　A. 某省的森林面积　　　　　　　B. 县级行政区域界线长度
　　C. 某市自然保护区的位置　　　　D. 沿海省海岸线长度

【2012,6】 重要地理信息数据获批准公布,应当以(　　)形式公布。
　　A. 法规　　　　B. 公告　　　　C. 新闻　　　　D. 通知

【2012,48】 根据《中华人民共和国测绘成果管理条例》,在行政管理、新闻传播、对外交流、教学等对社会公众有影响的活动中,需要使用重要地理信息数据的,应当使用(　　)的重要地理信息数据。
　　A. 符合国家标准　　　　　　　　B. 依法公布

C. 经解密公开　　　　　　　　　　D. 经过批准

**【2013,32】** 根据《重要地理信息数据审核公布管理规定》，负责受理单位和个人提出的审核公布重要地理信息数据的建议的部门是（　　）。

A. 国务院测绘地理信息主管部门
B. 省级测绘地理信息主管部门
C. 国务院或省级测绘地理信息主管部门
D. 省级民政或建设行政主管部门

**【2014,36】** 根据《重要地理信息数据审核公布管理规定》，地方人民政府建议审核公布重要地理信息数据时，不必提交的材料是（　　）。

A. 建议人的基本情况
B. 重要地理信息数据的详细数据成果资料
C. 重要地理信息数据获取的技术方案
D. 重要地理信息数据公布的必要性说明

**【2014,88】** 根据《重要地理信息数据审核公布管理规定》，审核建议人提交的重要地理信息数据时，应当审核的内容有（　　）。

A. 重要地理信息数据发布的必要性
B. 提交的有关资料的真实性与完整性
C. 重要地理信息数据获取技术方案的合理性
D. 重要地理信息数据是否符合国家利益，是否影响国家安全
E. 获取重要地理信息数据的单位是否具有相应的资质条件

**【2015,55】** 根据《重要地理信息数据审核公布管理规定》，重要地理信息数据公布时，应当说明（　　）。

A. 批准机关　　　　　　　　　　　B. 审核、公布部门
C. 数据类别　　　　　　　　　　　D. 审核、公布时间

**【2015,89】** 根据《中华人民共和国测绘成果管理条例》，下列地理信息数据中，属于重要地理信息数据的有（　　）。

A. 石家庄市的行政区域面积　　　　B. 重庆市行政区域面积
C. 我国陆地国土面积　　　　　　　D. 我国专属经济区面积
E. 我国海岸滩涂面积

**【2016,28】** 根据《中华人民共和国测绘成果管理条例》，国家要对重要的地理信息数据实行（　　）制度。

A. 统一监督与管理　　　　　　　　B. 统一审核与管理
C. 统一公布与监督　　　　　　　　D. 统一审核与公布

**【2016,89】** 根据《中华人民共和国测绘成果管理条例》，下列地理信息数据中，属于重要地理信息数据的有（　　）。

A. 国界、国家海岸线长度
B. 国家版图的重要特征点、地势、地貌分区位置
C. 经济特区、开发区面积
D. 领土、领海、毗连区、专属经济区面积
E. 经某省级人民政府组织相关部门勘定的省级界线长度

◀ 真题答案及综合分析 ▶

**答案**：C ABCE BCD D B B A A ABD B CDE D ABD

**解析**：以上13题，考核的知识点是重要地理信息数据的相关内容。

重要地理信息数据包括：

(1)国界、国家海岸线长度；

(2)领土、领海、毗连区、专属经济区面积；

(3)国家海岸滩涂面积、岛礁数量和面积；

(4)国家版图的重要特征点，地势、地貌分区位置；

(5)国务院测绘地理信息主管部门商国务院其他有关部门确定的其他重要自然和人文地理实体的位置、高程、深度、面积、长度等地理信息数据。

主要涉及《中华人民共和国测绘成果管理条例》《重要地理信息数据审核公布管理规定》等文件的相关内容。

# 8 界线测绘和其他测绘管理

## 8.1 考点分析

### 8.1.1 界线测绘管理

1)国界线测绘管理

(1)国界线测绘的特征
①国界线测绘涉及国家主权和领土完整。
②国界线测绘涉及我国的外交关系和政治主张。
③国界线测绘涉及国家安全和利益,属于国家秘密范围。

(2)国界线测绘管理
①国界线测绘,按照中华人民共和国与相邻国家缔结的边界条约或者协定进行。
②拟订国界线标准样图的工作由外交部和国务院测绘地理信息主管部门共同负责,其他任何部门都无权制定国界线标准样图。

(3)制定国界线标准样图原则
①我国与邻国之间已经订立边界条约、边界协定或者边界议定书的,在拟定国界线标准样图时,严格按照有关的边界条约、边界协定或者边界议定书及其附图进行。
②我国与有关相邻国家之间没有订立边界条约、边界协定或者边界议定书的,按照中华人民共和国地图的习惯画法拟定。

2)行政区域界线测绘管理

(1)行政区域界线测绘的概念
行政区域界线测绘是指利用测绘技术手段和原理,为划定行政区域界线的走向、分布以及周边地理要素而进行的测绘工作。
行政区域界线测绘的成果具有法律效力。因此,行政区域界线测绘被认定是一种法定测绘。

(2)行政区域界线测绘的内容
行政区域界线测绘的内容包括:①界桩的埋设与测定;②边界线的标绘;③边界协议书附图的绘制;④边界线走向和界桩位置说明的编写;⑤中华人民共和国省级行政区域界线详图集的编纂和制印。

(3)行政区域界线测绘管理
行政区域界线测绘管理包括:①资质管理;②成果管理;③标准管理。

3)权属界线测绘管理

(1)权属界线测绘的概念

权属界线测绘是指测定权属界线的走向和界址点的坐标及绘制权属界线图的活动。权属界线测绘的成果,主要包括权属调查表、权属界址点坐标、权属面积统计表、权属界线图等。

(2)权属界线测绘管理

①权属界线测绘应当按照县级以上人民政府确定的权属界线的界址点、界址线或者提供的有关登记资料和附图进行。

②权属界址线发生变化时,有关当事人应当及时进行变更测绘。

### 8.1.2 地籍测绘管理

1)地籍测绘特征

(1)地籍测绘是政府行使土地行政管理职能的具有法律意义的行政性技术行为,地籍测绘为土地管理提供了准确、可靠的地理参考系统。

(2)地籍测绘是在地籍调查的基础上进行的,具有勘验取证的法律特征。

(3)地籍测绘的技术标准必须符合土地法律、法规的要求,从事地籍测绘的人员应当具有丰富的土地管理知识。

(4)地籍测绘工作有非常强的现势性。

(5)地籍测绘的技术和方法是现代测绘高新技术的应用集成。

2)地籍测绘的法律规定

(1)国务院测绘地理信息主管部门会同国务院土地行政主管部门编制全国地籍测绘规划❶。

(2)县级以上地方人民政府测绘地理信息主管部门会同同级土地行政主管部门编制本行政区域的地籍测绘规划。

(3)县级以上地方人民政府测绘地理信息主管部门按照地籍测绘规划,组织管理地籍测绘。

3)地籍测绘管理

地籍测绘管理内容包括:

(1)组织编制地籍测绘规划。

(2)监督管理地籍测绘资质。

(3)监督管理地籍测绘成果质量。

(4)地籍测绘标准化管理。

### 8.1.3 房产测绘管理

1)房产测绘的目的

(1)为房产产权产籍管理、开发管理、交易管理和拆迁管理服务。

(2)为评估、征税、收费、仲裁、鉴定等活动提供基础图、表、数字、资料和相关的信息。

---

❶2017年7月1日实施的新版《测绘法》没有"地籍测绘规划"的相关内容。

(3) 为城市规划和城市建设等提供基础数据和资料。

2) 房产测绘的法律规定

(1) 国家制定房产测量规范,并明确由国务院建设行政主管部门、国务院测绘地理信息主管部门组织编制。

(2) 房产测绘必须执行国务院建设行政主管部门、国务院测绘地理信息主管部门组织编制的测量技术规范。

3) 房产测绘管理

(1) 房产测绘资质管理

房产测绘单位应当取得省级以上人民政府测绘地理信息主管部门颁发的载明房产测绘业务的测绘资质证书。

(2) 房产测绘成果质量管理

房产测绘项目委托人对房产测绘成果有争议的,依据房产测绘管理办法的规定,可以委托由国家认定的房产测绘成果鉴定机构鉴定。

用于房屋权属登记等房产管理的房产测绘成果,房地产行政主管部门应当对施测单位的资质、测绘成果的适用性、界址点的准确性、面积量算依据与方法等内容进行审核。审核后的房产测绘成果纳入房产档案统一管理。

### 8.1.4 地理信息系统建设管理

1) 建立地理信息系统的法律规定

(1) 国家制定基础地理信息数据的标准,由国家标准化主管部门依据标准化法颁布。

(2) 建立地理信息系统必须采用符合国家标准的基础地理信息数据;不能采用依据有关行业标准生产的基础地理信息数据。

2) 地理信息系统工程资质管理

从事地理信息系统工程建设的单位,应当依法取得由省级以上测绘地理信息主管部门颁发的载有地理信息系统工程业务的测绘资质证书。

### 8.1.5 海洋测绘管理

1) 海洋测绘的特点

(1) 海洋测绘的对象是海洋以及海洋中的各种自然现象和人文现象。

(2) 海洋测绘的主要载体是船舶。

(3) 海洋测绘所使用的仪器设备有其特殊性。

(4) 海洋测绘的成果比较复杂。

2) 海洋测绘管理

军队测绘部门负责管理军事部门的测绘工作,并按照国务院、中央军事委员会规定的职责分工负责管理海洋基础测绘工作。

## 8.2 例 题

1)单项选择题(每题1分。每题的备选项中,只有1个最符合题意)

(1)中华人民共和国国界线测绘执行的依据是( )。
A. 中华人民共和国与相邻国家缔结的边界条约或者协定
B. 中华人民共和国参与的有关国际公约
C. 我国关于行政划分的有关规定
D. 中华人民共和国承认的国际惯例

(2)拟定省、自治区、直辖市和自治州、县、自治县、市行政区域界线的标准画法图的部门是( )。
A. 国务院民政部门和外交部
B. 国务院测绘地理信息主管部门
C. 国务院办公厅
D. 国务院民政部门和国务院测绘地理信息主管部门

(3)《测绘法》规定,明确测量土地、建筑物、构筑物和地面其他附着物的权属界址线,应当按照( )确定的权属界线的界址点、界址线或者提供的有关登记材料和附图进行。
A. 县级以上地方人民政府      B. 县级以上人民政府
C. 县级以上测绘地理信息主管部门    D. 县级以上土地行政主管部门

(4)《行政区域界线管理条例》规定,经批准变更行政区域界线的,毗邻的各有关人民政府,应当按照( )进行测绘,埋设桩界,签订协议书。
A. 基础测绘规程      B. 相邻人民政府之间达成的协议
C. 勘界测绘技术规范    D. 地籍测绘规范

(5)《测绘法》规定,建筑物、构筑物的权属界线发生变化时,有关当事人应当及时进行( )测绘。
A. 所有权     B. 变更     C. 竣工     D. 地形

(6)《测绘法》规定,与房屋产权、产籍相关的房屋面积测量,应当执行由( )负责组织编制的测量技术规范。
A. 国务院建设行政主管部门、国务院土地行政主管部门
B. 国务院测绘地理信息主管部门、国务院土地行政主管部门
C. 国务院测绘地理信息主管部门、国务院标准化行政主管部门
D. 国务院建设行政主管部门、国务院测绘地理信息主管部门

(7)房屋权利人申请房屋产权初始登记的,应当由( )委托房产测绘单位进行房产测绘。
A. 房屋权利人      B. 房地产行政主管部门
C. 土地行政主管部门    D. 产权登记机关

(8)根据《房产测量规范》,下列设施中,不计入共有建筑面积的是( )。
A. 独立使用的地下室、车棚和车库    B. 公共使用的门厅、过道、地下室
C. 套与公共建筑之间的分隔墙    D. 为整幢楼服务的公共用房与管理用房

(9)中华人民共和国地图的国界线标准样图,由( )拟定,报国务院批准后公布。
A. 外交部      B. 国务院测绘地理信息主管部门

C. 军事测绘管理部门 D. 外交部和国务院测绘地理信息主管部门

(10)行政区域界线详图是反映( )标准画法的国家专题地图。
A. 省级以上行政区域界线 B. 县级以上行政区域界线
C. 国界线 D. 分界线

(11)城市建设领域的工程测量活动,与房屋产权、产籍相关的房屋面积的测量,应当执行由( )负责组织编制的测量技术规范。
A. 国务院建设行政主管部门
B. 国务院测绘地理信息主管部门
C. 军事测绘地理信息主管部门
D. 国务院建设行政主管部门和国务院测绘地理信息主管部门

(12)国界线测绘是指划定国家间的( )边界线而进行的测绘活动。
A. 共同 B. 相邻 C. 穿插 D. 接壤

(13)1999年,国务院授权外交部和国家测绘局公布了比例尺为( )的中华人民共和国国界线标准样图。
A. 1∶100万 B. 1∶200万 C. 1∶400万 D. 1∶500万

(14)海洋基础测绘工作由( )按照国务院、中央军事委员会规定的职责分工具体负责
A. 国务院建设部门 B. 国务院测绘地理信息主管部门
C. 国家海监部门 D. 军队测绘部门

(15)下列选项中,不属于房产测绘内容的是( )。
A. 土地要素调查 B. 房产平面控制测量
C. 房产图测绘和建立房产信息系统 D. 房产面积预算

(16)房产测绘成果与老百姓的切身利益密切相关,带有一定的( )、法定性。
A. 权威性 B. 现势性 C. 时效性 D. 全面性

(17)国界线具有严格的法定性、政治性、( )。
A. 时效性 B. 保密性 C. 严肃性 D. 安全性

(18)房产测绘单位应当依照《测绘法》的规定,取得( )测绘地理信息主管部门颁发的载明房产测绘业务的测绘资质证书。
A. 县级以上人民政府 B. 市级以上人民政府
C. 省级以上人民政府 D. 国务院

(19)下列不属于军事测绘的特征的是( )。
A. 保密性 B. 科学性 C. 精确性 D. 测绘保障范围广

(20)权属界线的测绘主要内容是测定( )及其地面上相关的建筑物、附着物等。
A. 权属界址点 B. 权属界址线 C. 土地 D. 地形

2)多项选择题(每题2分。每题的备选项中,有2个或2个以上符合题意,至少有1个错项。错选,本题不得分;少选,所选的每个选项得0.5分)

(21)国界线测绘的主要成果是( )。
A. 边界线测绘条约 B. 边界线位置和走向的文字说明
C. 界桩点坐标 D. 边界线地形图
E. 边界协定

(22)海洋测绘的特点有( )。

A. 海洋测绘的对象为海洋以及各种自然现象和人文现象
B. 海洋测绘的主要载体是船舶
C. 海洋测绘使用的仪器设备有其特殊性
D. 海洋测绘的成果比较复杂
E. 海洋测绘涉及国家利益

(23)国界线测绘的特征包括(　　)。
A. 国界线测绘涉及国家主权和领土完整
B. 国界线测绘涉及我国的外交关系和政治主张
C. 国界线测绘一般由邻国测绘人员参与完成
D. 国界线测绘涉及国家安全和利益,属于国家秘密范围
E. 国界线测绘属于高精度测绘

## 8.3 例题参考答案及解析

1)单项选择题(每题1分。每题的备选项中,只有1个最符合题意)

(1) A

**解析:** 国界线测绘,按照中华人民共和国与相邻国家缔结的边界条约或者协定进行。

(2) D

**解析:**《测绘法》第二十一条规定:省、自治区、直辖市和自治州、县、自治县、市行政区域界线的标准画法图,由国务院民政部门和国务院测绘地理信息主管部门拟定,报国务院批准后公布。

(3) B

**解析:**《测绘法》第二十二条规定:测量土地、建筑物、构筑物和地面其他附着物的权属界址线,应当按照县级以上人民政府确定的权属界线的界址点、界址线或者提供的有关登记资料和附图进行。权属界址线发生变化的,有关当事人应当及时进行变更测绘。

(4) C

**解析:**《行政区域界线管理条例》第九条规定:依照《国务院关于行政区划管理的规定》,经批准变更行政区域界线的,毗邻的各有关人民政府应当按照勘界测绘技术规范进行测绘,埋设界桩,签订协议书,并将协议书报批准变更该行政区域界线的机关备案。

(5) B

**解析:**《测绘法》第二十二条规定:测量土地、建筑物、构筑物和地面其他附着物的权属界址线,应当按照县级以上人民政府确定的权属界线的界址点、界址线或者提供的有关登记资料和附图进行。权属界址线发生变化的,有关当事人应当及时进行变更测绘。

(6) D

**解析:**《测绘法》第二十三条规定:城乡建设领域的工程测量活动,与房屋产权、产籍相关的房屋面积的测量,应当执行由国务院住房城乡建设主管部门、国务院测绘地理信息主管部门组织编制的测量技术规范。

(7) A

**解析:**《房产测绘管理办法》第六条规定,有下列情形之一的,房屋权利申请人、房屋权利人或者其他利害关系人应当委托房产测绘单位进行房产测绘:①申请产权初始登记的房屋;②自然状况发生变化的房屋;③房屋权利人或者其他利害关系人要求测绘的房屋。房产管理

中需要的房产测绘,由房地产行政主管部门委托房产测绘单位进行。

(8) A

**解析:** 共有面积的内容包括:电梯井、管道井、楼梯间、垃圾道、变电室、设备间、公共门厅、过道、地下室、值班警卫室等以及为整幢楼服务的公共用房和管理用房的建筑面积,以水平投影面积计算。共有建筑面积还包括套与公共建筑之间的分隔墙以及外墙(包括山墙)水平投影面积一半的建筑面积。独立使用的地下室、车棚、车库,为多幢服务的警卫室、管理用房,作为人防工程的地下室都不计入共有建筑面积。

(9) D

**解析:**《测绘法》第二十条规定:中华人民共和国地图的国界线标准样图,由外交部和国务院测绘地理信息主管部门拟定,报国务院批准后公布。

(10) B

**解析:**《行政区域界线管理条例》第十四条规定:行政区域界线详图是反映县级以上行政区域界线标准画法的国家专题地图。任何涉及行政区域界线的地图,其行政区域界线画法一律以行政区域界线详图为准绘制。国务院民政部门负责编制省、自治区、直辖市行政区域界线详图;省、自治区、直辖市人民政府民政部门负责编制本行政区域内的行政区域界线详图。

(11) D

**解析:**《测绘法》第二十三条规定:城乡建设领域的工程测量活动,与房屋产权、产籍相关的房屋面积的测量,应当执行由国务院住房城乡建设主管部门、国务院测绘地理信息主管部门组织编制的测量技术规范。水利、能源、交通、通信、资源开发和其他领域的工程测量活动,应当执行国家有关的工程测量技术规范。

(12) A

**解析:** 国界线测绘是指划定国家间的共同边界线而进行的测绘活动,是与邻国明确划定边界线、签订边界条约和协议书以及日后定期进行联合检查的基础工作。

(13) C

**解析:** 1999年,国务院授权外交部和国家测绘局公布了比例尺为1:400万的中华人民共和国国界线标准样图。

(14) D

**解析:**《测绘法》第四条规定:军队测绘部门负责管理军事部门的测绘工作,并按照国务院、中央军事委员会规定的职责分工负责管理海洋基础测绘工作。

(15) A

**解析:** 房产测绘的内容包括房产平面控制测量、房产面积预算、房产要素调查与测量、房产变更调查与测量、房产图测绘和建立房产信息系统。

(16) A

**解析:** 房产测绘成果与老百姓的切身利益密切相关,带有一定的权威性、法定性。

(17) C

**解析:** 国界线测绘具有严格的法定性、政治性和严肃性。

(18) C

**解析:**《房产测绘管理办法》第十二条规定:房产测绘单位应当依照《测绘法》的规定,取得省级以上人民政府测绘地理信息主管部门颁发的载明房产测绘业务的测绘资质证书。

(19) B

解析:军事测绘的特征为:①保密性;②精确性;③实时性;④测绘保障范围广。

(21)A

解析:《测绘法》第二十二条规定:测量土地、建筑物、构筑物和地面其他附着物的权属界址线,应当按照县级以上人民政府确定的权属界线的界址点、界址线或者提供的有关登记资料和附图进行。权属界址线发生变化的,有关当事人应当及时进行变更测绘。

2)多项选择题(每题2分。每题的备选项中,有2个或2个以上符合题意,至少有1个错项。错选,本题不得分;少选,所选的每个选项得0.5分)

(21)BCD

解析:国界线测绘是指划定国家间的共同边界线而进行的测绘活动,是与邻国明确划定边界线、签订边界条约和协议书以及日后定期进行联合检查的基础工作。国界线测绘的主要成果是边界线位置和走向的文字说明、界桩点坐标及边界线地形图。

(22)ABCD

解析:海洋测绘的主要特点如下:①海洋测绘的对象为海洋以及各种自然现象和人文现象。自然现象如:海岸、海底、海洋水文、海洋气象、海空变化。②海洋测绘的主要载体是船舶。③海洋测绘使用的仪器设备有其特殊性。④海洋测绘的成果比较复杂。

(23)ABD

解析:国界线测绘的特征包括:①国界线测绘涉及国家主权和领土完整;②国界线测绘涉及我国的外交关系和政治主张;③国界线测绘涉及国家安全和利益,属于国家秘密范围。

## 8.4 高频真题综合分析

### 8.4.1 高频真题——界线测绘

◀ 真 题 ▶

【2011,34】 中华人民共和国国界线测绘执行的依据是( )。
A. 中华人民共和国和相邻国家缔结的边界条约或者协定
B. 中华人民共和国参与的有关国际公约
C. 与中华人民共和国相邻国家的现行法律
D. 中华人民共和国承认的国际惯例

【2011,35】 拟定省、自治区、直辖市和自治州、县、自治县、市行政区域界线的标准画法图的部门是( )。
A. 国务院民政部门和外交部
B. 国务院测绘地理信息主管部门
C. 外交部和国务院测绘地理信息主管部门
D. 国务院民政部门和国务院测绘地理信息主管部门

【2011,37】 测绘土地的权属界址线,应当按照( )确定的权属界线的界址点、界址线或者提供的有关登记材料和附图进行。

A. 县级以上地方人民政府　　　　　B. 县级以上人民政府
C. 县级以上测绘地理信息主管部门　D. 县级以上土地行政主管部门

【2011,38】《行政区域界线管理条例》规定,经批准变更行政区域界线的,毗邻的各有关人民政府,应当按照(　　)进行测绘,埋定桩界,签订协议书。
A. 基础测绘规程　　　　　　　　B. 相邻人民政府之间达成的协议
C. 勘界测绘技术规范　　　　　　D. 地籍测绘规范

【2013,33】根据《省级行政区域界线测绘规范》,下表中,边界控制点相对邻近基础控制点的点位中误差错误的是(　　)。

| 边界控制点相对邻近基础控制点的点位中误差（m） | A | B | C | D |
|---|---|---|---|---|
|  | ±0.05 | ±0.10 | ±0.20 | ±1.00 |
| 边界点等级 | 一 | 二 | 三 | 四 |

【2013,34】中华人民共和国地图的国界线标准样图,由(　　)拟定。
A. 外交部和国务院民政部门
B. 外交部和军队测绘部门
C. 外交部和国务院测绘地理信息主管部门
D. 民政部和国务院测绘地理信息主管部门

【2015,58】根据《行政区域界线测绘规范》,档界桩点的平面坐标采用 GPS 定位测量时,应与高等级 GPS 控制网进行联测,联测控制点点数最少不少于(　　)。
A. 3　　　　　B. 4　　　　　C. 5　　　　　D. 6

◀ 真题答案及综合分析 ▶

**答案**:A D B C C C A

**解析**:以上7题,考核的知识点是界线测绘。

该知识点涉及《中华人民共和国测绘法》《行政区域界线测绘规范》《省级行政区域界线界限测绘规范》《行政区域界线管理条例》《国务院关于行政区划管理的规定》等资料。

《中华人民共和国测绘法》第二十条,中华人民共和国国界线的测绘,按照中华人民共和国与相邻国家缔结的边界条约或者协定执行,由外交部组织实施。

《中华人民共和国测绘法》第二十一条,行政区域界线的测绘,按照国务院有关规定执行。省、自治区、直辖市和自治州、县、自治县、市行政区域界线的标准 画法图,由国务院民政部门和国务院测绘地理信息主管部门拟定,报国务院批准后公布。

8.4.2 高频真题——地籍测绘❶

◀ 真　题 ▶

【2011,36】《中华人民共和国测绘法》规定,编制全国地籍测绘的规划部门是(　　)。

---

❶ 此部分考题涉及的"地籍测绘规划"在 2017 年 7 月 1 日施行的新版《测绘法》无相关内容介绍。

A. 国务院测绘地理信息主管部门会同国务院发展计划主管部门
B. 国务院土地行政主管部门会同国务院发展计划部门
C. 国务院发展计划部门会同国务院财政部门
D. 国务院测绘地理信息主管部门会同国务院土地行政主管部门

【2011,39】 《中华人民共和国测绘法》规定,建筑物、构筑物的权属界线发生变化时,有关当事人应当及时进行( )测绘。
　　　　A. 工程　　　B. 变更　　　C. 竣工　　　D. 地形

【2014,39】 根据《中华人民共和国测绘法》,县级以上人民政府测绘地理信息主管部门组织管理地籍测绘时,应当按照( )进行。
　　　　A. 基础测绘规划　　　　　　B. 土地利用总体规划
　　　　C. 地籍测绘规划　　　　　　D. 国民经济和社会发展规划

【2015,35】 根据《中华人民共和国测绘法》,权属界址线发生变化时,应当及时进行( )。
　　　　A. 变更测绘　　　　　　　　B. 权属测绘
　　　　C. 地籍测绘　　　　　　　　D. 更新测绘

【2016,32】 根据《中华人民共和国测绘法》,组织管理地籍测绘的部门是( )。
　　　　A. 省级以上测绘地理信息主管部门　B. 省级以上土地行政主管部门
　　　　C. 县级以上测绘地理信息主管部门　D. 县级以上土地行政主管部门

◀ 真题答案及综合分析 ▶

答案:D B C A C

解析:以上5题,考核的知识点是地籍测绘中的相关问题。
主要涉及《中华人民共和国测绘法》中地籍测绘规划、组织管理等相关规定。
《中华人民共和国测绘法》(2002版)第十八条,国务院测绘地理信息主管部门会同国务院土地行政主管部门编制全国地籍测绘规划。县级以上地方人民政府测绘地理信息主管部门会同同级土地行政主管部门编制本行政区域的地籍测绘规划。

### 8.4.3 高频真题——房产测绘

◀ 真　题 ▶

【2011,40】 《中华人民共和国测绘法》规定,与房屋产权、产籍相关的房屋面积测量,应当执行由( )负责组织编制的测量技术规范。
　　　　A. 国务院城乡建设主管部门、国务院标准化行政主管部门
　　　　B. 国务院测绘地理信息主管部门、国务院土地城乡建设主管部门
　　　　C. 国务院测绘地理信息主管部门、国务院标准化行政主管部门
　　　　D. 国务院建设行政主管部门、国务院测绘地理信息主管部门

【2011,41】 房屋权利人申请房屋产权初始登记的,应当由( )委托房产测绘单位进行房产测绘。

A. 房屋权利人 B. 房地产行政主管部门
C. 土地行政主管部门 D. 产权登记机关

【2012,41】 当事人对房产测绘成果有异议的,可以委托的鉴定机构是(　　)。
A. 测绘地理信息主管部门 B. 建设行政主管部门
C. 测绘产品质量监督检验机构 D. 国家认定的房产测绘成果鉴定机构

【2013,2】 下列关于房产测绘资质的说法中,错误的是(　　)。
A. 房产测绘资质的审批,应当征求房地产行政主管部门的意见
B. 甲级房产测绘资质,应当向所在地省级测绘地理信息主管部门提出
C. 申请房地产测绘资质,应当向所在地省级测绘地理信息主管部门提出
D. 乙级房产测绘资质单位可以承担规划总建筑面积 200 万 $m^2$ 以下的居住小区的房产测绘项目

【2013,39】 根据《房产测绘管理办法》,房产测绘单位在房产测绘过程中不执行国家标准、规范和规定的,可以对其做出给予警告并责令限期改正的部门是(　　)。
A. 县级以上测绘地理信息主管部门 B. 县级以上房地产行政主管部门
C. 省级以上测绘地理信息主管部门 D. 省级以上房地产行政主管部门

【2014,17】 某乙级房产测绘单位在房产测绘活动中,由于房产面积测算失误,造成重大损失、情节严重。根据《房产测绘管理办法》,依法予以降级或者取消其房产测绘资质的机关是(　　)。
A. 所在地省级测绘地理信息主管部门 B. 所在地市级测绘地理信息主管部门
C. 所在地省级房地产行政主管部门 D. 所在地市级房地产行政主管部门

【2014,44】 根据《房产测绘管理办法》,对用于房产管理的房产测绘成果,房地产行政主管部门不审核的内容是(　　)。
A. 施测单位的资格 B. 测绘成果的适用性
C. 面积测算依据与方法 D. 施测人员的资格

【2014,46】 根据《房产测绘管理办法》,下列关于房产测绘委托的说法中,错误的是(　　)。
A. 房产管理中需要的房产测绘,由房地产行政主管部门委托房产测绘单位进行
B. 委托房产测绘的,应当签订书面房产测绘合同
C. 房产测绘单位与委托人不得有利害关系
D. 房产测绘所需要费用由房屋产权人支付

【2014,89】 根据《房产测绘管理办法》,下列房屋中,应当依法委托进行房产测绘的有(　　)。
A. 申请产权初始登记的房屋
B. 自然状况发生变化的房屋
C. 房屋权利人或者其他利害关系人要求测绘的房屋
D. 产权发生流转的房屋
E. 办理抵押登记的房屋

【2015,38】 根据《房产测绘管理办法》,当事人对房产测绘成果有异议时,可以委托(　　)鉴定。
A. 法院 B. 测绘地理信息主管部门

C. 国家认定的房产测绘成果鉴定机构　　D. 房地产行政主管部门

【2015,90】 根据《房产测绘管理办法》,用于房屋权属登记等房产管理的房产测绘成果,房地产行政主管部门应当对其(　　)进行审核。

A. 实测单位的资格　　　　　　B. 适用性
C. 界址点准确性　　　　　　　D. 面积测算依据与方法
E. 档案管理情况

【2016,33】 根据《房产测绘管理办法》,下列成果中,不属于房产测绘成果的是(　　)。

A. 不动产登记簿　　　　　　　B. 房产簿册
C. 房产数据　　　　　　　　　D. 房产图集

◀ 真题答案及综合分析 ▶

**答案:** D　A　D　A　B　A　D　D　ABC　C　ABCD　A

**解析:** 以上12题,考核的知识点是房产测绘中的相关问题。该知识点主要涉及《中华人民共和国测绘法》《房产测绘管理办法》《关于调整房产测绘资质审批程序的通知(测办〔2013〕6号)》等资料。

### 8.4.4 高频真题——不动产测绘

◀ 真 题 ▶

【2012,42】 根据《中华人民共和国物权法》,当事人签订买卖房屋或者其他不动产物权的协议,为保障将来实现物权,按照约定可以向登记机构申请(　　)。

A. 变更登记　　　　　　　　　B. 预告登记
C. 转让登记　　　　　　　　　D. 物权登记

【2013,36】 根据《中华人民共和国物权法》,不动产权属证书记载的事项,与不动产登记簿不一致时,一般以(　　)为准。

A. 不动产权属证书　　　　　　B. 不动产登记簿
C. 不动产登记机构认定的　　　D. 在先记载或登记的

【2013,37】 根据《中华人民共和国物权法》,下列关于不动产登记的说法中,错误的是(　　)。

A. 当事人申请不动产登记,登记机构可以要求对不动产进行评估
B. 权利人、利害关系人可以申请查询、复制登记资料,登记机构应当提供
C. 依法属于国家所有的自然资源,所有权可以不登记
D. 当事人之间订立有关设立、变更、转让和消灭不动产物权的合同,未办理物权登记的,不影响合同效力

【2014,40】 根据《中华人民共和国物权法》,权利人、利害关系人认为不动产登记簿记载的事项错误的,可以申请(　　)。

A. 变更登记　　　　　　　　　B. 更正登记
C. 异议登记　　　　　　　　　D. 重新登记

【2014,43】 根据《中华人民共和国物权法》，国家对不动产实行（　　）登记制度。

A. 强制 B. 自愿
C. 统一 D. 分级

【2014,73】 根据《测绘资质分级标准》，下列测绘专业中，不属于不动产测绘专业子项的是（　　）。

A. 地籍测绘 B. 行政区域界线测绘
C. 房产测绘 D. 工程测量

【2015,36】 根据《中华人民共和国物权法》，下列有关材料中，申请登记不动产登记时不提供的是（　　）

A. 不动产权属证明 B. 不动产界址资料
C. 不动产权面积资料 D. 不动产登记簿

【2015,37】 根据《中华人民共和国物权法》，下列关于不动产登记费收取标准的说法中，正确的是（　　）

A. 按件收取 B. 按不动产面积收取
C. 按不动产体积收取 D. 按不动产价值比例收取

【2016,19】 某公司申请了工程测量、不动产测量两个专业范围的测绘资质证书，根据对该公司人员数量的要求是（　　）。

A. 两个专业要求人员数量之和 B. 达到其中一个专业人员数量的1.5倍
C. 对人员数量不累加计算 D. 根据实际，酌情处理

◀ 真题答案及综合分析 ▶

**答案**：B B A B C D D A C

**解析**：以上9题，考核的知识点是不动产测量的相关内容。

该知识点主要涉及《中华人民共和国物权法》《测绘资质分级标准》等资料。

8.4.5 高频真题——地理信息系统设计

◀ 真　题 ▶

【2012,4】 根据《城市地理信息系统设计规范》，下列原则中，不属于城市地理信息系统设计的基本原则的是（　　）。

A. 普适性原则 B. 可行性原则
C. 标准化原则 D. 先进性原则

【2016,91】 根据《城市地理信息系统设计规范》，城市地理信息系统设计应遵循的基本原则包括（　　）。

A. 实用性原则 B. 标准化、规范化原则
C. 可行性原则 D. 通用性原则
E. 先进性原则

【2016,93】 根据《城市地理信息系统设计规范》，城市地理信息系统应当具备的基本功

能包括( )

  A. 数据输入        B. 数据编辑
  C. 数据处理        D. 数据查询、检索和统计
  E. 系统的自我完善

◀ 真题答案及综合分析 ▶

**答案：** A   ABCE   ABCD

**解析：** 以上3题，考核的知识点是地理信息系统设计的相关内容。

该知识点主要涉及《城市地理信息系统设计规范》等资料。

城市地理信息系统设计应遵循的基本原则包括：

(1)面向用户原则(实用性原则、适用性原则、可扩充性原则、可行性原则)；

(2)标准化、规范化原则；

(3)成本效益优化原则、先进性原则。

城市地理信息系统应当具备的基本功能模块包括数据输入模块、数据编辑模块、数据处理模块、数据查询模块、空间分析模块、数据输出模块。

# 9 测绘项目合同管理

## 9.1 考点分析

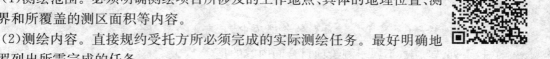

1) 测绘项目合同的内容

(1)测绘范围。必须明确测绘项目所涉及的工作地点、具体的地理位置、测区边界和所覆盖的测区面积等内容。

(2)测绘内容。直接规约受托方所必须完成的实际测绘任务。最好明确地逐一罗列出所需完成的任务。

(3)技术依据和质量标准。罗列出国家的相关技术规范或规程等。

(4)工程费用及其支付方式。一般按照工程进度(或合同执行情况)分阶段支付,包括首付款、项目进行中的阶段性付款及尾款几个部分。

(5)项目实施进度安排。进度安排应尽可能详细,应标明每项工作计划完成的具体时间,以及预期的阶段性成果。

(6)甲乙双方的义务。

(7)提交成果及验收方式。提交成果清单,并注明验收方式。

(8)其他内容。包括违约责任、争议的解决方式、测绘成果的版权归属和保密约定、合同未约定事宜的处理方式等。

2) 测绘项目合同甲方的义务

(1)向乙方提交测绘项目相关的资料。

(2)完成对乙方提交的技术设计书的审定工作。

(3)保证乙方的测绘队伍顺利进入现场工作,并对乙方进场人员的工作、生活提供必要的条件。

(4)保证工程款按时到位。

(5)允许乙方内部使用执行本合同所生产的测绘成果等。

3) 测绘项目合同乙方的义务

(1)编制技术设计书,并交甲方审定。

(2)组织测绘队伍进场作业。

(3)根据技术设计书要求确保测绘项目如期完成。

(4)允许甲方内部使用乙方为执行本合同所提供的属乙方所有的测绘成果。

(5)未经甲方允许,乙方不得将本合同标的全部或部分转包给第三方。

4) 合同履行的内容

测绘合同履行主要包括三个方面的内容:①项目承揽方按要求完成测绘工作;②测绘项目委托单位按时交付项目酬金;③合同约定的附加工作和额外测绘工作及其酬金给付。

5)测绘合同变更的条件

测绘合同变更的条件包括:①原测绘合同关系的有效存在;②当事人双方协商一致,不损害国家及社会公共利益;③合同非要素内容发生变更;④须遵循法定形式。

6)成本预算的内容

(1)生产成本。包括直接人工费、直接材料费、交通差旅费、折旧费等。

(2)经营成本。包括两大类:①员工福利及他项费用,包括福利费、职工教育经费、住房公积金、养老保险金、失业保险等;②机构运营费用,包括业务往来费用、办公费用、仪器购置、维护及更新费用、工会经费等。

## 9.2 例　　题

1)单项选择题(每题1分。每题的备选项中,只有1个最符合题意)

(1)下列选项中,不属于测绘项目合同内容的是(　　)。
　　A.测绘范围　　　　　　　　　　B.测绘技术依据和质量标准
　　C.测绘技术总结　　　　　　　　D.甲乙双方的义务

(2)下列选项中,不属于测绘项目合同甲方义务的是(　　)。
　　A.向乙方提交该测绘项目相关的资料
　　B.组织乙方测绘队伍进场作业
　　C.保证工程款按时到位
　　D.完成对乙方提交的技术设计书的审定工作

(3)下列选项中,不属于测绘项目合同乙方义务的是(　　)。
　　A.编制技术设计书
　　B.根据技术设计书要求确保测绘项目如期完成
　　C.组织测绘队伍进场作业
　　D.完成对技术设计书的审定工作

(4)下列选项中,不属于测绘项目合同履行内容的是(　　)。
　　A.项目承揽方按要求完成测绘工作
　　B.测绘项目委托单位按时交付项目酬金
　　C.优质测绘工程奖申报工作
　　D.合同约定的附加工作和额外测绘工作及其酬金给付

(5)下列选项中,不属于测绘合同变更条件的是(　　)。
　　A.须遵循法定形式
　　B.当事人双方协商一致,不损害国家及社会公共利益
　　C.合同要素内容发生变更
　　D.原测绘合同关系的有效存在

(6)下列选项中,不属于生产成本的是(　　)。
　　A.直接人工费　　B.直接材料费　　C.交通差旅费　　D.仪器购置费

(7)下列选项中,不属于经营成本的是(　　)。
　　A.职工教育经费　　B.直接人工费　　C.养老保险金　　D.仪器购置费

(8)《测绘法》规定,测绘成果质量不合格的,给用户造成损失的,(　　)。
　　A. 不承担法律责任　　　　　　　　B. 不承担赔偿责任
　　C. 只给予赔付,不负责重测　　　　D. 依法承担赔偿责任
(9)下列不属于订立合同的基本原则的是(　　)。
　　A. 自愿原则　　　　　　　　　　　B. 当事人法律地位平等
　　C. 风险共担原则　　　　　　　　　D. 诚实信用的原则
(10)测绘项目成本预算中,如果项目是生产经营承包制,则其成本预算不包括(　　)。
　　A. 工人工资费用预算　　　　　　　B. 应承担承包部门费用预算
　　C. 应承担的期间费用预算　　　　　D. 生产成本预算
(11)下列成本中,用于完成特定项目所需的直接费用的是(　　)。
　　A. 生产成本　　B. 经营成本　　C. 管理成本　　D. 应用成本
(12)合同生效是指已经成立的合同在当事人之间产生一定的法律(　　)。
　　A. 协商力　　　B. 控制力　　　C. 约束力　　　D. 竞争力
(13)测绘合同的制定应在(　　)协商的基础上来对合同的各项条款进行规约。
　　A. 单独　　　　B. 公开　　　　C. 公正　　　　D. 平等
(14)下列选项中,属于经营成本的是(　　)。
　　A. 设备折旧费　B. 直接材料费　C. 交通差旅费　D. 员工福利
(15)在测绘项目中,技术依据及质量标准的确定需要在合同签订前由(　　)认定。
　　A. 发包方　　　　　　　　　　　　B. 承包方
　　C. 发包方的上级主管部门　　　　　D. 当事人双方协商
(16)在测绘项目中,以下关于甲乙双方义务的陈述,其中不正确的是(　　)。
　　A. 甲方应当向乙方提交该测绘项目的相关资料
　　B. 乙方根据技术设计书要求确保测绘项目如期完成
　　C. 甲方应当对乙方提交的技术设计书做审定工作
　　D. 乙方可以将本合同标的部分转包给第三方
(17)下列关于测绘合同的说法错误的是(　　)。
　　A. 合同内容由法律规定,当事人不能改变
　　B. 应当遵循公平原则来确定各方的权利和义务
　　C. 必须遵守国家的相关法律和法规
　　D. 测绘合同的制定应在平等协商的基础上来对合同的各项条款进行规约
(18)测绘项目有别于其他工程项目,它是针对特定的(　　)和空间范围展开的工作。
　　A. 地物情况　　B. 地貌特征　　C. 地形变化　　D. 地理位置
(19)成本预算的内容包括(　　)和经营成本。
　　A. 应用成本　　B. 管理成本　　C. 生产成本　　D. 系统成本
(20)下列合同订立情形中,不属于《合同法》规定的合同无效的情形的是(　　)。
　　A. 订立合同显失公平的
　　B. 以合法形式掩盖非法目的
　　C. 损害社会公共利益
　　D. 违反法律、行政法规的强制性规定
(21)合同是(　　)主体的自然人、法人、其他组织之间设立、变更、终止民事权利和义务

关系的协议。

　　　　A. 平等　　　　　　B. 公平　　　　　　C. 公正　　　　　　D. 公开

2)多项选择题(每题2分。每题的备选项中,有2个或2个以上符合题意,至少有1个错项。错选,本题不得分;少选,所选的每个选项得0.5分)

(22)下列选项中,属于测绘项目合同内容的是(　　)。

　　A. 测绘范围与内容　　　　　　　　B. 项目实施进度安排
　　C. 测绘成果质量检查报告　　　　　D. 工程费用及其支付方式
　　E. 测绘成果精度统计

(23)下列选项中,属于测绘项目合同甲方义务的是(　　)。

　　A. 保证乙方的测绘队伍顺利进入现场工作
　　B. 组织乙方测绘队伍进场作业
　　C. 保证工程款按时到位
　　D. 负责编制测绘技术设计书
　　E. 允许乙方内部使用执行本合同所生产的测绘成果

(24)下列选项中,属于测绘项目合同乙方义务的是(　　)。

　　A. 编制技术设计书
　　B. 根据技术设计书要求确保测绘项目如期完成
　　C. 组织测绘队伍进场作业
　　D. 完成对技术设计书的审定工作
　　E. 乙方可以将本合同标的全部或部分转包给第三方

(25)下列选项中,属于生产成本的是(　　)。

　　A. 养老保险金　　　　　　　　　　B. 交通差旅费
　　C. 职工教育经费　　　　　　　　　D. 折旧费
　　E. 直接材料费

(26)根据《合同法》的规定,订立合同应遵循的基本原则是(　　)。

　　A. 当事人法律地位平等　　　　　　B. 自愿的原则
　　C. 遵守法律和不得损害社会公共利益的原则
　　D. 守时的原则　　　　　　　　　　E. 诚实信用的原则

(27)测绘项目成本预算分为(　　)。

　　A. 项目是生产承包制,其成本预算由生产成本预算和应承担的期间费用预算组成
　　B. 项目完成后对拟提交的测绘成果进行详细说明
　　C. 项目关联的各方都能准确理解及把握,避免产生歧义
　　D. 项目是生产经营承包制,其成本预算由生产成本预算、应承担承包部门费用预算和应承担的期间费用预算组成
　　E. 项目完成后的技术总结

(28)下列合同订立情形中,属于《合同法》规定的合同无效的情形的是(　　)。

　　A. 损害公共利益
　　B. 订立合同显失公平的
　　C. 恶意串通,损害国家、集体或第三人利益

D. 一方以欺诈、胁迫的手段订立合同,损害国家利益
　　E. 以合法形式掩盖非法目的
(29)经营成本包括( )。
　　A. 员工福利及他项费用　　　　　　B. 部门费用
　　C. 直接生产费用　　　　　　　　　D. 机构运营费用
　　E. 设备折旧费用
(30)根据《合同法》的规定,关于订立合同应遵循原则的说法正确的是( )。
　　A. 当事人法律地位平等
　　B. 自愿的原则
　　C. 遵守法律和不得损害社会公共利益的原则
　　D. 守时的原则
　　E. 诚实信用的原则

## 9.3　例题参考答案及解析

1)单项选择题(每题1分。每题的备选项中,只有1个最符合题意)
(1)C
　　解析:测绘项目合同的内容,主要包括:①测绘范围;②测绘内容;③技术依据和质量标准;④工程费用及其支付方式;⑤项目实施进度安排;⑥甲乙双方的义务;⑦提交成果及验收方式等。选项C(测绘技术总结),不属于测绘项目合同的内容。
(2)B
　　解析:测绘项目合同甲方的义务,包括:①向乙方提交该测绘项目相关的资料;②完成对乙方提交的技术设计书的审定工作;③保证乙方的测绘队伍顺利进入现场工作;④保证工程款按时到位;⑤允许乙方内部使用执行本合同所生产的测绘成果等。选项B(组织乙方测绘队伍进场作业)是测绘项目合同乙方的义务。
(3)D
　　解析:测绘项目合同乙方的义务,包括:①编制技术设计书,并交甲方审定;②组织测绘队伍进场作业;③根据技术设计书要求确保测绘项目如期完成;④允许甲方内部使用乙方为执行本合同所提供的属乙方所有的测绘成果;⑤未经甲方允许,乙方不得将本合同标的全部或部分转包给第三方。选项D(完成对技术设计书的审定工作)是测绘项目合同甲方的义务。
(4)C
　　解析:测绘合同履行,主要包括三个方面的内容:①项目承揽方按要求完成测绘工作;②测绘项目委托单位按时交付项目酬金;③合同约定的附加工作和额外测绘工作及其酬金给付。选项C(优质测绘工程奖申报工作),不属于测绘合同履行内容。
(5)C
　　解析:测绘合同变更的条件:①原测绘合同关系的有效存在;②当事人双方协商一致,不损害国家及社会公共利益;③合同非要素内容发生变更;④须遵循法定形式。选项C,表述错误。
(6)D
　　解析:测绘生产成本包括:直接人工费、直接材料费、交通差旅费、折旧费等。选项D(仪器购置费),属于经营成本。

(7)B

解析：测绘经营成本，包括两大类：①员工福利及他项费用，包括福利费、职工教育经费、住房公积金、养老保险金、失业保险等；②机构运营费用，包括业务往来费用、办公费用、仪器购置、维护及更新费用、工会经费等。选项B(直接人工费)，属于生产成本。

(8)D

解析：《测绘法》第六十三条规定，违反本法规定，测绘成果质量不合格的，责令测绘单位补测或者重测；情节严重的，责令停业整顿，并处降低测绘资质等级或者吊销测绘资质证书；造成损失的，依法承担赔偿责任。

(9)C

解析：合同的基本原则为：①当事人法律地位平等；②自愿的原则；③公平的原则；④诚实信用的原则；⑤遵守法律和不得损害社会公共利益的原则；⑥合同效力。选项C(风险共担原则)，不属于合同的基本原则。

(10)A

解析：项目成本预算，一般分为两种情况：①如果项目是生产承包制，其成本预算由生产成本预算和应承担的期间费用预算组成；②如果项目是生产经营承包制，其成本预算由生产成本预算、应承担的承包部门费用预算和应承担的期间费用预算组成。选项A(工人工资费用预算)，不属于成本预算。

(11)A

解析：生产成本，即直接用于完成特定项目所需的直接费用，主要包括直接人工费、直接材料费、交通差旅费、折旧费等，实行项目承包(或费用包干)的情形则只需计算直接承包费用和折旧费等内容。本题是考查"生产成本"的定义。

(12)C

解析：《合同法》第四十四条规定，依法成立的合同，自成立时生效。法律、行政法规规定应当办理批准、登记等手续生效的，依照其规定生效。合同生效是指合同产生法律约束力。

(13)D

解析：合同，是平等主体的自然人、法人、其他组织之间设立、变更、终止民事权利义务关系的协议。测绘合同的制定应在平等协商的基础上来对合同的各项条款进行规约，应当遵循公平原则来确定各方的权利和义务，并且必须遵守国家的相关法律和法规。本题是考查合同的定义。

(14)D

解析：本题考查经营成本和生产成本的区别，选项A(设备折旧费)、选项B(直接材料费)、选项C(交通差旅费)都属于生产成本。属经营成本的是：①员工福利及他项费用，包括按工资基数计提的福利费、职工教育经费、住房公积金、养老保险金、失业保险等；②机构运营费用，包括业务往来费用、办公费用、仪器购置、维护及更新费用、工会经费等。

(15)D

解析：本题考查签订合同时的技术依据和质量标准。一般情况下，技术依据及质量标准的确定需要合同签订前由当事人双方协商认定；对于未做约定的情形，应注明按照本行业相关规范及技术规程执行，以避免出现合同漏洞，导致不必要的争议。

(16)D

解析：本题考查测绘项目中甲乙双方的义务。乙方义务之一：未经甲方允许，乙方不得将本合同标的全部或部分转包给第三方等内容。选项D,表述不正确。

(17)A

解析:测绘合同的制定应在平等协商的基础上来对合同的各项条款进行规定,应当遵循公平原则来确定各方的权利和义务,并且必须遵守国家的相关法律和法规。合同内容由当事人约定。选项A,表述不正确。

(18)D

解析:测绘项目有别于其他工程项目,它是针对特定的地理位置和空间范围展开的工作,所以在测绘合同中,首先必须明确该测绘项目所涉及的工作地点、具体的地理位置、测区边界和所覆盖的测区面积等内容。

(19)C

解析:成本预算的内容包括:①生产成本;②经营成本。

(20)A

解析:《合同法》第五十二条规定,有下列情形之一的,合同无效:①一方以欺诈、胁迫的手段订立合同,损害国家利益;②恶意串通,损害国家、集体或者第三人利益;③以合法形式掩盖非法目的;④损害社会公共利益;⑤违反法律、行政法规的强制性规定。

(21)A

解析:本题考查合同的定义。合同是平等主体的自然人、法人、其他组织之间设立、变更、终止民事权利和义务关系的协议。

2)多项选择题(每题2分。每题的备选项中,有2个或2个以上符合题意,至少有1个错项。错选,本题不得分;少选,所选的每个选项得0.5分)

(22)ABD

解析:本题考查测绘项目合同的内容。主要包括:测绘范围;测绘内容;技术依据和质量标准;工程费用及其支付方式;项目实施进度安排;甲乙双方的义务;提交成果及验收方式等。选项C(测绘成果质量检查报告)、选项E(测绘成果精度统计)不属于测绘项目合同的内容。

(23)ACE

解析:测绘项目合同甲方的义务包括:向乙方提交该测绘项目相关的资料;完成对乙方提交的技术设计书的审定工作;保证乙方的测绘队伍顺利进入现场工作;保证工程款按时到位;允许乙方内部使用执行本合同所生产的测绘成果等。选项B(组织乙方测绘队伍进场作业)、选项D(负责编制测绘技术设计书),是测绘项目合同乙方的义务。

(24)ABC

解析:测绘项目合同乙方的义务包括:编制技术设计书,并交甲方审定;组织测绘队伍进场作业;根据技术设计书要求确保测绘项目如期完成;允许甲方内部使用乙方为执行本合同所提供的属乙方所有的测绘成果;未经甲方允许,乙方不得将本合同标的全部或部分转包给第三方。选项D(完成对技术设计书的审定工作)是甲方的义务;选项E(乙方可以将本合同标的全部或部分转包给第三方),表述错误。

(25)BDE

解析:测绘生产成本包括:直接人工费、直接材料费、交通差旅费、折旧费等。选项A(养老保险金)、选项C(职工教育经费),属于经营成本。

(26)ABCE

**解析:** 合同的基本原则:①当事人法律地位平等;②自愿的原则;③公平的原则;④诚实信用的原则;⑤遵守法律和不得损害社会公共利益的原则;⑥合同效力。D选项(守时的原则)不属于合同的基本原则。

(27) AD

**解析:** 本题考查成本预算。项目成本预算一般分为两种情况:①如果项目是生产承包制,其成本预算由生产成本预算和应承担的期间费用预算组成;②如果项目是生产经营承包制,其成本预算由生产成本预算、应承担承包部门费用预算和应承担的期间费用预算组成。

(28) ACDE

**解析:**《合同法》第五十二条规定,有下列情形之一的,合同无效:①一方以欺诈、胁迫的手段订立合同,损害国家利益;②恶意串通,损害国家、集体或者第三人利益;③以合法形式掩盖非法目的;④损害社会公共利益;⑤违反法律、行政法规的强制性规定。

(29) AD

**解析:** 经营成本主要包括两大类:①员工福利及他项费用;②机构运营费用。

(30) ABCE

**解析:** 合同的基本原则:①当事人法律地位平等;②自愿的原则;③公平的原则;④诚实信用的原则;⑤遵守法律和不得损害社会公共利益的原则;⑥合同效力。

## 9.4 高频真题综合分析

### 9.4.1 高频真题——测绘合同管理

◀ 真 题 ▶

【2012,17】根据《测绘市场管理暂行办法》,下列关于测绘市场的合同管理的说法中,错误的是(　　)。

　　A. 测绘项目当事人应当签订书面合同
　　B. 签订书面合同应当使用统一的测绘合同文本
　　C. 在合同中应当明确合同标的和技术标准
　　D. 发生纠纷应当报测绘地理信息主管部门解决

【2014,76】根据《测绘合同》示范文本,如果甲乙双方签订合同后,发现乙方擅自转包合同标约,甲方有权解除合同,并可要求乙方偿付的违约金数额为(　　)。

　　A. 预算工程费的30%　　　　B. 定金的2倍
　　C. 工程款总额的20%　　　　D. 已付工程款的2倍

【2015,12】甲、乙双方签订了一份测绘合同,下列关于该合同变更的说法中,正确的是(　　)。

　　A. 经双方协商一致,可以变更
　　B. 任何情况下,双方都不得变更
　　C. 一方不履行合同,另一方可以变更
　　D. 需要变更的,双方必须协商一致,并报主管部门审批

【2015,83】 甲乙双方签订了一份测绘合同,根据合同法,下列情况发生时,甲方可以解除合同的是( )。
A. 因不可抗拒力致使不能实现合同目的的
B. 在履行期限届满之前,乙方明确表示不履行合同主要内容
C. 乙方延迟履行合同内容,经催告后在合理期限内仍未履行
D. 乙方有违法行为致使测绘资质证书被依法吊销
E. 乙方管理层发生重大人事变动

【2015,94】 根据《测绘合同》示范文本,测绘项目合同的主要内容有( )。
A. 测量范围　　　　　　　　B. 执行技术标准
C. 测绘设备　　　　　　　　D. 测绘内容
E. 测绘工程费

【2016,76】 测绘合同签订后,由于甲方工程停止而终止,并且乙方未进入现场工作,双方没有约定定金。根据《测绘合同》示范文本,甲方应偿付乙方预算工程费的( )。
A. 5%　　　　　　　　　　B. 10%
C. 20%　　　　　　　　　　D. 30%

▶ 真题答案及综合分析 ◀

答案:D  A  A  ABCE  ABDE  D

解析:以上6题,考核的知识点是关于测绘合同管理的相关问题。主要涉及测绘项目合同内容、变更、解除及违约等问题的处理。

相关文件有《测绘市场管理暂行办法》和《测绘合同》示范文本。

### 9.4.2 高频真题——经费预算

▶ 真　题 ◀

【2011,61】 某地计划开展测绘航空摄影工作,下列内容中,与项目经费预算无关的是( )。
A. 航摄区域地理位置与范围　　B. 航摄资料用途及成图比例
C. 航摄单位资质等级　　　　　D. 航摄比例尺

【2015,50】 某测绘单位承担了0.8km²的工业区域1:2000地形图测绘项目,根据《测绘生产成本费用定额》,该项目报价应为( )元。(工业区域成本费用为38899.39元/km²,小面积系数为1.3%)
A. 31119.51　　　　　　　　B. 31625.20
C. 38899.39　　　　　　　　D. 40455.36

【2015,51】 某测绘单位拟委托开展测绘航空摄影工作,根据《测绘生产成本费用定额》,影响该项目经费预算的主要因素是( )。
A. 该测绘单位的资质等级　　B. 航摄范围及比例尺
C. 航摄单位的资质等级　　　D. 航摄仪型号

【2016,47】 根据《测绘工程产品价格》,测绘工程产品合同价格可在测绘工程产品价格的基础上上下浮动( )。

      A. 10%　　　　　B. 15%　　　　　C. 20%　　　　　D. 30%

▶ 真题答案及综合分析 ◀

**答案**:C D B A

**解析**:以上4题,考核的知识点是关于测绘项目经费预算的相关问题。

该知识点主要涉及《测绘工程产品价格》和测绘生产成本费用定额计算细则》(2009年版)等相关资料。

### 9.4.3 高频真题——成本费用

◀ 真　题 ▶

【2011,62】 《测绘工程产品价格》规定,以"图幅"为工作量单位的测绘生产项目成本费用核算的"面积系数"计算方法是( )。

      A. (实际面积－标准面积)÷标准面积×0.7
      B. (实际面积－标准面积)÷标准面积×0.8
      C. (实际面积－标准面积)÷标准面积×0.9
      D. (实际面积－标准面积)÷标准面积×1.2

【2011,63】 《测绘工程产品价格》规定,1:500~1:2000比例尺带状地形测绘项目成本费用核算"带状系数"为( )。

      A. 20%(图上宽度≤10cm),10%(10cm<图上宽度≤25cm)
      B. 25%(图上宽度≤10cm),12%(10cm<图上宽度≤25cm)
      C. 30%(图上宽度≤10cm),15%(10cm<图上宽度≤25cm)
      D. 35%(图上宽度≤10cm),18%(10cm<图上宽度≤25cm)

【2012,51】 根据国家财政和测绘主管部门颁布的《测绘生产成本费用定额》,测绘项目成果验收费用占项目总成本费用的( )。

      A. 1%　　　　　B. 2%　　　　　C. 3%　　　　　D. 5%

【2013,64】 根据《测绘生产成本费用定额计算细则》,下列测绘生产成本费用中,不属于直接生产成本的是( )。

      A. 期间费　　　B. 运输费　　　C. 材料费　　　D. 工资

【2014,10】 根据《测绘生产成本费用定额》,下列费用中,不列入成本费用的是( )。

      A. 直接费用　　　　　　　　　　B. 间接费用
      C. 期间费用　　　　　　　　　　D. 折旧费用

【2014,12】 根据《测绘生产成本费用定额》,测绘工作项目设计费用占成本费用的比例为( )。

      A. 1%　　　　　B. 1.5%　　　　C. 2%　　　　　D. 3%

【2014,84】 根据《测绘生产成本费用定额》,确定测绘工作项目"定额工日"的因素包

括( )。
A. 生产技术方法　　　　　B. 工作内容
C. 产品形式　　　　　　　D. 技术装备水平
E. 工期要求

【2015,80】根据《测绘生产成本费用定额》，作业区域平均海拔高度最低不低于( )m时，成本费用定额中可增加高原系数。
A. 1500　　B. 2200　　C. 3000　　D. 3500

【2016,44】根据《测绘生产成本费用定额》，下列地籍测绘工作中，经费没纳入成本费用的是( )。
A. 地籍调查、界址点标定　　B. 图根控制测量
C. 界址点测量　　　　　　　D. 宗地图绘制

【2016,46】根据《测绘生产成本费用定额》，全野外地形数据采集编辑项目中，要求基础数字线划图满足地籍图、房产图精度需要时的费用定额增加幅度是( )。
A. 10%　　B. 20%　　C. 30%　　D. 40%

◀ 真题答案及综合分析 ▶

**答案**：B C C D D B ACD D A B

**解析**：以上10题，考核的知识点是测绘项目成本费用的相关内容。

直接生产成本包括直接人工费、直接材料费、交通差旅费、运输费等。期间费用是指企业本期发生的、不能直接或间接归入营业成本，而是直接计入当期损益的各项费用，包括销售费用、管理费用和财务费用等。因此，期间费用也属于直接成本。而员工工资属于经营成本。

该知识点主要涉及《测绘生产成本费用定额》《测绘生产成本费用定额计算细则》(2009年版)等资料。

### 9.4.4 高频真题——结算依据

◀ 真 题 ▶

【2013,57】测绘工程费结算的主要依据是( )。
A. 测绘生产成本费用定额　　B. 测绘工程产品价格
C. 测绘合同　　　　　　　　D. 测绘工程成本预算

【2016,75】签订合同的测绘项目完成后，工程费结算的依据是( )。
A. 测绘生产成本费用定额　　B. 测绘工程产品价格
C. 测绘技术要求　　　　　　D. 测绘项目合同

◀ 真题答案及综合分析 ▶

**答案**：C D

**解析**：以上2题，考核的知识点是关于测绘工程费结算的依据。签订合同的测绘项目完

成后,工程费结算的依据是测绘项目合同。

### 9.4.5 高频真题——目标管理与资源配置

◀ 真 题 ▶

【2013,61】下列项目中,不属于测绘项目承担单位项目目标管理内容的是(　　)。
A. 成本目标　　　　　　　　B. 工期目标
C. 质量目标　　　　　　　　D. 投资目标

【2013,68】在为大比例尺地形图全野外数字测图项目配置生产设备资源时,下列设备中,通常不会选择的是(　　)。
A. 全站仪　　　　　　　　　B. 水准仪
C. GPS测量系统　　　　　　D. 数字摄影测量系统

【2013,70】下列因素中,不属于测绘项目人力资源配置方案主要决定因素的是(　　)。
A. 工作内容　　　　　　　　B. 项目工期
C. 合同价款　　　　　　　　D. 技术要求

【2013,71】下列因素中,不属于测绘生产进度拖延直接原因的是(　　)。
A. 进度计划编制的失误　　　B. 生产实施过程的失误
C. 进度监控方法的变化　　　D. 外部环境条件的变化

【2015,60】下列测绘项目组织活动中,与测绘项目承担单位无关的是(　　)。
A. 成本控制　　　　　　　　B. 进度控制
C. 质量控制　　　　　　　　D. 投资控制

【2016,53】下列因素中,不属于测绘项目中人力资源配置的是(　　)。
A. 工作内容　　　　　　　　B. 项目工期
C. 合同价款　　　　　　　　D. 技术要求

◀ 真题答案及综合分析 ▶

**答案**:D D C C D C

**解析**:以上6题,考核的知识点是目标管理与资源配置的相关内容。
测绘项目承担单位的项目目标管理内容有以下三个:
(1)工期目标,在项目合同规定的时间内完成整个项目。
(2)成本目标,完成项目所需花费的目标数额。
(3)质量目标,期望项目最终能够达到的质量等级。
目前测绘项目的主要设备有七类:①水准仪;②经纬仪;③全站仪;④GPS测量系统;⑤航空摄影机;⑥数字摄影测量工作站;⑦数字成图系统。这七类设备,前五类属于外业设备,后两类属于内业设备。
测绘项目人力资源配置方案,主要决定因素的是工作内容、项目工期、技术要求等,与项目合同价款无关。

# 10 测绘项目技术设计

## 10.1 考点分析

### 10.1.1 测绘技术设计概述

1)测绘技术的设计过程

(1)设计输入。通常又称设计依据,与成果、生产过程或生产体系要求有关。

(2)设计输出。指设计过程的结果,其表现形式为测绘技术设计文件。

(3)设计评审。确定设计输出达到规定目标的适宜性、充分性和有效性。

(4)设计验证。是通过提供客观证据,对设计输出满足输入要求的认定。

2)测绘技术设计的分类

测绘技术设计分为两类:

(1)项目设计。是对测绘项目进行的综合性整体设计,一般由承担"项目"的法人单位负责编写。

(2)专业技术设计。是对测绘专业活动的技术要求进行设计,专业技术设计一般由具体承担相应测绘专业任务的法人单位负责编写。

注:技术设计文件编写完成后,承担测绘任务的法人单位必须对其进行全面审核,并在技术设计文件和(或)产品样品上签署意见并签名(或章),一式2~4份报测绘任务的委托单位审批。

3)测绘技术设计书的精度指标设计

技术设计书不仅要明确作业或成果的坐标系、高程基准、时间系统、投影方法,而且须明确技术等级或精度指标。对于工程测量项目,在精度设计时,应综合考虑放样误差、构建制造误差等影响,既要满足精度要求,又要考虑经济效益。

4)项目设计(总体设计)的内容(见表10-1)

**项目设计(总体设计)的内容** 表10-1

| 具体内容 | 简要说明 |
|---|---|
| 1. 概述 | 说明项目来源、内容和目标、作业区范围和行政隶属、任务量、完成期限、项目承担单位和成果(或产品)接收单位等 |
| 2. 作业区自然地理概况和已有资料情况 | ①作业区自然地理概况。说明与测绘作业有关的作业区自然地理概况。<br>②已有资料情况。说明已有资料的数量、形式、主要质量情况和评价,说明已有资料利用的可能性和利用方案等 |
| 3. 引用文件 | 所引用的标准、规范或其他技术文件 |

续上表

| 具体内容 | 简 要 说 明 |
|---|---|
| 4.成果(或产品)主要技术指标和规格 | 说明成果(或产品)的种类及形式、坐标系统、高程基准、比例尺、分带、投影方法、分幅编号及其空间单元、数据基本内容、数据格式、数据精度以及其他技术指标等 |
| 5.设计方案 | ①软件和硬件配置要求。<br>②技术路线及工艺流程。<br>③技术规定。<br>④上交和归档成果。<br>⑤质量保证措施和要求 |
| 6.进度安排和经费预算 | ①进度安排。分别列出年度计划和各工序的衔接计划。<br>②经费预算。编制分年度(或分期)经费和总经费计划 |
| 7.附录 | 需进一步说明的技术要求,有关的设计附图、附表等 |

5)专业技术设计(分项设计)内容(见表10-2)

**专业技术设计(分项设计)的内容**　　　　　　　　　　表10-2

| 具体内容 | 简 要 说 明 |
|---|---|
| 1.概述 | 主要说明任务的来源、目的、任务量、测区范围和作业内容、行政隶属以及完成期限等任务基本情况 |
| 2.作业区自然地理概况和已有资料情况 | ①作业区自然地理概况。说明与测绘作业有关的作业区自然地理概况。<br>②已有资料情况。说明已有资料的数量、形式、主要质量情况和评价,说明已有资料利用的可能性和利用方案等 |
| 3.引用文件 | 所引用的标准、规范或其他技术文件 |
| 4.成果(或产品)主要技术指标和规格 | 一般包括成果类型及形式、坐标系统、高程基准、时间系统、比例尺、分带、投影方法、分幅编号及其空间单元、数据基本内容、数据格式、数据精度以及其他技术指标等 |
| 5.设计方案 | ①硬件与软件环境。②作业的技术路线或流程。③作业方法与技术要求。④生产过程中的质量控制和产品质量检查。⑤数据安全、备份。⑥上交和归档成果。⑦有关附录 |

### 10.1.2 "大地测量"专业技术设计书

1)"大地测量"专业技术设计书的主要内容(见表10-3)

**"大地测量"专业技术设计书的内容**　　　　　　　　　　表10-3

| 具体内容 | 简 要 说 明 |
|---|---|
| 1.任务概述 | 说明任务的来源、目的、任务量、测区范围和行政隶属等基本情况 |
| 2.测区自然地理概况和已有资料情况 | ①测区自然地理概况。说明与设计方案或作业有关的测区自然地理概况,内容包括测区地理特征、居民地、交通、气候情况和困难类别等。<br>②已有资料情况。说明已有资料的数量、形式、施测年代、采用的坐标系统、高程和重力基准、资料的主要质量情况和评价、利用的可能性和利用方案等 |
| 3.引用文件 | 所引用的标准、规范或其他技术文件 |
| 4.主要技术指标 | 说明作业或成果的坐标系统、高程基准、重力基准、时间系统、投影方法、精度或技术等级以及其他主要技术指标等 |
| 5.设计方案 | 备注:"大地测量"中各种测量工作的设计方案要点详见表10-4 |

2)"大地测量"中各种测量工作的设计方案要点(见表10-4)

"大地测量"中各种测量工作的设计方案要点　　　　　表10-4

| 测量工作 | 设计方案要点 |
| --- | --- |
| 1. 选点、埋石 | ①规定作业所需的主要装备、工具、材料。<br>②规定作业的主要过程、各工序作业方法和精度质量要求。分述选点和埋设的要求。<br>③上交和归档成果及其资料的内容和要求。<br>④有关附录 |
| 2. 平面控制测量(GPS测量) | ①规定 GPS 接收机的类型、数量、精度指标等。<br>②规定作业的主要过程、各工序作业方法和精度要求。<br>③上交和归档成果及其资料的内容和要求。<br>④有关附录 |
| 3. 平面控制测量(三角测量和导线测量) | ①规定测量仪器的类型、数量、精度指标等。<br>②规定作业的主要过程、各工序作业方法和精度要求。<br>③上交和归档成果及其资料的内容和要求。<br>④有关附录 |
| 4. 高程控制测量 | ①规定测量仪器的类型、数量、精度指标等。<br>②规定作业的主要过程、各工序作业方法和精度要求。<br>③上交和归档成果及其资料的内容和要求。<br>④有关附录 |
| 5. 重力测量 | ①规定测量仪器的类型、数量、精度指标等。<br>②规定作业的主要过程、各工序作业方法和精度要求。<br>③上交和归档成果及其资料的内容和要求。<br>④有关附录 |
| 6. 大地测量数据处理 | ①规定计算所需的软、硬件配置及其检验和测试要求。<br>②规定数据处理的技术路线或流程。<br>③规定各过程作业要求和精度质量要求 |

### 10.1.3 "工程测量"专业技术设计书

1)"工程测量"专业技术设计书的主要内容(见表10-5)

"工程测量"专业技术设计书的主要内容　　　　　表10-5

| 具体内容 | 简要说明 |
| --- | --- |
| 1. 任务概述 | 说明任务来源、用途、测区范围、内容与特点等基本情况 |
| 2. 测区自然地理概况和已有资料情况 | ①测区自然地理概况。说明与设计方案或作业有关的测区自然地理概况,内容可包括测区的地理特征、居民地、交通、气候情况以及测区困难类别,测区有关工程地质与水文地质的情况等。<br>②已有资料情况。说明已有资料的施测年代、采用的平面基准、高程基准,资料的数量、形式、质量情况评价、利用的可能性和利用方案等 |
| 3. 引用文件 | 所引用的标准、规范或其他技术文件 |
| 4. 成果(或产品)规格和主要技术指标 | 说明作业或成果的比例尺、平面和高程基准、投影方式、成图方法、成图基本等高距、数据精度、格式、基本内容以及其他主要技术指标等 |
| 5. 设计方案 | 备注:"工程测量"中各种测量工作的设计方案要点详见表10-6 |

2)"工程测量"中各种测量工作的设计方案要点(见表10-6)

"工程测量"中各种测量工作的设计方案要点    表10-6

| 测 量 工 作 | 设 计 方 案 要 点 |
|---|---|
| 1.平面控制测量 | 备注:同"大地测量",请参见表10-4 |
| 2.高程控制测量 | 备注:同"大地测量",请参见表10-4 |
| 3.施工测量 | ①规定测量仪器的类型、数量、精度指标等。<br>②规定作业的技术路线和流程。<br>③规定作业方法和技术要求。<br>④质量控制环节和质量检查的主要要求。<br>⑤上交和归档成果及其资料的内容和要求。<br>⑥有关附录 |
| 4.竣工测量 | 备注:同"施工测量" |
| 5.线路测量 | 备注:同"施工测量" |
| 6.变形测量 | ①规定测量仪器的类型、数量、精度指标等。<br>②规定作业的技术路线和流程。<br>③规定作业方法和技术要求。<br>④上交和归档成果及其资料的内容和要求。<br>⑤有关附录 |

### 10.1.4 "摄影测量与遥感"专业技术设计书

1)"摄影测量与遥感"专业技术设计书的主要内容(见表10-7)

"摄影测量与遥感"专业技术设计书的主要内容    表10-7

| 具 体 内 容 | 简 要 说 明 |
|---|---|
| 1.任务概述 | 说明任务来源、测区范围、地理位置、行政隶属、成图比例尺、任务量等基本情况 |
| 2.测区自然地理概况和已有资料情况 | ①测区自然地理概况。说明与设计方案或作业有关的作业区自然地理概况,内容可包括测区地形概况、地貌特征、海拔高度、相对高差、地形类别、困难类别和居民地、道路、水系、植被等要素的分布与主要特征,气候、风雨季节及生活条件等情况。<br>②已有资料情况。说明地形图资料采用的平面和高程基准、比例尺、等高距等,说明航摄资料的航摄单位、摄影时间、摄影机型号、像片比例尺、航高等,说明遥感资料数据的时相、分辨率、波段等,说明资料利用的可能性和利用方案等 |
| 3.引用文件 | 所引用的标准、规范或其他技术文件 |
| 4.成果(或产品)规格和主要技术指标 | 说明作业或成果的比例尺、平面和高程基准、投影方式、成图方法、图幅基本等高距、数据精度、格式、基本内容以及其他主要技术指标等 |
| 5.设计方案 | 备注:"摄影测量与遥感"中各种测量工作的设计方案要点详见表10-8 |

2)"摄影测量与遥感"各种测量工作的设计方案要点(见表 10-8)

"摄影测量与遥感"各种测量工作的设计方案要点　　　　　表 10-8

| 测 量 工 作 | 设 计 方 案 要 点 |
|---|---|
| 1. 航空摄影 | 备注:按《航空摄影技术设计规范》(GB/T 19294—2003)执行 |
| 2. 摄影测量 | ①软、硬件环境及其要求。<br>②规定作业的技术路线或流程。<br>③规定各工序作业要求和质量指标。<br>④其他特殊要求。如在困难地区,或采用新技术等,需规定具体的作业方法、技术要求、限差规定和必要的精度估算。<br>⑤质量控制环节和质量检查的主要要求。<br>⑥成果上交和归档要求。<br>⑦有关附录 |
| 3. 遥感 | ①硬件平台和软件环境。<br>②作业的技术路线和工艺流程。<br>③规定遥感资料获取、控制和处理的技术和质量要求。<br>④其他相关的技术、质量要求。<br>⑤质量控制环节和质量检查的主要要求。<br>⑥成果上交和归档要求。<br>⑦有关附录 |

## 10.1.5 "测图、制图、印刷"专业技术设计书

1)"野外地形数据采集及成图"专业技术设计书的主要内容(见表 10-9)

"野外地形数据采集及成图"专业技术设计书的主要内容　　　　　表 10-9

| 具 体 内 容 | 简 要 说 明 |
|---|---|
| 1. 任务概述 | 说明任务来源、测区范围、地理位置、行政隶属、成图比例尺、采集内容、任务量等基本情况 |
| 2. 测区自然地理概况和已有资料情况 | ①测区自然地理概况。测区地理特征、居民地、交通、气候情况和困难类别等。<br>②已有资料情况。说明已有资料的施测年代、采用的平面及高程基准、资料的数量、形式、主要质量情况和评价,利用的可能性和利用方案等 |
| 3. 引用文件 | 所引用的标准、规范或其他技术文件 |
| 4. 成果(或产品)规格和主要技术指标 | 说明作业或成果的比例尺、平面和高程基准、投影方式、成图方法、成图基本等高距、数据精度、格式、基本内容以及其他主要技术指标等 |
| 5. 设计方案 | ①规定测量仪器的类型、数量、精度指标等。<br>②图根控制测量:规定各类图根点的布设、标志的设置,观测使用的仪器、测量方法和测量限差的要求等。<br>③规定作业方法和技术要求。<br>④其他特殊要求:如采用新技术、新仪器测图时,需规定具体的作业方法、技术要求、限差规定和必要的精度估算。<br>⑤质量控制环节和质量检查的主要要求。<br>⑥上交和归档成果及其资料的内容和要求。<br>⑦有关附录 |

2)"地图制图"专业技术设计书的主要内容(见表10-10)

"地图制图"专业技术设计书的主要内容　　　　　表10-10

| 具 体 内 容 | 简 要 说 明 |
|---|---|
| 1.任务概述 | 说明任务来源、制图范围、行政隶属、地图用途、任务量、完成期限、承担单位等基本情况。对于地图集(册),还应重点说明其主要反映的主体内容等。对于电子地图,还应说明软件基本功能及应用目标等 |
| 2.作业区自然地理概况和已有资料情况 | ①作业区自然地理概况。根据需要说明与设计方案或作业有关的作业区自然地理概况,内容可包括作业区地形概况、地貌特征、困难类别和居民地、水系、道路、植被等要素的主要特征。<br>②已有资料情况。说明已有资料采用的平面和高程基准、比例尺、等高距和测制年代,资料的数量、形式,主要质量情况和评价,并说明资料利用的可能性和利用方案等 |
| 3.引用文件 | 所引用的标准、规范或其他技术文件 |
| 4.成果(或产品)规格和主要技术指标 | 说明地图比例尺、投影、分幅、密级、出版形式、坐标系统及高程基准、等高距,地图类别和规格,地图性质、精度以及其他主要技术指标等 |
| 5.设计方案 | ①普通地图和专题地图设计方案。主要内容包括说明作业所需的软、硬件配置,规定作业的技术路线和流程,规定所需作业过程、方法和技术要求,质量控制环节和质量检查的主要要求,最终提交和归档成果和资料的内容及要求,有关附录。<br>②电子地图设计方案。主要内容包括制作电子地图以及多媒体制作与浏览所需的各种软、硬件配置要求,电子地图制作的技术路线和主要流程,电子地图制作的主要内容、方法和要求,最终提交和归档成果和资料的内容及要求,有关附录 |

3)"地图印刷"专业技术设计书的主要内容(见表10-11)

"地图印刷"专业技术设计书的主要内容　　　　　表10-11

| 具 体 内 容 | 简 要 说 明 |
|---|---|
| 1.任务概述 | 说明任务来源、性质、用途、任务量、完成期限等基本情况 |
| 2.印刷原图情况 | 说明印刷原图的种类、形式、分版情况、制作单位、精度和质量情况,并对存在的问题提出处理意见;说明其他有关资料的数量、形式、质量情况和利用方案等 |
| 3.引用文件 | 所引用的标准、规范或其他技术文件 |
| 4.主要质量指标 | 说明印刷的精度、印色、印刷的主要材料(如纸张、胶片、版材等)、装帧方法以及成品的主要质量、数量情况等 |
| 5.设计方案 | ①确定印刷作业的主要工序和流程(必要时应绘制流程图)。<br>②规定所需工序作业的方法和技术,质量要求,包括拼版的方法和要求。<br>③提交和归档成果(或产品)和资料的要求。<br>④有关的附录 |

## 10.1.6 "界线测绘"专业技术设计书

1) "界线测绘"专业技术设计书的主要内容(见表10-12)

**"界线测绘"专业技术设计书的主要内容**　　　　　　表10-12

| 具体内容 | 简要说明 |
|---|---|
| 1. 任务概述 | 说明任务来源、测区范围、行政隶属、测图比例尺、任务量等基本情况 |
| 2. 测区自然地理概况和已有资料情况 | ①测区自然地理概况。说明与设计方案或作业有关的作业区自然地理概况,内容可包括测区的地理特征、居民地、道路、水系、植被等要素的主要特征,地形类别以及测区困难类别,经济总体发展水平,土地等级及利用概况等。<br>②已有资料情况。说明已有控制成果和图件的形式,采用的平面、高程基准,比例尺,大地点分布密度、等级,行政区划资料,质量情况评价,利用的可能性和利用方案等 |
| 3. 引用文件 | 所引用的标准、规范或其他技术文件 |
| 4. 成果(或产品)规格和主要技术指标 | 说明作业或成果的比例尺、平面和高程基准、投影方式、成图方法、数据精度、格式、基本内容,以及其他主要技术指标等 |
| 5. 设计方案 | 备注:"界线测绘"中各种测量工作的设计方案要点详见表10-13 |

2) "界线测绘"中各种测量工作的设计方案要点(见表10-13)

**"界线测绘"中各种测量工作的设计方案要点**　　　　　　表10-13

| 测量工作 | 设计方案要点 |
|---|---|
| 1. 地籍测绘 | ①规定测量仪器的类型、数量、精度指标等。<br>②规定作业的技术路线和流程。<br>③规定作业方法和技术要求。<br>④质量控制环节和质量检查。<br>⑤上交和归档成果及其资料的内容和要求。<br>⑥有关附录 |
| 2. 房产测绘 | 备注:同"地籍测绘" |
| 3. 境界测绘 | 备注:同"地籍测绘" |

## 10.1.7 "基础地理信息数据建库"专业技术设计书

"基础地理信息数据建库"专业技术设计书的主要内容见表10-14。

**"基础地理信息数据建库"专业技术设计书的主要内容**　　　　　　表10-14

| 具体内容 | 简要说明 |
|---|---|
| 1. 任务概述 | 说明任务来源、管理框架、建库目标、系统功能、预期结果、完成期限等基本情况 |
| 2. 已有资料情况 | 说明数据来源、数据范围、数据产品类型、格式、精度、数据组织、主要质量指标和基本内容等质量情况,并结合数据入库前的检查、验收报告或其他有关文件,说明数据的质量情况和利用方案 |
| 3. 引用文件 | 所引用的标准、规范或其他技术文件 |
| 4. 成果(或产品)规格和主要技术指标 | 说明数据库范围、内容、数学基础、分幅编号、成果(或产品)的空间单元、数据精度、格式及其他重要技术指标 |

续上表

| 具 体 内 容 | 简 要 说 明 |
|---|---|
| 5. 设计方案 | ①规定建库的技术路线和流程。<br>②系统软件和硬件的设计。<br>③数据库概念模型设计。<br>④数据库逻辑设计。<br>⑤数据库物理设计。<br>⑥其他技术规定。<br>⑦数据库管理和应用的技术规定。<br>⑧数据库建库的质量控制环节和检查要求。<br>⑨上交和归档成果及其资料的内容和要求。<br>⑩有关附录 |

## 10.1.8 "地理信息系统"专业技术设计书

"地理信息系统"专业技术设计书的主要内容见表10-15。

**"地理信息系统"专业技术设计书的主要内容**　　表10-15

| 具 体 内 容 | 简 要 说 明 |
|---|---|
| 1. 需求规格说明书 | ①引言。编写目的、编写背景、定义、参考资料等。<br>②项目概述。项目目标、内容、现行系统的调查情况,系统运行环境,条件与限制等。<br>③系统数据描述。包括静态数据、动态数据、数据流图、数据库描述、数据字典、数据加工、数据采集等。<br>④系统功能需求。包括功能划分、功能描述等。<br>⑤系统性能需求。包括数据精确度、时间特性、适应性等。<br>⑥系统运行需求。包括用户界面、硬件接口、软件接口、故障处理等。<br>⑦质量保证。<br>⑧其他需求(如可使用性、安全保密性、可维护性、可移植性等) |
| 2. 系统设计 | ①系统总体设计。<br>②系统功能设计。<br>③系统安全设计 |
| 3. 数据库设计 | 备注:参见表10-14 |
| 4. 详细设计说明书 | ①引言。背景、参考资料、术语和缩写语等。<br>②程序(模块)系统的组织结构。<br>③模块(子程序)设计说明 |

## 10.1.9 设计评审、验证和审批

1)设计评审的主要内容

其主要内容有评审依据、评审目的、评审内容、评审方式以及评审人员等。

2)设计验证的方法

(1)比较验证。将设计输入要求和(或)相应的评审报告与其对应的输出进行比较校验。

(2)试验、模拟或试用。根据其结果验证输出符合其输入的要求。(注:设计方案采用新技术、新方法和新工艺时,宜采用试验、模拟或试用验证方法。)

(3)对照类似的测绘成果(或产品)进行验证。
(4)变换方法进行验证。如采用可替换的计算方法等。
(5)其他适用的验证方法。

3)设计审批的方法

(1)技术设计文件报批之前,承担测绘任务的法人单位必须对其进行全面审核,并在技术设计文件和(或)产品样品上签署意见并签名(或章)。

(2)技术设计文件经审核签字后,一式2~4份报测绘任务的委托单位审批。

## 10.2 例 题

1)单项选择题(每题1分。每题的备选项中,只有1个最符合题意)

(1)以下选项,不属于测绘技术的设计过程的是( )。
  A. 设计输入与设计输出      B. 设计验证
  C. 设计评审              D. 设计变更

(2)下列选项中,不属于测绘项目工程质量控制设计内容的是( )。
  A. 数据安全措施           B. 组织管理措施
  C. 资源保证措施           D. 总经费控制措施

(3)在某城市数字城市化项目中,对该测绘项目的作业质量负直接责任的是( )。
  A. 测绘生产人员           B. 项目质量负责人
  C. 监理单位              D. 验收单位

(4)测绘项目根据内容不同分为大地测量、摄影测量与遥感、野外地形数据采集及成图、界线测绘、工程测量、( )、基础地理信息建库等活动。
  A. 施工测量              B. 竣工测量
  C. 地图制图印刷           D. 变形监测

(5)大地测量设计方案的要点不包括( )。
  A. 平面控制测量           B. 高程控制测量
  C. 变形测量              D. 重力测量

(6)( )是地籍管理的基础性工作,是国家测绘工作的重要组成部分。
  A. 大地测量              B. 控制测量
  C. 变形测量              D. 地籍测绘

(7)测绘技术设计分为( )和( )。
  A. 项目设计 管理设计       B. 系统设计 专业技术设计
  C. 系统设计 管理设计       D. 项目设计 专业技术设计

(8)测绘项目技术设计文件经审核签字后,一式2~4份报测绘任务的( )。
  A. 委托单位备案           B. 委托单位审批
  C. 承担单位备案           D. 承担单位设计负责人审批

(9)如何选择最适用的技术设计方案( )。
  A. 先考虑整体而后局部,根据作业区实际情况,考虑社会效益和经济效益
  B. 先考虑整体而后局部,根据作业区实际情况,考虑作业单位的资源条件

C. 先考虑局部而后整体,根据作业区实际情况,考虑社会效益和经济效益
D. 先考虑局部而后整体,根据作业区实际情况,考虑作业单位的资源条件

(10)下列单位中,负责测绘项目设计的是(　　)。
　　A. 项目委托单位　　　　　　　　B. 承担项目的法人单位
　　C. 项目监理单位　　　　　　　　D. 项目质检单位

(11)测绘技术设计分为项目设计和(　　)。
　　A. 文件设计　　　　　　　　　　B. 管理设计
　　C. 专业技术设计　　　　　　　　D. 系统设计

(12)根据《测绘技术设计规定》(CH/T 1004—2005),下列内容中,属于测绘技术设计应遵照的基本原则是(　　)。
　　A. 优先采用成本最低、经济效益最高的设计方案
　　B. 充分考虑顾客的要求,引用适用的国家、行业或地方的标准
　　C. 根据作业单位的现有设备情况来设计方案
　　D. 优先采用作业单位最熟悉的设计方案

(13)测绘生产的主要依据是(　　)。
　　A. 技术设计文件　　　　　　　　B. 测绘技术标准
　　C. 作业文件　　　　　　　　　　D. 测绘成本预算

(14)测绘技术设计书,不仅要明确作业或成果的坐标系、高程基准、时间系统、投影方法,而且须明确(　　)。
　　A. 技术等级和检查结果　　　　　B. 误差统计与经济效益
　　C. 技术等级或精度指标　　　　　D. 检查结果或误差统计

(15)技术设计文件报批之前,(　　)必须对其进行全面审核,并在技术设计文件和产品样品上签署意见并签名。
　　A. 承担测绘任务的法人单位　　　B. 监理单位
　　C. 设计单位　　　　　　　　　　D. 设计人员

(16)关于测绘项目技术设计文件审批方法的说法,正确的是(　　)。
　　A. 报项目监理单位批准　　　　　B. 报项目承担单位批准
　　C. 报项目委托单位审批　　　　　D. 报项目设计负责人审批

(17)项目设计是对测绘项目进行的综合性整体设计,由(　　)负责编写。
　　A. 项目委托单位　　　　　　　　B. 承担项目的法人单位
　　C. 项目监理单位　　　　　　　　D. 项目质检单位

(18)在工程测量中,设计方案顺序为(　　)。
　　A. 平面和高程控制测量、施工测量、竣工测量、线路测量、变形测量
　　B. 施工测量、平面和高程控制测量、线路测量、变形测量、竣工测量
　　C. 平面和高程控制测量、线路测量、施工测量、变形测量、竣工测量
　　D. 施工测量、平面和高程控制测量、线路测量、竣工测量、变形测量

(19)线路测量不包括(　　)。
　　A. 公路测量　　　　　　　　　　B. 架空索道测量
　　C. 竣工测量　　　　　　　　　　D. 管线测量

(20)地形测图不包括(　　)。

A. 平板仪测图 B. 平面水平测图
C. 摄影测量方法测图 D. 全站型速测仪测图

(21)测绘技术设计分为（　　）和专业技术设计。
A. 文件设计 B. 管理设计
C. 项目设计 D. 系统设计

(22)我国积极鼓励采用（　　）。
A. 国际标准 B. 国家标准
C. 行业标准 D. 企业标准

(23)测绘项目根据内容不同分为大地测量、（　　）、摄影遥感测量、野外地形数据采集及成图、地图制图印刷、界线测绘、基础地理信息数据建库等活动。
A. 施工测量 B. 工程测量
C. 竣工测量 D. 变形监测

(24)在项目组织过程中，首先要对（　　）进行分解，然后对项目的作业工序进行分解，在此基础上进行人员配备和设备配备。
A. 成本目标 B. 作业目标
C. 生产目标 D. 项目目标

(25)测绘单位按照测绘项目的实际情况施行项目质量负责人制度，（　　）对该测绘项目的产品质量负直接责任。
A. 监理单位 B. 项目质量负责人
C. 验收单位 D. 测绘质检部门

(26)每个测绘项目作业前都应进行（　　）设计。
A. 平面 B. 高程 C. 专业 D. 技术

2)多项选择题(每题2分。每题的备选项中，有2个或2个以上符合题意，至少有1个错项。错选，本题不得分；少选，所选的每个选项得0.5分)

(27)1:2000地形图数字航空摄影测量任务，一般应编制的专业技术设计有（　　）。
A. 航空摄影测量内业专业技术设计 B. 数字航空摄影专业技术设计
C. 基础控制测量专业技术设计 D. 权属调查专业技术设计
E. 航空摄影测量外业专业技术设计

(28)测绘技术的设计过程包括（　　）。
A. 设计输入 B. 设计输出
C. 设计变更 D. 设计评审
E. 设计验证

(29)测绘项目工程质量控制设计内容主要包括（　　）。
A. 资源保证措施 B. 质量控制措施
C. 数据安全措施 D. 总经费控制措施
E. 组织管理措施

(30)为了保证技术设计的可行性和可操作性，根据项目的具体情况实施踏勘调查，并编写出踏勘报告。踏勘报告应包含（　　）。
A. 作业区的自然地理情况 B. 作业区居民的人均年收入

C. 作业的技术流程或总结　　　　　　D. 作业区的交通情况
E. 作业区居民的风俗习惯和语言情况

(31)专业技术设计的"设计方案",其具体内容应根据各专业测绘活动的内容和特点确定。设计方案的内容一般包括(　　)。

A. 作业区的自然地理情况
B. 作业所需的测量仪器的类型、数量、精度指标
C. 作业的技术路线或流程
D. 各工序的作业方法、技术指标和要求
E. 作业区居民的风俗习惯

(32)工程测量专业变形测量技术设计中的"设计方案",其主要内容包括(　　)。
A. 规定测量仪器的类型、数量、精度指标　B. 系统设计要求
C. 质量控制环节和质量检查要求　　　　　D. 规定作业的技术路线和流程
E. 规定作业方法和技术要求

(33)地理信息系统的设计,应包括(　　)设计文档。
A. 需求规格说明书　　　　　　　B. 系统设计要求
C. 质量控制环节和质量检查要求　D. 规定作业的技术路线和流程
E. 数据库设计

(34)评审的重要内容和要求包括(　　)。
A. 评审依据　　　B. 评审目的　　　C. 评审条件
D. 评审标准　　　E. 参加评审人员

(35)下列选项中,属于管理类标准的是(　　)。
A.《工程测量规范》
B.《基础地理信息标准数据基本规定》
C.《导航电子地图安全处理技术基本要求》
D.《测绘作业人员安全规范》
E.《公开版地图质量评定标准》

(36)大地测量专业不包括(　　)。
A. 平面与高程控制测量　　B. 摄影测量　　　C. 重力测量
D. 变形测量　　　　　　　E. 库区淹没测量

(37)在技术设计实施前,承担设计任务的单位或部门的(　　)对测绘技术设计进行策划,并对整个设计过程进行控制。
A. 总工程师　　　B. 项目负责人　　　C. 作业人员
D. 技术负责人　　E. 策划师

## 10.3　例题参考答案及解析

1)单项选择题(每题1分。每题的备选项中,只有1个最符合题意)

(1)D

**解析:**测绘技术的设计过程主要包括:设计输入、设计输出、设计评审、设计验证。选项D(设计变更)不属于测绘技术的设计过程。

(2) D

**解析**：测绘项目工程质量控制设计内容主要包括：组织管理措施、资源保证措施、质量控制措施、数据安全措施。选项D，"总经费控制措施"，不属于质量控制设计内容。

(3) A

**解析**：根据测绘成果质量要求，测绘生产人员必须严格执行操作规程，按照技术设计进行作业，并对作业质量负责。因此，对测绘项目的作业质量负直接责任的是测绘生产人员。

(4) C

**解析**：测绘项目通常包括一项或多项不同的测绘活动。构成测绘项目的测绘活动根据其内容不同可以分为：大地测量、摄影测量与遥感、野外地形数据采集及成图、地图制图与印刷、工程测量、界线测绘、基础地理信息数据建库等测绘专业活动。

(5) C

**解析**：大地测量设计方案的要点包括：①选点埋石；②平面控制测量；③高程控制测量；④重力测量；⑤大地测量数据处理。选项C，"变形测量"，属于工程测量设计方案的要点。

(6) D

**解析**：地籍测绘是地籍管理的基础性工作，是国家测绘工作的重要组成部分。全国地籍测绘规划由国务院测绘地理信息主管部门会同国务院土地行政主管部门编制。

(7) D

**解析**：测绘技术设计分为：项目设计和专业技术设计。

(8) B

**解析**：本题考查测绘项目技术设计审批。测绘项目技术设计文件经审核签字后，一式2~4份报测绘任务的委托单位审批。

(9) B

**解析**：本题考查最适用的技术设计方案。技术设计方案先考虑整体而后局部，根据作业区实际情况，考虑作业单位的资源条件。

(10) B

**解析**：测绘技术设计分为：项目设计和专业技术设计。项目设计是对测绘项目进行的综合性整体设计，一般由承担项目的法人单位负责编写。

(11) C

**解析**：测绘技术设计分为：项目设计和专业技术设计。项目设计是测绘项目进行的综合性整体设计，一般由承担项目的法人单位负责编写；专业技术设计一般由具体承担"相应测绘专业任务"的法人单位负责编写。

(12) B

**解析**：根据《测绘技术设计规范》，测绘技术设计应依据设计输入内容，充分考虑顾客的要求，引用适用的国家、行业或地方的相关标准或规范，重视社会效益和经济效益。

(13) A

**解析**：技术设计文件是测绘生产的主要技术依据，也是影响测绘成果能否满足顾客要求和技术标准的关键因素。为了确保技术设计文件满足规定要求的适宜性、充分性和有效性，测绘技术的设计活动应按照策划、设计输入、设计输出、评审、验证、审批的程序进行。

(14) C

**解析**：本题考查测绘技术设计书的精度指标设计。测绘技术设计书不仅要明确作业或成果的坐标系、高程基准、时间系统、投影方法,而且须明确技术等级或精度指标。在精度设计时,既要满足精度要求,又要考虑经济效益。

(15)A

**解析:** 本题考查测绘技术设计审批的方法。技术设计文件报批之前,承担测绘任务的法人单位必须对其进行全面审核,并在技术设计文件和产品样品上签署意见并签名。

(16)C

**解析:** 本题考查测绘项目技术设计文件的审批程序。技术设计文件经审核签字后,一式2~4份报测绘任务的委托单位审批。

(17)B

**解析:** 本题是对测绘项目设计概念的考查。测绘项目设计是对测绘项目进行的综合性整体设计,一般由承担项目的法人单位负责编写。

(18)A

**解析:** 本题考查工程测量设计方案的步骤。在工程测量中,设计方案顺序为:平面和高程控制测量、施工测量、竣工测量、线路测量、变形测量。

(19)C

**解析:** 线路测量包括:铁路测量,公路测量,管线测量,架空索道和架空送电线路、光缆线路测量等。选项C(竣工测量),不属于线路测量。

(20)B

**解析:** 地形测图包括:摄影测量方法测图、平板仪测图和全站型速测仪测图。

(21)C

**解析:** 测绘技术设计分为:项目设计、专业技术设计。项目设计是测绘项目进行的综合性整体设计,一般由承担项目的法人单位负责编写。

(22)A

**解析:** 本题考查标准的基本知识。我国积极鼓励采用国际标准。

(23)B

**解析:** 测绘项目通常包括一项或多项不同的测绘活动。构成测绘项目的测绘活动根据其内容不同可以分为:大地测量、工程测量、摄影测量与遥感、野外地形数据采集及成图、地图制图与印刷、界线测绘、基础地理信息数据建库等测绘专业活动。

(24)D

**解析:** 测绘项目组织在测绘项目的整个过程中占有十分重要的作用。组织好坏直接决定了项目的成本,项目的工期以及项目的质量。在项目组织过程中,首先要对项目的目标进行分解,然后对项目的作业工序进行分解,在此基础上进行人员配备和设备配备。

(25)B

**解析:** 测绘成果质量中,测绘单位对其完成的测绘成果质量负责,承担相应的质量责任,测绘单位按照测绘项目的实际情况施行项目质量负责人制度。项目质量负责人对该测绘项目的产品质量负直接责任。

(26)D

**解析:** 测绘技术设计的目的是制定切实可行的技术方案,保证测绘成果符合技术标准和满足顾客要求,并获得最佳的社会效益和经济效益。因此,每个测绘项目作业前都应进行技术设计。

2)多项选择题(每题 2 分。每题的备选项中,有 2 个或 2 个以上符合题意,至少有 1 个错项。错选,本题不得分;少选,所选的每个选项得 0.5 分)

(27) ABE

**解析:** 对于摄影测量与遥感专业,其专业技术设计包括:数字航空摄影、航空摄影测量外业、航空摄影测量内业、近景摄影测量、遥感等。选项 C(基础控制测量)、选项 D(权属调查),不属于摄影测量与遥感专业。

(28) ABDE

**解析:** 测绘技术的设计过程主要包括:设计输入、设计输出、设计评审、设计验证。

(29) ABCE

**解析:** 测绘项目工程质量控制设计内容主要包括:组织管理措施、资源保证措施、质量控制措施、数据安全措施。

(30) ADE

**解析:** 踏勘报告的内容主要包括:①作业区的行政区划;②作业区的自然地理情况;③作业区的交通情况;④居民的风俗习惯和语言情况;⑤作业区的供应情况;⑥作业区的测量标志完好情况;⑦对技术设计方案和作业的建议等。

(31) BCD

**解析:** 专业技术设计的"设计方案",其内容一般包括以下几个方面:①规定作业所需的测量仪器的类型、数量、精度指标以及对仪器校准或检定的要求;②作业的技术路线或流程;③各工序的作业方法、技术指标和要求;④生产过程中的质量控制环节;⑤数据安全、备份;⑥上交和归档成果;⑦有关附录、附图等。选项 A(作业区的自然地理情况)、选项 E(作业区居民风俗习惯),属于踏勘报告的内容。

(32) ADE

**解析:** 变形测量设计方案,其内容包括:①规定作业所需的测量仪器的类型、数量、精度指标以及对仪器校准或检定的要求;②作业的技术路线或流程;③规定作业方法和技术要求;④上交和归档成果;⑤有关附录、附图等。

(33) ABE

**解析:** 地理信息系统的设计,应包括以下多项设计文档:需求规格说明书;系统设计;数据库设计;详细设计说明书。

(34) ABE

**解析:** 评审的内容和要求有:①评审依据;②评审目的;③依据评审的具体内容确定评审方式;④参加评审人员。

(35) CD

**解析:** 本题考查测绘标准的分类。《工程测量规范》属于获取与处理类标准;《基础地理信息标准数据基本规定》属于成果与服务类标准;《导航电子地图安全处理技术基本要求》《测绘作业人员安全规范》属于管理类标准;《公开版地图质量评定标准》属于检验与测试类标准。

(36) BDE

**解析:** 大地测量专业包括:平面控制测量、高程控制测量、重力测量、大地测量计算等。选项 B、D、E(摄影测量、变形测量、库区淹没测量)不属于大地测量专业。

(37) AD

**解析:** 根据技术设计书的编写要求,技术设计实施前,承担设计任务的单位或部门的总工程师或技术负责人负责对测绘技术设计进行策划,并对整个设计过程进行控制。必要时,亦可指定相应的技术人员负责。

## 10.4 高频真题综合分析

### 10.4.1 高频真题——测绘技术设计编写

◀ 真 题 ▶

【2011,64】 下列单位中,负责测绘项目设计的是( )。
　　　　　A. 承担项目的法人单位　　　　　B. 项目质检单位
　　　　　C. 项目委托单位　　　　　　　　D. 项目监理单位

【2014,58】 根据《测绘技术设计规定》(CH/T 1004—2005),下列人员中,负责确定设计输入并形成书面文件的是( )。
　　　　　A. 技术设计负责人　　　　　　　B. 设计策划负责人
　　　　　C. 单位总工程师　　　　　　　　D. 技术设计人员

【2016,51】 根据《测绘技术设计规定》(CH/T 1004—2005),下列有关单位中,负责编写测绘专业技术设计的是( )
　　　　　A. 承担项目的法人单位　　　　　B. 承担相应测绘专业任务的法人单位
　　　　　C. 项目的监理单位　　　　　　　D. 项目立项报批单位

◀ 真题答案及综合分析 ▶

**答案:** A　A　B

**解析:** 以上 3 题,考核的知识点是测绘技术设计编写负责人的相关内容。

《测绘技术设计规定》(CH/T 1004—2005)中,项目设计是对测绘项目进行的综合性整体设计,一般由承担"项目"的法人单位负责编写;专业技术设计是对测绘专业活动的技术要求进行设计,是在项目设计基础上按照测绘活动内容进行的具体设计,由具体承担相应测绘专业任务的法人单位负责编写。

### 10.4.2 高频真题——测绘技术设计审批与实施

◀ 真 题 ▶

【2011,65】 关于测绘项目技术设计文件实施条件的说法,正确的是( )。
　　　　　A. 报项目委托单位备案　　　　　B. 报项目委托单位审批
　　　　　C. 报项目设计负责人审批　　　　D. 报项目承担单位批准

【2012,93】 下列关于测绘技术设计文件实施的说法中,正确的有( )。
　　　　　A. 专业技术设计书经项目承担单位评审、验证和审批后,即可实施

B. 技术设计更改单报项目委托单位备案后,即可实施

C. 技术设计更改单经项目承担单位评审、验证和审批后,即可实施

D. 专业技术设计书经项目委托单位审批后,即可实施

E. 项目技术设计书经项目委托单位审批后,即可实施

【2014,94】 根据《测绘技术设计规定》(CH/T 1004—2005),下列工作中,由承担项目的法人单位负责实施的有(    )。

  A. 技术策划      B. 技术设计

  C. 技术评审      D. 设计验证

  E. 设计审定

【2016,50】 根据《测绘技术设计规定》(CH/T 1004—2005),测绘技术设计文件的审批主体是(    )。

  A. 承担测绘任务的单位技术负责人

  B. 测绘任务的委托单位

  C. 测绘任务的监理单位

  D. 承担测绘任务的法人单位

◀ 真题答案及综合分析 ▶

**答案:** B DE ABDE B

**解析:** 以上4题,考核的知识点是测绘技术设计审批与实施的相关内容。

根据《测绘技术设计规定》(CH/T 1004—2005)第5.6.3.2条,设计文件(包括项目技术设计书、专业技术设计书、技术设计更改单等)经审核签字后,一式二至四份报测绘任务委托单位审批。项目技术设计书经项目委托单位审批后,即可实施。

### 10.4.3 高频真题——测绘技术设计原则

◀ 真 题 ▶

【2011,65】 根据《测绘技术设计规范》(CH/T 1004—2005),下列内容中,属于测绘技术设计应遵照的基本原则是(    )。

  A. 充分考虑顾客的要求,引用适用的国家、行业或地方标准

  B. 优先采用成本最低、经济效益最高的设计方案

  C. 优先采用纯内业作业的设计方案

  D. 优先采用作业单位最熟悉的设计方案

【2015,49】 下列关于测绘技术设计原则的说法中,错误的是(    )。

  A. 技术设计持续改进原则

  B. 引用适用的国家和行业技术标准

  C. 积极采用新技术、新工艺、新方法原则

  D. 考虑顾客的要求和市场的需求

◀ 真题答案及综合分析 ▶

**答案:** A  A

**解析:** 以上2题,考核的知识点是关于技术设计的基本原则。

《测绘技术设计规定》(CH/T 1004—2005)第4.5条,技术设计应遵照以下基本原则:

(1)技术设计应依据技术输入内容,充分考虑顾客的要求,引用适用的国家、行业或地方的相关标准,重视社会效益和经济效益。

(2)技术设计方案应先考虑整体而后局部,且顾及发展;要根据作业区实际情况,考虑作业单位的资源条件(如人员的技术能力和软、硬件配置情况等),挖掘潜力,选择最适用的方案。

(3)积极采用适用的新技术、新方法和新工艺。

(4)认真分析和充分利用已有的测绘成果(或产品)和资料;对于外业测量,必要时应进行勘察,并编写踏勘报告。

### 10.4.4 高频真题——测绘技术设计内容

◀ 真 题 ▶

【2011,80】 根据《测绘技术设计规定》(CH/T 1004—2005),下列内容中,不属于测绘项目技术设计书内容的是(　　)。
A. 进度安排和经费计算　　　　B. 引用文件
C. 质量评价　　　　　　　　　D. 设计方案

【2011,97】 1∶2000地形图数字航空摄影测量任务,一般应编制的专业技术设计有(　　)。
A. 航空摄影测量内业专业技术设计　B. 基础控制测量专业技术设计
C. 数字航空摄影专业技术设计　　　D. 权属调查专业技术设计
E. 航空摄影测量外业专业技术设计

【2012,50】 根据《测绘技术设计规定》(CH/T 1004—2005),下列内容中,不属于大地测量专业技术设计内容的是(　　)。
A. 测区自然地理概况和已有资料情况
B. 选点、埋石设计方案
C. 平面控制测量设计方案
D. 大地测量数据质量检查报告

【2013,66】 根据《测绘技术设计规范》(CH/T 1004—2005),下列设计书组成要素中,属于"设计方案"内容的是(　　)。
A. 已有资料情况　　　　　　　B. 质量保证措施和要求
C. 引用文件　　　　　　　　　D. 成果主要技术指标和规格

【2013,82】 根据《测绘技术设计规定》(CH/T 1004—2005),下列文件中,属于测绘技术设计文件的有(　　)。
A. 项目设计书　　　　　　　　B. 专业技术设计书
C. 设计评审意见　　　　　　　D. 设计审批意见

E. 技术设计更改单

**【2014,56】** 根据《测绘技术设计规定》(CH/T 1004—2005),下列工序中,不属于摄影测量工序的是( )。

  A. 控制测量        B. 空中三角测量
  C. 数据编辑        D. 电子地图制作

**【2014,57】** 根据《测绘技术设计规定》(CH/T 1004—2005),测绘项目设计书中的"质量保证措施和要求"不包括( )。

  A. 组织管理措施      B. 工期保障措施
  C. 质量控制措施      D. 数据安全措施

**【2015,56】** 某测绘单位承担了某市1∶2000地形图数字航空摄影测量任务,下列测绘技术设计内容中,不包含在该项目技术设计范围内的是( )。

  A. 项目设计        B. 基础控制专业技术设计
  C. 数字航空摄影专业技术设计   D. 权属调查专业技术设计

**【2016,94】** 根据《测绘技术设计规定》(CH/T 1004—2005),项目设计书中质量保证措施和要求的内容包括( )。

  A. 组织管理   B. 资源保证   C. 质量控制
  D. 测绘作业安全   E. 数据安全

**【2016,95】** 根据《测绘技术设计规定》(CH/T 1004—2005),项目设计书对项目进度安排的内容包括( )。

  A. 划分作业区的困难类别
  B. 项目工程价格
  C. 根据设计方案分别计算统计各工序的工作量
  D. 说明计划投入的生产实力
  E. 参照有关生产定额,分步列出年度进度计划和各工序衔接计划

◀ 真题答案及综合分析 ▶

**答案:** C   ACE   D   B   AB   D   B   D   ABCE   ACDE

**解析:** 以上10题,考核的知识点是测绘技术设计的相关内容。

  测绘项目技术设计书的内容包括:①概述;②作业区自然地理概况和已有资料情况;③引用文件;④成果主要技术指标和规格;⑤设计方案;⑥进度安排和经费预算;⑦附录。

  《测绘技术设计规定》(CH/T 1004—2005)附录中规定了各专业技术设计内容。如附录F1条规定,大地测量专业技术设计的主要内容包括任务概述、测区自然地理概况和已有资料情况、引用文件、主要技术指标和设计方案。

### 10.4.5 高频真题——测绘技术设计评审与审核依据

◀ 真 题 ▶

**【2013,65】** 根据《测绘技术设计规范》(CH/T 1004—2005),下列文件中,不属于设计审

核依据的是（　　）。
A. 设计策划文件　　　　　　　B. 设计输入文件
C. 设计评审报告　　　　　　　D. 设计验证报告

【2013,67】下列单位中,负责测绘技术设计文件审核的是（　　）。
A. 承担测绘生产任务验收的单位　B. 测绘任务的委托单位
C. 承担测绘技术设计任务的单位　D. 承担测绘任务的法人单位

【2016,49】根据《测绘技术设计规定》(CH/T 1004—2005),设计评审的依据是（　　）。
A. 设计输入内容　　　　　　　B. 技术设计文件
C. 测绘合同　　　　　　　　　D. 设计验收报告

【2016,48】根据《测绘技术设计规定》(CH/T 1004—2005),技术设计文件中采用新技术、新方法、新工艺的应进行验证。下列验证方法中,不宜采用的是（　　）。
A. 试验　　　　　　　　　　　B. 模拟
C. 试用　　　　　　　　　　　D. 对照类似的测绘成果

【2015,54】根据《测绘技术设计规定》(CH/T 1004—2005),设计评审的依据是（　　）。
A. 设计输入内容　　　　　　　B. 技术设计文件
C. 测绘项目价格　　　　　　　D. 设计验证报告

【2016,50】根据《测绘技术设计规定》(CH/T 1004—2005),测绘技术设计文件的审批主体是（　　）。
A. 承担测绘任务的单位技术负责人　B. 测绘任务的委托单位
C. 测绘任务的监理单位　　　　　D. 承担测绘任务的法人单位

◀ 真题答案及综合分析 ▶

**答案**：A　D　A　D　A　B

**解析**：以上6题,考核的知识点是测绘技术设计的设计评审与审核等相关内容。
《测绘技术设计规定》(CH/T 1004—2005)第5.6.2条规定,属于设计审核依据的有：①设计输入；②设计输出；③设计评审；④设计验证。
《测绘技术设计规定》第5.4.2条（设计评审的实施方法）规定,设计评审的主要内容和要求如下：
(1)评审依据：设计输入的内容。
(2)评审目的：评价技术设计文件满足要求（主要是设计输入要求）的能力,识别问题并提出必要的措施。
(3)评审内容：送审的技术设计文件或设计更改内容及其有关说明。
(4)评审方式：依据评审的具体内容确定评审的方式,包括传递评审、会议评审以及有关负责人审核等。
(5)参加评审人员：评审负责人,与所评审的设计阶段有关的职能部门的代表,必要时邀请的有关专家等。

# 11 质量管理体系

## 11.1 考点分析

1）四个版本的 ISO 9000 族标准

(1)1987 年版 ISO 9000 族标准。
(2)1994 年版 ISO 9000 族标准。
(3)2000 年版 ISO 9000 族标准。
(4)2008 年版 ISO 9000 族标准。

2）2000 年版 ISO 9000 族标准的四大核心标准

(1)ISO 9000 质量管理体系　基础和术语。
(2)ISO 9001 质量管理体系　要求。
(3)ISO 9004 质量管理体系　业绩改进指南。
(4)ISO 19011 质量和(或)环境管理体系审核指南。

3）我国贯彻 ISO 9000 族标准状况

(1)1987 年版 ISO 9000 族标准发布后，我国即开始对 ISO 9000 族标准进行研究和转换。
(2)1988 年 12 月，我国发布等效采用的 GB/T 10300 系列标准。
(3)1992 年 10 月，我国发布等同采用的 GB/T 19000 系列标准。
(4)ISO 9000 族标准 1994 年和 2000 年换版工作，我国均以最快的速度组织完成。

4）"质量管理"的 8 项原则

"质量管理"的原则包括：①以顾客为关注焦点原则；②领导作用原则；③全员参与原则；④过程方法原则；⑤管理的系统方法原则；⑥持续改进原则；⑦基于事实的决策方法原则；⑧互利的供方关系原则。

5）"质量管理体系"的 12 项基本原理

"质量管理体系"的基本原理包括：①质量管理体系说明；②质量管理体系要求与产品要求；③质量管理体系方法；④过程方法；⑤质量方针和质量目标；⑥最高管理者在质量管理体系中的作用；⑦文件；⑧质量管理体系评价；⑨持续改进；⑩统计技术的作用；⑪质量管理体系与其他管理体系的关注点；⑫质量管理体系与优秀模式之间的关系。

6）测绘单位贯标工作的目的

为了和国际接轨，提高质量管理水平，更好地满足顾客对测绘产品的需求和期望，提高整体效率和市场竞争能力，增加利润。

7）质量管理体系文件的形成需要考虑的因素

具体包括：

(1)标准的各项要求。
(2)产品的特性及复杂程度。
(3)产品满足法律法规等要求。
(4)组织的管理水平与装备水平。
(5)各级人员的素质与能力。
(6)质量经济性与效率等。

8)选择咨询机构需要考虑的因素

具体包括：
(1)具有法律地位的实体,能够独立地承担民事责任。
(2)经国家认证认可监督管理委员会(简称国家认监委)批准。
(3)机构实力强。尤其是熟悉测绘行业,具有对测绘单位开展咨询的业绩。
(4)受测绘行政、质量和专业技术等部门所推荐。

9)选择认证机构需要考虑的因素

具体包括：
(1)顾客是否提出了需获得某一特定认证机构认证的特殊要求。
(2)认证机构是否获得国家认监委批准,业绩与服务是否为你或你的顾客所熟悉。
(3)认证机构的认证业务范围是否包括测绘产品。
(4)认证机构是否具有公正地位。
(5)认证机构的收费标准和收费情况能否被接受。
(6)了解认证机构实施质量管理体系审核、评定和注册的有关信息,对认可标志和认证证书的使用有何限制等。

10)贯标工作的组织步骤实施
(1)组织策划和领导投入阶段。时间一般需要1个月左右。
(2)体系总体设计和资源配备阶段。时间需要1个月左右。
(3)文件编制阶段。时间一般需要3个月左右。
(4)质量管理体系运行和实施阶段。时间一般应不少于3个月。
(5)审核、评审和体系改进阶段。质量管理体系运行满足要求,向认证机构提出认证申请。

11)质量管理体系文件的划分

质量管理体系文件分为：①质量方针；②质量目标；③质量手册；④程序文件；⑤作业文件；⑥规范；⑦记录；⑧质量计划。

12)质量管理体系文件的编写原则

质量管理体系文件的编写原则如下：①系统协调原则；②整体优化原则；③采用过程方法原则；④操作实施和证实检查的原则。

13)质量手册的性质

质量手册对组织的质量管理体系作出系统、纲领性的阐述,反映了组织质量管理体系的基本结构和全貌。

质量手册是相对稳定并需长期遵循的文件,是组织必须遵守的纲领和指南,用以协调一切质量活动和约束人们的行为。

14)程序文件的基本内容

(1)质量管理体系过程和活动的目的、范围。

(2)与过程和活动相关的管理、执行和验证部门及人员的职责和权限。

(3)控制活动和过程的顺序、方法、时间、地点,依据的文件和规范,采用的设备和工具,应形成必要的记录以及信息传递的接口和方式等。

(4)规定和设计记录格式。

15)质量计划的内容

质量计划内容包括:计划目标、资源提供、活动和过程顺序、控制准则要求、人员职责权限、获得结果证据和计划时限。

16)作业文件的种类

包括作业指导书、工艺文件、图式、规范、规程、规章、制度、标准、细则、范例、图表和记录格式等。

17)记录

记录来自质量体系实施和产品形成的过程和结果,是体现客观证据的文件。记录表格应精心设计。

18)质量管理体系的认证程序

(1)提交认证申请书。

(2)审核组按计划抵达现场审核。

(3)审核组提交不合格报告。

(4)明确是否推荐认证。

(5)提出年度监督审核和安排换证复评。

19)质量管理体系的运行与持续改进

流程如下:①培训;②试运行;③整改;④运行前准备工作;⑤质量管理体系正式运行。

20)质量体系持续有效运行的条件

质量体系持续有效运行必须做到以下几点:

(1)各种程序文件和作业指导书被测绘职工理解、可有效控制测绘产品质量;

(2)严格执行质量管理体系文件的要求,树立正确质量意识,规范作业;

(3)认真做好质量记录,应采取措施确保所有质量记录真实、准确、齐全;

(4)处理好执行文件与群众性技术革新的矛盾;

(5)运行初期,在规定的内审频次之外,增加审核验证工作,以验证质量管理体系的适宜性、有效性。

## 11.2 例　　题

1)单项选择题(每题1分。每题的备选项中,只有1个最符合题意)

(1)关于贯标工作的组织步骤实施,以下描述不正确的是(　　)。

　　A.组织策划和领导投入阶段,时间一般需要约1个月

B. 体系总体设计和资源配备阶段,时间需要1个月左右

C. 文件编制阶段,时间一般需要3个月左右

D. 质量管理体系运行和实施阶段,时间需要1个月左右

(2)以下选项中,不属于质量管理体系文件编写原则的是(　　)。

A. 系统协调原则　　　　　　　　B. 采用过程方法原则

C. 经济优先原则　　　　　　　　D. 整体优化原则

(3)下列选项中,不属于2000年版ISO 9000族标准四大核心标准的是(　　)。

A. ISO 9000 质量管理体系　基础和术语

B. ISO 9001 质量管理体系　要求

C. ISO 10012 测量控制系统

D. ISO 19011 质量和环境管理体系　审核指南

(4)质量管理的8项原则中不包括(　　)。

A. 持续改进原则　　　　　　　　B. 守时、守信原则

C. 领导作用原则　　　　　　　　D. 过程方法原则

(5)下列标准中,属于支持性标准的是(　　)。

A. ISO 9000 质量管理体系　基础和术语

B. ISO 9000 质量管理体系　要求

C. ISO 90011 质量和环境管理体系审核指南

D. ISO 10012 测量控制系统

(6)质量管理体系文件的记录形式分为格式化和(　　)两种。

A. 复制　　　　B. 非格式化　　　　C. 修改　　　　D. 调整

(7)在合同条件下或第三方认证情况下,可以作为质量管理体系的证实文件和认证的依据的是(　　)。

A. 质量方针　　　B. 质量手册　　　C. 程序文件　　　D. 作业文件

(8)下列不属于工程质量控制设计内容的是(　　)。

A. 精度控制措施　　　　　　　　B. 资源保证措施

C. 质量控制措施　　　　　　　　D. 数据安全措施

(9)(　　)测绘单位按照国家的《质量管理和质量保证》标准,推行全面质量管理,建立和完善测绘质量体系,必须要通过ISO 9000系列质量保证体系认证。

A. 甲级　　　B. 乙级及以上　　　C. 丙级及以上　　　D. 丁级及以上

(10)(　　)应与质量方针保持一致,它是质量方针在阶段性的要求,是明确的可测量考核的指标和目标。

A. 质量计划　　　B. 质量目标　　　C. 质量手册　　　D. 程序文件

(11)2000年版ISO 9000族标准是面向21世纪的质量管理标准,目前仅有(　　)个标准。

A. 4　　　　B. 5　　　　C. 6　　　　D. 8

(12)(　　)是描述组织质量管理体系的纲领性文件,其详略程度由组织自行决定。

A. 作业文件　　　B. 质量方针　　　C. 质量手册　　　D. 程序文件

(13)下列行为中,属于测绘单位中层领导在质量管理体系运行中的职责的是(　　)。

A. 重视目标管理,实行目标分解,对质量目标的实现情况进行监督检查,有效地将

质量目标落实到全体职工,共同为实现质量目标努力工作

B. 组织贯彻质量政策、法规和指令,采取有效措施使质量方针为全体职工理解、掌握并贯彻执行

C. 深刻理解、积极贯彻质量方针,做到以身示范

D. 实现质量方针,重视资源投入,保证人员素质与产品质量相适应

(14)在整个贯标策划中,认证活动部署程序中不包括( )。

A. 实施贯标　　　　　　　　　B. 文件编写
C. 做好各项质量管理体系的要求　D. 实施认证

(15)根据《测绘生产质量管理规定》,下列职责中,不属于测绘单位法定代表人质量管理职责的是( )。

A. 签发质量手册　　　　　　　B. 确定本单位的质量目标
C. 签发作业指导书　　　　　　D. 建立本单位的质量体系

(16)2000年版ISO 9000族标准第一次提出( )的8项原则。

A. 产品规划　　B. 质量管理　　C. 质量方针　　D. 管理方针

(17)测绘单位确定开展贯标工作,一般应选择( )帮助建立质量管理体系。

A. 咨询机构　　　　　　　　　B. 认证机构
C. 测绘地理信息主管部门　　　D. 监理单位

(18)( )需具有操作性,是策划和管理质量活动的基本文件,是质量手册的支持性文件。

A. 规范文件　　B. 程序文件　　C. 记录文件　　D. 作业文件

(19)设定标准(根据质量要求)、测量结果、判定是否达到预期要求,对质量问题采取措施进行矫正、补救,并防止再发生的过程称为( )。

A. 制定标准　　B. 质量标准审核　　C. 产品检查　　D. 质量控制

(20)下列情况中,测绘单位贯标的组织与实施的说法,其中错误的是( )。

A. 组织策划和领导投入阶段的时间一般需要约1个月

B. 质量管理体系运行和实施阶段的时间一般应在3个月之内完成

C. 文件编制阶段需要依据体系总体设计方案,拟订体系文件的类型、层次和结构等

D. 体系总体设计和资源配备阶段需要制定质量方针和质量目标

(21)( )是在现有质量管理体系文件不能满足控制要求时,方需编制。

A. 质量方针　　B. 质量计划　　C. 质量手册　　D. 程序文件

(22)质量控制分为( )的质量控制和狭义的质量控制。

A. 广义　　　　B. 整体　　　　C. 局部　　　　D. 宏观

(23)ISO 9000族标准于( )发布后,我国开始对ISO 9000族标准进行研究和转换为我国国家标准的工作。

A. 1984年　　　B. 1987年　　　C. 1988年　　　D. 1994年

(24)在整个贯标策划中,对认证活动的部署和计划安排顺序正确的是( )。

A. 实施认证→做好各项质量管理体系的要求→实施贯标

B. 做好各项质量管理体系的要求→实施认证→实施贯标

C. 实施认证→实施贯标→做好各项质量管理体系的要求

D. 实施贯标→做好各项质量管理体系的要求→实施认证

(25)(　　)是质量管理的一部分,致力于满足质量要求,是企业全面质量管理的重要部分,也是企业生产经营控制的一个重要内容。
　　A.进度控制　　　B.成本控制　　　C.质量控制　　　D.管理控制
(26)(　　)ISO 9000族标准强调质量管理体系要求和产品要求应明确区分。
　　A.2000年版　　　B.1994年版　　　C.1992年版　　　D.1988年版
(27)质量方针由(　　)批准颁布,形成文件。
　　A.注册测绘师　　B.技术负责人　　C.总工程师　　　D.最高管理者

2)多项选择题(每题2分。每题的备选项中,有2个或2个以上符合题意,至少有1个错项。错选,本题不得分;少选,所选的每个选项得0.5分)

(28)2000年版ISO 9000质量管理体系标准的质量管理原则有(　　)。
　　A.经济原则　　　　　　　　　B.进度原则
　　C.全员参与原则　　　　　　　D.以顾客为关注焦点原则
　　E.管理的系统方法原则
(29)关于我国贯彻ISO 9000族标准状况,以下描述正确的有(　　)。
　　A.我国虽然不是ISO组织的成员国,但一直积极参加标准的建立工作
　　B.我国自1984年开始,即开始对ISO 9000族标准进行研究和转换
　　C.1988年12月,我国发布等效采用的GB/T 10300系列标准
　　D.1992年10月,我国发布等同采用的GB/T 19000系列标准
　　E.对ISO 9000族标准的修改、换版,我国有关部门一直采取同步跟踪的做法
(30)质量管理体系文件的形成,需要考虑的因素有(　　)。
　　A.各级人员的素质与能力　　　B.单位的办公条件情况
　　C.组织的管理水平与装备水平　D.单位人员组成的年龄结构
　　E.产品的特性及复杂程度
(31)质量管理体系文件编写原则有(　　)。
　　A.经济优先原则　　　　　　　B.操作实施和证实检查的原则
　　C.系统协调原则　　　　　　　D.整体优化原则
　　E.简单易行原则
(32)下列选项中,属于质量管理的8项原则的是(　　)。
　　A.整体优化原则　　　　　　　B.持续改进原则
　　C.互利的供方关系原则　　　　D.局部优化原则
　　E.全员参与原则
(33)2000年版ISO 9000族标准四大核心标准为(　　)。
　　A.ISO 9000质量管理体系　基础和术语
　　B.ISO 9001质量管理体系　要求
　　C.ISO 9004质量管理体系　业绩改进指南
　　D.ISO 10012测量控制系统
　　E.ISO 19011质量和(或)环境管理体系审核指南
(34)2000年版ISO 9000族标准中的质量管理的基本原理有(　　)。
　　A.质量管理体系说明　　　　　B.质量管理体系方法

C. 质量方针和质量目标 　　　　　　D. 标准的应用
E. 持续改进

(35) 下列职责中,属于质量主管负责人职责的是(　　)。
A. 编制年度质量计划
B. 负责质量方针与质量目标的贯彻实施
C. 组织实施内部的质量审核工作
D. 处理生产过程中的重大技术问题
E. 处理生产过程中的质量争议

(36) 质量计划内容包括(　　)。
A. 计划目标 　　　　　　　　　　B. 资源提供
C. 作业文件 　　　　　　　　　　D. 人员职责权限
E. 规范文件

## 11.3　例题参考答案及解析

1) 单项选择题(每题1分。每题的备选项中,只有1个最符合题意)

(1) D

**解析:** 关于贯标工作的组织步骤实施:组织策划和领导投入阶段,时间一般需要约1个月;体系总体设计和资源配备阶段,时间需要1个月左右;文件编制阶段,时间一般需要3个月左右;质量管理体系运行和实施阶段,时间一般应不少于3个月。选项D,描述不正确。

(2) C

**解析:** 质量管理体系文件的编写原则有:系统协调原则;整体优化原则;采用过程方法原则;操作实施和证实检查的原则。选项C(经济优先原则),不属于质量管理体系文件的编写原则。

(3) C

**解析:** 2000版ISO 9000族标准四大核心标准是:①ISO 9000质量管理体系基础和术语;②ISO 9001质量管理体系要求;③ISO 9004质量管理体系业绩改进指南;④ISO 19011质量和环境管理体系审核指南。

(4) B

**解析:** 质量管理的8项原则为:①以顾客为关注焦点原则;②领导作用原则;③全员参与原则;④过程方法原则;⑤管理的系统方法原则;⑥持续改进原则;⑦基于事实的决策方法原则;⑧互利的供方关系原则。选项B(守时、守信原则),不属于质量管理的原则。

(5) D

**解析:** 本题考查2000版ISO 9000族标准。属于支持性标准的是ISO 10012测量控制系统。

(6) B

**解析:** 质量管理体系文件的记录形式有两种:格式化记录形式和非格式化记录形式。

(7) B

**解析:** 质量手册是相对稳定并需长期遵循的文件,是组织必须遵守的纲领和指南,用以协调一切质量活动和约束人们的行为。在合同条件下或第三方认证情况下,"质量手册"还可以作为质量管理体系的证实文件和认证的依据。

(8) A

**解析**：工程质量控制设计的主要内容包括：资源保证措施、质量控制措施、数据安全措施、组织管理措施。选项 A(精度控制措施)，不属于工程质量控制设计的内容。

(9) A

**解析**：测绘单位应当按照国家的《质量管理和质量保证》标准，推行全面质量管理，建立和完善测绘质量体系。甲级单位应当通过 ISO 9000 系列质量保证体系认证；乙级测绘单位应当通过 ISO 9000 系列质量保证体系认证，或者通过省级测绘地理信息主管部门考核；丙级测绘单位应当通过 ISO 9000 系列质量保证体系认证，或者通过设区的市(州)级以上测绘地理信息主管部门考核；丁级测绘单位应当通过县级以上测绘地理信息主管部门考核。

(10) B

**解析**：质量目标是组织在质量上所追求的目的。"质量目标"应与质量方针保持一致，它是质量方针在阶段性的要求，是明确的可测量考核的指标。

(11) B

**解析**：2000 版 ISO 9000 族标准的特点是：标准数量减少了(目前仅有 5 个标准)、通用性更强了。

(12) C

**解析**：质量手册是向组织的内部和外部提供质量管理体系的一致信息的文件。"质量手册"是描述组织质量管理体系的纲领性文件，其详略程度由组织自行决定。

(13) C

**解析**：本题考查测绘质量管理职责。选项 A、B、D 均为测绘单位最高领导层在质量管理体系运行中的职责；选项 C，是测绘单位中层领导在质量管理体系运行中的职责。

(14) B

**解析**：本题考查质量管理体系的审核与认证。在整个贯标策划中，对认证活动的部署和计划应予以安排。认证活动部署程序包括：①实施贯标；②做好各项质量管理体系的要求；③实施认证。

(15) C

**解析**：根据《测绘生产质量管理规定》，测绘单位的法人代表，其职责包括：确定本单位的质量方针和质量目标，签发质量手册，建立本单位的质量体系并保证有效运行，对本单位提供的测绘成果承担质量责任。选项 C(签发作业指导书)，不属于测绘单位法人代表的职责。

(16) B

**解析**：本题考查 ISO 9000 族标准的基本知识。2000 版 ISO 9000 族标准第一次提出了"质量管理"的 8 项原则。

(17) A

**解析**：本题考查我国测绘单位贯标的组织与实施情况。测绘单位确定开展贯标工作，一般应选择"咨询机构"帮助建立质量管理体系。

(18) B

**解析**："程序文件"需具有操作性，是策划和管理质量活动的基本文件，是质量手册的支持性文件。

(19) D

**解析**：本题主要考查"质量控制"的概念。质量控制是一个设定标准(根据质量要求)、测量结果、判定是否达到预期要求,对质量问题采取措施进行矫正、补救,并防止再发生的过程。通过质量控制能够有效地使各项质量活动及结果达到质量要求。

(20)B

**解析**:本题考查测绘单位贯标的组织与实施步骤。质量管理体系运行和实施阶段,包括:质量手册、程序文件和其他质量文件发放到位;各级人员进行文件的学习;质量管理体系运行和改进等。其时间一般应不少于3个月。选项B,描述不正确。

(21)B

**解析**:本题主要考查质量管理体系文件的划分。"质量方针"是由最高管理者批准颁布,形成文件;"质量计划"是在现有质量管理体系文件不能满足控制要求时,方需编制;"质量手册"是描述组织质量管理体系的纲领性文件,其详略程度由组织自行决定;"程序文件"是控制质量活动和过程的信息文件。

(22)A

**解析**:本题考查测绘项目质量控制的分类。质量控制分为:广义的质量控制、狭义的质量控制。

(23)B

**解析**:本题考查ISO 9000族标准的发布时间。ISO 9000族标准于1987年发布后,我国开始对ISO 9000族标准进行研究和转换为我国国家标准的工作。

(24)D

**解析**:本题考查质量管理体系的审核与认证。在整个贯标策划中,对认证活动的部署和计划应予以安排,其正确顺序为:实施贯标→做好各项质量管理体系的要求→实施认证。

(25)C

**解析**:质量控制(Quality Control,简称QC)或称品质控制,是质量管理的一部分,致力于满足质量要求,是企业全面质量管理的重要部分,也是企业生产经营控制的一个重要内容。

(26)A

**解析**:2000版ISO 9000族标准,强调其应明确区分一个是管理要求,一个是技术要求。两者相互依存,但不可替代与偏废。

(27)D

**解析**:质量管理体系文件划分为:质量方针、质量目标、质量手册、程序文件、作业文件、规范、记录、质量计划。其中,"质量方针"由最高管理者批准颁布,形成文件。

2)多项选择题(每题2分。每题的备选项中,有2个或2个以上符合题意,至少有1个错项。错选,本题不得分;少选,所选的每个选项得0.5分)

(28)CDE

**解析**:2000版ISO 9000质量管理的8项原则:①以顾客为关注焦点原则;②领导作用原则;③全员参与原则;④过程方法原则;⑤管理的系统方法原则;⑥持续改进原则;⑦基于事实的决策方法原则;⑧互利的供方关系原则。选项A(经济原则)、选项B(进度原则),不属于2000版ISO 9000质量管理原则。

(29)CDE

**解析**:本题考查我国贯彻ISO 9000族标准状况。我国是ISO组织的成员国,故A选项不对。我国自1987年开始,即开始对ISO 9000族标准进行研究和转换,故B选项不对。

1988年12月,我国发布等效采用的GB/T 10300系列标准。1992年10月,我国又发布等同采用的GB/T 19000系列标准。对ISO 9000族标准的修改、换版,我国有关部门一直采取同步跟踪的做法。选项C、D、E,描述正确。

(30)ACE

**解析:** 质量管理体系文件的形成,需要考虑的因素有:标准的各项要求;产品的特性及复杂程度;产品满足法律法规等要求;组织的管理水平与装备水平;各级人员的素质与能力;质量经济性与效率等。

(31)BCD

**解析:** 质量管理体系文件的编写原则有:系统协调原则;整体优化原则;采用过程方法原则;操作实施和证实检查的原则。

(32)BCE

**解析:** 本题考查质量管理的8项原则:①以顾客为关注焦点原则;②领导作用原则;③全员参与原则;④过程方法原则;⑤管理的系统方法原则;⑥持续改进原则;⑦基于事实的决策方法原则;⑧互利的供方关系原则。整体优化原则是质量管理体系文件的编写原则。

(33)ABCE

**解析:** 2000版ISO 9000族标准四大核心标准为:①ISO 9000质量管理体系基础和术语;②ISO 9001质量管理体系要求;③ISO 9004质量管理体系业绩改进指南;④ISO 19011质量和环境管理体系审核指南。注意:ISO 10012测量控制系统,为支持性标准,不属于四大核心标准。

(34)ABCE

**解析:** 2000版ISO 9000族标准中的质量管理的基本原理有12项,分别为:①质量管理体系说明;②质量管理体系要求与产品要求;③质量管理体系方法;④过程方法;⑤质量方针和质量目标;⑥最高管理者在质量管理体系中的作用;⑦文件;⑧质量管理体系评价;⑨持续改进;⑩统计技术的作用;⑪质量管理体系与其他管理体系的关注点;⑫质量管理体系与优秀模式之间的关系。

(35)BDE

**解析:** 质量主管负责人的职责包括:负责质量方针与质量目标的贯彻实施、处理生产过程中的重大技术问题、处理生产过程中的质量争议等。选项A(编制年度质量计划)、选项C(组织实施内部的质量审核工作),是测绘单位质量检查人员的职责。

(36)ABD

**解析:** 本题考查质量计划的编写。质量计划内容包括:计划目标、资源提供、活动和过程顺序、控制准则要求、人员职责权限、获得结果证据和计划时限。

## 11.4 高频真题综合分析

### 11.4.1 高频真题——2000年版ISO9000

◀ 真 题 ▶

【2011,100】 2000版ISO 9000质量管理体系标准的质量管理原则有( )。

A. 经济原则　　　　　　　　　B. 以顾客为关注焦点原则
C. 强制管理原则　　　　　　　D. 全员参与原则
E. 连续改进原则

【2013,88】 下列标准中,属于 2000 版 ISO 9000 族标准的核心标准有（　　）。
A. ISO 9000 质量管理体系　基础和术语
B. ISO 9001 质量管理体系　要求
C. ISO 9002 质量体系——生产和安装的质量保证模式
D. ISO 9004 质量管理体系　业绩改进指南
E. ISO 19011 质量和(或)环境管理体系审核指南

◀ 真题答案及综合分析 ▶

**答案**：BDE　　ABDE

**解析**：以上 2 题,考核的知识点是 2000 版 ISO 9000 族标准的相关知识。

2000 版 ISO 9000 质量管理体系标准的质量管理原则有"以顾客为关注焦点原则"等 8 项原则。

2000 版 ISO 9000 族标准的核心标准有：
(1) ISO 9000 质量管理体系　基础和术语；
(2) ISO 9001 质量管理体系　要求；
(3) ISO 9004 质量管理体系　业绩改进指南；
(4) ISO 19011 质量和(或)环境管理体系审核指南。

## 11.4.2　高频真题——文件和质量手册

◀ 真　题 ▶

【2012,77】 根据《质量管理体系要求》,下列内容中,不属于质量手册的内容的是（　　）。
A. 质量管理体系的范围
B. 为质量管理体系编制的形成文件的程序或对其引用
C. 质量管理体系过程之间的相互作用的表达
D. 体系所要求的形成文件的程序和记录

【2012,97】 按照《质量管理体系要求》,质量管理体系文件主要包括（　　）。
A. 质量手册
B. 形成文件的质量方针和质量目标
C. 形成文件的程序和记录
D. 文件采用的形式或类型的媒介
E. 组织确定的为确保其过程有效策划运行和控制所需的文件

【2013,60】 根据《质量管理体系要求》,下列内容中,不属于质量手册必要组成部分的是（　　）。

A. 质量管理体系的范围
B. 为质量管理体系编制的形成文件的程序或对其引用
C. 质量管理体系过程之间的相互作用的表述
D. 质量管理体系审核与认证材料

【2016,77】根据 2008 版《质量管理体系要求》，下列关于文件控制的说法中，错误的是（  ）

A. 文件经过修订更新，使用前需再次批准
B. 组织应对外来文件进行识别，并控制其分发
C. 文件经修订更新后，在任何情况下都不能使用修订更新前的文件
D. 保留作废的文件，需对其适当标识

◀ 真题答案及综合分析 ▶

**答案：** D  ABCE  D  C

**解析：** 以上 4 题，考核的知识点是质量管理体系文件和质量手册的相关内容。

（1）质量管理体系文件主要包括：形成文件的质量方针和质量目标、质量手册，形成文件的程序和记录，组织确定的为确保其过程有效策划运行和控制所需的文件。

（2）质量管理体系所要求的文件应予以控制。记录是一种特殊类型的文件，应依据要求进行控制。应编制形成文件的程序，以规定以下方面所需的控制：①为使文件是充分与适宜的，文件发布前得到批准；②必要时对文件进行评审与更新，并再次批准；③确保文件的更改和现行修订状态得到识别；④确保在使用处可获得适用文件的有关版本；⑤确保文件保持清晰、易于识别；⑥确保组织所确定的策划和运行质量管理体系所需的外来文件得到识别，并控制其分发；⑦防止作废文件的非预期使用，如果出于某种目的而保留作废文件，对这些文件进行适当的标识。

（3）质量手册包括：①质量管理体系的范围，包括任何删减的细节和正当的理由；②为质量管理体系编制的形成文件的程序或对其引用；③质量管理体系过程之间的相互作用的表述。

### 11.4.3 高频真题——质量控制

◀ 真  题 ▶

【2014,80】根据《质量管理体系要求》，下列关于不合格品控制的说法中，正确的是（  ）。

A. 不合格品得到纠正后即可交付使用
B. 经有关授权人员批准，适用时经顾客批准，让步使用、放行或接收不合格品
C. 不合格品的销毁可不做记录
D. 不合格品在交付或开始使用后发现，确保收回时可不做记录

【2014,80】根据《质量管理体系要求》，下列措施中，不属于质量预防措施的是（  ）。
A. 确定不合格的原因　　　　B. 评价防止不合格发生的措施的需求

C. 确定并实施所需的措施　　　　D. 评审所采取的预防措施的有效性

【2014,80】　根据《质量管理体系要求》,下列质量控制措施中,不属于"监视和测量设备的控制"措施的是(　　)。

A. 水准仪每年进行校准或检定
B. 水准仪在使用前进行 $i$ 角检验
C. 水准仪在使用前晾置半小时,使仪器与外界温度一致
D. 水准仪使用者定期培训

【2014,100】　根据《质量管理体系要求》,持续改进质量管理体系的有效性,应采取的措施包括(　　)。

A. 质量方针和目标　　　　B. 数据分析
C. 纠正措施　　　　　　　D. 预防措施
E. 外部文件

【2015,78】　根据《质量管理体系要求》,下列质量改进措施中,不属于纠正措施的是(　　)。

A. 记录所采取措施的结果　　　　B. 确定不合格的原因
C. 消除发现的不合格　　　　　　D. 确定和实施所需的措施

【2015,100】　下列内容中,属于质量管理体系中"质量原则"的有(　　)。

A. 效益优先　　　　　　　B. 持续改进
C. 成本控制　　　　　　　D. 过程方法
E. 领导作用

【2016,100】　根据2008版《质量管理体系要求》,对不合格品处置适当的有(　　)。

A. 采取措施消除发现的不合格品
B. 不合格品纠正后即可交付使用
C. 标注说明,让步使用、放行不合格品
D. 对不合格品进行标识和隔离,并报废处理
E. 投入使用后发现的不合格品,可采用维修的方式处置

◀ 真题答案及综合分析 ▶

**答案**:B　A　D　BCD　C　BDE　AC

**解析**:以上7题,考核的知识点是质量管理体系的质量控制问题。

2008版《质量管理体系要求》(GB/T 19001—2008/ISO 9001:2008)对质量管理体系的质量控制做出了具体的规定。

### 11.4.4　高频真题——管理者

◀ 真 题 ▶

【2012,80】　根据《质量管理体系要求》,测绘单位质量管理体系评审的主要负责人是(　　)。

A. 最高管理者 　　　　　　　B. 管理者代表
C. 技术负责人 　　　　　　　D. 质量负责人

**【2013,59】** 根据《质量管理体系要求》,下列关于管理者代表职责、权限的说法中,错误的是(　　)。

A. 确保组织内的职责、权限得到规定和沟通
B. 确保质量管理体系所需的过程得到建立、实施和保持
C. 确保在整个组织内提高满足顾客要求的意识
D. 向最高管理者报告质量管理体系的绩效和任何改进的需求

**【2015,79】** 根据《质量管理体系要求》,下列质量管理内容中,不属于最高管理者职责的是(　　)。

A. 处理质量争议 　　　　　　B. 确保质量目标的制定
C. 制定质量方针 　　　　　　D. 进行管理评审

**【2016,78】** 根据 2008 版《质量管理体系要求》,下列关于质量方针的说法中,错误的是(　　)。

A. 管理者代表负责制定质量方针
B. 质量方针应与组织的宗旨相适应
C. 质量方针是制定和评审质量目标的框架
D. 管理评审时应对质量方针持续的适宜性进行评审

◀ **真题答案及综合分析** ▶

**答案:** A　A　A　A

**解析:** 以上 4 题,考核的知识点是质量管理体系过程中管理者(管理者代表)的职责问题。

管理承诺最高管理者应通过以下活动,对其建立、实施质量管理体系并持续改进其有效性的承诺提供证据:①向组织传达满足顾客和法律法规要求的重要性;②制定质量方针;③确保质量目标的制定;④进行管理评审;⑤确保资源的获得。

管理者代表具有以下方面的职责和权限:①确保质量管理体系所需的过程得到建立、实施和保持;②向最高管理者报告质量管理体系的绩效和任何改进的需求;③确保在整个组织内提高满足顾客要求的意识;④就质量管理体系的有关事宜,做好与外部联络的工作。

# 12 测绘项目组织与实施管理

## 12.1 考点分析

1) 测绘项目目标管理

(1) 工期目标。工期目标就是在项目合同规定的时间内完成整个项目。

(2) 成本目标。成本目标就是完成项目所需花费的目标数额,也可称为成本预算。成本可分解为三大类成本:①人工成本;②设备折旧或租用成本;③消耗材料成本。

(3) 质量目标。质量目标就是期望项目最终能够达到的质量等级。质量等级分为合格、良好和优秀。

2) 测绘项目的人员配置

测绘项目人员配置分为:①项目负责人;②生产管理组;③技术管理组;④质量控制组;⑤后勤服务部门。

3) 测绘项目的设备配置

目前测绘项目的主要设备包括:①水准仪;②经纬仪;③全站仪;④GPS测量系统;⑤航空摄影机;⑥数字摄影测量工作站;⑦数字成图系统。这7类设备前5类属于外业设备,后2类属于内业设备。

4) 测绘项目工程的进度控制(对应于工期目标)

(1) 人员按计划落实的控制监督。所有人员按计划到作业现场。

(2) 仪器设备按计划落实的控制监督。所有仪器设备到位,且与计划一致,对仪器检定证书的原件要进行100%检查。

(3) 经常检查进度。在实施过程中要经常检查实际进度与计划进度出现的偏差,有针对性地采取措施直到测绘项目完成。

(4) 分析影响进度的因素。包括:①可能过高或过低地估计了有利因素;②工作上的失误;③不可预见事件的发生等。对影响生产进度的因素要进行科学分析,并采取有效措施进行改进。

5) 测绘项目工程的资金预算控制(对应于成本目标)

(1) 分析:测绘项目资金预算科学性、合理性。

(2) 检查:各阶段测绘项目资金预算执行与工程进度的符合性。

(3) 核查:测绘项目资金预算执行内容的完整性。测绘项目资金执行过程,其生产成本和经营成本测算,应与资金预算总额保持一致。

6) 测绘项目工程的质量控制(对应于质量目标)

(1) 质量控制的重要性

①质量控制是项目委托方投资得以最快收益的前提。

②质量控制是保证生产单位提供满足项目委托方要求成果的有力保障。
③质量控制有利于生产进度计划的顺利实施。
④质量控制是目标控制的核心。
(2)质量控制的基本依据
①测绘合同。
②技术设计书或作业指导书。
③法律和法规。
④国家规范和行业标准。
(3)质量控制的方法
对测绘成果采用"二级检查与一级验收"制度：
①测绘单位作业部门的过程检查(过程检查采用全数检查)。
②测绘单位质量管理部门的最终检查(最终检查一般采用全数检查，涉及野外检查项的一般采用抽样检查)。
③项目管理单位组织的质量验收(验收一般采用抽样检查)。

## 12.2 例 题

1)单项选择题(每题1分。每题的备选项中，只有1个最符合题意)
(1)以下选项中，不属于影响生产进度完成计划因素的是(　　)。
　　A. 过高或过低地估计了有利因素　　B. 项目委托方设计变更
　　C. 作业区空气湿度变化的影响　　　D. 作业顺序的调整
(2)以下选项中，不属于测绘项目质量控制的基本依据的是(　　)。
　　A. 测绘合同书　　　　　　　　　　B. 项目资金安排计划
　　C. 测绘技术设计书　　　　　　　　D. 有关国家规范和行业标准
(3)以下选项中，不属于测绘项目质量控制中"二级检查"制度的是(　　)。
　　A. 参与测绘生产的作业员在作业结束后必须自检
　　B. 测绘单位要设置专职检查机构和专职检查人员进行专检
　　C. 检查出来的问题的处理办法和意见，要有相应的整改记录
　　D. 测绘成果质量必须由业主委托的测绘质量检验部门进行验收
(4)下列设备中，属于内业设备的是(　　)。
　　A. 全站仪　　　　　　　　　　　　B. GPS接收机
　　C. 数字摄影测量工作站　　　　　　D. 水准仪
(5)质量控制活动的完成，一般分为标准、(　　)、纠正三个环节。
　　A. 完善　　　　B. 整改　　　　C. 信息　　　　D. 评审
(6)下列内容中，不属于工程进度设计内容的是(　　)。
　　A. 根据设计方案，分别计算统计各工序的工作量
　　B. 技术等级或精度指标设计
　　C. 根据统计的工作量和计划投入的生产实力，参照有关生产定额，分别列出年度进度
　　　 计划和各工序的衔接计划
　　D. 划分作业区的困难类别

(7)在项目组织过程中,首先要对项目目标进行分解,然后对项目的(　　)进行分解,在此基础上进行人员配备和设备配备。

  A. 经费目标  B. 生产目标  C. 作业工序  D. 精度要求

(8)测绘项目的具体内容不包括(　　)。

  A. 作业区的气候情况    B. 计算统计作业工序及其工作量

  C. 作业区的地形概括    D. 其他需要说明的作业情况

(9)(　　)就是按照时间顺序和工作性质,将项目分解为若干工序,也称子项目。

  A. 项目工序  B. 项目目标  C. 工程分解  D. 工程流程

(10)期望项目最终能够达到的质量等级的是(　　)。

  A. 精度目标  B. 成本目标  C. 质量目标  D. 工期目标

(11)项目目标可分解为工期目标、成本目标和(　　)。

  A. 管理目标  B. 精度目标  C. 设计目标  D. 质量目标

(12)质量目标就是期望项目最终能够达到的(　　)。

  A. 质量合格  B. 质量优秀  C. 质量等级  D. 质量原则

(13)根据《测绘技术设计规定》(CH/T 1004—2005),下列内容中,不属于测绘项目技术设计书内容的是(　　)。

  A. 进度安排    B. 质量评价

  C. 经费计算    D. 引用文件

(14)质量控制活动的完成,一般分为标准、信息、(　　)三个环节。

  A. 完善  B. 纠正  C. 整改  D. 评审

(15)质量控制是指(　　)。

  A. 为了使各项质量活动及结果达到质量要求

  B. 通过采取一系列的作业技术和活动对各个过程实施控制

  C. 产品质量符合规范、标准和图纸要求

  D. 确定产品质量和要求的行为

(16)项目目标可分解为工期目标、(　　)和质量目标。

  A. 管理目标  B. 精度目标  C. 成本目标  D. 人员目标

(17)测绘项目中,作业组长负责组的全面工作,作业组一般不负责(　　)。

  A. 作业组的进度    B. 经费管理

  C. 作业组的质量    D. 作业组的人员管理

(18)(　　)就是在项目合同规定的时间内完成整个项目。

  A. 工期目标  B. 质量目标  C. 成本目标  D. 管理目标

(19)在子项目中,图根测量和细部测量一般由(　　)负责。

  A. 项目负责人  B. 前期工作人员  C. 控制测量队  D. 细部测量队

(20)下列选项中,不属于工程进度设计的内容的是(　　)。

  A. 划分作业区的困难类别

  B. 测量技术流程设计

  C. 根据统计的工作量和计划投入的生产实力,参照有关生产定额,分别列出年度进度计划和各工序的衔接计划

  D. 根据设计方案,分别计算统计各工序的工作量

(21)项目目标可分解为(　　)、成本目标和质量目标。
　　A. 精度目标　　　B. 工期目标　　　C. 人员目标　　　D. 设计目标
(22)在项目组织过程中,正确的顺序为(　　)。
　　A. 目标分解→作业工序分解→人员配备和设备配备
　　B. 作业工序分解→目标分解→人员配备和设备配备
　　C. 作业工序分解→人员配备和设备配备→目标分解
　　D. 人员配备和设备配备→目标分解→作业工序分解

2)多项选择题(每题2分。每题的备选项中,有2个或2个以上符合题意,至少有1个错项。错选,本题不得分;少选,所选的每个选项得0.5分)

(23)根据测绘单位的具体情况,其成本管理的三个层次是(　　)。
　　A. 管理必须明确该测绘项目涉及的工作地点
　　B. 管理的成本就是测绘项目的直接生产费用
　　C. 管理的成本不仅包括测绘项目的直接生产费用,还包括可直接记入项目的相关费用和按规定的标准分配记入项目的承包部门费用
　　D. 管理的成本包括测绘项目承担的完全成本,它要求采用完全成本法进行管理
　　E. 管理的成本不包括机构运作成本

(24)测绘项目中,作业组长负责组的全面工作,作业组只负责(　　)。
　　A. 作业组的进度　　　　　　　　B. 经费管理
　　C. 作业组的质量　　　　　　　　D. 作业组的人员管理
　　E. 整个项目工序的协调

(25)下列设备中,属于内业设备的是(　　)。
　　A. 全站仪　　　　　　　　　　　B. 水准仪
　　C. 航空摄影机　　　　　　　　　D. 数字摄影测量工作站
　　E. 数字成图系统

(26)质量控制活动的完成,一般分为(　　)三个环节。
　　A. 纠正　　　B. 标准　　　C. 评审
　　D. 信息　　　E. 整改

(27)成本可分解为(　　)等三大类成本。
　　A. 时间成本　　　　　　　　　　B. 设备折旧或租用成本
　　C. 消耗材料成本　　　　　　　　D. 技术成本
　　E. 人工成本

(28)测绘项目中的人员配置一般分为(　　)等四个方面。
　　A. 质量控制人员　　　　　　　　B. 质量监督人员
　　C. 管理人员　　　　　　　　　　D. 技术人员
　　E. 后勤人员

(29)测绘项目中的管理人员一般分为四个层次,包括(　　)。
　　A. 项目经理　　　　　　　　　　B. 项目副经理
　　C. 作业组长　　　　　　　　　　D. 技术队长
　　E. 工序队长

(30) 下列设备中,属于外业设备的是( )。
　　A. 水准仪　　　　　　　　　　B. 数字摄影测量工作站
　　C. 航空摄影机　　　　　　　　D. GPS 测量系统
　　E. 数字成图系统
(31) 工程进度设计的内容是( )。
　　A. 测量技术流程设计
　　B. 划分作业区的困难类别
　　C. 精度指标设计
　　D. 根据设计方案,分别计算统计各工序的工作量
　　E. 根据统计的工作量和计划投入的生产实力,参照有关生产定额,分别列出年度进度计划和各工序的衔接计划

## 12.3　例题参考答案及解析

1) 单项选择题(每题1分。每题的备选项中,只有1个最符合题意)

(1) C

**解析**:影响生产进度完成计划的因素有以下几个:①过高或过低地估计了有利因素;②项目委托方设计要求的变更;③作业顺序的调整;④不可预见事件的发生,包括政治、经济及自然等方面。

(2) B

**解析**:测绘项目质量控制的基本依据有:①项目合同文件(测绘合同书);②测绘技术设计书或作业指导书;③有关测绘的法律、法规;④有关质量检查检验的国家规范和行业标准。

(3) D

**解析**:测绘项目质量控制中"二级检查"制度是:测绘生产单位要进行自检与专检。选项D(测绘成果质量必须由业主委托的测绘质量检验部门进行验收)是验收,不属于"二级检查"制度范畴。

(4) C

**解析**:本题考查测绘项目组织中设备的配备。测绘外业设备有:水准仪、经纬仪、全站仪、GPS 测量系统、航空摄影机等;测绘内业设备有:数字摄影测量工作站、数字成图系统等。

(5) C

**解析**:本题考查质量控制的主要环节。质量控制活动的完成,一般分为三个环节:①标准;②信息(反馈);③纠正。

(6) B

**解析**:工程进度设计的内容,包括:划分作业区的困难类别,根据统计的工作量和计划投入的生产实力,参照有关生产定额,分别列出年度进度计划和各工序的衔接计划,并根据设计方案,分别计算统计各工序的工作量。选项B(技术等级或精度指标设计),不属于工程进度设计的内容。

(7) C

**解析**:本题考查测绘项目组织。项目组织的好坏直接决定了项目的成本、项目的工期以及项目的质量。在项目组织过程中,首先要对"项目目标"进行分解,然后对项目的"作业工序"

进行分解,在此基础上进行人员配备和设备配备。

(8) B

**解析:** 本题考查测绘项目内容,包括作业区的地形概括、作业区的气候情况、其他需要说明的作业情况。

(9) A

**解析:** 本题考查项目工序的内容。项目工序,就是按照时间顺序和工作性质,将项目分解为若干工序,也称子项目。

(10) C

**解析:** 本题考查质量目标的概念。"质量目标",就是期望项目最终能够达到的质量等级。

(11) D

**解析:** 测绘项目组织中,项目目标可分解为:工期目标、成本目标、质量目标。

(12) C

**解析:** 本题主要考查质量目标的概念。质量目标就是期望项目最终能够达到的质量等级。质量等级分为:合格、良好和优秀。

(13) B

**解析:** 测绘项目技术设计书的内容,包括:作业或成果的坐标系、高程基准、时间系统、投影方法,引用文件,明确技术等级或精度指标,经费计算,进度安排等。

(14) B

**解析:** 本题考查质量控制的主要环节。质量控制活动的完成,一般分为三个环节:①标准;②信息(反馈);③纠正。

(15) A

**解析:** 质量控制的目的是保证质量,满足要求。质量控制,是指为了使各项质量活动及结果达到质量要求。

(16) C

**解析:** 本题考查项目目标与工序分解的内容。项目目标可分解为:工期目标、成本目标、质量目标。

(17) B

**解析:** 测绘项目中的管理人员一般分为4个层次,即①项目经理;②项目副经理;③工序队长;④作业组长。作业组长负责组的全面工作,包括作业组的进度、质量和人员管理等工作,作业组一般不负责经费管理。

(18) A

**解析:** 项目目标可分解为:工期目标、成本目标、质量目标。"工期目标"是在项目合同规定的时间内完成整个项目。

(19) D

**解析:** 项目工序就是按照时间顺序和工作性质,将项目分解为若干工序,也称子项目。不同工序可由不同的人员来完成。例如:收集资料一般由项目负责人和前期工作人员来完成;项目技术设计一般由项目技术负责人来完成;控制测量由控制测量队负责;图根测量和细部测量一般由细部测量队负责;检查验收工作由专门的队伍负责。

(20) B

**解析:** 工程进度设计应对以下内容做出规定:①划分作业区的困难类别;②根据设计方

案,分别计算统计各工序的工作量;③根据统计的工作量和计划投入的生产实力,参照有关生产定额,分别列出年度进度计划和各工序的衔接计划。选项B(测量技术流程设计),不属于工程进度设计的内容。

(21) B

解析:项目目标可分解为:工期目标、成本目标、质量目标。

(22) A

解析:项目组织在测绘项目的整个过程中具有十分重要的作用。组织的好坏直接决定了项目的成本、项目的工期以及项目的质量。在项目组织过程中,正确的顺序为:目标分解→作业工序分解→人员配备和设备配备。

2) 多项选择题(每题2分。每题的备选项中,有2个或2个以上符合题意,至少有1个错项。错选,本题不得分;少选,所选的每个选项得0.5分)

(23) BCD

解析:成本管理的3个层次是:①第一层次管理的成本,就是测绘项目的直接生产费用;②第二层次管理的成本,不仅包括测绘项目的直接生产费用,还包括可直接记入项目的相关费用和按规定的标准分配记入项目的承包部门费用;③第三层次管理的成本,包括测绘项目的完全成本,它要求采用完全成本法进行管理。

(24) ACD

解析:测绘项目中的管理人员一般分为4个层次:①项目经理;②项目副经理;③工序队长;④作业组长。作业组长负责组的全面工作,作业组一般不负责经费管理,一般不负责项目协调,只负责作业组的进度、质量、人员管理等工作。

(25) DE

解析:在测绘项目组织中,目前测绘项目的主要设备包括:①水准仪;②经纬仪;③全站仪;④GPS测绘系统;⑤航空摄影机;⑥数字摄影测量工作站;⑦数字成图系统。其中:前5类属于外业设备,后2类属于内业设备。

(26) ABD

解析:本题考查质量控制的主要环节。质量控制活动的完成,一般分为3个环节:①标准;②信息(反馈);③纠正。

(27) BCE

解析:本题考查测绘项目成本目标的成本分类。成本可分解为3大类:①人工成本;②设备折旧或租用成本;③消耗材料成本。

(28) ACDE

解析:测绘项目人员配备分为4类:①技术人员;②管理人员;③后勤人员;④质量控制人员。其中技术人员是项目的主要人员。

(29) ABCE

解析:测绘项目中的管理人员一般分为4个层次:①项目经理;②项目副经理;③工序队长;④作业组长。

(30) ACD

解析:目前测绘项目的主要设备包括:①水准仪;②经纬仪;③全站仪;④GPS测绘系统;⑤航空摄影机;⑥数字摄影测量工作站;⑦数字成图系统。其中:前5类属于外业设备,后2类属于内业设备。

(31)BDE

解析：工程进度设计的内容包括：①划分作业区的困难类别；②根据设计方案，分别计算统计各工序的工作量；③根据统计的工作量和计划投入的生产实力，参照有关生产定额，分别列出年度进度计划和各工序的衔接计划。

## 12.4 高频真题综合分析

### 12.4.1 高频真题——项目组织与管理

◀ 真 题 ▶

【2011,61】 某地计划开展测绘航空摄影工作，下列内容中，与项目经费预算无关的是（　　）。
　　A. 航摄区域地理位置与范围　　　B. 航摄资料用途及成图比例
　　C. 航摄单位资质等级　　　　　　D. 航摄比例尺

【2012,67】 下列因素中，不属于测绘单位在确定测绘工程项目中投入的主要测绘仪器设备数量和品种（指标）时应考虑的因素是（　　）。
　　A. 项目的规模、内容和困难程度　　B. 项目的技术要求
　　C. 项目的工期要求　　　　　　　　D. 项目的经费来源

【2013,57】 测绘工程费结算的主要依据是（　　）。
　　A. 测绘生产成本费用定额　　　　B. 测绘工程产品价格
　　C. 测绘合同　　　　　　　　　　D. 测绘工程成本预算

【2015,60】 下列测绘项目组织活动中，与测绘项目承担单位无关的是（　　）。
　　A. 成本控制　　B. 进度控制　　C. 质量控制　　D. 投资控制

【2015,51】 某测绘单位拟委托开展测绘航空摄影工作，根据《测绘生产成本费用定额》，影响该项目经费预算的主要因素是（　　）。
　　A. 该测绘单位的资质等级　　　　B. 航摄范围及比例尺
　　C. 航摄单位的资质等级　　　　　D. 航摄仪型号

【2016,76】 测绘合同签订后，由于甲方工程停止而终止，并且乙方未进入现场工作，双方没有约定定金。根据《测绘合同》示范文本，甲方应偿付乙方预算工程费的（　　）。
　　A. 5%　　　　B. 10%　　　　C. 20%　　　　D. 30%

◀ 真题答案及综合分析 ▶

答案：C D C D B D

解析：以上6题，考核的知识点是测绘项目组织与实施管理的相关内容。

测绘项目组织与实施管理主要涉及项目的目标管理、人员配置、仪器设备配置、进度控制、资金预算控制和项目质量控制等内容。

# 13 测绘安全生产管理

## 13.1 考点分析

### 13.1.1 测绘生产作业人员安全管理

1)测绘外业生产的安全管理

(1)对所有作业人员要进行安全意识教育和安全技能培训。

(2)了解测区有关危害因素,如流行传染病、自然环境、社会治安等状况。

(3)对于发生高致病的疫区,应禁止作业人员进入。

(4)所有作业人员都应该熟练使用通信、导航定位等安全保障设备,以防万一。

(5)驾驶员应严格遵守《中华人民共和国道路交通安全法》,对车辆进行安全检查,严禁疲劳驾驶。

(6)在戈壁、沙漠和高原等人员稀少、条件恶劣的地区应采用双车作业。

(7)遇有暴风骤雨、冰雹、浓雾等恶劣天气时应停止行车。

(8)禁止食用霉烂、变质和被污染过的食物,禁止食用不易识别的野菜、野果、野生菌菇等植物。

(9)使用煤气、天然气等灶具时,应防止漏气和煤气中毒。

(10)野外住宿时,帐篷周围应挖排水沟。备好防寒、防潮、照明、通信等生活保障物品及必要的自卫器具。治安情况复杂或野兽经常出没的地区,应设专人值勤。

(11)遇雷电天气应立刻停止作业,选择安全地点躲避。

(12)进入沙漠、戈壁、沼泽、高山、高寒等人烟稀少地区或原始森林地区,应配备必要的通信器材。

(13)外业测绘严禁单人夜间行动。

2)在城镇地区作业注意事项

(1)在人、车流量大的街道上作业时,必须穿着色彩醒目的带有安全警示反光的马夹,并应设置安全警示标志牌(墩),必要时还应安排专人担任安全警戒员。

(2)迁站时要撤除安全警示标志牌(墩)。

(3)作业中以自行车代步者,要遵守交通规则。

3)在铁路、公路区域作业注意事项

(1)沿铁路、公路作业时,必须穿着色彩醒目的带有安全警示反光的马夹。

(2)在电气化铁路附近作业时,禁止使用铝合金标尺、镜杆,防止触电。

(3)在桥梁和隧道附近以及公路弯道等地点作业时,应事先设置安全警示标志牌(墩),必要时安排专人担任安全指挥。

(4)工间休息应离开铁路、公路路基,选择安全地点休息。

4)地下管线作业注意事项

(1)无向导协助,禁止进入情况不明的地下管道作业。

(2)作业人员必须佩戴防护帽、安全灯,身穿安全警示工作服,应配备通信设备,并保持与地面人员的通信畅通。

(3)在城区或道路上进行地下管线探测作业时,应在管道口设置安全隔离标志牌(墩),安排专人担任安全警戒员。夜间作业时,应设置安全警示灯。

5)测绘内业生产的安全管理

(1)作业场所,照明、噪声、辐射等环境条件应符合作业要求。

(2)面积大于 100m² 的作业场所的安全出口不少于两个。

(3)作业场所小于 40m² 的重点防火区域,如资料、档案、设备库房等,也应配置灭火器具。

(4)禁止在作业场所吸烟以及使用明火取暖,禁止超负荷用电。

6)测绘生产突发事故的应急处理

(1)安全事故一经发生或发现,现场人员在第一时间报警,之后,自作业组开始,利用应急通信设备逐级上报事故情况。

(2)泄密事故应在发生或发现后 24 小时内报告。

(3)轻伤事故应在发生或发现后 2 小时内报告。

(4)其他事故应在发生或发现后立即报告。

(5)未经单位应急领导小组的授权,任何人不得接受新闻媒体采访或以个人名义发布消息,以避免因消息失真而导致不良影响。

### 13.1.2 测绘生产仪器设备安全管理

1)对仪器库房的基本要求

(1)测量仪器库房应是耐火建筑。

(2)库房内的温度不能有剧烈变化,最好保持室温在 12~16℃。

(3)库房应有消防设备,但不能用一般酸碱式灭火器,宜用液体 $CO_2$ 或 $CCl_4$ 及新的灭火器。

2)测绘仪器的三防措施

(1)生霉、生雾、生锈是测绘仪器的"三害",因此,采取必要的防霉、防雾、防锈措施,确保仪器处于良好状态。

(2)仪器箱内放入适当的防霉剂。

(3)防霉:外业仪器一般情况下 6 个月(湿热季节或湿热地区 1~3 个月)应对仪器的光学零件外露表面进行一次全面的擦拭,内业仪器一般 1 年(湿热季节或湿热地区 6 个月)须对仪器未密封的部分进行一次全面的擦拭。

(4)作业中暂时停用的电子仪器,每周至少通电 1 小时,同时使各种功能正常运转。

(5)防雾:外业仪器一般情况下 6 个月(湿热季节或湿热地区 3 个月)须对仪器的光学零件外露表面进行一次全面擦拭,内业仪器一般在 1 年(湿热季节或湿热地区 3~6 个月)应对仪器外表进行一次全面清擦,并用电吹风机烘烤光学零件外露表面(温度升高不得超过 60℃)。

(6)防锈：外业仪器一般情况下6个月（湿热季节或湿热地区1~3个月）须对仪器外露表面的润滑防锈油脂进行一次更换，内业仪器一般应在1年（湿热季节或湿热地区6个月）须将仪器所用临时性防锈油脂全部更换一次，如发现锈蚀现象，必须立即除锈。

3）仪器的安全运送

(1)长途搬运仪器时，应将仪器装入专门的运输箱内。

(2)短途搬运仪器时，一般仪器可不装入运输箱内，但一定要专人护送。

(3)不论长短距运送仪器，均要防止日晒雨淋，放置仪器设备的地方要安全妥当，并应清洁和干燥。

### 13.1.3 地理信息数据安全管理

1）基础地理信息数据的归档内容

归档内容包括：①基础地理信息数据成果；②文档材料；③相关软件；④档案目录数据。

2）归档要求

(1)档案形成单位应在项目完成后2个月内完成归档。

(2)基础测绘数据成果应与文档材料一同归档。

(3)归档的基础地理信息数据应为最终版本。

(4)文档材料归档1份，数据成果复制品归档2份。

(5)归档的数据成果和相关软件，一般不压缩、不加密。

3）归档介质的工作环境

(1)光盘：在工作之前，必须在工作环境放置至少2小时。

(2)磁带：在工作之前，必须在工作环境中放置至少24小时。

4）归档介质的储存环境

(1)温度选定范围：17~20℃；相对湿度选定范围：35%~45%。

(2)库房及装具应使用耐火材料，库房内配有$CO_2$型灭火器。

(3)库房内介质架最低一层搁板应在地面30cm以上。

(4)磁带应放在距钢筋房柱或类似结构物10cm以外处。

(5)磁带与磁场源之间的距离不得少于76mm。

5）归档数据的异地储存

(1)归档的2份数据档案介质应异地储存。

(2)异地储存的距离应大于100km，最佳距离为500km以上。

(3)数据档案应自入馆之日起60天内完成异地存储工作。

(4)凡取回的异地储存的数据档案，应在数据档案离开储存地之日起的60天内重新完成异地储存工作。

(5)异地储存介质的读检工作。原则上应在储存地进行。

(6)异地储存所在地单位负责异地数据档案的安全、保密、环境和卫生等工作。

(7)异地储存的数据档案的管理权属于原数据档案管理单位，不经授权，任何单位和个人不能擅自复制和提供利用。

6)介质维护

(1)数据档案管理单位每年应读检不低于5%的数据档案。

(2)如果数据档案在当年进行过读取操作(如数据查阅),则当年可以不对这些介质进行倒带和读检。

(3)归档后的数据档案介质不得外借,只能提供数据复制介质。

7)数据维护

(1)出现介质故障或出现损坏迹象时,应更换介质。介质更换的更新拷贝工作应在30天内完成。

(2)如果软件平台能够反映介质的读写错误,则当累计读写错误达10次时,应停止使用该介质,并将数据复制迁移到新的一份介质上。

(3)为保证数据档案的长期有效性,对线性磁带应每10年迁移一次,光盘应每5年迁移一次。

(4)数据档案进行转存新格式拷贝后,原数据档案应继续保存3年。

8)依法对外提供测绘成果

(1)经国家批准的中外经济、文化、科技合作项目,凡涉及对外提供我国涉密测绘成果的,要依法报国家测绘地理信息局或者省、自治区、直辖市测绘地理信息主管部门审批后再对外提供。

(2)外国的组织或者个人经批准在中华人民共和国领域内从事测绘活动的,所产生的测绘成果归中方部门或单位所有;未经国家测绘地理信息局批准,不得向外方提供,不得以任何形式将测绘成果携带或者传输出境。

(3)严禁任何单位和个人未经批准擅自对外提供涉密测绘成果。

## 13.2 例 题

1)单项选择题(每题1分。每题的备选项中,只有1个最符合题意)

(1)进入沙漠、戈壁等人烟稀少地区进行测绘工作,应配备的必要的工具是( )。

  A.水准仪         B.全站仪

  C.安全警示反光的马甲     D.导航定位仪器

(2)以下关于测绘仪器设备保管的说法,错误的是( )。

  A.仪器箱内放入适当的防霉剂

  B.作业中暂时停用的电子仪器,每周至少通电60分钟

  C.尽量使用吸潮后的干燥剂

  D.外业仪器一般情况下6个月须对仪器外露表面的润滑防锈油脂进行一次更换

(3)在地理信息数据安全管理措施中,在工作之前,放置在储存环境下的磁带必须在工作环境中放置至少( )小时。

  A.2     B.6     C.12     D.24

(4)在地理信息数据安全管理措施的数据维护中,如果软件平台能够反映介质的读写错误,则当累计错误达( )次时,应停止使用该介质。

  A.10     B.6     C.5     D.2

(5)为保证地理信息数据档案的长期有效性,光盘应每( )迁移一次。
　　A. 3年　　　　　　B. 5年　　　　　　C. 8年　　　　　　D. 10年
(6)不属于测绘仪器的三害的是( )。
　　A. 生锈　　　　　　B. 生霉　　　　　　C. 生雾　　　　　　D. 老化
(7)以下不属于测绘仪器防雾措施的是( )。
　　A. 作业中暂时停用的电子仪器,每周至少通电1小时,同时使各种功能正常运转
　　B. 防止人为破坏仪器密封造成湿气进入仪器内腔和浸润光学零件表面
　　C. 每次清擦完光学零件表面后,再用干棉球擦拭一遍
　　D. 严禁使用吸潮后的干燥剂
(8)下列关于测绘高空作业安全情况的说法,错误的是( )。
　　A. 患有心脏病、高血压的人员禁止从事高空作业
　　B. 传递仪器和工具时,禁止抛投
　　C. 现场作业人员应佩戴安全防护带和防护帽,不得赤脚
　　D. 在行人通过的道路或居民地附近造标、拆标时,必须将现场围好,悬挂"危险"标志,禁止无关人员进入现场,作业场地半径应为10m
(9)关于测绘仪器防雾措施,做法正确的是( )。
　　A. 调整仪器时,要用手心对准光学零件表面
　　B. 每次测区作业终结后,应对仪器的光学零件外露表面进行擦拭
　　C. 使用吸潮后的干燥剂
　　D. 外业仪器一般情况下1年须对仪器的光学零件外露表面进行一次全面擦拭
(10)下列操作,不属于安全操作的是( )。
　　A. 擦拭、检修仪器设备应首先断开电源,并在电闸处挂置明显警示标志
　　B. 仪器设备的安装、检修和使用,凡对人体可能构成伤害的危险部位,都要设置安全防护装置
　　C. 设备须有专人管理,并进行定期的检查、维护和保养,禁止仪器设备带故障运行
　　D. 用湿手拉合电闸或开关电钮
(11)下列关于测绘内业生产环境安全情况,说法错误的是( )。
　　A. 作业场所应配备必要的安全标志
　　B. 作业场所中不得随意拉高压电线
　　C. 小于$40m^2$的资料、档案库房不用配备灭火器具
　　D. 禁止在作业场所超负荷用电
(12)关于测绘仪器防雾措施,做法错误的是( )。
　　A. 严禁使用吸潮后的干燥剂
　　B. 调整仪器时,勿用手心对准光学零件表面
　　C. 每次轻擦完光学零件表面后,再用干棉球擦拭一遍
　　D. 外业仪器一般情况下1年须对仪器的光学零件外露表面进行一次全面擦拭
(13)当数据档案管理单位同时认可磁带和光盘作为归档介质时,建议同一项目所采用的光盘数大于( )片时,应以磁带为载体归档。
　　A. 6　　　　　　　　B. 8　　　　　　　　C. 10　　　　　　　D. 12
(14)数据档案应自入馆之日起( )内完成异地存储工作。

A. 15 天　　　　　B. 30 天　　　　　C. 60 天　　　　　D. 90 天

(15)为保证地理信息数据档案的长期有效性,对线性磁带应每(　　)迁移一次。

A. 5 年　　　　　B. 6 年　　　　　C. 10 年　　　　　D. 12 年

(16)对规模较大的管道,在下井调查或施放探头、电极导线时,有害、有毒及可燃气体超标时,应打开连续的3个井盖排气通风(　　)以上。

A. 5 分钟　　　　B. 10 分钟　　　　C. 15 分钟　　　　D. 30 分钟

(17)在沼泽地区作业时,应配备必要的绳索、木板和长约(　　)的探测棒。

A. 0.5m　　　　　B. 0.8m　　　　　C. 1.5m　　　　　D. 3m

(18)作业场所面积大于(　　)的安全出口应当不少于2个。

A. 40m²　　　　　B. 60m²　　　　　C. 80m²　　　　　D. 100m²

(19)库房内的温度不宜产生剧烈变化,最好保持在室温(　　)。

A. 0℃以下　　　　B. 4~10℃　　　　C. 12~16℃　　　　D. 18℃以上

(20)库房内的设备要避免水淹,介质架最低一层搁板应高于地面(　　)以上。

A. 10cm　　　　　B. 20cm　　　　　C. 30cm　　　　　D. 50cm

(21)不属于影响地理信息数据安全的因素的是(　　)。

A. 测绘技术上的落后　　　　　　B. 异地储存
C. 电源故障　　　　　　　　　　D. 自然灾害

(22)测绘人员在野外作业时,关于涉水渡河的说法,正确的是(　　)。

A. 水深在1.2m以内、流速不超过3m/s的允许徒涉
B. 流速虽然大但水深在0.8m以内时允许徒涉
C. 骑牲畜涉水时一般只限于水深0.8m以内
D. 水深过腰,流速超过4m/s的急流,可以独自一人涉水过河

(23)野外测绘人员沿铁路、公路区域作业时,尤其是在电气化铁路作业时,下列设备中,禁止使用的是(　　)。

A. 安全警示牌　　　　　　　　　B. 带有安全警示反光的马甲
C. 导航定位设备　　　　　　　　D. 铝合金标尺、镜杆

(24)根据《测绘作业人员安全规范》(CH 1016—2008),测绘人员在人、车流量大的城镇地区街道上作业时,下列做法中,正确的是(　　)。

A. 与当地交管部门协商,临时停止该街道车辆通行
B. 保证作业区内60m无人走动
C. 现场作业人员佩戴安全防护带和防护帽
D. 穿着色彩醒目的安全警示反光马甲,并设计安全警示标牌(墩)

(25)《测绘作业人员安全规范》(CH 1016—2008)规定,野外测绘人员在人烟稀少的地区或是林区、草原地区作业时,必须携带的装备是(　　)。

A. 带有安全警示反光的马甲　　　B. 帐篷与睡袋
C. 手持导航定位仪器及地形图　　D. 汽车

(26)在夜间作业进入地下管线时,不必要做的是(　　)。

A. 配备通信设备　　　　　　　　B. 设置安全警示灯
C. 穿着色彩醒目的马甲　　　　　D. 佩戴安全帽

(27)下列情形中,对地理信息数据安全造成不利影响最大的是(　　)。

A. 异地备份 B. 硬盘损坏
C. 数据转存 D. 数据复制

(28)根据《测绘人员外业安全规范》(CH 1016—2008),测绘人员在进入高海拔区域时,应必备的是( )。
　　A. 防寒装备、氧气罐和充足的给养　　B. 带有安全警示反光的马甲
　　C. 汽车及双备胎　　D. 手持导航定位仪器

(29)在测绘仪器防霉措施中,外业仪器一般情况下( )应对仪器的光学零件外露表面进行一次全面的擦拭。
　　A. 6个月　　B. 1年　　C. 1.5年　　D. 2年

(30)在测绘仪器防霉措施中,内业仪器一般( )需对仪器未密封的部分进行一次全面的擦拭。
　　A. 3个月　　B. 1年　　C. 1.5年　　D. 2年

(31)( )负责接收和保管本地区涉密测绘成果,并按照批准文件向用户提供。
　　A. 当地政府部门　　B. 甲级或乙级测绘单位
　　C. 测绘成果保管单位　　D. 军事测绘单位

(32)下列关于测绘生产作业人员安全管理的说法,其中错误的是( )。
　　A. 途中停车休息或就餐时,应当锁好车门,关闭车窗
　　B. 禁止食用不易识别的野菜、野生菌菇等植物
　　C. 禁止酒后生产作业
　　D. 关于饮食,应当将生熟食物存放在一起,方便保护,以免动物侵害

(33)在地下管线测量中使用大功率电器设备时,工作电压超过( )时,供电作业人员应使用绝缘防护用具,接地点及附近应设置明显警告标志,并设专人看管。
　　A. 12V　　B. 36V　　C. 50V　　D. 110V

(34)测绘内业生产安全管理中,作业场所面积大于100m² 的作业场所的安全出口不少于( )。
　　A. 5个　　B. 4个　　C. 3个　　D. 2个

(35)基础地理信息数据异地储存的最佳距离为( )以上。
　　A. 100km　　B. 300km　　C. 400km　　D. 500km

(36)野外测绘人员沿铁路、公路区域作业时,必须要做的是( )。
　　A. 配备安全灯、佩戴安全帽　　B. 配备通信设备
　　C. 配备导航定位设备与地形图　　D. 穿着带有安全警示反光的马夹

(37)测绘人员在高空从事野外作业时,作业场地半径不得小于( )。
　　A. 5m　　B. 10m　　C. 12m　　D. 15m

(38)库房应有消防设备,但不能用( )。
　　A. 一般酸碱式灭火器　　B. 新的消防瓶
　　C. $CCl_4$　　D. 液体 $CO_2$

(39)测绘仪器防霉措施中,作业中暂时停用的电子仪器,每周至少通电( )。
　　A. 20分钟　　B. 30分钟　　C. 40分钟　　D. 60分钟

(40)在地理信息数据安全管理措施中,堆叠或搬运磁带时,最多不超过( )。
　　A. 10盒　　B. 8盒　　C. 6盒　　D. 5盒

(41)必须"穿着色彩醒目的带有安全警示反光马甲"进行测绘作业的是(　　)。

　　A. 在城区或道路上进行地下管线探测作业时

　　B. 进入沙漠等人员稀少地区作业时

　　C. 水上作业时

　　D. 沿铁路、公路作业时

(42)当测绘仪器使用时间过长,需要对仪器外表进行一次全面清擦,并用电吹风机烘烤光学零件外露表面,温度升高不得超过(　　)。

　　A. 60℃　　　　　　B. 50℃　　　　　　C. 40℃　　　　　　D. 30℃

(43)在介质维护中,数据档案管理单位每年应读检不低于(　　)的数据档案。

　　A. 2%　　　　　　B. 3%　　　　　　C. 5%　　　　　　D. 10%

2)多项选择题(每题2分。每题的备选项中,有2个或2个以上符合题意,至少有1个错项。错选,本题不得分;少选,所选的每个选项得0.5分)

(44)下列操作中,属于安全操作的是(　　)。

　　A. 遇有暴风骤雨时应该停止行车,视线不清时不准继续行车

　　B. 外业测绘可以单人夜间行动

　　C. 生熟食物应分别存放,并应防止动物侵害

　　D. 遇雷雨天气应立即停止作业,并选择在大树下躲避,避免遭受雷电袭击

　　E. 野外住宿时,帐篷周围应挖排水沟

(45)以下选项中,属于测绘仪器防锈措施的是(　　)。

　　A. 严禁使用吸潮后的干燥剂

　　B. 凡测区作业终结收测时,将金属外露面的临时保护油脂全部清除干净,涂上新的防腐油脂

　　C. 防锈油脂涂抹后应用电容器纸或防锈纸等加封盖

　　D. 作业中暂时停用的电子仪器,每周至少通电1小时,同时使各种功能正常运转

　　E. 保管在不能保证恒温恒湿的要求时,须做到通风、干燥、防尘

(46)下列关于测绘员野外住宿的说法中,正确的是(　　)。

　　A. 帐篷周围应挖排水沟

　　B. 搭设帐篷时尽量选在独立的岩石下或干涸湖中

　　C. 备好防寒、防潮、照明、通信等生活保障物品及必要的自卫器具

　　D. 搭设帐篷时尽量选在大树下或河边

　　E. 治安情况复杂或野兽经常出没的地区应设专人执勤

(47)下列关于仪器的安全运送与仪器的使用维护,做法正确的是(　　)。

　　A. 仪器箱放在测站附近时,记录者可以坐在仪器箱上做数据记录

　　B. 在野外使用仪器时,必须用伞遮住太阳

　　C. 长途搬运仪器时,应将仪器装入专门的运输箱内

　　D. 全站仪的水平微动螺旋出现问题时,在不影响观测的情况下可以继续使用

　　E. 没有必要时,不要轻易拆开仪器

(48)下列情形中,对地理信息数据安全造成不利影响的有(　　)。

　　A. 黑客入侵　　　　　　　　　　　　B. 数据转存

C. 测绘技术上的落后　　　　　　　　D. 信息窃取

E. 磁干扰

(49) 测绘人员在野外水上作业时,应注意(　　)。

A. 租用船只必须满足平稳性、安全性要求,并具有营业许可证

B. 作业人员应穿救生衣,避免单人上船作业

C. 水上作业行船必须听从测绘人员指挥

D. 海岛、海边作业时,应注意涨落潮时间,避免发生事故

E. 风浪很大的时段,船应该减速进行测绘作业

(50) 对仪器库房的基本要求,下列说法正确的是(　　)。

A. 测量仪器库房应是耐火建筑

B. 库房应有消防设备,宜使用一般的酸碱式灭火瓶

C. 库房应有消防设备,宜采用液体 $CO_2$ 或者 $CCl_4$

D. 测量仪器库房面积小于 $20m^2$ 时,可以不配消防设备

E. 库房内温度不能有剧烈变化,最好保持室温在 12~16℃

(51) 下列库房应有的消防设备中,一般宜用(　　)。

A. 一般酸碱式灭火器　　　　　　　　B. 液体 $CO_2$

C. $CCl_4$　　　　　　　　　　　　　　D. 干粉灭火器

E. 新的消防瓶

(52) 测绘成果保管特点包括(　　)。

A. 要采取安全保障措施　　　　　　　B. 不得损毁、散失和转让

C. 要报送当地测绘行政管理部门保管　D. 须建立专门的测绘成果保管场所

E. 要采取异地备份存放制度

(53) 在出测、收测前的准备包括(　　)。

A. 了解测区有关危害因素,包括流行传染病种、自然环境、社会治安等状况,拟订具体的安全防范措施

B. 与上级领导一起讨论测绘作业详细计划

C. 对进入测区的所有作业人员进行安全意识教育和安全技能培训

D. 掌握人员身体健康情况,进行必要的身体健康检查,避免作业人员进行与其身体状况不适应的地区作业

E. 仪器设备的安装、检修和使用,须符合安全要求,凡对人体可能构成伤害的危险部位,都要设置安全防护装置

(54) 下列情况中,关于仪器的安全运送与仪器的使用维护,说法不正确的是(　　)。

A. 长途搬运仪器时,要防止日晒雨淋

B. 短途搬运仪器时,一般仪器可不装入运输箱内,也不用专人陪同

C. 仪器拆卸次数多少对其测量精度没有影响

D. 在连接外部所有仪器设备时,应抓住线往外拔出

E. 仪器开箱前,严禁怀抱着仪器开箱

(55) 根据《测绘作业人员安全规程》(CH 1016—2008),测绘人员应当事先征得有关部门同意,了解当地民情和社会治安等情况后,方可进入作业的地区有(　　)。

A. 边境地区　　　　　　　　　　　　B. 少数民族地区

C. 城市建设区  D. 军事要地
E. 林区、自然保护区

(56) 测绘仪器的"三害"是指（　　）。
A. 老化  B. 生霉  C. 变形
D. 生锈  E. 生雾

## 13.3　例题参考答案及解析

**1) 单项选择题（每题1分。每题的备选项中，只有1个最符合题意）**

(1) D

**解析：** 本题考查外业作业环境的一般要求。进入沙漠、戈壁等人烟稀少地区，应配备的必要的工具是导航定位仪器。

(2) C

**解析：** 本题考查测绘仪器的三防措施：防霉、防雾、防锈。在测绘仪器防雾措施中，严禁使用吸潮后的干燥剂。选项C（尽量使用吸潮后的干燥剂），表述不正确。

(3) D

**解析：** 本题考查磁带的保管和维护中对工作环境的要求。在地理信息数据安全管理措施中，在工作之前，放置在储存环境下的磁带必须在工作环境中放置至少24h。

(4) A

**解析：** 本题考查数据的维护。如果软件平台能够反映介质的读写错误，则当累积读写错误达10次时，应停止使用该介质。

(5) B

**解析：** 本题考查地理信息数据的维护。为保证地理信息数据档案的长期有效性，光盘应每5年迁移一次，对线性磁带应每10年迁移一次。

(6) D

**解析：** 本题考查测绘仪器的三防措施。"生霉、生雾、生锈"是测绘仪器的"三害"，直接影响测绘仪器的质量和使用寿命，影响观测使用。

(7) A

**解析：** 选项A（作业中暂时停用的电子仪器，每周至少通电1小时，同时使各种功能正常运转），是测绘仪器的防霉措施，不属于测绘仪器防雾措施。选项B、C、D均属于测绘仪器的防雾措施。

(8) D

**解析：** 本题考查高空作业时的安全事项。患有心脏病、高血压的人员禁止从事高空作业；现场作业人员应佩戴安全防护带和防护帽；传递仪器和工具时，禁止抛投；高空作业时，作业场地半径不得小于15m。选项D，描述不正确。

(9) B

**解析：** 本题考查测绘仪器防雾措施。调整仪器时，勿用手心对准光学零件表面；每次测区作业终结后，应对仪器的光学零件外露表面进行擦拭；严禁使用吸潮后的干燥剂；外业仪器一般情况下6个月须对仪器的光学零件外露表面进行一次全面擦拭。只有选项B描述正确。

(10) D

解析：本题考查测绘安全生产管理。在测绘内业生产安全管理中规定作业人员安全操作，"禁止用湿手拉合电闸或开关电钮"。选项D,描述不正确。

(11)C

解析：测绘内业生产环境安全要求：作业场所中不得随意拉高压电线；作业场所应配备必要的安全标志；禁止在作业场所超负荷用电；作业场所应按《中华人民共和国消防法》规定配备灭火器具，小于$40m^2$的重点防火区域，如资料、档案、设备库房等，也应配置灭火器具。选项C,描述不正确。

(12)D

解析：测绘仪器防雾措施有：严禁使用吸潮后的干燥剂；调整仪器时，勿用手心对准光学零件表面；每次轻擦完光学零件表面后，再用干棉球擦拭一遍；外业仪器一般情况下6个月须对仪器的光学零件外露表面进行一次全面擦拭；内业仪器一般情况下1年须对仪器未密封的部分进行一次全面的擦拭。选项D,描述不正确。

(13)C

解析：本题考查地理信息数据安全管理措施中的介质与拷贝。当数据档案管理单位同时认可磁带和光盘作为归档介质时，建议同一项目所采用的光盘数大于10片时，应以磁带为载体归档。

(14)C

解析：本题考查地理信息数据安全管理中异地储存的内容。数据档案应自入馆之日起60天内完成异地存储工作。

(15)C

解析：本题考查地理信息数据的维护。为保证地理信息数据档案的长期有效性，对线性磁带应每10年迁移一次，光盘应每5年迁移一次。

(16)D

解析：本题考查外业作业环境下在地下管线中作业时应注意的事项。对规模较大的管道，在下井调查或施放探头、电极导线时，有害、有毒及可燃气体超标时应打开连续的3个井盖排气通风30min以上。

(17)C

解析：本题考查在沼泽地区作业时的注意事项。在沼泽地区作业时，应配备必要的绳索、木板和长约1.5m的探测棒。

(18)D

解析：本题考查测绘内业生产安全管理中作业场所的要求。作业场所面积大于$100m^2$的安全出口应当不少于2个。

(19)C

解析：根据仪器设备的保管中对库房的基本要求，库房内的温度不能有剧烈变化，最好保持室温在12～16℃。

(20)C

解析：本题考查地理信息数据安全管理措施中储存环境的内容。库房内的设备要避免水淹，介质架最低一层搁板应高于地面30cm以上。

(21)B

解析：本题考查地理信息数据安全管理的内容。根据地理信息数据安全管理规定,影响地理信息数据安全的因素主要有：①安全意识淡薄；②测绘技术上的落后；③硬盘驱动器损坏；④人为错误；⑤黑客入侵；⑥病毒；⑦信息窃取；⑧自然灾害；⑨电源故障；⑩磁干扰。

(22) C

**解析：** 本题考查涉水渡河的注意事项。水深在 0.6m 以内、流速不超过 3m/s 时允许徒涉；流速虽然较大但水深在 0.4m 以内时允许徒涉；水深过腰，流速超过 4m/s 的急流，应采取保护措施涉水过河，禁止独自一人涉水过河；骑牲畜涉水时一般只限于水深 0.8m 以内，同时应逆流斜上，不应中途停留。4 个选项中，只有选项 C 描述正确。

(23) D

**解析：** 本题考查测绘生产作业人员安全管理。在电气化铁路附近作业时，禁止使用铝合金标尺、镜杆，目的是防止触电。

(24) D

**解析：** 本题考查测绘生产作业人员安全管理。在人、车流量大的街道上作业时，必须穿着色彩醒目的带有安全警示反光的马夹，并应设置安全警示标志牌(墩)，必要时还应安排专人担任安全警戒员。选项 D，描述正确。

(25) C

**解析：** 本题考查测绘生产作业人员安全管理。《测绘作业人员安全规范》规定，野外测绘人员进入沙漠、戈壁、沼泽、高山、高寒等人烟稀少地区或原始森林地区，应配备必要的通信器材，以保持个人与小组、小组与中队之间的联系；应配备必要的判定方位的工具，如导航定位仪器、地形图等。

(26) C

**解析：** 进入地下管线作业时的安全措施：作业人员必须佩戴安全防护帽、安全灯；身穿安全警示工作服；应配备通信设备，并保持与地面人员的通信畅通；夜间作业时，应设置安全警示灯。

(27) B

**解析：** 对地理信息数据安全造成不利影响的因素有：①安全意识淡薄；②测绘技术上的落后；③硬盘(驱动器)损坏；④人为错误；⑤黑客入侵；⑥病毒；⑦信息窃取；⑧自然灾害；⑨电源故障；⑩磁干扰。选项 A(异地备份)、选项 C(数据转存)、选项 D(数据复制)，均属于地理信息数据安全维护措施。

(28) A

**解析：** 本题考查测绘外业生产安全管理的有关知识。根据《测绘人员外业安全规范》，测绘人员在进入高海拔区域时，应必备的是：防寒装备、氧气罐和充足的给养。

(29) A

**解析：** 本题考查测绘外业生产仪器安全管理的内容。在测绘仪器防霉措施中，外业仪器一般情况下 6 个月应对仪器的光学零件外露表面进行一次全面的擦拭。

(30) B

**解析：** 本题考查测绘内业生产仪器安全管理的内容。在测绘仪器防霉措施中，内业仪器一般情况下 1 年须对仪器未密封的部分进行一次全面的擦拭。

(31) C

**解析：** "测绘成果保管单位"负责接收和保管本地区涉密测绘成果，并按照批准文件向用户提供成果。

(32)D

**解析:** 测绘生产作业人员安全管理有关规定:途中停车休息或就餐时,应当锁好车门,关闭车窗;禁止酒后生产作业;禁止食用霉烂、变质和被污染过的食物;禁止食用不易识别的野菜、野果、野生菌菇等植物;使用煤气、天然气等灶具应保证其连接件和管道完好,防止漏气和煤气中毒;生熟食物应分别存放,并应防止动物侵害。选项D,将生熟食物存放在一起,是错误的。

(33)B

**解析:** 根据测绘生产作业人员安全管理规定:在地下管线测量中使用大功率电器设备时,作业人员应具备安全用电和触电急救的基础知识;工作电压超过36V时,供电作业人员应使用绝缘防护用具,接地点及附近应设置明显警告标志,并设专人看管。

(34)D

**解析:** 根据测绘内业生产安全管理中作业场所的要求,面积大于$100m^2$的作业场所的安全出口不少于2个。安全出口、通道、楼梯等应保持畅通并设有明显标志和应急照明设施。

(35)D

**解析:** 本题考查异地储存的要求。数据档案管理单位可根据实际情况确定异地储存的距离。异地储存的距离应大于100km,最佳距离为500km以上。

(36)D

**解析:** 本题考查测绘人员在外作业时,尤其在沿铁路、公路作业时的注意事项。野外测绘人员沿铁路、公路区域作业时,必须要做的是穿着色彩醒目的带有安全警示反光的马甲。

(37)D

**解析:** 本题考查高空作业的注意事项。测绘人员在高空从事野外作业时,作业场地半径不得小于15m。

(38)A

**解析:** 测绘仪器库房的基本要求为:①测量仪器库房应是耐火建筑;②库房内的温度不能有剧烈变化,最好保持室温在12~16℃;③库房应有消防设备,但不能用一般酸碱式灭火瓶,宜用液体$CO_2$或$CCl_4$及新的消防瓶。

(39)D

**解析:** 测绘仪器防霉措施中,对于作业中暂时停用的电子仪器,每周至少通电1小时,同时使各个功能正常运转。

(40)C

**解析:** 本题考查保管地理信息数据时磁带的使用方法。堆叠或搬运磁带时,最多不超过6盒。

(41)D

**解析:** 测绘人员在外业作业时,尤其在沿铁路、公路作业时,必须穿着色彩醒目的带有安全警示反光马甲。

(42)A

**解析:** 本题考查测绘仪器防雾措施。外业仪器一般情况下6个月须对仪器的光学零件外露表面进行一次全面擦拭,内业仪器一般1年应对仪器外表进行一次全面清擦。对仪器外表进行全面清擦,并用电吹风机烘烤光学零件外露表面(温度不得超过60℃)。

(43)C

**解析**：本题考查数据的介质维护。在介质维护当中数据档案管理单位每年应读检不低于5%的数据档案。

2）多项选择题（每题2分。每题的备选项中，有2个或2个以上符合题意，至少有1个错项。错选，本题不得分；少选，所选的每个选项得0.5分）

(44) ACE

**解析**：测绘安全生产管理，有关规定：遇有暴风骤雨时应该停止行车，视线不清时不准继续行车；外业测绘禁止单人夜间行动；生熟食物应分别存放，并应防止动物侵害；遇雷电天气应当立刻停止作业，选择安全地点躲避，禁止在山顶、开阔的斜坡上、大树下、河边等区域停留，避免遭受雷电袭击；野外住宿时，帐篷周围应挖排水沟等。选项B、D，描述不正确。

(45) BCE

**解析**：测绘仪器的防锈措施有：凡测区作业终结收测时，将金属外露面的临时保护油脂全部清除干净，涂上新的防腐油脂；防锈油脂涂抹后应用电容器纸或防锈纸等加封盖；保管在不能保证恒温恒湿的要求时，须做到通风、干燥、防尘；等等。选项A（严禁使用吸潮后的干燥剂），属于测绘仪器的防雾措施；选项D（作业中暂时停用的电子仪器，每周至少通电1小时，同时使各个功能正常运转），属于测绘仪器的防霉措施。

(46) ACE

**解析**：本题是对测绘外业生产安全管理中野外住宿的考查。在野外搭设帐篷时应了解地形情况，选择干燥的避风处，避开滑坡、独立岩石、大树、河边、干涸湖等危险地带；帐篷周围应挖排水沟；备好防寒、防潮、照明、通信等生活保障物品及必要的自卫器具；治安情况复杂或野兽经常出没的地区应设专人执勤。选项B、D，描述不正确。

(47) BCE

**解析**：本题考查仪器的安全运送与仪器的使用维护。在野外使用仪器时，必须用伞遮住太阳；长途搬运仪器时，应将仪器装入专门的运输箱内；一般情况下，不能轻易拆开仪器；仪器箱放在测站附近，箱上不许坐人；仪器任何部分若发生故障，不应勉强继续使用，要立即检修，否则将会使仪器损坏加剧。选项A、D，描述不正确。

(48) ACDE

**解析**：本题考查影响地理信息数据安全的因素，主要有：①安全意识淡薄；②测绘技术上的落后；③硬盘驱动器损坏；④人为错误；⑤黑客入侵；⑥病毒；⑦信息窃取；⑧自然灾害；⑨电源故障；⑩磁干扰。选项B（数据转存），属于地理信息数据安全维护措施。

(49) ABD

**解析**：测绘人员在野外水上作业的安全措施：租用船只必须满足平稳性、安全性要求，并具有营业许可证；作业人员应穿救生衣，避免单人上船作业；在租用船舶进行水上作业时，行船应听从船长指挥；海岛、海边作业时，应注意涨落潮时间，避免发生事故；风浪太大的时段不能强行作业等。选项C、E，描述不正确。

(50) ACE

**解析**：本题是对仪器库房基本要求的考查。仪器库房的基本要求：①测量仪器库房应是耐火建筑；②库房内温度不能有剧烈变化，最好保持室温在12～16℃；③库房应有消防设备，但不能使用一般的酸碱式灭火瓶，宜采用液体$CO_2$或者$CCl_4$及新的消防瓶。选项B、D，描述不正确。

(51)BCE

**解析**：本题考查对库房的基本要求。库房应有消防设备，消防设备中，一般宜用液体$CO_2$、$CCl_4$和新的消防瓶，但不能使用一般的酸碱式灭火瓶、干粉灭火器。

(52)ABE

**解析**：测绘成果保管特点是：①测绘成果保管要采取安全保障措施；②测绘成果保管要采取异地备份存放制度；③测绘成果保管不得损毁、散失和转让。

(53)ACD

**解析**：测绘外业生产安全管理中出测、收测前的准备工作，包括：了解测区有关危害因素，包括流行传染病种、自然环境、社会治安等状况，拟订具体的安全防范措施；对进入测区的所有作业人员进行安全意识教育和安全技能培训；掌握人员身体健康情况，进行必要的身体健康检查，避免作业人员进行与其身体状况不适应的地区作业等。

(54)BCD

**解析**：关于仪器安全运送与仪器使用维护的有关规定：长途搬运仪器时，要防止日晒雨淋；短途搬运仪器时，一般仪器可不装入运输箱内，但一定要专人护送；没有必要时，不要轻易拆开仪器；在连接外部所有仪器设备时，应注意相对应的接口、电极是否正确，确认无误后方可开启主机和外围设备；拔插接线时不要抓住线就往外拔，应握住接头顺方向拔插；仪器开箱前，应将仪器箱平放在地上，严禁手提或怀抱着仪器开箱，以免仪器在开箱时落地损坏等。选项B、C、D，描述不正确。

(55)ABDE

**解析**：根据《测绘作业人员安全规程》，外业作业应持有效证件和公函与有关部门进行联系。在进入军事要地、边境、少数民族地区、林区、自然保护区或其他特殊防护地区作业时，测绘人员应事先征得有关部门同意，了解当地民情和社会治安等情况，遵守所在地的风俗习惯及有关的安全规定。

(56)BDE

**解析**：本题考查测绘仪器的三防措施。生霉、生雾、生锈是测绘仪器的"三害"，直接影响测绘仪器的质量和使用寿命，影响观测使用。

## 13.4 高频真题综合分析

### 13.4.1 高频真题——外业测绘安全

► **真 题** ◄

【2011，49】野外测绘人员沿铁路、公路区域作业时，尤其是在电气化铁路作业时，下列设备中，禁止使用的是（　　）。

    A. 安全警示牌　　　　　　　　B. 铝合金标尺、镜杆
    C. 导航定位设备　　　　　　　D. 带有安全警示反光的马甲

【2011，50】根据《测绘作业人员安全规范》（CH 1016—2008），测绘人员在人、车流量大的城镇地区街道上作业时，下列做法中，正确的是（　　）。

A. 与当地交管部门协商,停止该街道车辆通行
B. 现场作业人员佩戴安全防护带和防护帽
C. 穿着色彩醒目的安全警示反光马甲,并设计安全警示标牌(墩)
D. 保证作业区内 50m 无人走动

【2011,51】《测绘作业人员安全规范》(CH 1016—2008)规定,野外测绘人员在人烟稀少的地区或是林区、草原地区作业时,必须携带的装备是( )。
A. 手持导航定位仪器及地形图　　B. 帐篷
C. 汽车　　D. 安全警示标志牌

【2011,93】根据《测绘作业人员安全规程》(CH 1016—2008),测绘人员应当事先征得有关部门同意,了解当地民情和社会治安等情况后,方可进入作业的地区有( )。
A. 军事要地　　B. 边境、少数民族地区
C. 城市建成区　　D. 林区、自然保护区
E. 基本农田保护区

【2012,68】根据《测绘作业人员安全规范》(CH 1016—2008),下列关于水上作业的说法中,错误的是( )。
A. 应租用配有救生和通信设备的船只　B. 应租用具有营业许可证的船只
C. 风浪太大的时段不能强行作业　　D. 单人上船作业应穿救生衣

【2012,70】在下列进入林区测绘作业的行为中,违反《森林防火条例》的是( )。
A. 防火期内持有关部门核发的进入林区的证明
B. 防火戒严期内在汽车驾驶室内吸烟
C. 防火戒严期内不在室内用柴草做饭
D. 防火期内汽车排气管安装了防火罩

【2013,74】根据《测绘作业人员安全规范》(CH 1016—2008),在人员稀少、条件恶劣环境下作业时,下列要求中,错误的是( )。
A. 作业车载重不得超重　　B. 加固作业车可单车作业
C. 作业车应有双备胎　　D. 气压低时作业车应低挡行驶

【2013,75】根据《测绘作业人员安全规范》(CH 1016—2008),下列常见病中,在高海拔地区作业时不必一旦发现即采取治疗措施的是( )。
A. 紫外线灼伤　　B. 感冒
C. 高原反应　　D. 冻伤

【2014,65】根据《测绘作业人员安全规范》(CH 1016—2008),下列对外业作业人员的操作要求中,错误的是( )。
A. 进入单位、居民宅院测绘时,应先出示相关证件,说明情况后进行作业
B. 遇雷电天气应立刻停止作业,禁止在斜坡、大树下躲避
C. 迁站时要拆除安全警示标志牌,应将仪器横向肩扛行进,防止意外发生
D. 在电气化铁路附近作业时,应使用绝缘性好的标尺、镜杆

【2016,59】根据《测绘作业人员安全规范》(CH 1016—2008),下列外业出测前的准备工作中,错误的是( )。
A. 对进入测区的所有作业人员进行安全意识教育和安全技能培训
B. 对所有作业人员熟练使用通信、导航定位等安全保障设备进行培训

C. 进行专项防疫培训后进入高致病疫区作业
D. 制订行车计划,对车辆进行安全检查

▶ 真题答案及综合分析 ◀

**答案:** B C A ABD D B B A C C

**解析:** 以上 10 题,考核的知识点是外业测绘作业人员安全管理相关内容。

(1)《测绘作业人员安全规范》(CH 1016—2008)对外业测绘作业人员出测前的准备、安全意识教育和安全技能培训、野外作业安全、内业生产场所安全及突发事故的应急处理等都有详细的规定。

(2)《森林防火条例》第二十五条规定,森林防火期内,禁止在森林防火区野外用火。因此,防火戒严期内不得在汽车驾驶室内吸烟。

## 13.4.2 高频真题——测绘专业场所

▶ 真 题 ◀

【2012,69】 根据《测绘作业人员安全规范》(CH 1016—2008),内业作业区面积大于 100m² 的作业场所的安全出口应不少于( )个。
  A. 1    B. 2    C. 3    D. 4

【2013,83】 根据《测绘作业人员安全规范》(CH 1016—2008),下列内业生产作业场所的安全措施中,正确的有( )。
  A. 配置必要的安全警示标志    B. 按消防规定配备灭火器具
  C. 划设专门的吸烟区域    D. 保持安全出口和通道的畅通
  E. 配备专人管理和检修用电设施

【2014,62】 根据《测绘作业人员安全规范》(CH 1016—2008),下列内业生产安全操作要求中,错误的是( )。
  A. 所有用电动力设备,应埋设接地网,保持接地良好
  B. 因故停电时,凡用电的仪器设备应保持原状,不得改变开关状态
  C. 作业前要认真检查所要操作的仪器设备是否处于安全状态
  D. 由于特殊情况带电修理仪器设备时,须有两名电工现场作业

【2014,68】 根据《测绘作业人员安全规范》(CH 1016—2008),下列对内业生产场所的要求中,错误的是( )。
  A. 各种设备和建(构)筑物之间,应留有满足生产、检修需要的安全距离
  B. 作业场所中不得随意拉设电线,防止电线、电源漏电
  C. 作业场所禁止使用电器取暖或烧水
  D. 面积大于 100m² 的作业场所应至少布设 2 个安全出口

【2015,96】 根据《测绘作业人员安全规范》(CH 1016—2008),下列关于测绘内业作业场所安全管理的说法中,正确的有( )。
  A. 不得随意拉设电线

B. 面积大于 100m² 的作业场所的安全出口应不少于 4 个
C. 作业场所应按有关规定配备灭火器具
D. 作业场所应配置必要的安全警示标志
E. 禁止超负荷用电

▶ **真题答案及综合分析** ◀

**答案**：B ABDE B C ACDE

**解析**：以上 5 题，考核的知识点是测绘内业生产（场所）的安全管理。

《测绘作业人员安全规范》(CH 1016—2008)对测绘内业生产作业场所的安全规定：照明、噪声、辐射等环境条件应符合作业要求；作业场所中不得随意拉设电线；通风、取暖、空调、照明等用电设施要有专人管理、检修；面积大于 100m² 的作业场所的安全出口应不少于 2 个；安全出口、通道、楼梯等应保持畅通并设有明显标志和应急照明设施；作业场所应按《中华人民共和国消防法》规定配备灭火器具；作业场所小于 40m² 的重点防火区域，如资料、档案、设备库房等，也应配置灭火器具；应定期进行消防设施和安全装置的有效期和能否正常使用检查；作业场所应配置必要的安全(警示)标志；禁止在作业场所吸烟以及使用明火取暖，禁止超负荷用电；禁止使用电器取暖或烧水，不用时要切断电源。

### 13.4.3 高频真题——仪器检定与三防措施

▶ **真 题** ◀

【2011,74】 精度优于 $10mm+3\times10^{-6}D$ 的 GPS 接收机的检定周期是（　　）年。
    A. 1    B. 1.5    C. 2    D. 2.5

【2011,87】《测绘计量管理暂行办法》规定，测绘单位使用未经检定，或者检定不合格或者超过检定周期的测绘计量器具进行测绘生产的，测绘地理信息主管部门可以采取的处理措施有（　　）。
    A. 测绘成果不予验收    B. 没收测绘成果
    C. 测绘成果不准使用    D. 没收测绘仪器
    E. 成果质量监督检验时作不合格处理

【2011,99】 关于测绘计量仪器检定的说法，正确的有（　　）。
    A. 测绘单位使用的测绘仪器须经周期检定合格，方可用于测绘生产
    B. 教学示范用测绘仪器可以免检，无须向测绘主管部门登记，即可使用
    C. 教学示范用测绘仪器经检定合格后方可用于测绘生产
    D. 测绘仪器只要经周期检定，无论是否合格，均可用于测绘生产
    E. 测绘仪器经国家权威科研机构检测合格后即可用于测绘生产

【2015,63】 根据《测绘地理信息业务档案管理规定》，全野外数字测图的仪器设备检定资料保管期限为（　　）年。
    A. 5    B. 10    C. 15    D. 30

【2015,62】 根据《测绘仪器防霉、防雾、防锈》，下列"三防"措施中，错误的是（　　）。

  A. 仪器野外作业应该避免阳光直接暴晒
  B. 仪器箱内应投入防雾剂
  C. 仪器润滑防锈油脂应符合挥发性低、流散性高的要求
  D. 仪器保管室的相对湿度应控制在70%以下

【2016,60】 根据《测绘仪器防霉、防雾、防锈》，下列测绘仪器"三防"中，错误的是（　　）。
  A. 带有电器装置的仪器在保管期内应一年通电干燥一次
  B. 保管室不能保证恒温、恒湿时，须做到通风、干燥、防尘
  C. 仪器室相对湿度控制在70%以下
  D. 新购仪器进行一次全面的三防性能检查，并建立三防保养档案

◀ 真题答案及综合分析 ▶

**答案：** A　ACE　A C B　C　A

**解析：** 以上6题，考核的知识点是测绘仪器的检定与保养等相关内容。

（1）《测绘计量管理暂行办法》对测绘仪器的计量管理做出了具体规定，如第十六条规定，使用未经检定，或检定不合格或超过检定周期的测绘计量器具进行测绘生产的，所测成果成图不予验收并不准使用，产品质量监督检验时作不合格处理；给用户造成损失的，按合同约定赔偿损失；情节严重的，由测绘主管部门吊销其测绘资格证书。

（2）《测绘地理信息业务档案管理规定》附件：《测绘地理信息业务档案保管期限表》第4.2条（全野外数字测图），其中，"仪器设备检定资料"保管期限为10年。

（3）《测绘仪器防霉、防雾、防锈》对测绘仪器的"三防"做出了具体规定，关于防锈说明，外业仪器防锈用油脂，除了具有良好的防锈性能外，还应具有优良的置换性，并应符合挥发性低、流散性小的要求。根据《测绘仪器防霉、防雾、防锈》表三，对于带电装置的仪器在其保管期内应在1~3个月之间通电干燥一次。

### 13.4.4 高频真题——地理信息数据安全保护

◀ 真　题 ▶

【2012,36】 根据《基础地理信息数据档案管理与保护规范》（CH/T 1014—2006），数据档案管理单位在数据档案介质维护过程中，每年读检的数据档案应不低于（　　）。
  A. 1%    B. 5%    C. 10%    D. 15%

【2012,66】 根据《基础地理信息数据档案管理与保护规范》（CH/T 1014—2006），下列关于基础地理信息数据存储格式的说法中，错误的是（　　）。
  A. 应采用国家标准格式    B. 应采用通用格式
  C. 严禁采用非通用格式    D. 采用非通用格式时，应附操作软件

【2012,71】 根据《基础地理信息数据档案管理与保护规范》（CH/T 1014—2006），基础地理信息数据异地储存的最佳距离为（　　）km 以上。
  A. 200    B. 300    C. 400    D. 500

【2013,55】 根据《基础地理信息数据档案管理与保护规范》（CH/T 1014—2006），基础

地理信息数据档案的储存环境要求是（　　）。

  A. 温度选定范围为－5～0℃，相对湿度选定范围为15％～25％
  B. 温度选定范围为10～15℃，相对湿度选定范围为25％～35％
  C. 温度选定范围为17～20℃，相对湿度选定范围为35％～45％
  D. 温度选定范围为20～23℃，相对湿度选定范围为35％～45％

【2013,56】 根据《基础地理信息数据档案管理与保护规范》（CH/T 1014—2006），基础地理信息数据磁带应放在距钢筋房柱或类似结构物（　　）cm 以外处。

  A. 5　　　　　B. 10　　　　　C. 20　　　　　D. 30

◀ 真题答案及综合分析 ▶

**答案**：B C D C B

**解析**：以上5题，考核的知识点是基础地理信息数据安全保护相关内容。

《基础地理信息数据档案管理与保护规范》（CH/T 1014—2006）对基础地理信息数据的存储格式、储存环境、每年读检量等安全保护问题做出了具体规定，例如，基础地理信息数据档案的储存环境要求是温度选定范围为17～20℃，相对湿度选定范围为35％～45％；基础地理信息数据异地储存的最佳距离为500km 以上。

### 13.4.5　高频真题——地理信息数据归档要求

◀ 真　题 ▶

【2014,74】 根据《基础地理信息数据档案管理与保护规范》（CH/T 1014—2006），下列关于归档介质的要求中，正确的是（　　）。

  A. 同一项目的数据档案应存储在不同的载体介质上
  B. 归档的两份数据档案应采用不同类型和型号的归档介质
  C. 档案管理单位同时认可磁带和光盘作为归档介质时，两份数据应分别采用磁带和光盘作为归档介质
  D. 归档介质应有标识，至少应标注档号、条形码和密级。

【2014,75】 根据《基础地理信息数据档案管理与保护规范》（CH/T 1014—2006），对归档材料进行检验时，对数据成果的检验内容不包括（　　）检验。

  A. 成果内容的完整性　　　　　B. 成果内容的正确性
  C. 数据有效性　　　　　　　　D. 病毒

【2014,93】 根据《基础地理信息数据库基本规定》，基础地理信息数据库的组成部分有（　　）。

  A. 技术标准　　　　　　　　　B. 基础地理信息数据
  C. 管理系统　　　　　　　　　D. 支撑环境
  E. 运行维护制度

【2014,99】 根据《基础地理信息数据档案管理与保护规范》（CH/T 1014—2006），基础地理信息数据成果的数据说明文件包括（　　）。

A. 档案目录数据 B. 数据背景
C. 数据组织 D. 应用方式
E. 联系方式

【2015,73】 根据《基础地理信息数据档案管理与保护规范》(CH/T 1014—2006)，归档材料的完整性和准确性由（ ）总负责。

A. 单位项目负责人 B. 归档当事人
C. 单位质量负责人 D. 单位技术负责人

【2015,75】 依据《基础地理信息档案管理与保护规范》(CH/T 1014—2006)，下列目录数据检验项目中，基础地理信息数据档案归档时不检验的是（ ）。

A. 目录数据正确性 B. 数据有效性
C. 目录数据完整性 D. 计算机病毒

【2016,73】 根据《基础地理信息数据档案管理与保护规范》(CH/T 1014—2006)，下列关于数据档案归档管理的说法中，正确的是（ ）。

A. 基础地理信息数据归档资料的完整性和准确性由单位总工程师总负责
B. 档案形成单位应在项目完成后两个月内完成归档
C. 数据说明文件与基础地理信息数据成果分载体存放
D. 归档后的数据成果不得替换

【2016,74】 根据《基本地理信息数据档案管理与保护规范》(CH/T 1014—2006)，下列关于数据档案销毁的要求中，错误的是（ ）。

A. 数据档案销毁前应履行审批程序
B. 销毁数据档案时，异地储存的数据档案同时销毁
C. 数据档案逻辑或物理销毁后，应从计算机系统中将其彻底清除
D. 数据档案销毁时应由数据档案管理单位派员监销，防止泄密

【2016,99】 根据《基础地理信息数据档案管理与保护规范》(CH/T 1014—2006)，归档的基础地理信息数据成果应包含（ ）。

A. 最终的数据成果 B. 重要的原始数据成果
C. 文档材料 D. 相关软件
E. 数据说明文件

◀ 真题答案及综合分析 ▶

**答案:** D  B  BCD  BCDE  A  A  B  A  ABE

**解析:** 以上9题，考核的知识点是基础地理信息数据归档要求相关内容。

《基础地理信息数据档案管理与保护规范》(CH/T 1014—2006)对归档的基础地理信息数据成果的完整性和准确性、介质要求与检验、存放、使用、销毁等做出了具体规定，如第5.1.1条，对归档的基础地理信息数据成果做出如下阐述：基础地理信息数据成果应包括最终数据成果、重要的阶段性数据成果、重要的原始数据成果和数据说明文件。如数据成果包含元数据，应随同数据成果一起归档。

# 14 测绘技术总结

## 14.1 考点分析

### 14.1.1 测绘技术总结基本规定

1）测绘技术总结的分类

测绘技术总结分为：①项目总结；②专业技术总结。

2）测绘技术总结的编写依据

(1)测绘任务书或测绘合同。
(2)测绘技术设计文件、相关的法律、法规、技术标准和规范。
(3)测绘成果的质量检查报告。
(4)生产过程和产品的质量记录和有关数据。
(5)其他有关文件和资料。

3）项目技术总结（见表 14-1）

项目技术总结具体内容　　　　　　　　　　　表 14-1

| 具体内容 | 简要说明 |
| --- | --- |
| 1. 概述 | ①项目来源、内容、目标、工作量，专业测绘任务的划分、内容和相应任务的承担单位等。<br>②项目执行情况(统计有关的作业定额和作业率)；经费执行情况等。<br>③作业区概况和已有资料的利用情况 |
| 2. 技术设计执行情况 | ①说明生产所依据的技术性文件，包括技术标准和规范等。<br>②说明项目总结所依据的各专业技术总结。<br>③说明项目设计书和有关的技术标准、规范的执行情况，并说明项目设计书的技术更改情况。<br>④重点描述主要技术问题和处理方法、特殊情况的处理及其达到的效果等。<br>⑤说明项目实施中质量保障措施的执行情况。<br>⑥当生产过程中采用新技术、新方法、新材料时，应详细描述和总结其应用情况。<br>⑦总结项目实施中的经验、教训和遗留问题，并对今后生产提出改进意见和建议 |
| 3. 测绘成果(或产品)质量说明与评价 | 说明和评价项目最终测绘成果(或产品)的质量情况(包括必要的精度统计)，产品达到的技术指标，并说明最终测绘成果(或产品)的质量检查报告的名称和编号 |
| 4. 上交和归档测绘成果(或产品)及资料清单 | ①测绘成果(或产品)。说明其名称、数量、类型等。<br>②文档资料。包括项目设计书、项目总结、质量检查报告、专业技术总结、文档簿以及其他作业过程中形成的重要记录。<br>③其他需上交和归档的资料 |

4) 专业技术总结(见表 14-2)

**专业技术总结具体内容**　　　　　　　　　　　　　　　　　　　　表 14-2

| 具体内容 | 简要说明 |
| --- | --- |
| 1. 概述 | ①测绘项目的名称、专业测绘任务的来源,专业测绘任务的内容、任务量和目标,产品交付与接收情况等。<br>②计划与设计完成的情况、作业率的统计。<br>③作业区概况和已有资料的利用情况 |
| 2. 技术设计执行情况 | ①说明专业活动所依据的技术性文件。<br>②说明和评价专业技术活动过程中,专业技术设计文件的执行情况。<br>③描述专业测绘生产过程中出现的主要技术问题和处理方法、特殊情况的处理及其达到的效果等。<br>④当作业过程中采用新技术、新方法、新材料时,应详细描述和总结其应用情况。<br>⑤总结专业测绘生产中的经验、教训和遗留问题,并对今后生产提出改进意见和建议 |
| 3. 测绘成果(或产品)质量说明与评价 | 说明和评价测绘成果(或产品)的质量情况(包括必要的精度统计),产品达到的技术指标,并说明测绘成果(或产品)的质量检查报告的名称和编号 |
| 4. 上交和归档测绘成果(或产品)及资料清单 | ①测绘成果(或产品)。说明其名称、数量、类型等。<br>②文档资料。专业技术设计文件、专业技术总结、检查报告,必要的文档簿(图历簿)以及其他作业过程中形成的重要记录。<br>③其他需上交和归档的资料 |

### 14.1.2 "大地测量"专业技术总结

1) 平面控制测量(见表 14-3)

**平面控制测量技术总结具体内容**　　　　　　　　　　　　　　　　表 14-3

| 具体内容 | 简要说明 |
| --- | --- |
| 1. 概述 | ①任务来源、目的、生产单位、生产起止时间、生产安排概况。<br>②测区名称、范围,行政隶属,自然地理特征,交通情况和困难类别。<br>③锁、网、导线段(节)、基线(网)或起始边和天文点的名称与等级,分布密度,通视情况,边长(最大、最小、平均)和角度(最大、最小)等。<br>④作业技术依据。<br>⑤计划与实际完成工作量的比较,作业率的统计 |
| 2. 利用已有资料情况 | ①采用的基准和系统。<br>②起算数据及其等级。<br>③已知点的利用的联测。<br>④资料中存在的主要问题和处理方法 |
| 3. 作业方法、质量和有关技术数据 | ①使用的仪器、仪表、设备和工具(包括名称、型号、检校情况及其主要技术数据等)。<br>②觇标和标石的情况,施测方法,照准目标类型,观测权数与测回数,重测数与重测率,记录方法,记录程序来源和审查意见等。<br>③新技术、新方法的采用及其效果。<br>④执行技术标准的情况,出现的主要问题和处理方法,保证和提高质量的主要措施,各项限差与实际测量结果的比较,外业检测情况及精度分析等。<br>⑤重合点及联测情况,新、旧成果的分析比较。<br>⑥为测定国家级水平控制点高程而进行的水准联测与三角高程的施测情况,概算方法和结果 |

续上表

| 具 体 内 容 | 简 要 说 明 |
|---|---|
| 4.技术结论 | ①对本测区成果质量、设计方案和作业方法等的评价。<br>②重大遗留问题的处理意见。<br>③经验、教训和建议 |
| 5.附图、附表 | ①利用已有资料清单。<br>②测区点、线、锁、网的分布图。<br>③精度统计表。<br>④仪器、基线尺检验结果汇总表。<br>⑤上交测绘成果清单等 |

2) 高程控制测量(见表14-4)

高程控制测量技术总结具体内容　　　　　表14-4

| 具 体 内 容 | 简 要 说 明 |
|---|---|
| 1.概述 | ①任务来源,目的,生产单位,生产起止时间,生产安排情况。<br>②测区名称、范围、行政隶属,自然地理特征,沿线路面和土质植被情况,路坡度(最大、最小、平均),交通情况和困难类别。<br>③路线和网的名称、等级、长度,点位分布密度,标石类型等。<br>④作业技术依据。<br>⑤计划与实际完成工作量的比较,作业率的统计 |
| 2.利用已有资料情况 | ①采用基准和系统。<br>②起算数据及其等级。<br>③已知点的利用和联测。<br>④资料中存在的主要问题和处理方法 |
| 3.作业方法、质量和有关技术数据 | ①使用的仪器、标尺(型号、规格、数量、检校情况)。<br>②埋石情况,施测方法,视线长度(最大、最小、平均),各分段中上、下午测站不对称数与总站数的比,审查或验算结果。<br>③新技术、新方法的采用及其效果。<br>④跨河水准测量的位置,实施方案,实测结果与精度等。<br>⑤联测和支线的施测情况。<br>⑥执行技术标准的情况,保证和提高质量的主要措施,各项限差与实际测量结果的比较,外业检测情况及精度分析等 |
| 4.技术结论 | ①对本测区成果质量、设计方案和作业方法等的评价。<br>②重大遗留问题的处理意见。<br>③经验、教训和建议 |
| 5.附图、附表 | ①利用已有资料清单。<br>②测区点、线、网的水准路线图。<br>③仪器、标尺检验结果汇总表。<br>④精度统计表。<br>⑤上交测绘成果清单等 |

3)重力测量(见表14-5)

**重力测量技术总结具体内容** 表14-5

| 具体内容 | 简要说明 |
| --- | --- |
| 1. 概述 | ①任务来源、目的、生产单位、生产起止时间、生产安排概况。<br>②测区名称、范围、行政隶属、自然地理特征、交通情况等。<br>③路线的名称、等级,布点方案,分布密度,点距(最大、最小、平均)等。<br>④作业技术依据。<br>⑤计划与实际完成工作量的比较,作业率的统计 |
| 2. 利用已有资料情况 | ①采用基准和系统。<br>②起算数据及其等级。<br>③已知点的利用和联测。<br>④资料中存在的主要问题和处理方法 |
| 3. 作业方法、质量和有关技术数据 | ①使用的仪器的名称、型号、检校情况及其主要技术数据。<br>②埋石情况,施测方法,施测路线与所用时间(最长、平均),测回数,重测数与重测率,概算公式与结果。<br>③联测点的联测情况,平面坐标与高程的施测和计算情况。<br>④新技术、新方法的采用及其效果。<br>⑤执行技术标准的情况,出现的主要问题和处理方法,各项限差与实际测量结果的比较,实地检测情况及精度分析等 |
| 4. 技术结论 | ①对本测区成果质量、设计方案和作业方法等的评价。<br>②重大遗留问题的处理意见。<br>③经验、教训和建议 |
| 5. 附图、附表 | ①利用已有资料清单。<br>②重力点位和联测路线略图。<br>③平面坐标与高程施测图。<br>④仪器检验结果汇总表。<br>⑤精度统计表。<br>⑥上交测绘成果清单等 |

4)大地测量计算(见表14-6)

**大地测量计算技术总结具体内容** 表14-6

| 具体内容 | 简要说明 |
| --- | --- |
| 1. 概述 | ①任务来源、目的,生产单位,生产起止时间,生产安排情况。<br>②计算区域名称、等级、范围、行政隶属。<br>③作业技术依据。<br>④计划与实际完成工作量的比较,作业率的统计 |
| 2. 利用已有资料情况 | ①采用的基准和系统。<br>②起算数据及其等级、来源和精度情况。<br>③重合点的质量分析。<br>④前工序存在的主要问题及其在计算中的处理方法和结果 |

续上表

| 具 体 内 容 | 简 要 说 明 |
|---|---|
| 3. 计算方法、质量和有关技术数据 | ①作业过程简述,保证质量的主要措施。<br>②使用计算工具的名称、型号、性能及其说明,采用程序的名称、来源、编制和审核单位、编制者,程序的基本功能及其检验情况。<br>③计算的原理、方法、基本公式,改正项,小数取位等。<br>④新技术、新方法的采用及其效果。<br>⑤数据和信息的输入、输出情况,内容与符号说明。<br>⑥计算结果的验算,精度统计分析与说明。<br>⑦计算过程中出现的主要问题及处理结果等 |
| 4. 计算结论 | ①对本计算区成果质量、计算方案、计算方法等的评价。<br>②重大遗留问题的处理意见。<br>③经验、教训和建议 |
| 5. 附图、附表 | ①利用已有资料清单。<br>②计算区域的线、锁、网图。<br>③计算机源程序目录(含编制单位、编者、审核单位及其时间等)。<br>④精度检验分析统计表。<br>⑤上交测绘成果清单等 |

### 14.1.3 "工程测量"专业技术总结

1)控制测量

参照大地测量的有关内容,结合工程测量的特点进行撰写(见表14-3、表14-4)。

2)地形测图(见表14-7)

地形测图技术总结具体内容    表14-7

| 具 体 内 容 | 简 要 说 明 |
|---|---|
| 1. 概述 | ①任务来源、目的,测图比例尺,生产单位,生产起止日期,生产安排概况。<br>②测区名称、范围、行政隶属,自然地理特征,交通情况等。<br>③作业技术依据,采用的等高距,图幅分幅和编号的方法。<br>④计划与实际完成工作量的比较,作业率的统计 |
| 2. 利用已有资料情况 | ①资料的来源和利用情况。<br>②资料中存在的主要问题和处理方法 |
| 3. 作业方法、质量和有关技术数据 | ①图根控制测量:各类图根点的布设,标志的设置,观测使用的仪器和方法,各项限差与实际测量结果的比较。<br>②平板仪测图:测图方法,使用的仪器,每幅图上解析图根点与地形点的密度,特殊地物、地貌的表示方法,接边情况等。<br>③全站型速测仪测图:测图方法,仪器型号、规格、检校情况,外业采集数据的内容、密度,数据处理和成图工具的情况等。<br>④测图精度分析与统计,检查验收的情况,存在的主要问题和处理结果等。<br>⑤新技术、新方法、新材料的采用及其效果 |

续上表

| 具 体 内 容 | 简 要 说 明 |
|---|---|
| 4. 技术结论 | ①对本测区成果质量、设计方案和作业方法等的评价。<br>②重大遗留问题的处理意见。<br>③经验、教训和建议 |
| 5. 附图、附表 | ①利用已有资料清单。<br>②图幅分布和质量评定图。<br>③控制点分布略图。<br>④精度统计表。<br>⑤上交测绘成果清单等 |

3）施工测量（见表14-8）

**施工测量技术总结具体内容** 表14-8

| 具 体 内 容 | 简 要 说 明 |
|---|---|
| 1. 概述 | ①任务来源、目的，生产单位，生产起止时间等。<br>②工程名称，测设项目，测区范围，自然地理特征，交通情况，有关工程地质与水文地质的情况等。<br>③作业技术依据。<br>④计划与实际完成工作量的比较，作业率的统计 |
| 2. 利用已有资料情况 | ①资料的来源和利用情况。<br>②资料中存在的主要问题和处理方法 |
| 3. 作业方法、质量和有关技术数据 | ①控制测量，埋石情况，使用的仪器和施测方法及其精度。<br>②施工放样方法和精度。<br>③各项误差的统计，实地检测的项目、数量和方法，检测结果与实测结果的比较等。<br>④新技术、新方法、新材料的采用及其效果。<br>⑤作业中出现的主要问题和处理方法 |
| 4. 技术结论 | ①对本测区成果质量、设计方案和作业方法等的评价。<br>②重大遗留问题的处理意见。<br>③经验、教训和建议 |
| 5. 附图、附表 | ①施工测量成果种类及其说明。<br>②采用已有资料清单。<br>③精度统计表。<br>④上交测绘成果清单等 |

4）竣工总图编绘与实测（见表14-9）

**竣工总图编绘与实测技术总结具体内容** 表14-9

| 具 体 内 容 | 简 要 说 明 |
|---|---|
| 1. 概述 | ①任务来源、目的，生产单位，生产起止时间，生产安排情况。<br>②工程名称，测区范围、面积，工程特点等。<br>③作业技术依据。<br>④完成工作量，作业率的统计 |

续上表

| 具 体 内 容 | 简 要 说 明 |
|---|---|
| 2.利用已有资料情况 | ①施工图件和资料的实测与验收情况。<br>②说明图件、资料,特别是其中地下管线及隐蔽工程的现势性和使用情况。<br>③资料中存在的主要问题和处理方法 |
| 3.作业方法、质量和有关技术数据 | ①竣工总图的成图方法,控制点的恢复与检测,地物的取舍原则,成图的质量等。<br>②新技术、新方法、新材料的采用及其效果。<br>③作业中出现的主要问题和处理方法 |
| 4.技术结论 | ①对本测区成果质量、设计方案、作业方法等的评价。<br>②重大遗留问题的处理意见。<br>③经验、教训和建议 |
| 5.附图、附表 | ①利用已有资料清单。<br>②上交测绘成果清单。<br>③建筑物、构筑物细部点成果表等 |

5)变形测量(见表14-10)

**变形测量技术总结具体内容** 表 14-10

| 具 体 内 容 | 简 要 说 明 |
|---|---|
| 1.概述 | ①项目名称、来源、目的、内容,生产单位,生产起止时间,生产安排概况。<br>②测区地点、范围,建筑物(构筑物)分布情况及观测条件,标志的特征。<br>③作业技术依据。<br>④完成任务量 |
| 2.利用已有资料情况 | ①测量资料的分析与利用。<br>②起算数据的名称、等级及其来源。<br>③资料中存在的主要问题和处理方法 |
| 3.作业方法、质量和有关技术数据 | ①仪器的名称、型号和检校情况。<br>②标志的布设和密度,标石或观测墩的规格及其埋设质量,变形观测点的施测情况,观测周期,计算方式和方法等。<br>③重复观测结果的分析比较和数据处理方法。<br>④新技术、新方法、新材料的采用及其效果。<br>⑤执行技术标准的情况,出现的主要问题和处理方法,保证和提高质量的主要措施,各项限差与实际测量结果的比较 |
| 4.技术结论 | ①变形观测的结论和评价。<br>②对本测区成果质量、设计方案、作业方法等的评价。<br>③重大遗留问题的处理意见。<br>④经验、教训和建议 |
| 5.附图、附表 | ①变形控制网布设略图。<br>②利用已有资料清单。<br>③变形观测资料的归纳与分析报告。<br>④上交测绘成果清单等 |

6）库区淹没测量（见表14-11）

**库区淹没测量技术总结具体内容**　　　　　　　　　　表 14-11

| 具 体 内 容 | 简 要 说 明 |
|---|---|
| 1．概述 | ①任务来源、目的，生产单位，生产起止时间，生产安排概况。<br>②水库名称、行政隶属，成图比例尺，库区淹没范围、面积，淹没田地、村庄数量，搬迁人口数等。<br>③作业技术依据。<br>④计划与实际完成工作量比较 |
| 2．利用已有资料情况 | ①起算数据及其等级、系统等。<br>②坝顶高程及其等级、系统等。<br>③资料中存在的主要问题和处理方法 |
| 3．作业方法、质量和有关技术数据 | ①标石埋设情况、分布与数量。<br>②使用仪器名称、型号及其主要技术参数。<br>③施测与成图方法，点位布设密度、等级、联测方案与精度等。<br>④新技术、新方法、新材料的采用及其效果。<br>⑤最高淹没面和最低淹没面的高程。<br>⑥淹没区面积量算的方法和精度。<br>⑦执行技术标准的情况，出现的主要问题和处理方法，保证和提高质量的主要措施，各项限差与实际测量结果的比较，实地检测情况与精度等 |
| 4．技术结论 | ①对本测区成果质量、设计方案、作业方法等的评价。<br>②重大遗留问题的处理意见。<br>③经验、教训和建议 |
| 5．附图、附表 | ①控制点分布略图。<br>②库区淹没图及质量评定图。<br>③测量精度统计表。<br>④淹没区分类统计表。<br>⑤利用已有资料清单。<br>⑥上交测绘成果清单等 |

### 14.1.4　"摄影测量与遥感"专业技术总结

1）航空摄影（见表14-12）

**航空摄影技术总结具体内容**　　　　　　　　　　表 14-12

| 具 体 内 容 | 简 要 说 明 |
|---|---|
| 1．概述 | ①任务来源、目的，摄影比例尺、航摄单位，摄影起止时间。<br>②摄区名称、地理位置、面积、行政隶属，摄区地形和气候对摄影工作的影响。<br>③作业技术依据。<br>④完成的作业项目、数量 |
| 2．利用已有资料情况 | 编制航摄计划用图的比例尺、作业年代及接边资料等 |

续上表

| 具 体 内 容 | 简 要 说 明 |
|---|---|
| 3.航摄工作、质量和有关技术数据 | ①航摄仪和附属仪器的类型及其主要技术数据。<br>②航线敷设情况和飞行质量。<br>③底片和相纸的类型、特性、冲洗和处理方法,主要技术数据。<br>④航摄质量及航摄底片复制品的质量情况。<br>⑤新技术、新方法、新材料的采用及其效果。<br>⑥执行技术标准的情况,出现的主要问题和处理方法,保证和提高质量的主要措施 |
| 4.技术结论 | ①对本摄区成果质量、设计方案、作业方法等的评价。<br>②重大遗留问题的处理意见。<br>③经验、教训和建议 |
| 5.附图、附表 | ①摄影分区略图。<br>②航摄鉴定表。<br>③上交航摄成果清单等 |

2)航空摄影测量外业(见表14-13)

**航空摄影测量外业技术总结具体内容**　　　　表14-13

| 具 体 内 容 | 简 要 说 明 |
|---|---|
| 1.概述 | ①任务来源、目的、摄影比例尺,成图比例尺,生产单位,生产起止日期,生产安排概况。<br>②测区地理位置、面积、行政隶属,自然地理特征,交通情况和困难类别等。<br>③作业技术依据,采用的投影、坐标系、高程系和等高距。<br>④计划与实际完成工作量的比较,作业率的统计 |
| 2.利用已有资料情况 | ①航摄资料的来源,仪器的类型及其主要技术数据,像片的质量和利用情况。<br>②其他资料的来源、等级、质量和利用情况。<br>③资料中存在的主要问题和处理方法 |
| 3.作业方法、质量和有关技术数据 | ①控制测量包括像片控制点、基础控制点、检查的方法和质量情况。<br>②像片调绘与综合法测图。<br>③新技术、新方法的采用及其效果 |
| 4.技术结论 | ①对本测区成果质量、设计方案、作业方法等的评价。<br>②重大遗留问题的处理意见。<br>③经验、教训和建议 |
| 5.附图、附表 | ①测区地形类别及质量评定图。<br>②利用已有资料清单。<br>③控制点分布略图。<br>④精度统计表。<br>⑤上交测绘成果清单等 |

3)航空摄影测量内业(见表14-14)

**航空摄影测量内业技术总结具体内容**　　　　表14-14

| 具 体 内 容 | 简 要 说 明 |
|---|---|
| 1.概述 | ①任务来源、目的,摄影比例尺,成图比例尺,生产单位,生产起止日期,生产安排概况。<br>②测区地理位置、面积、行政隶属,地形的主要特征等。<br>③作业技术依据,采用的投影、坐标系、高程系和等高距。<br>④计划与实际完成工作量的比较,作业率的统计 |

续上表

| 具体内容 | 简要说明 |
|---|---|
| 2. 利用已有资料情况 | ①摄影资料的来源,仪器的类型及其主要技术数据。<br>②对外业控制点和调绘成果进行分析。<br>③其他资料的来源、质量和利用情况。<br>④资料中存在的主要问题和处理方法 |
| 3. 作业方法、质量和有关技术数据 | ①解析空中三角测量。<br>②影像平面图的编制。<br>③航测原图的测绘和编绘。<br>④新技术、新方法、新材料的采用及其效果 |
| 4. 技术结论 | ①对本测区成果质量、设计方案、作业方法等的评价。<br>②重大遗留问题的处理意见。<br>③经验、教训和建议 |
| 5. 附图、附表 | ①测区图幅接合表。<br>②航测内业成图方法及质量评定图。<br>③利用已有资料清单。<br>④精度统计表。<br>⑤野外检测统计表。<br>⑥上交测绘成果清单等 |

4)近景摄影测量(见表 14-15)

**近景摄影测量技术总结具体内容**　　　　　表 14-15

| 具体内容 | 简要说明 |
|---|---|
| 1. 概述 | ①任务来源、目的,摄影比例尺,成图比例尺,生产单位,生产起止日期,生产安排概况。<br>②目标的类型和概况。<br>③作业技术依据。<br>④完成的作业项目与工作量 |
| 2. 作业方法、质量和有关技术数据 | ①物方控制包括:物方控制布设情况、测量方法和精度。<br>②近景图像的获取。<br>③近景图像的处理。<br>④新技术、新方法、新材料的采用及其效果 |
| 3. 技术结论 | ①对本测区成果质量,设计方案、作业方法等的评价。<br>②重大遗留问题的处理意见。<br>③经验、教训和建议 |
| 4. 附图、附表 | 有关表格 |

5)遥感(见表 14-16)

**遥感技术总结具体内容**　　　　　表 14-16

| 具体内容 | 简要说明 |
|---|---|
| 1. 概述 | ①任务来源、目的,图像比例尺,成图比例尺,生产单位,生产起止时间,生产安排概况。<br>②测区概况。<br>③作业技术依据和作业方案。<br>④完成的作业项目与工作量 |

续上表

| 具体内容 | 简要说明 |
|---|---|
| 2.利用已有资料情况 | ①遥感资料的来源、形式,主要技术参数,质量和利用情况。<br>②资料中存在的主要问题和处理方法 |
| 3.作业方法、质量和有关技术数据 | ①遥感图像处理。<br>②遥感图像的解译。<br>③解译结果的检验。<br>④编制专业图件。<br>⑤新技术、新方法、新材料的采用及其效果 |
| 4.技术结论 | ①对本测区成果质量、设计方案、作业方法等的评价。<br>②重大遗留问题的处理意见。<br>③经验、教训和建议 |
| 5.附图、附表 | 有关表格 |

### 14.1.5 "测图、制图、印刷"专业技术总结

1) 野外地形数据采集及成图(见表 14-17)

野外地形数据采集及成图技术总结具体内容　　　表 14-17

| 具体内容 | 简要说明 |
|---|---|
| 1.概述 | ①任务来源、目的、内容,成图比例尺,生产单位,生产起止时间,生产安排概况。<br>②测区范围、行政隶属,自然地理和社会经济的特征,困难类别等。<br>③作业技术依据。<br>④计划与实际完成工作量的比较,作业率的统计 |
| 2.利用已有资料情况 | ①采用的基准和系统。<br>②起算数据和资料的名称、等级、系统、来源和精度情况。<br>③资料中存在的主要问题和处理方法 |
| 3.作业方法、质量和有关技术数据 | ①使用的仪器和主要测量工具的名称、型号、主要技术参数和检校情况。<br>②各类图根点的布设、标志的设置,施测方法和重测情况。<br>③野外地形数据的采集方法、要素代码、精度要求、属性等。<br>④DEM 的数据采集、分层设色的要求。<br>⑤测制地形图的方法和精度,新增的图式符号。<br>⑥新技术、新方法、新材料的采用及其效果。<br>⑦执行技术标准的情况,出现的主要问题和处理方法,保证和提高质量的主要措施,实地检测和检查的情况与结果等 |
| 4.技术结论 | ①对本测区成果质量、设计方案和作业方法等的评价。<br>②重大遗留问题的处理意见。<br>③经验、教训和建议 |
| 5.附图、附表 | ①利用已有资料清单。<br>②控制点布设图。<br>③仪器、工具检验结果汇总表。<br>④精度统计表。<br>⑤上交测绘成果清单等 |

2)地图制图(见表 14-18)

**地图制图技术总结具体内容**　　　　　　　　　　　　　表 14-18

| 具 体 内 容 | 简 要 说 明 |
|---|---|
| 1. 概述 | ①任务名称、目的、来源、数量、类别和规格,成图比例尺,生产单位,生产起止日期,生产安排概况。<br>②制图区域范围、行政隶属、困难类别。<br>③作业技术依据,采用的投影、坐标系、高程系和等高距等。<br>④计划与实际完成工作量的比较,作业率的统计 |
| 2. 利用已有资料情况 | ①基本资料的比例尺,测制单位,出版年代,现势性和精度。<br>②补充资料的比例尺,测制单位,出版年代,现势性,使用程度及方法。<br>③参考资料的使用程度 |
| 3. 作业方法、质量和有关技术数据 | ①编绘原图制作方法。<br>②印刷原图制作方法。<br>③数学基础的展绘精度,资料拼贴精度。<br>④地图内容的综合及描绘质量。<br>⑤执行技术标准的情况,出现的主要问题和处理方法,保证和提高质量的主要措施。<br>⑥新技术、新方法、新材料的采用及其效果 |
| 4. 技术结论 | ①对本制图区成果质量、设计方案和作业方法等的评价。<br>②重大遗留问题的处理意见。<br>③经验、教训和建议 |
| 5. 附图、附表 | ①制图区域图幅接合表。<br>②资料分布略图。<br>③利用已有资料清单。<br>④成果质量评定统计表。<br>⑤上交测绘成果清单等 |

3)地图制印(见表 14-19)

**地图制印技术总结具体内容**　　　　　　　　　　　　　表 14-19

| 具 体 内 容 | 简 要 说 明 |
|---|---|
| 1. 概述 | ①任务名称、目的、来源、数量、类别和规格,地图比例尺,承印单位,制印日期,生产安排概况。<br>②制图区域范围、行政隶属。<br>③印刷色数、材料和印数。<br>④制印技术依据。<br>⑤完成任务情况 |
| 2. 利用已有资料情况 | ①印刷原图的种类、分版情况、制作单位、精度和质量。<br>②分色参考图的质量 |
| 3. 制印方法、质量和有关技术数据 | ①制版、照相、翻版、修版、拷贝、晒版的方法、精度和质量。<br>②印刷、打样的质量和数量,印刷的设备,印刷图的套合精度、印色、图形及线划的质量,油墨和纸张等的质量。<br>③装帧的方法、形式及质量。<br>④执行技术标准的情况,保证和提高质量的主要措施。 |

| 具 体 内 容 | 简 要 说 明 |
|---|---|
| 3. 制印方法、质量和有关技术数据 | ⑤新技术、新方法、新材料的采用及其效果。<br>⑥实施工艺方案中出现的主要问题及处理方法 |
| 4. 技术结论 | ①对印刷成果质量、工艺方案等的评价。<br>②总结经验、教训和给出建议 |
| 5. 附图、附表 | ①工艺设计流程框图。<br>②制印区域图幅接合表。<br>③成果、样品及其清单等 |

### 14.1.6 "界线测绘"专业技术总结

界线测绘技术总结具体内容见表14-20。

**界线测绘技术总结具体内容**　　　　　　　表 14-20

| 具 体 内 容 | 简 要 说 明 |
|---|---|
| 1. 概述 | ①任务名称、来源、目的、内容,生产单位,生产起止时间等。<br>②界线测绘范围、界线测绘的等级,自然地理和社会经济的特征。<br>③作业技术依据。<br>④计划与实际完成工作量的比较,作业率的统计 |
| 2. 利用已有资料情况 | ①采用的基准和系统。<br>②起算数据和资料的名称、等级、系统、来源和精度情况。<br>③资料中存在的主要问题和处理方法 |
| 3. 作业方法、质量和有关技术数据 | ①使用的仪器和主要测量工具的名称、型号、检校情况。<br>②控制网、锁、线、点的布设、等级、密度,埋石情况,施测方法和重测情况。<br>③界桩点的布设、形状、密度、编号方法和点位精度,界桩点方位物测绘的原则和测定情况。<br>④边界点的布设、测量与编号。<br>⑤边界线的命名、编号与标绘。<br>⑥界桩登记表的填写。<br>⑦边界地形图、边界线情况图、边界主张线图、边界协议书附图以及行政区域边界协议书附图集的方法和精度。<br>⑧新技术、新方法、新材料的采用及其效果 |
| 4. 技术结论 | ①对本测区成果质量、设计方案和作业方法等的评价。<br>②重大遗留问题的处理意见。<br>③总结经验、教训和给出建议 |
| 5. 附图、附表 | ①利用已有资料清单。<br>②控制点布设图。<br>③仪器、工具检验结果汇总表。<br>④边界协议书附图。<br>⑤精度统计表。<br>⑥上交测绘成果清单等 |

### 14.1.7 "基础地理信息数据建库"专业技术总结

基础地理信息数据建库技术总结具体内容见表14-21。

**基础地理信息数据建库技术总结具体内容** 表14-21

| 具 体 内 容 | 简 要 说 明 |
| --- | --- |
| 1. 概述 | ①说明任务来源、管理框架、建库目标、系统功能、预期成果、生产单位、生产起止时间、生产安排概况。<br>②作业技术依据。<br>③计划与实际完成工作量的比较,作业率的统计 |
| 2. 利用已有资料情况 | ①采用的基准和系统。<br>②数据来源、范围、产品类型、格式、精度、组织、质量情况。<br>③资料中存在的主要问题和处理方法 |
| 3. 作业方法、质量和有关技术数据 | ①使用的系统的软件及硬件的功能、型号、主要技术指标。<br>②数据库数据的内容、数据格式、位置精度、属性精度、现势性等情况。<br>③数据库的基本功能情况。<br>④数据库的概念模型设计、逻辑设计、物理设计的情况。<br>⑤新技术、新方法的采用及其效果。<br>⑥执行技术标准的情况,出现的主要问题和处理方法,保证和提高质量的主要措施等 |
| 4. 技术结论 | ①对本数据库成果质量、设计方案等的评价。<br>②重大遗留问题的处理意见。<br>③经验、教训和建议 |
| 5. 附图、附表 | ①利用已有资料清单。<br>②数据库数据要素分类与代码、层(块)、属性项表。<br>③上交数据建库成果清单等 |

### 14.1.8 "地理信息系统"专业技术总结

地理信息系统技术总结具体内容见表14-22。

**地理信息系统技术总结具体内容** 表14-22

| 具 体 内 容 | 简 要 说 明 |
| --- | --- |
| 1. 引言 | 说明编写目的、背景、定义及参考资料等 |
| 2. 实际开发结果 | ①产品。说明程序系统中各个程序的名字,它们之间的层次关系、程序系统版本、文件名称、数据库等。<br>②主要功能和性能。逐项列出本软件产品实际具有的主要功能和性能。<br>③基本流程。<br>④进度。列出原定计划进度与实际进度的对比,分析原因。<br>⑤费用。列出原定计划费用与实际支出费用的对比,分析原因 |
| 3. 开发工作评价 | ①对生产效率的评价。<br>②对产品质量的评价。<br>③对技术方法的评价。<br>④出错原因的分析 |
| 4. 经验与教训 | 列出从开发工作中所得到的最主要的经验与教训,以及对今后的项目开发工作的建议 |

## 14.2 例　　题

1)单项选择题(每题 1 分。每题的备选项中,只有 1 个最符合题意)

(1)测绘技术总结分为两类,为(　　)。
　　A.项目总结、专业技术总结　　　　B.项目总结、质量总结
　　C.质量总结、专业技术总结　　　　D.质量总结、成果总结

(2)以下选项中,不属于测绘技术总结的编写依据的是(　　)。
　　A.测绘任务书　　　　　　　　　　B.有关法规和技术标准
　　C.内容真实、重点突出　　　　　　D.测绘成果的质量检查报告

(3)项目总结由(　　)负责编写或组织编写;专业技术总结由具体承担相应测绘专业任务的法人单位负责编写。
　　A.承担项目的法人单位　　　　　　B.总工程师
　　C.委托项目的法人单位　　　　　　D.注册测绘师

(4)"测绘技术总结"的第一部分为"概述"。以下选项中,不属于"概述"中的内容的是(　　)。
　　A.任务来源　　　　　　　　　　　B.工程预算
　　C.作业区概况　　　　　　　　　　D.已有资料利用情况

(5)专业技术总结的主要内容中,包括"技术设计执行情况"。以下选项中,不属于"技术设计执行情况"的是(　　)。
　　A.生产所依据的有关的技术标准和规范
　　B.作业工作量安排及完成情况
　　C.总结专业测绘生产中的经验和教训
　　D.新技术和新方法的应用情况

(6)测绘专业技术总结由 4 部分组成,其中第 4 部分为"上交和归档测绘成果及资料清单"。以下选项中,不属于"上交资料清单"的是(　　)。
　　A.测区所在行政区地图　　　　　　B.测绘成果(或产品)的名称、数量、类型等
　　C.专业技术总结报告　　　　　　　D.其他需上交和归档的资料

(7)对于测绘专业技术总结,大地测量专业包括平面控制测量、高程控制测量、(　　)等。
　　A.重力测量、大地测量计算　　　　B.重力测量、变形测量
　　C.变形测量、大地测量计算　　　　D.变形测量、线路测量

(8)工程测量专业中"施工测量"技术总结包括概述、(　　)、作业方法、(　　)、附图与附表等内容。
　　A.利用已有资料情况　技术结论　　B.计算原理与方法　计算结论
　　C.利用已有资料情况　计算结论　　D.计算原理与方法　技术结论

(9)对于测绘专业技术总结,以下选项中,不属于"工程测量"专业范畴的是(　　)。
　　A.施工测量　　　　　　　　　　　B.航空摄影测量外业
　　C.库区淹没测量　　　　　　　　　D.变形测量

(10)大地测量专业中"大地测量计算"技术总结包括概述、利用已有资料情况、(　　)、附

图与附表等内容。

A. 作业方法、技术结论　　　　　B. 计算方法、计算结论
C. 计算方法、技术结论　　　　　D. 作业方法、计算结论

(11)测绘技术总结是与测绘成果有直接关系的(　　)文件,是长期保存的重要技术档案。

A. 永久性　　　B. 临时性　　　C. 技术性　　　D. 客观性

(12)在编写测绘技术总结过程中,测绘单位需要对测绘成果质量进行说明和评价,下列内容中,不属于质量说明和评价中应包含内容的是(　　)。

A. 成果质量精度统计分析
B. 说明测绘产品的质量检查报告的名称
C. 成果达到的技术质量指标
D. 上交成果资料目录清单

(13)(　　)是一个测绘项目在其最终成果(或产品)检查合格后,在各专业技术总结的基础上,对整个项目所做的技术总结。

A. 项目总结　　　　　　　　　B. 产品质量总结
C. 方案总结　　　　　　　　　D. 技术总结

(14)在测绘任务完成后,对测绘技术文件和技术标准、规范等执行情况,技术设计方案实施中出现的主要技术问题和处理方法,成果质量、新技术的应用等进行分析研究、认真总结并作出客观描述和评价的是(　　)。

A. 测绘成果总结　　　　　　　B. 测绘成果分析
C. 测绘技术总结　　　　　　　D. 测绘资料汇编

(15)对于测绘专业技术总结,以下选项中,不属于"地理信息系统"技术总结内容的是(　　)。

A. 引言　　　　　　　　　　　B. 技术结论
C. 实际开发结果　　　　　　　D. 经验与教训

(16)测绘(　　)是与测绘成果有直接关系的技术性文件,是长期保存的重要技术档案。

A. 技术设计　　B. 技术总结　　C. 技术规则　　D. 技术检验

2)多项选择题(每题2分。每题的备选项中,有2个或2个以上符合题意,至少有1个错项。错选,本题不得分;少选,所选的每个选项得0.5分)

(17)专业技术总结的主要内容中,包括"技术设计执行情况"。以下选项中,属于"技术设计执行情况"的是(　　)。

A. 作业区已有资料的利用情况　　B. 生产所依据的有关的技术标准和规范
C. 作业工作量安排及完成情况　　D. 新技术和新方法的应用情况
E. 总结专业测绘生产中的经验和教训

(18)测绘专业技术总结由四部分组成,其中第四部分为"上交和归档测绘成果及资料清单"。以下选项中,属于"上交资料清单"的是(　　)。

A. 所有作业人员身份证复印件
B. 测区所在行政区地图

C. 测绘成果质量检查报告
D. 测绘成果(或产品)的名称、数量、类型等
E. 其他需上交和归档的资料

(19)对于测绘专业技术总结,大地测量专业包括以下几个方面(　　)。
A. 重力测量
B. 变形测量
C. 大地测量计算
D. 线路测量
E. 平面控制测量与高程控制测量

(20)工程测量专业中"施工测量"技术总结包括以下内容(　　)。
A. 利用已有资料情况
B. 作业方法与质量
C. 技术结论
D. 计算成果质量与评价
E. 软件产品的主要功能和性能

(21)对于测绘专业技术总结,以下选项中,属于"工程测量"专业范畴的是(　　)。
A. 线路测量
B. 重力测量
C. 库区淹没测量
D. 变形测量
E. 航空摄影测量外业

(22)在编写测绘技术总结过程中,测绘单位需要对测绘成果质量进行说明和评价,下列内容中,属于质量说明和评价中应包含的内容的是(　　)。
A. 简要说明、评价测绘成果的质量情况
B. 说明测绘产品的质量检查报告的名称和编号
C. 成果质量精度统计分析
D. 产品达到的技术指标
E. 上交成果资料目录清单

(23)测绘技术总结通常由(　　)四部分组成。
A. 概述
B. 技术设计执行情况
C. 成果质量说明评价
D. 上交和归档的成果及其资料清单
E. 工作目标及工作量

(24)测绘技术总结编写依据有(　　)。
A. 技术设计书
B. 内容真实、重点突出
C. 有关法规和技术标准
D. 测绘任务合同书
E. 测绘产品的检查、验收报告

(25)对于测绘专业技术总结,以下选项中,属于"摄影测量与遥感"专业范畴的是(　　)。
A. 航空摄影测量内业
B. 重力测量
C. 遥感
D. 近景摄影测量
E. 库区淹没测量

(26)"地理信息系统"专业技术总结包括以下内容(　　)。
A. 引言
B. 利用已有资料情况
C. 技术结论
D. 开发工作评价
E. 实际开发结果

## 14.3 例题参考答案及解析

1)单项选择题(每题1分。每题的备选题中,只有1个最符合题意)

(1) A

**解析:** 测绘技术总结分为两类:项目总结和专业技术总结。

(2) C

**解析:** 测绘技术总结的编写依据有:测绘任务书、有关法规和技术标准、测绘成果的质量检查报告等。选项 C(内容真实、重点突出),不是测绘技术总结编写的依据。

(3) A

**解析:** 本题考查"测绘技术总结"编写要求。①项目总结:由承担项目的法人单位负责编写或组织编写。②专业技术总结:由具体承担相应测绘专业任务的法人单位负责编写。

(4) B

**解析:** 测绘技术总结中的"概述"部分,应包括以下内容:任务来源、目标、工作量等;任务的安排与完成情况;作业区概况;已有资料利用情况等。选项 B(工程预算),不属于"概述"部分应包括的内容。

(5) B

**解析:** 专业技术总结中,"技术设计执行情况"编写的内容包括:生产所依据的有关的技术标准和规范;总结专业测绘生产中的经验和教训;新技术和新方法的应用情况等。选项 B(作业工作量安排及完成情况),属于测绘专业技术总结中的"概述"内容。

(6) A

**解析:** "上交资料清单"包括:测绘成果(或产品)的名称、数量、类型等;专业技术总结报告;测绘成果质量检查报告;其他需上交和归档的资料等。

(7) A

**解析:** 对于测绘专业技术总结,"大地测量"专业包括:平面控制测量、高程控制测量、重力测量、大地测量计算等。"变形测量"、"线路测量"属于工程测量专业范畴。

(8) A

**解析:** 在工程测量专业中,"施工测量"技术总结包括:概述、利用已有资料情况、作业方法、技术结论、附图与附表等内容。

(9) B

**解析:** 对于测绘专业技术总结,"工程测量"专业主要包括:控制测量、地形测图、施工测量、线路测量、竣工总图编绘与实测、变形测量、库区淹没测量等。选项 B(航空摄影测量外业),属于摄影测量与遥感专业范畴。

(10) B

**解析:** 在大地测量专业中,"大地测量计算"技术总结包括:概述、利用已有资料情况、计算方法、计算结论、附图与附表等内容。

(11) C

**解析:** 本题主要考查"测绘技术总结"的性质。测绘技术总结是与测绘成果(或产品)有直接关系的"技术性文件",是长期保存的重要技术档案。

(12) D

**解析**：本题考查"测绘成果质量说明和评价"。在编写测绘技术总结过程中,测绘单位需要对测绘成果质量进行说明和评价,具体内容包括:测绘成果的质量情况(包括必要的精度统计)、产品(成果)达到的技术指标,说明测绘成果的质量检查报告的名称和编号等。

(13) A

**解析**：本题考查项目总结的概念。测绘技术总结分为"项目总结"和"专业技术总结"。对于工作量较小的项目,可根据需要将项目总结和专业技术总结合并为项目总结。"项目总结",是一个测绘项目在其最终成果(或产品)检查合格后,在各专业技术总结的基础上,对整个项目所做的技术总结。

(14) C

**解析**："测绘技术总结",是在测绘任务完成后,对测绘技术文件和技术标准与规范等执行情况、技术设计方案实施中出现的主要技术问题和处理方法、成果质量、新技术的应用等进行分析研究、认真总结并作出客观描述和评价。

(15) B

**解析**：对于测绘专业技术总结,"地理信息系统"技术总结的内容包括:引言;实际开发结果;开发工作评价;经验与教训等。选项 B(技术结论)不属于"地理信息系统"技术总结内容。

(16) B

**解析**：本题考查测绘技术总结的性质。"测绘技术总结"是与测绘成果有直接关系的技术性文件,是长期保存的重要技术档案。

2) 多项选择题(每题 2 分。每题的备选项中,有 2 个或 2 个以上符合题意,至少有 1 个错项。错选,本题不得分;少选,所选的每个选项得 0.5 分)

(17) BDE

**解析**：专业技术总结的主要内容中,包括"技术设计执行情况"。"技术设计执行情况"包括:生产所依据的有关的技术标准和规范;说明和评价专业技术活动过程中,专业技术设计文件的执行情况;测绘生产过程中出现的主要技术问题和处理方法;新技术和新方法的应用情况;总结专业测绘生产中的经验和教训等。选项 A(作业区已有资料的利用情况)、选项 C(作业工作量安排及完成情况),均属于测绘专业技术总结中的"概述"内容。

(18) CDE

**解析**：在测绘专业技术总结中,"上交资料清单"包括:测绘成果(或产品)的名称、数量、类型等;专业技术总结报告;测绘成果质量检查报告;其他需上交和归档的资料等。选项 A(所有作业人员身份证复印件)、选项 B(测区所在行政区地图),不属于"上交资料清单"范围。

(19) ACE

**解析**：对于测绘专业技术总结,"大地测量"专业包括:平面控制测量、高程控制测量、重力测量、大地测量计算等。选项 B(变形测量)、选项 D(线路测量)属于工程测量专业范畴。

(20) ABC

**解析**：在工程测量专业中,"施工测量"技术总结包括:概述、利用已有资料情况、作业方法、技术结论、附图与附表等内容。选项 D(计算成果质量与评价)、选项 E(软件产品的主要功能和性能),不属于"施工测量"技术总结的范畴。

(21) ACD

**解析**：对于测绘专业技术总结,"工程测量"专业主要包括:控制测量、地形测图、施工测量、线路测量、竣工总图编绘与实测、变形测量、库区淹没测量等。选项B(重力测量)属于大地测量专业范畴,选项E(航空摄影测量外业)属于摄影测量与遥感专业范畴。

(22) ABCD

解析:在编写测绘技术总结过程中,测绘单位需要对测绘成果质量进行说明和评价,具体内容包括:测绘成果的质量情况(包括必要的精度统计),产品(成果)达到的技术指标,说明测绘成果的质量检查报告的名称和编号等。选项E(上交成果资料目录清单)不属于"测绘成果质量说明和评价"的内容。

(23) ABCD

解析:"测绘技术总结"通常由4部分组成:①概述;②技术设计执行情况;③成果质量说明评价;④上交和归档的成果及其资料清单。选项E(工作目标及工作量)不属于"测绘技术总结"的内容。

(24) ACDE

解析:测绘技术总结的"编写依据"有:测绘任务合同书;技术设计书;有关法规和技术标准;测绘产品的检查报告;测绘产品的验收报告等。选项B(内容真实、重点突出)不是测绘技术总结编写的依据。

(25) ACD

解析:对于测绘专业技术总结,"摄影测量与遥感"专业包括:航空摄影、航空摄影测量外业、航空摄影测量内业、近景摄影测量、遥感等。选项B(重力测量)属于大地测量专业范畴,选项E(库区淹没测量)属于工程测量专业范畴。

(26) ADE

解析:"地理信息系统"专业技术总结的内容包括:引言;实际开发结果;开发工作评价;经验与教训等。选项B(利用已有资料情况)、选项C(技术结论),不属于"地理信息系统"专业技术总结内容。

## 14.4 高频真题综合分析

### 14.4.1 高频真题——测绘技术总结内容

◀ 真 题 ▶

【2011,52】 下列内容中,不属于《测绘技术总结编写规定》的"概述"中主要内容的是( )。

A. 工作目标及工作量
B. 任务安排与完成情况
C. 作业区概况和已有资料利用情况
D. 执行的技术标准及规范

【2011,55】 在编写测绘技术总结过程中,测绘单位需要对测绘成果质量进行说明和评价,下列内容中,不属于质量说明和评价中应包含的内容是( )。

A. 简要说明、评价测绘成果的质量情况

B. 上交成果资料目录清单
C. 成果质量精度统计分析
D. 成果达到的技术质量指标

【2011,94】 根据《测绘技术总结编写规定》,测绘技术总结的主要组成内容有（　　）。
A. 概述　　　　　　　　　　B. 技术设计执行情况
C. 检查验收意见　　　　　　D. 成果质量说明与评价
E. 上交和归档的成果及资料清单

【2011,96】 根据《测绘技术总结编写规定》,下列内容中,属于上交和归档的测绘成果及其资料清单内容有（　　）。
A. 测绘成果名称、数量、类型　　B. 测绘项目设计书
C. 测绘资质证书复印件　　　　　D. 质量检查报告
E. 测绘人员测绘作业证复印件

【2013,78】 根据《测绘技术总结编写规定》,"任务的安排与完成情况"应在技术总结的（　　）部分说明。
A. 概述　　　　　　　　　　B. 技术设计执行情况
C. 成果质量说明和评价　　　D. 上交成果及其清单

【2013,84】 编写专业技术总结时,下列文档资料中,应当在"上交测绘成果（或产品）和资料清单"中说明的有（　　）。
A. 测绘项目合同　　　　　　B. 项目设计书
C. 专业技术设计书　　　　　D. 专业技术总结
E. 质量检查报告

【2015,64】 编写测绘技术总结时,"技术设计执行情况"中不必说明的内容是（　　）。
A. 技术标准和技术设计文件执行情况
B. 出现的主要技术问题和处理方法
C. 产品达到的技术指标
D. 经验、教训和遗留问题

【2015,65】 某测绘项目技术总结包括了概述、技术设计执行情况及上交和归档测绘成果（或产品）及其资料清单。根据《测绘技术总结编写规定》,该项目技术总结缺少的内容是（　　）。
A. 任务来源　　　　　　　　B. 已有成果资料利用情况
C. 任务工作量　　　　　　　D. 测绘成果质量说明与评价

【2015,66】 下列内容中,不属于GPS测量内业技术总结内容的是（　　）。
A. 误差检验及相关参数和平差结果的精度估计
B. 外业观测数据质量分析和野外数据检核情况
C. 上交成果中尚存问题和需要说明的其他问题、建议或改进意见
D. 各种附表与附图

【2015,67】 测绘生产过程中,若采用了新技术、新方法、新材料,应在技术总结（　　）详细阐述和总结其应用情况。
A. 概述　　　　　　　　　　B. 技术设计执行情况
C. 成果质量说明和评价　　　D. 上交成果资料清单

▶ 真题答案及综合分析 ◀

**答案:** D　B　ABDE　ACE　ACDE　C　D　B　B

**解析:** 以上10题,考核的知识点是测绘技术总结编写相关内容。

根据《测绘技术总结编写规定》(CH/T 1001—2005),测绘技术总结,由四部分组成:①概述;②技术设计执行情况;③测绘成果(或产品)质量说明与评价;④上交和归档测绘成果(或产品)及资料清单。例如,第1部分"概述"的主要内容包括项目来源、内容、目标、工作量,专业测绘任务的划分、内容和相应任务的承担单位等;项目执行情况(统计有关的作业定额和作业率),经费执行情况等;作业区概况和已有资料的利用情况。

### 14.4.2　高频真题——测绘技术总结编写责任人

▶ 真　题 ◀

【2013,77】根据《测绘技术总结编写规定》,下列技术人员中,对技术总结编写质量负责的是(　　)。

　　A. 技术总结编写人员　　　　B. 技术总结审核人员
　　C. 技术设计编写人员　　　　D. 技术设计审核人员

【2014,97】根据《测绘技术总结编写规定》,下列关于测绘项目总结的说法中,错误的有(　　)。

　　A. 测绘项目总结由承担项目的法人单位负责编写
　　B. 测绘项目总结应统计有关作业定额和作业率
　　C. 测绘项目总结是在一个测绘项目最终成果(或产品)生产结束后编写的
　　D. 技术总结需单位法人代表审核签字
　　E. 测绘项目总结通常由单位的技术人员编写

【2015,97】根据《测绘技术总结编写规定》,下列关于测绘技术总结的说法中,正确的有(　　)

　　A. 测绘技术总结分项目总结和专业技术总结
　　B. 项目总结由承担项目的法人单位负责或组织编写
　　C. 测绘技术总结项目单位归档,无需上交
　　D. 测绘技术总结应由项目承担单位总工或技术负责人审核、签字
　　E. 测绘技术总结可根据需要选用项目设置的术语、符号和计量单位

【2016,61】根据《测绘技术总结编写规定》,下列关于测绘专业技术总结的编写说法中,正确的是(　　)。

　　A. 测绘专业技术总结由测绘单位技术人员编写
　　B. 测绘专业技术总结由测绘单位技术负责人编写
　　C. 测绘专业技术总结由测绘单位负责人编写
　　D. 测绘专业技术总结由项目委托单位审核

#### ◀ 真题答案及综合分析 ▶

**答案**：B　CD　ABD　A

**解析**：以上4题，考核的知识点是测绘技术总结编写责任人的问题。

根据《测绘技术总结编写规定》，测绘技术总结的编写项目总结由承担项目的法人单位负责编写；专业技术总结由具体承担相应测绘专业任务的法人单位负责编写，通常由技术人员编写。

# 15 测绘成果质量检查验收

## 15.1 考点分析

### 15.1.1 测绘成果质量检查验收的基本规定

1)"二级检查与一级验收"制度

对测绘成果采用"二级检查与一级验收"制度,即:

(1)"过程检查"。测绘单位作业部门组织(过程检查采用全数检查)。

(2)"最终检查"。测绘单位质量管理部门组织(最终检查一般采用全数检查,涉及野外检查项的一般采用抽样检查)。

(3)"验收"。项目管理单位组织(验收一般采用抽样检查)。

2)提交检查验收的资料

(1)项目设计书、技术设计书、技术总结等。

(2)文档簿、质量跟踪卡等。

(3)数据文件,包括图库内外整饰信息文件、元数据文件等。

(4)作为数据源使用的原图或复制的二底图。

(5)图形或影像数据输出的检查图或模拟图。

(6)技术规定或技术设计书规定的其他文件资料。

(7)检查报告。

3)数学精度检测

(1)图类单位成果高程精度检测、平面位置精度检测及相对位置精度检测,检测点(边)应分布均匀、位置明显。检测点(边)数量视地物复杂程度、比例尺等具体情况确定,每幅图一般各选取 20~50 个。

(2)高精度检测时,中误差计算按式(15-1)执行:

$$M = \sqrt{\frac{\sum_{i=1}^{n}\Delta i^2}{n}} \tag{15-1}$$

式中:$M$——成果中误差;

$n$——检测点(边)总数;

$\Delta i$——较差。

提示:将检测值视为真值。

(3)同精度检测时,中误差计算按式(15-2)执行:

$$M = \sqrt{\frac{\sum_{i=1}^{n}\Delta i^2}{2n}} \tag{15-2}$$

式中：$M$——成果中误差；

$n$——检测点（边）总数；

$\Delta i$——较差。

提示：将检测值与原观测值视为双观测值。

4）抽样检查时样本量的确定

"二级检查与一级验收"制度中，"最终检查"应逐单位成果详查。对野外实地检查项，可抽样检查，样本量不应低于表15-1的规定。

样 本 量 确 定 表　　　　　　表15-1

| 批　量 | 样 本 量 | 批　量 | 样 本 量 |
|---|---|---|---|
| ≤20 | 3 | 121～140 | 12 |
| 21～40 | 5 | 141～160 | 13 |
| 41～60 | 7 | 161～180 | 14 |
| 61～80 | 9 | 181～200 | 15 |
| 81～100 | 10 | ≥201 | 分批次提交，批次数应最小，各批次的批量应均匀 |
| 101～120 | 11 | | |

注：当样本量等于或大于批量时，则全数检查。

5）验收时抽取样本要求

（1）"二级检查与一级验收"制度中，"验收"一般采用抽样检查。样本应分布均匀，以"点"、"景"、"测段"、"幢"或"区域网"等为单位在检验批中随机抽取样本，一般采用简单随机抽样，也可根据生产方式或时间、等级等采用分层随机抽样。根据检验批的批量按照表15-1的规定确定样本量。

（2）特别注意，下列资料按100％提取样本原件或复印件：项目设计书、专业设计书、生产过程中的补充规定，技术总结、检查报告及检查记录，仪器检定证书和检验资料复印件，其他需要提供的文档资料等。

6）单位成果质量的等级划分

质量等级划分为4级：优级品、良级品、合格品、不合格品。

7）单位成果质量评定公式

（1）根据质量元素分值，评定单位成果质量分值，见式（15-3）：

$$S = \min S_i \quad (i = 1, 2, \cdots, n) \tag{15-3}$$

式中：$S$——单位成果质量得分值；

$S_i$——第$i$个质量元素的得分值；

min——最小值；

$n$——质量元素的总数。

注：①附件质量可不参与式（15-3）的计算；②当质量元素检查结果不满足规定的合格条件时，不计算分值，该质量元素为不合格。

(2)若质量元素拥有权值,则采用加权平均法计算单位成果质量得分。S 值按式(15-4)计算:

$$S = \sum_{i=1}^{n}(S_{li} \cdot p_i) \quad (15-4)$$

式中:$S$——单位成果质量得分;
  $S_{li}$——质量元素得分;
  $p_i$——相应质量元素的权;
  $n$——单位成果中包含的质量元素个数。

(3)根据式(15-3)或式(15-4)的结果,评定单位成果质量等级,见表15-2。

单位成果质量评定等级　　　　　　　　　表15-2

| 质 量 得 分 | 质 量 等 级 |
|---|---|
| 90 分≤S≤100 分 | 优级品 |
| 75 分≤S<90 分 | 良级品 |
| 60 分≤S<75 分 | 合格品 |
| 质量元素检查结果不满足规定的合格条件 | 不合格品 |
| 位置精度检查中误差比例大于 5% | |
| 质量元素出现不合格 | |

8)批成果质量评定(见表15-3)

批成果质量评定　　　　　　　　　表15-3

| 质量等级 | 判 定 条 件 | 后 续 处 理 |
|---|---|---|
| 合格批 | 样本中未发现不合格的单位成果或者发现的不合格成果的数量在规定的范围内,且概查时未发现不合格的单位成果 | 测绘单位对验收中发现的各类质量问题均应修改 |
| 不合格批 | 样本中发现不合格单位成果,或概查中发现不合格单位成果,或不能提交批成果的技术性文档(如设计书、技术总结、检查报告等)和资料性文档(如接合表、图幅清单等) | 测绘单位对批成果逐一查改合格后,重新提交验收 |

9)数学精度评分方法(见表15-4)

数学精度评分方法　　　　　　　　　表15-4

| 数学精度值 | 质 量 分 数 | 数学精度值 | 质 量 分 数 |
|---|---|---|---|
| $0 \leq M \leq 1/3 M_0$ | $S=100$ 分 | $1/2 M_0 < M \leq 3/4 M_0$ | 75 分≤S<90 分 |
| $1/3 M_0 < M \leq 1/2 M_0$ | 90 分≤S<100 分 | $3/4 M_0 < M \leq M_0$ | 60 分≤S<75 分 |

表中:$M_0$——允许中误差的绝对值,$M_0 = \sqrt{m_1^2 + m_2^2}$;
  $m_1$——规范或相应技术文件要求的成果中误差;
  $m_2$——检测中误差(高精度检测时取 $m_2 = 0$);
  $M$——成果中误差的绝对值。
  $S$——质量分数(分数值根据数学精度的绝对值所在区间进行内插)。

注:多项数学精度评分时,单项数学精度得分均超过 60 分时,取其算术平均值或加权平均值。

10)测绘成果质量错漏和扣分标准(见表15-5)

成果质量错漏扣分标准　　　　　　表15-5

| 差 错 类 型 | 扣 分 值 | 差 错 类 型 | 扣 分 值 |
|---|---|---|---|
| A类 | 42分 | C类 | 4/t分 |
| B类 | 12/t分 | D类 | 1/t分 |

注:1. A类:极重要检查项的错漏;B类:重要检查项的错漏,或检查项的严重错漏;C类:较重要检查项的错漏,或检查项的较重错漏;D类:一般检查项的轻微错漏。

2. 一般情况下取 $t=1$。需要进行调整时,以困难类别为原则,按《测绘生产困难类别细则》进行调整(平均困难类别 $t=1$)。

11)质量子元素评分方法

首先将质量子元素得分预置为100分,根据表15-5的要求对相应质量子元素中出现的错漏逐个扣分。$S_2$ 的值按式(15-5)计算:

$$S_2 = 100 - [a_1 \cdot (12/t) + a_2 \cdot (4/t) + a_3 \cdot (1/t)] \quad (15-5)$$

式中:$S_2$——质量子元素得分;

$a_1$、$a_2$、$a_3$——分别为质量子元素中相应的B类错漏、C类错漏、D类错漏个数;

$t$——扣分值调整系数。

12)质量元素评分方法

采用加权平均法计算质量元素得分。$S_1$ 的值按式(15-6)计算:

$$S_1 = \sum_{i=1}^{n}(S_{2i} \cdot p_i) \quad (15-6)$$

式中:$S_1$——质量元素得分;

$S_{2i}$——质量子元素得分;

$p_i$——相应质量子元素的权;

$n$——质量元素中包含的质量子元素个数。

### 15.1.2 "大地测量"成果的质量元素及检查项

1)GPS测量成果的质量元素和检查项(见表15-6)

GPS测量成果的质量元素和检查项　　　　　　表15-6

| 质量元素 | 质量子元素 | 检 查 项 |
|---|---|---|
| 1. 数据质量 | ①数学精度 | 点位中误差,边长相对中误差等 |
| | ②观测质量 | 仪器检验项目与检验方法,观测方法;GPS点水准联测,观测时段数,观测手簿记录等 |
| | ③计算质量 | 起算点选取,起始数据的正确性,起算点的兼容性及分布的合理性,各项外业验算项目等 |
| 2. 点位质量 | ①选点质量 | 点位布设及点位密度,点位观测条件,点之记等 |
| | ②埋石质量 | 埋石坑位的规范性,标石类型,标志类型,标石质量,托管手续内容等 |
| 3. 资料质量 | ①整饰质量 | 点之记、托管手续、观测手簿、计算成果等资料,技术总结、检查报告整饰等 |
| | ②资料完整性 | 技术总结编写,检查报告编写,检查上交资料的完整情况等 |

2)三角测量成果的质量元素和检查项(见表15-7)

**三角测量成果的质量元素和检查项**　　　　　　　　表 15-7

| 质量元素 | 质量子元素 | 检 查 项 |
|---|---|---|
| 1. 数据质量 | ①数学精度 | 最弱边相对中误差,最弱点中误差,测角中误差等 |
| | ②观测质量 | 仪器检验项目与检验方法,各项观测误差,成果取舍和重测的合理性,记簿计算的正确性等 |
| | ③计算质量 | 外业验算项目的齐全性,验算方法的正确性,验算数据的正确性,已知三角点选取,起始数据的正确性等 |
| 2. 点位质量 | ①选点质量 | 点位密度,点位选择,锁段图形权倒数值的符合性,展点图内容,点之记内容等 |
| | ②埋石质量 | 觇标的结构,标石的类型,标石的埋设,托管手续内容等 |
| 3. 资料质量 | ①整饰质量 | 选点、埋石及验算资料整饰,成果资料整饰,技术总结整饰,检查报告整饰等 |
| | ②资料完整性 | 技术总结内容,检查报告内容,上交资料的完整性等 |

3)导线测量成果的质量元素和检查项(见表15-8)

**导线测量成果的质量元素和检查项**　　　　　　　　表 15-8

| 质量元素 | 质量子元素 | 检 查 项 |
|---|---|---|
| 1. 数据质量 | ①数学精度 | 点位中误差符合性,边长相对精度,方位角闭合差,测角中误差等 |
| | ②观测质量 | 仪器检验项目与检验方法,各项观测误差,水平角和导线测距的观测方法,成果取舍,记簿计算等 |
| | ③计算质量 | 外业验算项目的齐全性,外业验算方法,验算数据的正确性,已知三角点选取,起始数据的正确性等 |
| 2. 点位质量 | ①选点质量 | 导线网网形结构,点位密度,点位选择,展点图内容的完整性,点之记内容,导线曲折度等 |
| | ②埋石质量 | 觇标的结构,标石的类型,标石的埋设和外部整饰,托管手续内容的齐全性等 |
| 3. 资料质量 | ①整饰质量 | 选点、埋石及验算资料整饰的齐全性,成果资料整饰,技术总结整饰,检查报告整饰等 |
| | ②资料完整性 | 技术总结内容的齐全性,检查报告内容,上交资料的完整性等 |

4)水准测量成果的质量元素和检查项(见表15-9)

**水准测量成果的质量元素和检查项**　　　　　　　　表 15-9

| 质量元素 | 质量子元素 | 检 查 项 |
|---|---|---|
| 1. 数据质量 | ①数学精度 | 每公里偶然中误差的符合性,每公里全中误差的符合性等 |
| | ②观测质量 | 测段、区段、路线闭合差,仪器检验项目与检验方法,测站观测误差,对已有水准点连测,观测和检测方法,记簿计算的正确性,注记的完整性等 |
| | ③计算质量 | 环闭合差,外业验算项目,已知水准点选取等 |
| 2. 点位质量 | ①选点质量 | 水准路线布设,点位密度,路线图绘制,点位选择,点之记内容等 |
| | ②埋石质量 | 标石类型,标石埋设规格,托管手续内容等 |
| 3. 资料质量 | ①整饰质量 | 观测、计算资料整饰,成果资料的整饰,技术总结整饰,检查报告整饰等 |
| | ②资料完整性 | 技术总结内容,检查报告内容,上交资料的齐全性等 |

5) 光电测距成果的质量元素和检查项(见表15-10)

**光电测距成果的质量元素和检查项** 表15-10

| 质量元素 | 质量子元素 | 检查项 |
|---|---|---|
| 1.数据质量 | ①数学精度 | 主要检查边长精度超限 |
| | ②观测质量 | 仪器检验项目与检验方法,测距边两端点高差测定,气象元素测定情况,观测误差与限差的符合情况,外业验算的精度指标与限差的符合情况等 |
| | ③计算质量 | 外业验算项目,外业验算方法,观测成果采用的正确性 |
| 2.资料质量 | ①整饰质量 | 观测、计算资料整饰,成果资料整饰,技术总结整饰,检查报告整饰等 |
| | ②资料完整性 | 技术总结内容,检查报告内容,上交资料等 |

注:与其他测量成果比较,"质量元素"中无"点位质量"。

6) 天文测量成果的质量元素和检查项(见表15-11)

**天文测量成果的质量元素和检查项** 表15-11

| 质量元素 | 质量子元素 | 检查项 |
|---|---|---|
| 1.数据质量 | ①数学精度 | 经纬度中误差,方位角中误差,正、反方位角之差等 |
| | ②观测质量 | 仪器检验项目与检验方法,经纬度、方位角观测方法,各项外业观测误差与限差,各项外业验算的精度指标与限差等 |
| | ③计算质量 | 外业验算项目,外业验算方法,验算结果,观测成果采用的正确性等 |
| 2.点位质量 | ①选点质量 | 主要检查点位选择的合理性 |
| | ②埋石质量 | 天文墩结构,天文墩类型及质量,天文墩埋设规格等 |
| 3.资料质量 | ①整饰质量 | 观测、计算资料整饰,成果资料整饰,技术总结整饰,检查报告整饰的规整性等 |
| | ②资料完整性 | 技术总结内容,检查报告内容,上交资料等 |

7) 重力测量成果的质量元素和检查项(见表15-12)

**重力测量成果的质量元素和检查项** 表15-12

| 质量元素 | 质量子元素 | 检查项 |
|---|---|---|
| 1.数据质量 | ①数学精度 | 重力联测中误差,重力点平面位置中误差,重力点高程中误差符合性等 |
| | ②观测质量 | 仪器检验项目与检验方法,重力测线安排,重力点平面坐标和高程测定方法,外业观测误差与限差,外业验算的精度指标与限差等 |
| | ③计算质量 | 外业验算项目,外业验算方法,重力基线选取,起始数据的正确性等 |
| 2.点位质量 | ①选点质量 | 重力点布设位密度,重力点位选择,点之记内容等 |
| | ②埋石质量 | 标石类型,标石质量,标石埋设规格,照片资料,托管手续等 |
| 3.资料质量 | ①整饰质量 | 观测、计算资料整饰,成果资料整饰,技术总结整饰,检查报告整饰等 |
| | ②资料完整性 | 技术总结内容,检查报告内容,上交成果资料等 |

8) 大地测量计算成果的质量元素和检查项（见表 15-13）

**大地测量计算成果的质量元素和检查项**　　　　　　　　　表 15-13

| 质量元素 | 质量子元素 | 检 查 项 |
|---|---|---|
| 1. 成果正确性 | ①数学模型 | 采用基准的正确性，平差方案及计算方法，平差图形选择，计算、改算、平差、统计软件功能的完备性等 |
| | ②计算正确性 | 外业观测数据取舍，仪器常数及检定系数选用，相邻测区成果处理，起算数据、仪器检验参数、气象参数选用，各项计算的正确性等 |
| 2. 成果完整性 | ①整饰质量 | 各种计算资料的规整性，成果资料，技术总结，检查报告等 |
| | ②资料完整性 | 成果表编辑或抄录的正确性，技术总结，精度统计资料，上交成果资料的齐全性等 |

## 15.1.3 "工程测量"成果的质量元素及检查项

1) 平面控制测量成果的质量元素和检查项（见表 15-14）

**平面控制测量成果的质量元素和检查项**　　　　　　　　　表 15-14

| 质量元素 | 质量子元素 | 检 查 项 |
|---|---|---|
| 1. 数据质量 | ①数学精度 | 点位中误差，边长相对中误差等 |
| | ②观测质量 | 仪器检验项目与检验方法，观测方法，GPS点水准联测，观测手簿记录和注记，水平角和导线测距的观测方法，天顶距的观测方法等 |
| | ③计算质量 | 起算点选取，起始数据的正确性，起算点的兼容性及分布，各项外业验算项目等 |
| 2. 点位质量 | ①选点质量 | 点位布设及点位密度，点位满足观测条件，点位选择，点之记内容等 |
| | ②埋石质量 | 埋石坑位的规范性，标石类型，标石埋设规格，托管手续内容等 |
| 3. 资料质量 | ①整饰质量 | 点之记和托管手续、观测手簿、计算成果等资料，技术总结整饰，检查报告整饰等 |
| | ②资料完整性 | 技术总结编写，检查报告编写，检查上交资料等 |

2) 高程控制测量成果的质量元素和检查项（见表 15-15）

**高程控制测量成果的质量元素和检查项**　　　　　　　　　表 15-15

| 质量元素 | 质量子元素 | 检 查 项 |
|---|---|---|
| 1. 数据质量 | ①数学精度 | 每公里高差中数偶然中误差，每公里高差中数全中误差，相对于起算点的最弱点高程中误差等 |
| | ②观测质量 | 仪器检验项目与检验方法，测站观测误差，测段、区段、路线闭合差，对已有水准点联测，观测条件选择的合理性，注记的完整性等 |
| | ③计算质量 | 外业验算项目，验算方法，已知水准点的选取，起始数据的正确性，环闭合差等 |
| 2. 点位质量 | ①选点质量 | 水准路线布设，点位选择及点位密度，水准路线图绘制，点之记内容等 |
| | ②埋石质量 | 标石类型，标石质量，标石埋设规格，托管手续内容等 |
| 3. 资料质量 | ①整饰质量 | 观测、计算资料整饰，各类报告、总结、附图、附表、簿册整饰，技术总结整饰，检查报告整饰等 |
| | ②资料完整性 | 技术总结，检查报告，提供成果资料等 |

3)大比例尺地形图的质量元素和检查项(见表15-16)

**大比例尺地形图的质量元素和检查项** 表15-16

| 质量元素 | 质量子元素 | 检查项 |
|---|---|---|
| 1.数学精度 | ①数学基础 | 坐标系统、高程系统的正确性,各类投影计算,图根控制测量精度,图廓尺寸、对角线长度、格网尺寸,控制点间图上距离与坐标反算长度较差等 |
| | ②平面精度 | 平面绝对位置中误差、相对位置中误差、接边精度 |
| | ③高程精度 | 高程注记点高程中误差、等高线高程中误差、接边精度 |
| 2.数据及结构正确性 | | 文件命名,数据组织,数据格式,要素分层,属性代码,属性接边质量等 |
| 3.地理精度 | | 地理要素的完整性,地理要素的协调性,注记和符号的正确性,综合取舍的合理性,地理要素接边质量 |
| 4.整饰质量 | | 符号、线画、色彩质量,注记质量,图面要素协调性,图面、图廓外整饰质量 |
| 5.附件质量 | | 元数据文件,检查报告、技术总结内容,成果资料的齐全性,各类报告、附图(接合图、网图)、附表、簿册整饰的规整性,资料装帧 |

4)线路测量成果的质量元素和检查项(见表15-17)

**线路测量成果的质量元素和检查项** 表15-17

| 质量元素 | 质量子元素 | 检查项 |
|---|---|---|
| 1.数据质量 | ①数学精度 | 平面控制测量、高程控制测量、地形图成果数学精度,点位或桩位测设成果数学精度,断面成果精度与限差的符合情况 |
| | ②观测质量 | 主要检查控制测量成果 |
| | ③计算质量 | 验算项目的齐全性和验算方法的正确性,平差计算及其他内业计算的正确性 |
| 2.点位质量 | ①选点质量 | 控制点布设及点位密度,点位选择的合理性等 |
| | ②埋石质量 | 标石类型,标石质量,标石埋设规格,点之记,托管手续内容的齐全性、正确性 |
| 3.资料质量 | ①整饰质量 | 观测、计算资料整饰,技术总结、检查报告整饰等 |
| | ②资料完整性 | 技术总结、检查报告内容,提供项目成果资料,各类报告、总结、图、表、簿册整饰等 |

5)管线测量成果的质量元素和检查项(见表15-18)

**管线测量成果的质量元素和检查项** 表15-18

| 质量元素 | 质量子元素 | 检查项 |
|---|---|---|
| 1.控制测量精度 | | 主要检查平面控制测量、高程控制测量 |
| 2.管线图质量 | ①数学精度 | 明显管线点量测精度,管线点探测精度,管线开挖点精度,管线点平面、高程精度等 |
| | ②地理精度 | 检查管线数据各管线属性的正确性,管线图注记和符号的正确性,管线调查和探测综合取舍的合理性等 |
| | ③整饰质量 | 符号、线画质量,图廓外整饰质量,注记质量,接边质量 |
| 3.资料质量 | ①资料完整性 | 工程依据文件,工程凭证资料,探测原始资料,探测图表、成果表,技术报告书(总结) |
| | ②整饰规整性 | 依据资料、记录图表归档的规整性,各类报告、总结、图、表、簿册整饰的规整性 |

6）变形测量成果的质量元素和检查项（见表15-19）

**变形测量成果的质量元素和检查项** 表15-19

| 质量元素 | 质量子元素 | 检 查 项 |
|---|---|---|
| 1.数据质量 | ①数学精度 | 基准网精度，水平位移、垂直位移测量精度 |
| | ②观测质量 | 仪器设备的符合性，各项限差的符合情况，观测方法，观测条件，观测周期，数据采集的连续性等 |
| | ③计算分析 | 计算项目的齐全性和方法的正确性，平差结果，成果资料的整理和整编，成果资料的分析等 |
| 2.点位质量 | ①选点质量 | 基准点、观测点布设，点位密度、位置选择的合理性 |
| | ②造埋质量 | 标石类型、标志构造的规范性和质量情况，标石、标志埋设的规范性 |
| 3.资料质量 | ①整饰质量 | 观测、计算资料整饰，技术报告、检查报告整饰等 |
| | ②资料完整性 | 技术报告、检查报告内容，提供成果资料项目的齐全性，技术问题处理的合理性等 |

7）施工测量成果的质量元素和检查项（见表15-20）

**施工测量成果的质量元素和检查项** 表15-20

| 质量元素 | 质量子元素 | 检 查 项 |
|---|---|---|
| 1.数据质量 | ①数学精度 | 控制测量精度，点位或桩位测设成果数学精度 |
| | ②观测质量 | 仪器检验项目与检验方法，水平角、天顶距、距离观测方法，观测条件，手工记簿计算的正确性，各项观测误差与限差的符合情况等 |
| | ③计算质量 | 验算项目，验算方法，平差计算，其他内业计算等 |
| 2.点位质量 | ①选点质量 | 控制点布设，点位密度，点位选择的合理性等 |
| | ②造埋质量 | 标石类型，标石质量，标石埋设规格，点之记内容，托管手续内容的齐全性等 |
| 3.资料质量 | ①整饰质量 | 观测、计算资料整饰，技术总结、检查报告整饰等 |
| | ②资料完整性 | 技术总结、检查报告内容，提供成果资料项目的齐全性等 |

8）水下地形测量成果的质量元素和检查项（见表15-21）

**水下地形测量成果的质量元素和检查项** 表15-21

| 质量元素 | 质量子元素 | 检 查 项 |
|---|---|---|
| 1.数据质量 | ①观测仪器 | 仪器选择合理性，仪器检验项目与检验方法等 |
| | ②观测质量 | 技术设计和观测方案，数据采集软件，观测要素的齐全性，观测时间、观测条件、观测方法等 |
| | ③计算质量 | 计算软件的可靠性，内业计算验算情况等 |
| 2.点位质量 | ①观测点位 | 工作水准点埋设、验潮站设立、观测点布设的合理性、代表性，周边自然环境 |
| | ②观测密度 | 相关断面线布设及密度，观测频率、采样率的正确性 |
| 3.资料质量 | ①观测记录 | 各种观测记录和数据处理记录的完整性 |
| | ②附件及资料 | 技术总结内容，提供成果资料，成果图绘制的正确性 |

### 15.1.4 "摄影测量与遥感"成果的质量元素及检查项

**1)像片控制测量成果的质量元素和检查项**(见表15-22)

像片控制测量成果的质量元素和检查项　　　　　　表15-22

| 质量元素 | 质量子元素 | 检 查 项 |
|---|---|---|
| 1.数据质量 | ①数学精度 | 各项闭合差、中误差等精度指标的符合情况 |
| | ②观测质量 | 观测手簿的规整性和计算的正确性,计算手簿的规整性和计算的正确性 |
| 2.布点质量 | | 控制点点位布设的正确性、合理性,控制点点位选择的正确性、合理性 |
| 3.整饰质量 | | 控制点判、刺的正确性,控制点整饰规范性,点位说明的准确性 |
| 4.附件质量 | | 主要检查布点略图、成果表 |

**2)像片调绘成果的质量元素和检查项**(见表15-23)

像片调绘成果的质量元素和检查项　　　　　　表15-23

| 质量元素 | 检 查 项 |
|---|---|
| 1.地理精度 | 地物、地貌调绘的全面性、正确性,地物、地貌综合取舍的合理性,植被、土质符号配置的准确性、合理性,地名注记内容的正确性、完整性 |
| 2.属性精度 | 各类地物、地貌性质说明以及说明文字、数字注记等内容的完整性、正确性 |
| 3.整饰质量 | 各类注记的规整性,各类线划的规整性,要素符号间关系表达的正确性、完整性,像片的整洁度 |
| 4.附件质量 | 主要检查上交资料的齐全性、资料整饰的规整性 |

**3)空中三角测量成果的质量元素和检查项**(见表15-24)

空中三角测量成果的质量元素和检查项　　　　　　表15-24

| 质量元素 | 质量子元素 | 检 查 项 |
|---|---|---|
| 1.数据质量 | ①数学基础 | 大地坐标系、大地高程基准、投影系等 |
| | ②平面精度 | 内业加密点的平面位置精度 |
| | ③高程精度 | 主要检查内业加密点的高程精度 |
| | ④接边精度 | 主要检查区域网间接边精度 |
| | ⑤计算质量 | 基本定向点权,内定向、相对定向精度,多余控制点不符值,公共点较差 |
| 2.布点质量 | | 平面和高程控制点是否超基线布控,定向点、检查点设置的合理性,加密点点位选择的正确性、合理性 |
| 3.附件质量 | | 上交资料的齐全性,资料整饰的规整性和点位略图 |

**4)中小比例尺地形图的质量元素和检查项**(见表15-25)

中小比例尺地形图的质量元素和检查项　　　　　　表15-25

| 质量元素 | 质量子元素 | 检 查 项 |
|---|---|---|
| 1.数学精度 | ①数学基础 | 主要检查格网、图廓点、三北方向线 |
| | ②平面精度 | 平面绝对位置中误差,接边精度数学精度 0.25(单位) |
| | ③高程精度 | 高程注记点高程中误差,等高线高程中误差,接边精度 |

续上表

| 质量元素 | 质量子元素 | 检 查 项 |
|---|---|---|
| 2.数据及结构正确性 | | 文件命名、数据组织的正确性,数据格式的正确性,要素分层的正确性、完备性,属性代码的正确性,属性接边的正确性 |
| 3.地理精度 | | 地理要素的完整性、协调性,注记和符号的正确性,综合取舍的合理性,地理要素接边质量 |
| 4.整饰质量 | | 符号、线划、色彩质量,注记质量,图面要素协调性,图面、图廓外整饰质量 |
| 5.附件质量 | | 元数据文件的正确性,检查报告、技术总结内容,成果资料齐全,各类报告、附图、附表、簿册整饰 |

### 15.1.5 "地图编制"成果的质量元素及检查项

1) 普通地图的编绘原图/印刷原图的质量元素和检查项(见表15-26)

**普通地图的编绘原图/印刷原图的质量元素和检查项**　　　　　　表15-26

| 质量元素 | 检 查 项 |
|---|---|
| 1.数学精度 | 展点精度,平面控制点、高程控制点位置精度,地图投影选择的合理性 |
| 2.数据完整性与正确性 | 文件命名、数据组织和数据格式的正确性、规范性,数据分层的正确性、完备性 |
| 3.地理精度 | 制图资料的现势性、完备性,制图综合的合理性,图内各种注记的正确性,地理要素的协调性 |
| 4.整饰质量 | 地图符号、色彩的正确性,注记的正规、完整性,图廓外整饰要素的正确性 |
| 5.附件质量 | 图历簿填写的正确、完整性,图幅的接边正确性,分色参考图的正确性、完整性 |

2) 专题地图的编绘原图/印刷原图的质量元素和检查项(见表15-27)

**专题地图的编绘原图/印刷原图的质量元素和检查项**　　　　　　表15-27

| 质量元素 | 检 查 项 |
|---|---|
| 1.数据完整性与正确性 | 文件命名、数据组织和数据格式的正确性、规范性,数据分层的正确性、完备性 |
| 2.地图内容适用性 | 地理底图内容的合理性,专题内容的完备性、现势性、可靠性 |
| 3.地图表示的科学性 | 各种注记表达的合理性,分类、分级的科学性,色彩、符号与设计的符合性,表示方法选择的正确性 |
| 4.地图精度 | 图幅选择投影、比例尺的适宜性,制图网精度,地图内容的位置精度,专题内容的量测精度 |
| 5.图面配置质量 | 图面配置的合理性,图例的全面性、正确性,图廓外整饰的正确性、规范性、艺术性 |
| 6.附件质量 | 主要检查设计书质量,分色样图的质量 |

3) 地图集的质量元素和检查项(见表15-28)

**地图集的质量元素和检查项**　　　　　　表15-28

| 质量元素 | 质量子元素 | 检 查 项 |
|---|---|---|
| 1.整体质量 | ①图集内容思想性 | 主要检查思想正确性,图集宗旨、主题思想明确程度,要素表示正确性 |
| | ②图集内容全面性、完整性 | 主要检查图集内容的全面性、系统性,图集结构的完整性 |
| | ③图集内容统一性、协调性 | 主要检查图集内容的统一性、互补性,要素表达的协调性、可比性 |

续上表

| 质量元素 | 质量子元素 | 检 查 项 |
|---|---|---|
| 2.图集内图幅质量 | ①数据完整性与正确性 | 主要检查文件命名、数据组织和数据格式的正确性、规范性。数据分层的正确性、完备性 |
| | ②地图内容适用性 | 主要检查地理底图内容的合理性,专题内容的完备性、现势性、可靠性 |
| | ③地图表示的科学性 | 各种注记表达的合理性,分类、分级的科学性,色彩、符号与设计的符合性,表示方法选择的正确性 |
| | ④地图精度 | 主要检查图幅选择投影、比例尺的适宜性,制图网精度,地图内容的位置精度,专题内容的量测精度 |
| | ⑤图面配置质量 | 主要检查图面配置的合理性,图例的全面性、正确性,图廓外整饰的正确性、规范性、艺术性 |
| | ⑥附件质量 | 主要检查设计书质量和分色样图的质量 |

4)印刷成品的质量元素和检查项(见表15-29)

**印刷成品的质量元素和检查项**　　　　　表15-29

| 质量元素 | 检 查 项 |
|---|---|
| 1.印刷质量 | 主要检查套印精度、网线、线画粗细变形率,印刷质量和图形质量 |
| 2.拼接质量 | 主要检查拼贴质量和折叠质量 |
| 3.装订质量 | 平装主要检查折页、配页质量、订本质量、封面质量和裁切质量;精装主要检查折页、配页、锁线或无线胶粘质量,图芯脊背、环衬粘贴质量,封面质量等 |

5)导航电子地图的质量元素和检查项(见表15-30)

**导航电子地图的质量元素和检查项**　　　　　表15-30

| 质量元素 | 检 查 项 |
|---|---|
| 1.位置精度 | 主要检查平面位置精度 |
| 2.属性精度 | 主要检查属性结构、属性值的正确性 |
| 3.逻辑一致性 | 道路网络连通性,拓扑关系的正确性,节点匹配的正确性,要素间关系的正确性和要素接边的一致性 |
| 4.完整性与正确性 | 安全处理符合性,地图内容的现势性,兴趣点完整性,数学基础、数据格式文件命名、数据组织和数据分层的正确性和要素的完备性 |
| 5.图面质量 | 各种注记表达的合理性、易读性,色彩、符号与设计的符合性,图形质量 |
| 6.附件质量 | 主要检查附件的正确性、全面性,成果资料的齐全性 |

**15.1.6 "地籍测绘"成果的质量元素及检查项**

1)地籍控制测量成果的质量元素和检查项(见表15-31)

**地籍控制测量成果的质量元素和检查项** 表 15-31

| 质量元素 | 质量子元素 | 检 查 项 |
|---|---|---|
| 1. 数据质量 | ①起算数据 | 起算点坐标的正确性和相关控制资料的可靠性 |
| | ②数学精度 | 基本控制点精度的符合性 |
| | ③观测质量 | 检验项目与检验方法,观测方法的正确性,各种记录的规整性,各项观测误差的符合性 |
| | ④计算质量 | 主要检查平差计算的正确性 |
| 2. 点位质量 | ①选点质量 | 控制网布设,点位选择,点之记内容 |
| | ②埋设质量 | 标石类型,标志设置,标石埋设 |
| 3. 资料质量 | ①整饰质量 | 观测和计算资料整饰,成果资料整饰,技术总结和检查报告的规整性 |
| | ②资料完整性 | 成果资料,技术总结内容和检查报告内容 |

2) 地籍细部测量成果的质量元素和检查项(见表 15-32)

**地籍细部测量成果的质量元素和检查项** 表 15-32

| 质量元素 | 质量子元素 | 检 查 项 |
|---|---|---|
| 1. 界址点测量 | ①观测质量 | 测量方法,观测手簿记录、属性记录和草图绘制,界址点测量方法,各项观测误差与限差 |
| | ②数学精度 | 界址点相对位置精度,界址点绝对位置精度,宗地面积量算精度 |
| 2. 地物点测量 | ①观测质量 | 测量方法,观测手簿记录、属性记录和草图绘制,地物、地类测量精度,各项观测误差与限差 |
| | ②数学精度 | 地物点相对位置精度和地物点绝对位置精度 |
| 3. 资料质量 | ①整饰质量 | 观测和计算资料整饰,成果资料整饰,技术总结和检查报告的规整性 |
| | ②资料完整性 | 成果资料,技术总结内容和检查报告内容 |

3) 地籍图的质量元素和检查项(见表 15-33)

**地籍图的质量元素和检查项** 表 15-33

| 质量元素 | 质量子元素 | 检 查 项 |
|---|---|---|
| 1. 数学精度 | ①数学基础 | 图廓边长与理论值之差,公里网点与理论值之差,展点精度,两对角线较差,图廓对角线与理论之差 |
| | ②平面位置 | 主要检查界址点、线平面位置精度,地物点平面位置精度,地类界的平面位置精度 |
| 2. 要素质量 | ①地籍要素 | 主要检查地籍要素表示的正确性 |
| | ②其他要素 | 地物要素的正确性,综合取舍的合理性,各要素的协调性,图幅接边的正确性 |
| 3. 资料质量 | ①整饰质量 | 注记和符号的正确性,整饰的规整性、正确性 |
| | ②资料完整性 | 结合图、编图设计和总结的正确性、全面性 |

4) 宗地图的质量元素和检查项(见表 15-34)

**宗地图的质量元素和检查项** 表 15-34

| 质量元素 | 质量子元素 | 检 查 项 |
|---|---|---|
| 1. 数学精度 | ①界址点精度 | 界址点平面位置精度和界址边长精度 |
| | ②面积精度 | 主要检查宗地面积的正确性 |
| 2. 要素质量 | ①地籍要素 | 宗地号、宗地名称、界址点符号及编号、界址线等 |
| | ②其他要素 | 主要检查地物、地类号等表示的正确性 |
| 3. 资料质量 | ①整饰质量 | 注记和符号的正确性,注记和符号的规范性 |
| | ②资料完整性 | 主要检查设计和总结的全面性 |

### 15.1.7 "测绘航空摄影"成果的质量元素及检查项

1) 航空摄影成果的质量元素和检查项(见表15-35)

航空摄影成果的质量元素和检查项　　　　　表15-35

| 质量元素 | 检查项 |
|---|---|
| 1. 飞行质量 | 航摄设计,像片重叠度(航向和旁向),最大和最小航高之差,旋偏角,像片倾斜角,航迹,航线弯曲度,边界覆盖保证,像点最大位移值 |
| 2. 影像质量 | 最大密度 $D_0$,最小密度 $D_{min}$,灰雾密度,反差,冲洗质量,影像色调,影像清晰度和框标影像 |
| 3. 数据质量 | 主要检查数据的完整性和正确性 |
| 4. 附件质量 | 摄区完成情况图、摄区分区图、分区航线结合图、摄区分区航线及像片结合图,各类注记、图表填写,成果包装 |

2) 航空摄影扫描数据的质量元素和检查项(见表15-36)

航空摄影扫描数据的质量元素和检查项　　　　　表15-36

| 质量元素 | 检查项 |
|---|---|
| 1. 影像质量 | 影像分辨率,影像色调是否均匀,反差是否适中,影像清晰度,影像外观质量,框标影像质量 |
| 2. 数据正确性和完整性 | 原始数据的正确性,文件命名、数据组织和数据格式的正确性、规范性,存储数据的介质和规格的正确性,数据内容的完整性 |
| 3. 附件质量 | 元数据文件的正确性、完整性,上交资料的齐全性 |

3) 卫星遥感影像的质量元素和检查项(见表15-37)

卫星遥感影像的质量元素和检查项　　　　　表15-37

| 质量元素 | 检查项 |
|---|---|
| 1. 数据质量 | 数据格式的正确性,影像获取时的"侧倾角"等 |
| 2. 影像质量 | 主要检查影像反差,影像清晰度,影像色调 |
| 3. 附件质量 | 主要检查影像参数文件内容的完整性 |

### 15.1.8 "地理信息系统"的质量元素及检查项

地理信息系统的质量元素和检查项见表15-38。

地理信息系统的质量元素和检查项　　　　　表15-38

| 质量元素 | 检查项 |
|---|---|
| 1. 资料质量 | 技术方案的完整性,数据处理与质量检查资料的齐全性,数据字典的规范性和齐全性,评审报告、检查验收报告、技术总结等资料的齐全性 |
| 2. 运行环境 | 硬件平台的符合性,软件平台(操作系统、数据库软件平台、GIS软件平台、中间件、应用软件等)的符合性,网络环境的符合性 |
| 3. 数据(库)质量 | 数据组织的正确性,数据库结构的正确性,空间参考系的正确性,数据质量,各类基础地理数据的一致性 |

续上表

| 质量元素 | 检查项 |
|---|---|
| 4. 系统结构与功能 | 系统结构的正确性,数据库管理方式的符合性,系统功能的符合性,服务器、客户端功能划分的正确性,系统效率的符合性和系统稳定性 |
| 5. 系统管理与维护 | 安全保密管理情况,权限管理情况,数据备份情况和系统维护情况 |

### 15.1.9 "数字测绘成果"的质量元素及检查验收方法

1)"数字线划地形图"成果的质量元素(见表15-39)

**"数字线划地形图"成果的质量元素**　　　　　　　　　　　　表15-39

| 质量元素 | 质量子元素 |
|---|---|
| 1. 空间参考系 | ①大地基准;②高程基准;③地图投影 |
| 2. 位置精度 | ①平面精度;②高程精度;③地图投影 |
| 3. 属性精度 | ①属性项完整性;②分类正确性;③属性正确性 |
| 4. 完整性 | ①数据层完整性;②数据层内部文件完整性;③要素完整性 |
| 5. 逻辑一致性 | ①概念一致性;②格式一致性;③拓扑一致性 |
| 6. 时间准确度 | ①数据更新;②数据采集 |
| 7. 元数据质量 | ①元数据完整性;②元数据准确性 |
| 8. 表征质量 | ①几何表达;②地理表达 |
| 9. 附件质量 | ①图历簿质量;②附属文档质量 |

2)"数字高程模型"成果的质量元素(见表15-40)

**"数字高程模型"成果的质量元素**　　　　　　　　　　　　表15-40

| 质量元素 | 质量子元素 |
|---|---|
| 1. 空间参考系 | ①大地基准;②高程基准;③地图投影 |
| 2. 位置精度 | ①平面精度;②高程精度 |
| 3. 逻辑一致性 | 格式一致性 |
| 4. 时间准确度 | ①数据更新;②数据采集 |
| 5. 栅格质量 | 格网参数 |
| 6. 元数据质量 | ①元数据完整性;②元数据准确性 |
| 7. 附件质量 | ①图历簿质量;②附属文档质量 |

3)"数字正射影像图"成果的质量元素(见表15-41)

**"数字正射影像图"成果的质量元素**　　　　　　　　　　　　表15-41

| 质量元素 | 质量子元素 |
|---|---|
| 1. 空间参考系 | ①大地基准;②高程基准;③地图投影 |
| 2. 位置精度 | 平面精度 |
| 3. 逻辑一致性 | ①格式一致性;②数据采集 |

续上表

| 质量元素 | 质量子元素 |
|---|---|
| 4.时间准确度 | 数据更新 |
| 5.影像质量 | ①影像分辨率;②影像特性 |
| 6.元数据质量 | ①元数据完整性;②元数据准确性 |
| 7.表征质量 | 图廓整饰准确性 |
| 8.附件质量 | ①图历簿质量;②附属文档质量 |

4)"数字栅格地图"成果的质量元素(见表15-42)

**"数字栅格地图"成果的质量元素**　　　　　　　　　　　表15-42

| 质量元素 | 质量子元素 |
|---|---|
| 1.空间参考系 | 地图投影 |
| 2.逻辑一致性 | 格式一致性 |
| 3.栅格质量 | ①影像分辨率;②影像特性 |
| 4.元数据质量 | ①元数据完整性;②元数据准确性 |
| 5.附件质量 | ①图历簿质量;②附属文档质量 |

5)"数字测绘成果"的质量检查验收方法

数字测绘成果的质量检查验收方法主要是对数字线划地形图、数字高程模型、数字正射影像图和数字栅格地图等成果进行质检的方法。质量检查的主要检查方法见表15-43。

**"数字测绘成果"质量检查验收的主要检查方法**　　　　　　　　表15-43

| 检查方法 | 简要说明 |
|---|---|
| 1.参考数据比对 | ①与高精度数据、专题数据、可收集到的国家各级部门公布、发布、出版的资料数据等各类参考数据对比,确定被检数据是否错漏或者获取被检数据与参考数据的差值。<br>②该方法主要适用于室内方式检查矢量数据,如检查各类错漏、计算各类中误差等,也可用于实测方式检查影像数据、栅格数据,如计算各类中误差等 |
| 2.野外实测 | ①与野外测量、调绘的成果对比,确定被检数据是否错漏或者获取被检数据与野外实测数据的差值。<br>②该方法主要适用于实测方式检查矢量数据,如检查各类错漏、计算各类中误差等,也可用于实测方式检查影像数据、栅格数据,如计算各类中误差等 |
| 3.内部检查 | ①检查被检数据的内在特性。<br>②该方法可用于室内方式检查矢量数据、影像数据、栅格数据。如逻辑一致性中的绝大多数检查项,接边检查,栅格数据的数据范围,影像数据的色调均匀,内业加密保密点检查中误差等。<br>③内部检查方式:计算机自动检查(通过软件自动分析和判断结果),计算机辅助检查(人机交互检查),人工检查 |

## 15.1.10 测绘成果质量检验报告编写

质量检验报告的主要内容包括:

(1)检查工作概况。应包括检验的基本情况,如检验时间、检验地点、检验方式、检验人员、检验的软硬件设备等。

(2)受检成果概况。简述成果生产基本情况,包括来源、测区位置、生产单位、单位资质等级、生产日期、生产方式、成果形式、批量等。

(3)检验依据。列出全部检验依据。

(4)抽样情况。包括抽样依据、抽样方法、样本数量等。

(5)检验内容及方法。阐述成果的各个检验参数及检验方法。

(6)主要质量问题及处理。按检验参数,分别叙述成果中存在的主要质量问题,并举例(图幅号、点号等)说明;质量问题的处理结果。

(7)质量统计及质量综述。

(8)验收结论。单位成果质量等级评定和批成果质量评定。

(9)附件。准备正确、齐全的附图、附表等附件。

## 15.2 例 题

1)单项选择题(每题 1 分。每题的备选项中,只有 1 个最符合题意)

(1)航空摄影成果的质量元素,包括( )、数据质量、附件质量。

  A. 飞行质量、影像质量      B. 飞行质量、要素质量

  C. 影像质量、要素质量      D. 要素质量、数学精度

(2)单位成果质量评定等级,视为不合格品的条件,以下描述错误的是( )。

  A. 质量得分 $S$ 在 65 分以下

  B. 位置精度检查中误差比例大于 5%

  C. 质量元素检查结果不满足规定的合格条件

  D. 质量元素出现不合格

(3)测绘产品质量监督检查机构要求测绘单位无偿提供检验样品时,如果测绘单位拒绝接受监督检查的,其产品质量按( )处理。

  A."批合格"    B."合格"    C."批不合格"    D."不合格"

(4)测绘产品质量监督检查的主要方式为抽样检验,其工作程序和检验方法,按照( )执行。

  A.《测绘成果管理条例》      B.《测绘质量监督管理办法》

  C.《测绘产品质量监督检验管理办法》      D.《测绘法》

(5)关于对外提供测绘成果的说法,错误的是( )。

  A. 外国组织在我国境内从事测绘活动的成果归中方所有

  B. 经中方合作单位同意后外方不可以携带出境,可以传输出境

  C. 未经国家测绘局批准,不得向外方提供测绘成果

  D. 未经依法批准,不得以任何形式携带出境

(6)测绘产品验收工作由( )组织实施。

  A. 项目测绘单位      B. 项目监理单位

  C. 项目委托单位      D. 项目验收单位

(7)地理信息系统的质量元素,包括资料质量、运行环境、( )、系统结构与功能、系统管理与维护。

  A. 栅格质量    B. 影像质量    C. 附件质量    D. 数据质量

(8)下列方法中,不属于数字测绘产品质量的检查方法的是( )。
　　A. 内部检查　　　B. 野外实测　　　C. 结构检查　　　D. 参考数据比对
(9)下列内容中,不属于卫星遥感影像中"影像质量"主要检查项的有( )。
　　A. 影像反差　　　B. 影像清晰度　　C. 影像数量　　　D. 影像色调
(10)验收工作程序不包括( )。
　　A. 确定样本量,抽取样本　　　　　B. 作业过程检查
　　C. 单位成果质量评定　　　　　　　D. 批成果质量评定,编制检验报告
(11)质量评分方法不包括( )。
　　A. 数学精度评分方法　　　　　　　B. 观测质量评分方法
　　C. 资料元素评分方法　　　　　　　D. 质量错漏扣分标准
(12)测绘单位必须接受测绘主管部门和技术监督行政部门的质量监督管理,按照监督检查的需要,向测绘产品质量监督检验机构( )提供检验样品。
　　A. 无偿　　　　　B. 有偿　　　　　C. 有条件　　　　D. 临时
(13)对野外实地检查项,可抽样检查,当批量数在81~100时,样本量为( )。
　　A. 7　　　　　　B. 9　　　　　　　C. 10　　　　　　D. 11
(14)下列类型中,测绘成果质量错漏极其严重的是( )。
　　A. A类　　　　　B. B类　　　　　　C. C类　　　　　　D. D类
(15)不属于线路测量成果的质量元素的是( )。
　　A. 点位质量　　　B. 平面精度　　　C. 数据质量　　　D. 资料质量
(16)在单位成果质量评定中,质量得分为74分的视为( )。
　　A. 优级品　　　　B. 良级品　　　　C. 合格品　　　　D. 不合格品
(17)管线测量成果的管线图质量包括数学精度、地理精度和( )3个质量子元素。
　　A. 附件质量　　　B. 选点质量　　　C. 计算质量　　　D. 整饰质量
(18)对野外实地检查项,可抽样检查,当批量数在21~40时,样本量为( )。
　　A. 3　　　　　　B. 5　　　　　　　C. 7　　　　　　　D. 9
(19)C类差错类型成果质量错漏扣分标准为( )。
　　A. 42分　　　　 B. $12/t$分　　　 C. $4/t$分　　　　D. $1/t$分
(20)测绘产品验收工作应当在( )后进行。
　　A. 经过程检查合格　　　　　　　　B. 经测绘单位法定代表人同意
　　C. 经最终检查合格　　　　　　　　D. 经委托单位法定代表人同意
(21)在单位成果质量评定中,质量得分为75分的视为( )。
　　A. 优级品　　　　B. 良级品　　　　C. 合格品　　　　D. 不合格品
(22)大比例尺地形图的质量元素,包括( )、数据及结构正确性、整饰质量、附件质量。
　　A. 数学精度、要素精度　　　　　　B. 平面精度、点位质量
　　C. 高程精度、点位质量　　　　　　D. 数学精度、地理精度
(23)对野外实地检查项,可抽样检查,当批量数在181~200时,样本量为( )。
　　A. 12　　　　　　B. 13　　　　　　C. 14　　　　　　D. 15
(24)A类差错类型成果质量错漏扣分标准为( )。
　　A. 42分　　　　 B. $12/t$分　　　 C. $4/t$分　　　　D. $1/t$分
(25)在单位成果质量评定中,位置精度检查中误差比例大于( )视为不合格。

A. 2%　　　　　　　B. 3%　　　　　　　C. 5%　　　　　　　D. 10%

(26)测绘产品检查过程中,当检查人员与被检查单位(或人员)在质量问题处理上有分歧时,负责裁定质量分歧的是(　　)。
　　A. 委托单位法定代表人　　　　　　B. 测绘单位法定代表人
　　C. 测绘单位总工程师　　　　　　　D. 测绘单位上级质量管理机构

(27)测绘单位生产的测绘产品经最终检查并按照《测绘产品质量评定标准》评定产品质量后,负责最终测绘产品质量核定的机构是(　　)。
　　A. 测绘单位　　　　　　　　　　　B. 测绘地理信息主管部门
　　C. 验收单位　　　　　　　　　　　D. 监理单位

(28)《测绘产品检查验收规定》规定,测绘产品验收工作的组织实施机构是(　　)。
　　A. 项目承担单位
　　B. 承担单位所在地测绘地理信息主管部门
　　C. 项目委托单位
　　D. 委托单位所在地测绘地理信息主管部门

(29)对野外实地检查项,可抽样检查,当批量数在121～140时,样本量为(　　)。
　　A. 12　　　　　　　B. 13　　　　　　　C. 14　　　　　　　D. 15

(30)对于测绘产品检查验收的描述,其中有误的是(　　)。
　　A. 验收采用全数检查
　　B. 最终检查应审核过程检查记录
　　C. 单位成果最终检查全部合格后,才能验收
　　D. 最终检查完成后,应编写检查报告,随成果一并提交验收

(31)D类差错类型成果质量错漏扣分标准为(　　)。
　　A. 42 分　　　　　B. $12/t$ 分　　　　C. $4/t$ 分　　　　D. $1/t$ 分

(32)测绘产品验收过程中,当检查人员与被检查单位(或人员)在质量问题处理上有分歧时,负责裁定质量分歧的是(　　)。
　　A. 委托单位法定代表人　　　　　　B. 测绘单位法定代表人
　　C. 测绘单位总工程师　　　　　　　D. 测绘单位上级质量管理机构

(33)在单位成果质量评定中,等级为良级品的质量得分 $S$ 范围为(　　)。
　　A. 80 分≤$S$<90 分　　　　　　　B. 70 分≤$S$<80 分
　　C. 75 分≤$S$<90 分　　　　　　　D. 70 分≤$S$<85 分

(34)水准测量成果"计算质量"子元素,其主要检查项包括(　　)、外业验算项目的齐全性、已知水准点选取的合理性。
　　A. 平差模型选择的合理性、起算数据的正确性
　　B. 环闭合差、平差模型选择的合理性
　　C. 环闭合差、起算数据的正确性
　　D. 环闭合差、数学模型设计的合理性

(35)在高程精度的检测过程中,每幅图的检测点视具体情况而定,一般不少于(　　)个点,要求在图中均匀分布,四周可适当多分布几个点。
　　A. 10　　　　　　　B. 20　　　　　　　C. 30　　　　　　　D. 50

(36)地籍细部测量成果的质量元素,包括(　　)、地物点测量和资料质量。

A. 整饰质量　　　　B. 要素质量　　　　C. 数学精度　　　　D. 界址点测量

(37)测绘成果最终检查由测绘单位的(　　)负责实施。
A. 注册测绘师　　　　　　　　B. 项目质量负责人
C. 总工程师　　　　　　　　　D. 质量管理机构

(38)检测点(边)数量视地物复杂程度、比例尺等具体情况确定,每幅图一般各选取(　　)个。
A. 10～20　　　B. 20～50　　　C. 50～80　　　D. 80～100

(39)B类差错类型成果质量错漏扣分标准为(　　)。
A. 42分　　　B. $12/t$分　　　C. $4/t$分　　　D. $1/t$分

(40)数字正射影像图单位产品中影像模糊、面积超过图上(　　)的属于严重缺陷。
A. $5cm^2$　　　B. $10cm^2$　　　C. $20cm^2$　　　D. $30cm^2$

(41)在单位成果质量评定中,质量得分为89分的视为(　　)。
A. 优级品　　　B. 良级品　　　C. 合格品　　　D. 不合格品

2)多项选择题(每题2分。每题的备选项中,有2个或2个以上符合题意,至少有1个错项。错选,本题不得分;少选,所选的每个选项得0.5分)

(42)地理信息系统的质量元素包括(　　)等。
A. 数据库质量　　　　　　　　B. 运行环境
C. 逻辑一致性　　　　　　　　D. 系统管理与维护
E. 数据格式的正确性

(43)施工测量成果的"计算质量"主要检查项有(　　)。
A. 验算项目的齐全性　　　　　B. 控制点布设的合理性
C. 平差计算的正确性　　　　　D. 验算方法的正确性
E. 仪器检验项目与检验方法

(44)空中三角测量成果"计算质量"的主要检查项包括(　　)。
A. 计算软件的可靠性　　　　　B. 公共点较差
C. 内定向、相对定向精度　　　D. 多余控制点不符值
E. 内业加密点的平面位置精度

(45)地图集的质量元素包括整体质量和图集内图幅质量,而整体质量包括(　　)等质量子元素。
A. 图面配置质量　　　　　　　B. 图集内容思想性
C. 地图精度　　　　　　　　　D. 图集内容统一性、协调性
E. 图集内容全面性、完整性

(46)测绘产品验收工作程序有(　　)。
A. 组成批成果;确定样本量　　B. 作业过程检查
C. 批成果质量评定　　　　　　D. 最终计算结果检查
E. 编制检验报告

(47)下列方法中,属于数字测绘产品质量的检查方法的是(　　)。
A. 结构检查　　　　　　　　　B. 内部检查
C. 附件检查　　　　　　　　　D. 野外实测

E. 参考数据比对

(48)数字测绘产品的质量检查可以使用的方式有（　　）。
A. 计算机自动检查　　　　　　B. 自行校准
C. 计算机辅助检查　　　　　　D. 标准对比
E. 人工检查

(49)下列内容中，属于卫星遥感影像中"影像质量"主要检查项的有（　　）。
A. 影像反差　　　　　　　　　B. 影像数量
C. 影像清晰度　　　　　　　　D. 影像色调
E. 摄影面积

(50)《数字测绘产品检查验收规定和质量评定》规定了（　　）等产品检查验收工作的要求、内容、验收比例及质量检测方法与评定。
A. 数字线划地形图　　　　　　B. 大比例尺地形图
C. 数字栅格地图　　　　　　　D. 数字正射影像图
E. 数字高程模型

(51)管线测量成果的质量元素包括（　　）。
A. 管线图质量　　　　　　　　B. 控制测量精度
C. 计算质量　　　　　　　　　D. 点位质量
E. 资料质量

(52)GPS测量成果的质量元素包括（　　）。
A. 卫星质量　　　　　　　　　B. 点位质量
C. 空气质量　　　　　　　　　D. 数据质量
E. 资料质量

(53)下列选项中，属于地理信息系统质量元素的是（　　）。
A. 运行环境　　　　　　　　　B. 附件质量
C. 系统结构与功能　　　　　　D. 逻辑一致性
E. 资料质量

(54)在单位成果质量评定中，质量等级包括（　　）。
A. 优级品　　B. 良级品　　C. 中级品
D. 合格品　　E. 不合格品

## 15.3　例题参考答案及解析

1)单项选择题（每题1分。每题的备选项中，只有1个最符合题意）

(1)A

**解析**：本题考查航空摄影成果的质量元素和检查项。航空摄影成果的质量元素包括：①飞行质量；②影像质量；③数据质量；④附件质量。见表15-35。

(2)A

**解析**：单位成果质量评定等级见表15-2，表中数据需记忆。质量得分 $S$ 满足：60分$\leqslant S<$75分，为合格品。选项A，描述不正确。

(3)C

解析：《测绘质量监督管理办法》第十一条规定：测绘单位必须接受测绘主管部门和技术监督行政部门的质量监督管理，按照监督检查的需要，向测绘产品质量监督检验机构无偿提供检验样品。拒绝接受监督检查的，其产品质量按"批不合格"处理。

(4) C

解析：《测绘质量监督管理办法》第十六条规定：测绘产品质量监督检查的主要方式为抽样检验，其工作程序和检验方法，按照《测绘产品质量监督检验管理办法》执行。测绘产品质量监督检验的结果，按"批合格"、"批不合格"判定。

(5) B

解析：依法对外提供测绘成果，要做到：①经国家批准的中外经济、文化、科技合作项目，凡涉及对外提供我国涉密测绘成果的，要依法报国家测绘局或者省、自治区、直辖市测绘地理信息主管部门审批后再对外提供；②外国的组织或者个人经批准在中华人民共和国领域内从事测绘活动的，所产生的测绘成果归中方部门或单位所有，未经国家测绘局批准，不得向外方提供，不得以任何形式将测绘成果携带或者传输出境；③严禁任何单位和个人未经批准擅自对外提供涉密测绘成果。选项B，描述不正确。

(6) C

解析：本题考查测绘产品检查验收组织实施的单位。测绘产品的验收工作由"项目委托单位"组织实施。

(7) D

解析：地理信息系统各质量元素包括：①资料质量；②运行环境；③数据质量；④系统结构与功能；⑤系统管理与维护。见表15-38。

(8) C

解析：数字测绘产品质量检查的主要产品有：数字线划地形图、数字高程模型、数字正射影像图、数字栅格地图等。数字测绘产品质量检查的主要检查方法有：参考数据比对、野外实测、内部检查。见表15-43。

(9) C

解析：本题考查卫星遥感影像的质量元素和检查项。"影像质量"主要检查：影像反差、影像清晰度、影像色调。见表15-37。

(10) B

解析：验收工作程序为：①组成批成果；②确定样本量；③抽取样本；④检查；⑤单位成果质量评定；⑥批成果质量评定。选项B（作业过程检查），不属于验收工作程序。

(11) B

解析：质量评分的方法有：①数学精度评分方法；②质量错漏扣分标准；③质量子元素评分方法；④资料元素评分方法。选项B（观测质量评分方法），不属于质量评分方法。

(12) A

解析：根据《测绘质量监督管理办法》第十一条规定：测绘单位必须接受测绘主管部门和技术监督行政部门的质量监督管理，按照监督检查的需要，向测绘产品质量监督检验机构无偿提供检验样品。拒绝接受监督检查的，其产品质量按"批不合格"处理。

(13) C

解析：本题考查样本量的确定。参考表15-1，表中数据需记忆。对野外实地检查项，可抽样检查，当批量数在81～100时，样本量为10。

(14) A

**解析**：参考成果质量错漏分类标准。A类：极重要检查项的错漏；B类：重要检查项的错漏，或检查项的严重错漏；C类：较重要检查项的错漏，或检查项的较重错漏；D类：一般检查项的轻微错漏。

(15) B

**解析**：线路测量成果的质量元素包括：点位质量、资料质量、数据质量，见表15-17。选项B(平面精度)，属于大比例尺地形图的质量元素。

(16) C

**解析**：单位成果质量评定等级见表15-2，表中数据需记忆。质量得分$S$满足：$60$分$\leqslant S<75$分，为合格品。

(17) D

**解析**：在管线测量成果中，管线图质量包括3个质量子元素：数学精度、地理精度、整饰质量，见表15-18。

(18) B

**解析**：本题考查样本量确定表。参考表15-1，表中数据需记忆。对野外实地检查项，可抽样检查，当批量数在21~40时，样本量为5。

(19) C

**解析**：参考成果质量错漏扣分标准，见表15-5，表中数据需记忆。C类差错类型成果质量错漏扣分标准为$4/t$分。

(20) C

**解析**：本题考查测绘产品验收工作实施。测绘产品验收工作应当在单位成果最终检查全部合格后进行。

(21) B

**解析**：本题考查单位成果质量评定等级，见表15-2，表中数据需记忆。质量得分$S$满足：$75$分$\leqslant S<90$分，为良级品。

(22) D

**解析**：大比例尺地形图的质量元素特性结构包括：①数学精度；②数据及结构正确性；③地理精度；④整饰质量；⑤附件质量。见表15-16。

(23) D

**解析**：本题考查样本量确定表的内容。其批量与样本量的关系，见表15-1。对野外实地检查项，可抽样检查，当批量数在181~200时，样本量为15。

(24) A

**解析**：参考成果质量错漏扣分标准，见表15-5，表中数据需记忆。A类差错类型成果质量错漏扣分标准为42分。

(25) C

**解析**：本题考查单位成果质量评定等级，见表15-2。"位置精度检查中误差比例大于5%"视为不合格品。

(26) C

**解析**：质量检查，当验收人员与被检查单位(或人员)在测绘成果质量问题的处理上有分歧时：①属检查中的，由测绘单位的总工程师裁定；②属验收中的，由测绘单位上级质量管理机构裁定。

(27) C

**解析：** 本题考查测绘产品质量核定的机构。根据《测绘产品质量评定标准》的规定，产品质量由生产单位评定，验收单位负责核定。

(28) C

**解析：** 本题考查测绘产品检查验收。验收工作，可由项目委托单位组织验收，也可由该单位委托具有检验资格的检验机构验收。

(29) A

**解析：** 本题考查样本量确定表的内容。其批量与样本量的关系，见表15-1。对野外实地检查项，可抽样检查，当批量数在121～140时，样本量为12。

(30) A

**解析：** 本题主要考查测绘产品检查验收制度。测绘产品检查验收有关规定：验收一般采用抽样检查；最终检查应审核过程检查记录；最终检查完成后，应编写检查报告，随成果一并提交验收；单位成果最终检查全部合格后，才能验收；等等。选项A，描述不正确。

(31) D

**解析：** 参考成果质量错漏扣分标准，见表15-5。D类差错类型成果质量错漏扣分标准为 $1/t$ 分。

(32) D

**解析：** 质量检查，当验收人员与被检查单位（或人员）在测绘成果质量问题的处理上有分歧时：①属检查中的，由测绘单位的总工程师裁定；②属验收中的，由测绘单位上级质量管理机构裁定。

(33) C

**解析：** 单位成果质量评定等级见表15-2，表中数据需记忆。质量得分S满足：75分≤S<90分，为良级品。

(34) C

**解析：** 本题考查高程控制测量"计算质量"主要检查项。水准测量成果"计算质量"子元素，其主要检查项包括：外业验算项目的齐全性；验算方法的正确性；已知水准点选取的合理性；起算数据的正确性；环闭合差的符合性。见表15-15。

(35) B

**解析：** 根据《数字测绘产品检查验收规定》，图类单位成果高程精度检测、平面位置精度检测及相对位置精度检测，检测点（边）应分布均匀、位置明显。检测点（边）数量视地物复杂程度、比例尺等具体情况确定，每幅图一般各选取20～50个。

(36) D

**解析：** 根据主要测绘产品的质量元素规定，"地籍细部测量"的质量元素包括：界址点测量、地物点测量、资料质量。见表15-32。

(37) D

**解析：** 根据关键词"负责实施"，故是由某部门或者某机构来实施，而不是个人。测绘成果最终检查由测绘单位的"质量管理机构"负责实施。

(38) B

**解析：** 本题主要考查《数字测绘产品检查验收规定》。数字地形图平面检测点应是均匀分布、随机选取的明显地物点。平面和高程检测点的数量视地物复杂程度、比例尺等具体情况确定,每幅图一般各选取 20~50 个点。

(39) B

解析:参考成果质量错漏扣分标准,见表 15-5。B 类差错类型成果质量错漏扣分标准为 $12/t$ 分。

(40) D

解析:本题主要考查数字正射影像图单位产品缺陷分类的内容。①影像地面分辨不符合规定,影像模糊、面积超过图上 $30cm^2$ 的属于严重缺陷;②外观质量差,致使重要地物要素损失或一般地形要素大面积损失;③彩色影像图的色彩严重失真。

(41) B

解析:本题考查单位成果质量评定等级,见表 15-2,表中数据需记忆。质量得分 $S$ 满足:$75$ 分 $\leq S < 90$ 分,为良级品。

2) 多项选择题(每题 2 分。每题的备选项中,有 2 个或 2 个以上符合题意,至少有 1 个错项。错选,本题不得分;少选,所选的每个选项得 0.5 分)

(42) ABD

解析:"地理信息系统"的质量元素包括:①资料质量;②运行环境;③数据质量;④系统结构与功能;⑤系统管理与维护。见表 15-38。选项 C(逻辑一致性)、选项 E(数据格式的正确性),不属于"地理信息系统"的质量元素。

(43) ACD

解析:施工测量成果的质量元素中"计算质量"的检查项,包括:验算项目的齐全性、验算方法的正确性、平差计算及其他内业计算的正确性。见表 15-20。选项 B(控制点布设的合理性)、选项 E(仪器检验项目与检验方法),不属于"计算质量"的检查项。

(44) BCD

解析:本题考查空中三角测量成果的"计算质量"检查项。其主要检查项包括:基本定向点权;内定向、相对定向精度;多余控制点不符值;公共点较差。见表 15-24。

(45) BDE

解析:"整体质量"是地图集的质量元素之一。"整体质量"包括 3 个质量子元素:①图集内容思想性;②图集内容全面、完整性;③图集内容统一、协调性。见表 15-28。

(46) ACE

解析:本题考查测绘产品验收工作程序,包括:组成批成果;确定样本量;检查;单位成果质量评定;批成果质量评定;编制检验报告。选项 B(作业过程检查)、选项 D(最终计算结果检查),不属于"测绘产品验收工作程序"。

(47) BDE

解析:"数字测绘产品"主要有:数字线划地形图、数字高程模型、数字正射影像图、数字栅格地图等。数字测绘产品质量检查的主要检查方法有:①参考数据对比;②野外实测;③内部检查。见表 15-43。

(48) ACE

解析:数字测绘产品质量检查验收方法,包括:①计算机自动检查;②计算机辅助检查;③人工检查。见表 15-43。

(49) ACD

解析：本题考查卫星遥感影像的质量元素和检查项。卫星遥感影像中"影像质量"主要检查项包括：①影像反差；②影像清晰度；③影像色调。见表15-37。

(50) ACDE

解析：《数字测绘产品检查验收规定和质量评定》中规定了数字线划地形图、数字栅格地图、数字正射影像图、数字高程模型等产品检查验收工作的要求、内容、验收比例及质量检测方法与评定。

(51) ABE

解析："管线测量成果"的质量元素包括：①控制测量精度；②管线图质量；③资料质量。见表15-18。选项C（计算质量）、选项D（点位质量），不属于"管线测量成果"的质量元素。

(52) BDE

解析：根据主要测绘产品（大地测量成果）的质量元素，"GPS测量成果"的质量元素包括：①数据质量；②点位质量；③资料质量。见表15-6。

(53) ACE

解析：本题考查地理信息系统的质量元素内容。"地理信息系统"的质量元素包括：①资料质量；②运行环境；③数据（库）质量；④系统结构与功能；⑤系统管理与维护。见表15-38。

(54) ABDE

解析：本题考查单位成果质量评定等级，见表15-2。在单位成果质量评定中，质量等级包括：优级品、良级品、合格品、不合格品。

## 15.4 高频真题综合分析

### 15.4.1 高频真题——机构职责

◀ 真 题 ▶

【2011,72】关于测绘成果质量不合格给用户造成损失，测绘成果完成单位责任承担的说法，不正确的是（　　）。
    A. 不承担赔偿责任    B. 承担一部分损失的赔偿责任
    C. 承担主要赔偿责任    D. 依法承担赔偿责任

【2011,73】测绘单位生产的测绘产品经最终检查并按照《测绘产品质量评定标准》评定产品质量后，负责最终测绘产品质量核定的机构是（　　）。
    A. 测绘地理信息主管部门    B. 测绘单位
    C. 验收单位    D. 监理单位

【2011,75】依据《测绘产品检查验收规定》（CH 1002—1995），测绘产品验收工作的组织实施机构是（　　）。
    A. 项目承担单位    B. 所在地测绘地理信息主管部门
    C. 项目委托单位    D. 项目验收委员会

【2012,15】根据《基础测绘条例》，对基础测绘项目成果质量负责的是（　　）。

A. 主管部门 B. 发包单位
C. 承担单位 D. 验收单位

【2012,53】 测绘成果质量"二级检查"是（　　）。
A. 作业员的自检与作业员之间的互检
B. 作业部门的过程检查与质量管理部门的最终检查
C. 作业部门质检员的检查与单位技术负责人的抽检
D. 测绘单位质量管理部门的检查与验收

【2012,86】 某测绘单位的测绘成果质量不合格，下列关于其法律责任的说法正确的有（　　）。
A. 对该单位处以测绘约定报酬一倍以上二倍以下的罚款
B. 责令该单位补测或者重测
C. 给用户造成损失的，由该单位依法承担赔偿责任
D. 没收该单位的测绘成果和测绘工具
E. 降低该单位的测绘资质等级直至吊销测绘资质证书

【2013,24】 根据《关于加强测绘质量管理的若干意见》，负责基础测绘项目的质量监督管理的部门是（　　）。
A. 国务院测绘地理信息主管部门
B. 省级测绘地理信息主管部门
C. 项目所在地的测绘地理信息主管部门
D. 组织实施该项目的测绘地理信息主管部门

【2014,24】 根据《测绘质量监督管理办法》，编制测绘产品质量监督检查计划的部门是（　　）。
A. 国务院测绘地理信息主管部门 B. 省级以上测绘地理信息主管部门
C. 省级以上技术监督管理部门 D. 县级以上测绘地理信息主管部门

【2014,61】 根据《测绘成果质量检查与验收》（GB/T 24356—2009），在测绘项目成果最终检查过程中，对质量问题的判定存在分歧时，应由（　　）裁定。
A. 项目委托方 B. 监理单位
C. 省级测绘产品质量监督检验机构 D. 测绘单位总工程师

【2015,7】 根据《测绘成果质量监督抽查管理办法》，测绘成果质量监督抽查的检验结论由（　　）负责审定。
A. 检验负责人 B. 检验单位
C. 被检验单位 D. 测绘地理信息主管部门

【2015,25】 根据《中华人民共和国测绘法》，对测绘成果质量负责的单位是（　　）。
A. 委托测绘任务的单位 B. 质量监督检验单位
C. 完成测绘任务的单位 D. 监理单位

【2015,68】 根据《测绘成果质量检查与验收》（GB/T 24356—2009），测绘成果应当通过（　　）的最终质量检查。
A. 作业组 B. 作业队（室）
C. 测绘单位 D. 项目管理单位

◂ 真题答案及综合分析 ▸

答案：A C C C B BCE D B D B C C

解析：以上12题，考核的知识点是测绘成果质量检查与验收过程中各机构、单位的职责等相关内容。

《中华人民共和国测绘法》《测绘成果质量检查与验收》《测绘成果质量监督抽查管理办法》《测绘质量监督管理办法》《测绘产品质量评定标准》等法律法规，对测绘成果质量检查与验收的组织实施、质量核定、质量监督、检查及抽查计划制订、问题裁定与处罚等环节中各机构、单位的职责问题做出了详细规定。

### 15.4.2 高频真题——质量元素与检查项

◂ 真 题 ▸

【2011,98】下列内容中，属于常规胶片航空摄影主要检查项的有（　　）。
A. 飞行质量　　　　　　　　B. 影像质量
C. 压平检测　　　　　　　　D. 相片数量
E. 摄影面积

【2012,55】根据《测绘成果质量检查与验收》(GB/T 24356—2009)，下列内容中，不属于空中三角测量成果质量元素检查项的是（　　）。
A. 内业加密点的平面位置精度　　B. 内业加密点的高程精度
C. 区域网间接边精度　　　　　　D. 空三加密点埋石质量

【2012,57】根据《测绘成果质量检查与验收》(GB/T 24356—2009)，下列内容中，不属于地籍图成果质量元素的是（　　）。
A. 平面精度　　　　　　　　B. 高程精度
C. 地籍要素质量　　　　　　D. 整饰质量

【2013,50】根据《数字测绘成果质量检查与验收》(GB/T 24356—2009)，下列检查项中，属于"地理表达"质量子元素检查内容的是（　　）。
A. 要素关系　　　　　　　　B. 注记配置
C. 符号配置　　　　　　　　D. 几何异常

【2013,76】根据《测绘成果质量监督抽查与数据认定规定》(CH/T 1018—2009)，下列内容，不属于基础地理信息标准数据认定内容的是（　　）。
A. 生产单位合法性　　　　　B. 数学基础符合性
C. 数据资料完整性　　　　　D. 数据内容符合性

【2016,62】根据《测绘成果质量检查与验收》(GB/T 24356—2009)，下列质量检查项中，属于平面控制测量的数学精度质量子元素检查项的是（　　）。
A. 归心元素、天线高测定方法的正确性
B. 起算点的兼容性及分布合理性
C. 点位满足观测条件的符合情况

D. 边长相对中误差与设计书的符合情况

【2016,63】 根据《测绘成果质量检查与验收》,单位成果质量要求中的全部检查项检查是( )。

  A. 全数检查         B. 详查
  C. 概查          D. 抽查

◀ 真题答案及综合分析 ▶

**答案**:ABC D B A C D B

**解析**:以上7题,考核的知识点是测绘成果质量检查与验收时涉及的质量元素与检查项。《测绘成果质量检查与验收》(GB/T 24356—2009)对测绘成果质量元素和检查项给出了相应规定。如空中三角测量成果质量元素检查项有3项:内业加密点的平面位置精度、内业加密点的高程精度、区域网间接边精度。

《数字测绘成果质量检查与验收》(GB/T 18316—2008)的主要质量元素包括空间参考系、位置精度、属性精度、完整性、逻辑一致性、时间精度、影像/栅格质量、表征质量和附件质量9项。

### 15.4.3 高频真题——质量检查错漏分类

◀ 真 题 ▶

【2012,54】 根据《测绘成果质量检查与验收》(GB/T 24356—2009),下列内容中,不属GPS测量成果质量A类错漏的是( )。

  A. 原始记录中连环涂改     B. 数字修约严重不符合规定
  C. 起算数据错误       D. GPS网布设严重不符合设计要求

【2013,86】 根据《测绘成果质量检查验收》(GB/T 24356—2009),下列空中三角测量成果质量错漏中,属于B类的有( )。

  A. 基本定向点残差超限     B. 像点量测误差超限
  C. 内定向超限        D. 控制点的布设不符合要求
  E. 高程多余控制点误差超限

【2014,69】 根据《测绘成果质量检查与验收》(GB/T 24356—2009),下列平面控制测量成果错漏中,不属于A类错漏的是( )。

  A. 边长相对中误差超限     B. 测距相对中误差超限
  C. 测角中误差超限       D. 方位角闭合差超限

【2014,98】 根据《测绘成果质量检查与验收》(GB/T 24356—2009),下列水准测量成果错漏中,属于A类错误的有( )。

  A. 原始记录中划改"毫米"     B. 对结果影响达到毫米级的计算错误
  C. 仪器测前测后未进行检验     D. 标石规格不符合规定
  E. 成果取舍、重测不合理

【2015,98】 根据《测绘成果质量检查与验收》(GB/T 24356—2009),下列质量特性中,

属于大比例尺地形图成果类质量错漏的有（　　）。

  A. 数据组织不正确　　　　　　　　B. 地物点平面绝对位置中误差超限
  C. 漏有内容的层或数据层名称错　　D. 行政村及以上行政名称错误
  E. 文件命名、数据格式错误

▶ 真题答案及综合分析 ◀

**答案**：B　BDE　B　AD　ABCE

**解析**：以上 5 题，考核的知识点是测绘成果质量检查时的成果质量错漏分类内容。

《测绘成果质量检查与验收》（GB/T 24356—2009）将成果质量错漏问题分为 A、B、C、D 四类。如大比例尺地形图质量错漏分类表，属于 A 类错误的有平面或高程起算点使用错误、地物点平面绝对位置中误差超限、文件命名和数据格式错误、属性代码普遍不接边、漏有内容的层或数据层名称错等 12 项；属于 B 类错误的有数据组织不正确、部分属性代码不接边、其他较重的错漏等 3 项；此外，还有 C 类错误和 D 类错误。

### 15.4.4　高频真题——数学精度指标（中误差、粗差）

▶ 真　题 ◀

**【2012，60】** 根据《测绘成果质量检查与验收》（GB/T 24356—2009），图类单位成果数学精度检测采用同精度检测时，超过允许中误差（　　）倍的误差视为粗差。

  A. 2　　　　B. 3　　　　C. $2\sqrt{2}$　　　　D. $\sqrt{2}$

**【2012，61】** 根据《测绘成果质量检查与验收》（GB/T 24356—2009），某幅图类单位成果数学精度检测采用高精度检测，选取检测点（边）15 个，该图幅成果的数学精度检测中误差计算公式为（　　）（式中：$n=15$，$\Delta$ 为较差）。

  A. $\dfrac{\sum\limits_{i=1}^{n}|\Delta|}{n}$　　　　　　B. $\pm\sqrt{\dfrac{\sum\limits_{i=1}^{n}\Delta_i^2}{n-1}}$

  C. $\dfrac{\sum\limits_{i=1}^{n}|\Delta|}{2n}$　　　　　　D. $\pm\sqrt{\dfrac{\sum\limits_{i=1}^{n}\Delta_i^2}{n}}$

**【2014，70】** 根据《测绘成果质量检查与验收》（GB/T 24356—2009），某测绘成果数学精度允许中误差为 ±20cm，用高精度检测得到的成果中误差为 ±10cm，则该成果的数学精度得分为（　　）分。

  A. 75　　　　B. 80　　　　C. 90　　　　D. 100

**【2015，70】** 根据《测绘成果质量检查与验收》（GB/T 24356—2009），在测绘项目成果同精度检测时，参与数学精度统计的误差值应不大于（　　）倍中误差。

  A. $\sqrt{2}$　　　　B. 2　　　　C. $2\sqrt{2}$　　　　D. 3

**【2016，66】** 根据《测绘成果质量检查与验收》（GB/T 24356—2009），高精度检测时，中误差计算公式是（　　）。

A. $M = \pm\sqrt{\dfrac{\sum_{i=1}^{n}\Delta_i^2}{n-1}}$  B. $M = \pm\sqrt{\dfrac{\sum_{i=1}^{n}\Delta_i^2}{n}}$

C. $M = \pm\sqrt{\dfrac{\sum_{i=1}^{n}\Delta_i^2}{2n}}$  D. $M = \pm\sqrt{\dfrac{\sum_{i=1}^{n}\Delta_i^2}{2n-1}}$

▶ 真题答案及综合分析 ▶

**答案**：C D C C B

**解析**：以上 5 题，考核的知识点是测绘成果质量数学精度指标计算中 $M_0$（允许中误差）、$M$（成果中误差）、$S$（质量分数）及粗差间的关系问题，具体计算方法参见表 15-4。

根据《测绘成果质量检查与验收》(GB/T 24356—2009)，高精度检测时，中误差计算式 $M = \pm\sqrt{\dfrac{\sum_{i=1}^{n}\Delta_i^2}{n}}$；同精度检测时，中误差计算式 $M = \pm\sqrt{\dfrac{\sum_{i=1}^{n}\Delta_i^2}{2n}}$。式中，$M$ 为成果中误差，$n$ 为检测点（边）总数，$\Delta_i$ 为较差。超过允许中误差 2 倍的视为粗差；同精度检测时，超过允许中误差 $2\sqrt{2}$ 倍的视为粗差。

## 15.4.5 高频真题——成果质量等级评定

◀ 真 题 ▶

【2012,58】根据《测绘成果质量检查与验收》(GB/T 24356—2009)，单位成果质量等级分为（　　）。
  A. 优、良、合格和不合格四级　　B. 优、良、中和差四级
  C. 甲、乙、丙、丁四级　　D. 合格、不合格两级

【2012,98】下列情形在中，测绘成果质量可直接判定为批不合格的情形有（　　）。
  A. 伪造成果　　B. 重要成果资料不全
  C. 测绘仪器未经计量检定　　D. 未提供质量检查报告
  E. 技术设计存在严重错误

【2013,51】根据《数字测绘成果质量检查与验收》(GB/T 24356—2009)，单位成果质量评定等级为良级的，其质量得分 $S$ 的分值应为（　　）。
  A. 65 分≤$S$<90 分　　B. 70 分≤$S$<90 分
  C. 75 分≤$S$<90 分　　D. 80 分≤$S$<90 分

【2014,67】根据《测绘成果质量检查与验收》(GB/T 24356—2009)，判定最终检查批成果质量为优级等级的标准是（　　）。
  A. 优良品率达到 90%以上，其中优级品率达到 50%以上
  B. 优良品率达到 80%以上，其中优级品率达到 30%以上
  C. 优良品率达到 80%以上，其中优级品率达到 50%以上
  D. 优良品率达到 90%以上，其中优级品率达到 30%以上

◀ 真题答案及综合分析 ▶

**答案**：A　ABCE　C　A

**解析**：以上4题，考核的知识点是测绘成果质量等级评定标准问题。

《测绘成果质量检查与验收》(GB/T 24356—2009)第4.4条，样本及单位成果质量采用优、良、合格和不合格四级评定。批成果质量评定等级分为优、良及合格三个等级。具体评定指标，参见表15-2和表15-3。

# 模拟题及真题详解

# 注册测绘师资格考试测绘管理与法律法规

## 模拟试卷(1)

一、单项选择题(共 80 题,每题 1 分。每题的备选项中,只有 1 个最符合题意)

1. ( )是在我国从事测绘活动和进行测绘管理的基本准则和依据。

   A.《宪法》　　　　　B.《民法通则》　　　　C.《测绘法》　　　　D.《合同法》

2. ( )负责管理海洋基础测绘工作。

   A. 国家测绘地理信息局　　　　　　　B. 国家海洋局
   C. 军队测绘部门　　　　　　　　　　D. 国家交通运输部

3. 《测绘法》适用于( )。

   A. 中华人民共和国境内
   B. 中华人民共和国大陆领域
   C. 中华人民共和国管辖的海域
   D. 中华人民共和国领域和管辖的其他海域

4. 在测绘工作中,当需要采用国际坐标系统时,必须经( )。

   A. 国务院测绘地理信息主管部门批准
   B. 军队测绘部门批准
   C. 国务院测绘地理信息主管部门会同军队测绘部门批准
   D. 省级测绘地理信息主管部门批准并报军队测绘部门备案

5. 根据测绘成果质量错漏扣分标准,如果发现 1 个 A 类错漏(极重要检查项的错漏),则扣分值为( )。

   A. 60 分　　　　　B. 50 分　　　　　C. 42 分　　　　　D. 40 分

6. 根据《测绘资质管理管理规定》,甲级测绘资质单位的质量保证体系应当通过( )。

   A. 国务院测绘地理信息主管部门考核
   B. 省级测绘地理信息主管部门考核
   C. ISO 9000 系列质量保证体系认证
   D. ISO 9000 系列质量保证体系认证或者省级测绘地理信息行政主管部门考核

7.根据《注册测绘师制度暂行规定》,(　　)在有效期限内是注册测绘师的执业凭证。

A. 中华人民共和国注册测绘师注册证

B. 执业印章

C. 中华人民共和国注册测绘师资格证书

D. 中华人民共和国注册测绘师注册证和执业印章

8.根据《测绘资质管理规定》,测绘资质申请单位符合法定条件的,测绘资质审批机关应当做出拟审批的书面决定,向社会公示(　　)日。

A. 5　　　　　　B. 7　　　　　　C. 10　　　　　　D. 15

9.下列说法错误的是(　　)。

A. 甲级测绘资质由国家测绘地理信息局审批

B. 乙、丙级测绘资质由省级测绘地理信息行政主管部门审批

C. 丁级测绘资质由设区的市级测绘地理信息行政主管部门审批

D. 省级测绘地理信息行政主管部门负责受理甲级测绘资质申请并提出初步审查意见

10.根据《注册测绘师制度暂行规定》,"中华人民共和国注册测绘师注册证"和执业印章在有效期限内由(　　)保管。

A. 注册测绘师注册单位　　　　　　B. 注册测绘师人事关系所在单位

C. 注册测绘师本人　　　　　　　　D. 省级测绘地理信息主管部门

11.根据《注册测绘师制度暂行规定》,各省、自治区、直辖市人民政府测绘地理信息主管部门负责注册测绘师资格的(　　)工作。

A. 注册审批　　　　　　　　　　　B. 注册审查

C. 注册审核　　　　　　　　　　　D. 注册登记

12.注册测绘师须在一个注册有效期内参加(　　)次不同内容的培训,必修内容培训每次(　　)学时。

A. 1,60　　　　　B. 2,30　　　　　C. 3,30　　　　　D. 2,40

13.关于测绘作业证,下列说法正确的是(　　)。

A. 测绘人员离(退)休或调离工作单位的,必须由原所在测绘单位收回测绘作业

证并销毁

B. 测绘人员调往其他测绘单位的,由新调入单位重新申领测绘作业证

C. 测绘作业证由测绘单位负责注册核准

D. 野外测量工作过程中,需要住宿时,可以测绘作业证证明身份

14. 测绘资质单位的名称、注册地址、法定代表人发生变更的,应当在有关部门核准完成变更后( )内,向测绘资质审批机关提出变更申请。

   A. 5 工作日　　　　B. 10 工作日　　　C. 15 日　　　　D. 30 日

15. 下列情形,不能视作合同无效的条件是( )。

   A. 一方以欺诈、胁迫的手段订立合同,损害国家利益
   B. 恶意串通,损害国家、集体或者第三人利益
   C. 作为当事人一方的法人终止
   D. 以合法形式掩盖非法目的

16. 根据《测绘市场管理暂行办法》,对已列入《测绘收费标准》的测绘产品计费不得低于《测绘收费标准》规定标准的( )。

   A. 40%　　　　　B. 50%　　　　　C. 75%　　　　　D. 85%

17. 在招标方式中,根据自己具体的业务关系和情报资料由招标人对客商进行邀请,进行资格预审后,再由他们进行投标,被称作( )。

   A. 无限竞争性招标　　　　　　　B. 选择性招标
   C. 公开招标　　　　　　　　　　D. 议标

18. 投标者串通投标,抬高标价或者压低标价;投标者和招标者相互勾结,以排挤竞争对手的公平竞争的,其中标无效。监督检查部门可以根据情节处以( )的罚款。

   A. 一万元以上二十万元以下　　　B. 五万元以上二十万元以下
   C. 一万元以上十万元以下　　　　D. 五万元以上十万元以下

19. 限制民事行为能力人订立的合同,下列说法错误的是( )。

   A. 经法定代理人追认后,该合同有效
   B. 纯获利益的合同为有效合同
   C. 与其年龄、智力、精神健康状况相适应而订立的合同为有效合同
   D. 为无效合同

20. 在合同履行过程中,当事人既约定违约金,又约定定金的,一方违约时,对方可以(　　)。

　　A. 选择违约金条款　　　　　　　　B. 选择定金条款
　　C. 选择违约金或者定金条款　　　　D. 向法院起诉

21. 根据《中华人民共和国测量标志保护条例》,关于测量标志保管制度,下列表述正确的是(　　)。

　　A. 国家对测量标志实行义务保管制度
　　B. 国家对测量标志实行有偿保管制度
　　C. 国家对测量标志实行委托保管制度
　　D. 国家对测量标志实行无偿保管制度

22. 国家对测量标志实行(　　)。

　　A. 有偿使用　　B. 无偿使用　　C. 注册使用　　D. 鼓励使用政策

23. 侵占永久性测量标志用地的,给予警告,责令改正,可以并处以(　　)的罚款。

　　A. 5万元以下　　　　　　　　B. 10万元以下
　　C. 20万元以下　　　　　　　D. 50万元以下

24. 国家测绘基准数据由(　　)批准。

　　A. 国务院测绘地理信息主管部门
　　B. 军队测绘部门
　　C. 国务院测绘地理信息主管部门和军队测绘部门
　　D. 国务院

25. 基础测绘设施遭受破坏的,(　　)应当及时采取措施,组织力量修复,确保基础测绘活动正常进行。

　　A. 县级以上地方人民政府测绘地理信息主管部门
　　B. 省级人民政府测绘地理信息主管部门
　　C. 县级以上地方人民政府建设行政主管部门
　　D. 省级人民政府建设行政主管部门

26. 1∶2000至1∶500比例尺地图、影像图和数字化产品的测制和更新由(　　)依法组织实施。

A. 国务院测绘地理信息主管部门　　　B. 省级测绘地理信息主管部门
C. 设区的市、县级人民政府　　　D. 承担基础测绘任务的测绘单位

27. 根据《中华人民共和国标准化法》，下列关于国家标准公布后，相应行业标准效力的说法中，正确的是（　　）。

　　A. 行业标准在一定过渡时间段内有效

　　B. 行业标准应当及时修改

　　C. 相关单位和个人在一定过渡期内可以自行选择

　　D. 行业标准即行废止

28. 根据《测绘标准化工作管理办法》，测绘国家和行业标准化指导性技术文件发布后（　　）年内必须复审。

　　A. 1　　　　　B. 2　　　　　C. 3　　　　　D. 5

29. 测绘计量标准在合格证书期满前（　　）月，应按规定向原发证机关申请复查。

　　A. 1个　　　　B. 2个　　　　C. 6个　　　　D. 9个

30. 测绘项目出资人或者承担国家投资的测绘项目的单位应当自测绘项目验收完成之日起（　　）内，向测绘地理信息主管部门汇交测绘成果副本或者目录。

　　A. 10工作日　　B. 30个工作日　　C. 2个月　　　D. 3个月

31. 涉密测绘成果使用单位，必须依据经审批同意的使用目的和范围使用涉密测绘成果，如需要用于其他目的的，下列表述正确的是（　　）。

　　A. 需要到审批单位备案　　　　B. 需要进行加密处理
　　C. 应另行办理审批手续　　　　D. 只要确保不泄密即可

32. 根据《测绘成果质量监督抽查管理办法》，下列说法错误的是（　　）。

　　A. 省级测绘地理信息主管部门负责组织本省的全部测绘质量监督抽查工作
　　B. 测绘地理信息主管部门不应对同一测绘项目或者同一批次测绘成果重复抽查
　　C. 拒绝接受监督检验的，受检的测绘项目成果质量按照"批不合格"处理
　　D. 国家测绘局按年度制定全国质量监督抽查计划

33. 测绘单位对是否属于国家秘密或者属于何种密级不明确或者有争议的，由（　　）确定。

A. 省级测绘地理信息主管部门
B. 国务院测绘行政管理部门
C. 军队测绘管理部门
D. 国家保密行政管理部门或者省、自治区、直辖市保密行政管理部门

34. 为保证地理信息数据档案的长期有效性,光盘应每5年( )一次。

A. 复制　　　　B. 迁移　　　　C. 转刻　　　　D. 检查

35. 测绘成果保管单位应当建立健全测绘成果资料的保管制度,配备必要的设施,确保测绘成果资料的安全,并对基础测绘成果资料实行( )制度。

A. 双备份　　　　　　　　　　B. 防火防潮保护
C. 纸质和电子档双模式存放　　D. 异地备份存放

36. 测绘单位必须建立以( )为中心的技术经济责任制,明确各部门、各岗位的职责及相互关系,规定考核办法,以作业质量、工作质量确保测绘产品质量。

A. 经济　　　　B. 人才　　　　C. 信誉　　　　D. 质量

37. 测绘地理信息主管部门自收到汇交的测绘成果副本或者目录之日起( )内,应当将其移交给测绘成果保管单位。

A. 5个工作日　　B. 10个工作日　　C. 10日　　D. 15日

38. 测绘产品质量监督检查的主要方式为( )。

A. 抽样检验　　B. 突击检查　　C. 现场检查　　D. 资料检查

39. 重大测绘项目应实施首件产品的质量检验,对技术设计进行验证。首件产品质量检验点的设置,由( )确定。

A. 测绘地理信息主管部门　　B. 生产任务委托方
C. 监理方　　　　　　　　　D. 测绘单位

40. 对依法进行的测绘成果质量监督检验,受检单位不得拒绝。拒绝接受监督检验的,受检的测绘项目成果质量按照( )处理。

A. "批不合格"　　　　B. "待质检"
C. "非法成果"　　　　D. "重点全面质检"

41. 质量监督抽查不合格的测绘单位,组织实施质量监督抽查的测绘地理信息主管部门应当向其下达整改通知书,责令其自整改通知书下发之日起(　　)内进行整改,并按原技术方案组织复查。

    A. 一个月        B. 三个月        C. 六个月        D. 九个月

42. 国务院测绘地理信息主管部门下设国家测绘档案资料馆及其(　　)档案分馆。

    A. 遥感测量      B. 工程测量      C. 大地测量      D. 水准测量

43. 凡在(　　)时期内具有查考、利用、凭证作用的测绘科技档案应列为长期保存。

    A. 10年至15年    B. 15年至20年    C. 20年至25年    D. 25年至30年

44. 提供使用下列基础测绘成果,不需由国务院测绘地理信息主管部门受理审批的是(　　)。

    A. 全国统一的一、二等平面控制网、高程控制网和国家重力控制网的数据、图件

    B. 国家基础航空摄影所获取的数据、影像等资料,以及获取基础地理信息的遥感资料

    C. 国家基础地理信息数据

    D. 1∶1万、1∶5000等国家基本比例尺地图、影像图和数字化产品

45. 对于擅自发布已经国务院批准并授权国务院有关部门公布的重要地理信息数据的单位和个人,由省级测绘地理信息主管部门依法给予警告,责令改正,可以并处(　　)罚款;构成犯罪的,依法追究刑事责任;尚不够刑事处罚的,对负有直接责任的主管人员和其他直接责任人员,依法给予行政处分。

    A. 十万元以下                B. 一万以上十万元以下

    C. 五万元以下                D. 五万以上十万元以下

46. 重要地理信息数据公布时,应当注明(　　)。

    A. 建议人或单位    B. 审批时间    C. 有效期限    D. 审核、公布部门

47. 关于测绘质量管理,下列说法错误的是(　　)。

    A. 测绘任务的实施,应坚持在生产过程中不断改进设计

    B. 技术设计书应按测绘主管部门的有关规定经过审核批准,方可付诸执行

    C. 市场测绘任务根据具体情况编制技术设计书或测绘任务书,作为测绘合同的附件

D. 测绘任务实施前,应组织有关人员的技术培训,学习技术设计书及有关的技术标准、操作规程

48. 根据《公开地图内容表示补充规定(试行)》,确需表示气象台站位置时,其位置精度不得高于( )m。

  A. 30    B. 50    C. 100    D. 200

49. 违反《中华人民共和国地图编制出版管理条例》,未经批准,擅自从事地图出版活动或者超越经批准的地图出版范围出版地图的,由出版行政管理部门责令停止违法活动,没收全部非法地图出版物和违法所得,可以并处违法所得( )的罚款。

  A. 2 倍以上      B. 2 倍以上 5 倍以下

  C. 5 倍以上 10 倍以下    D. 5 倍以上 15 倍以下

50. 下列选项中,不属于测绘项目合同甲方义务的是( )。

  A. 向乙方提交该测绘项目相关的资料

  B. 组织乙方测绘队伍进场作业

  C. 保证工程款按时到位

  D. 完成对乙方提交的技术设计书的审定(批)工作

51. 下列选项中,不属于经营成本的是( )。

  A. 职工教育经费    B. 直接人工费

  C. 养老保险金     D. 仪器购置费

52. 根据《测绘合同》示范文本(GF-2000—0306)第八条,对乙方所提供的测绘成果的质量有争议的,由测区所在地的省级测绘产品质量监督检验站裁决。其费用由( )承担。

  A. 甲方   B. 乙方   C. 被告方   D. 败诉方

53. 根据《测绘合同》示范文本(GF-2000—0306)第十三条(乙方违约责任)第 5 款,乙方擅自转包本合同标的的,甲方有权解除合同,并可要求乙方偿付预算工程费( )的违约金。

  A. 5%   B. 10%   C. 20%   D. 30%

54. 以下选项中,不属于测绘合同变更条件的是( )。

A. 乙方主要领导发生变化　　　　　　B. 合同非要素内容发生变更

C. 须遵循法定形式　　　　　　　　　D. 原测绘合同关系的有效存在

55.《测绘工程产品价格》"总说明"第六条,测区面积不足 1 幅 1∶500～1∶5000 比例尺地形图,按以下公式(小面积系数)计算价格:( )。

A. 标准幅价格×1.1　　　　　　　　B. 标准幅价格×1.2

C. 标准幅价格×1.3　　　　　　　　D. 标准幅价格×1.5

56. 根据《中华人民共和国合同法》,合同的分类,凡直接根据国家经济计划而签订的合同,称为计划合同。不以国家计划为合同成立的前提,称为非计划合同,又称( )。

A. 普通合同　　B. 单务合同　　C. 有偿合同　　D. 无偿合同

57. 在某城市数字城市化项目中,对该测绘项目的作业质量负直接责任的是( )。

A. 测绘生产人员　　　　　　　　　　B. 项目质量负责人

C. 监理单位　　　　　　　　　　　　D. 验收单位

58. 测绘技术设计分为两类:项目设计、专业技术设计。专业技术设计一般由( )负责编写。

A. 承担"项目"的法人单位

B. 承担"相应测绘专业任务"的法人单位

C. 测绘任务的委托单位

D. 测绘单位的法人代表

59. 对于"工程测量"专业技术设计书,以下选项中,不属于"工程测量"范畴的是( )。

A. 竣工测量　　B. 变形测量　　C. 重力测量　　D. 线路测量

60. 对于"界线测绘"专业技术设计书,以下选项中,不属于"界线测绘"范畴的是( )。

A. 线路测量　　B. 境界测绘　　C. 地籍测绘　　D. 房产测绘

61. 关于贯标工作的组织步骤实施,以下描述不正确的是( )。

A. 组织策划和领导投入阶段,时间一般需要约 1 个月

B. 体系总体设计和资源配备阶段,时间需要 1 个月左右

C. 文件编制阶段,时间一般需要 3 个月左右

D. 质量管理体系运行和实施阶段,时间需要 3 个月左右

62. 以下选项中,不属于"质量管理"原则的是(    )。

　　A. 全员参与原则　　　　　　　　　B. 管理的系统方法原则
　　C. 互利的供方关系原则　　　　　　D. 统计技术的作用

63. 测绘单位贯标工作的目的,为了和国际接轨,(    ),满足顾客对测绘产品的需求和期望,提高整体效率和市场竞争能力,增加利润。

　　A. 提高质量管理水平
　　B. 持续改进产品质量
　　C. 关注最高管理者在质量管理体系中的作用
　　D. 发挥科学技术的作用

64. 以下选项中,不属于质量管理体系文件的编写原则的是(    )。

　　A. 系统协调原则　　　　　　　　　B. 整体优化原则
　　C. 操作实施和证实检查的原则　　　D. 守时原则

65. 质量控制活动的完成,一般分为标准、(    )、纠正三个环节。

　　A. 完善　　　　B. 整改　　　　C. 信息　　　　D. 评审

66. 质量目标就是期望项目最终能够达到的质量等级。质量目标的质量等级分为(    )。

　　A. 合格、不合格　　　　　　　　　B. 合格、优秀
　　C. 合格、中等、良好、优秀　　　　D. 合格、良好、优秀

67. 以下选项中,不属于质量控制基本依据的是(    )。

　　A. 国家规范和行业标准　　　　　　B. 测绘项目资金预算
　　C. 技术设计书　　　　　　　　　　D. 测绘合同

68. 以下选项中,不属于测绘项目工程资金预算控制的是(    )。

　　A. 分析测绘项目资金预算科学性与合理性
　　B. 检查各阶段测绘项目资金预算执行与工程进度的符合性
　　C. 仪器设备按计划落实的控制监督
　　D. 核查测绘项目资金预算执行内容的完整性

69. 以下选项中,不属于工程进度设计内容的是(    )。

A. 根据设计方案,分别计算统计各工序的工作量

B. 划分作业区的困难类别

C. 根据统计的工作量,分别列出年度进度计划和各工序的衔接计划

D. 测绘单位质量管理部门对测绘成果进行最终检查

70. 为保证地理信息数据档案的长期有效性,光盘应每( )迁移一次。

　　A. 3 年　　　　　B. 5 年　　　　　C. 8 年　　　　　D. 10 年

71. 根据《测绘作业人员安全规范》(CH 1016—2008),测绘人员在人、车流量大的城镇地区街道上作业时,下列做法中,正确的是( )。

　　A. 与当地交管部门协商,临时停止该街道车辆通行

　　B. 保证作业区内 60m 无人走动

　　C. 现场作业人员佩戴安全防护带和防护帽

　　D. 穿着色彩醒目的安全警示反光马甲,并设计安全警示标牌(墩)

72. 测绘内业生产的安全管理,对于面积大于( )的作业场所的安全出口不少于( )。

　　A. $40m^2$,2 个　　　　　　　　B. $40m^2$,3 个

　　C. $100m^2$,2 个　　　　　　　D. $100m^2$,3 个

73. 对于保管仪器的仪器库房,库房应有消防设备,但不能用( )。

　　A. 一般酸碱式灭火器　　　　　B. 液体 $CO_2$ 灭火器

　　C. $CCl_4$ 灭火器　　　　　　　D. 新型灭火器

74. "测绘技术总结"一般由四部分组成,其中第一部分为"概述"。以下选项中,不属于"概述"中的内容的是( )。

　　A. 任务来源　　　　　　　　　B. 技术标准和规范

　　C. 经费执行情况　　　　　　　D. 已有资料利用情况

75. "测绘技术总结"一般由四部分组成,其中第三部分为"测绘成果质量说明与评价"。以下选项中,不属于"测绘成果质量说明与评价"中的内容的是( )。

　　A. 对最终测绘成果进行必要的精度统计

　　B. 说明产品达到的技术指标

　　C. 最终测绘成果的质量检查报告的名称/编号

D. 项目实施中质量保障措施的执行情况

76. 工程测量专业中,变形测量技术总结包括"概述"、"利用已有资料情况"等内容。以下选项中,不属于"概述"内容的是( )。

　　A. 项目名称、来源　　　　　　　　B. 测区地点、范围
　　C. 作业技术依据　　　　　　　　　D. 测量资料的分析与利用

77. 地理信息系统专业技术总结,包括4部分:引言,实际开发结果,开发工作评价,经验与教训。以下选项中,不属于"开发工作评价"内容的是( )。

　　A. 对生产效率的评价
　　B. 对产品质量的评价
　　C. 逐项列出本软件产品的主要功能和性能
　　D. 出错原因的分析

78. 以下选项中,不属于"二级检查与一级验收"范畴的是( )。

　　A. 测绘单位作业部门组织的过程检查
　　B. 测绘单位质量管理部门组织的最终检查
　　C. 图形或影像数据输出的检查图
　　D. 项目管理单位组织的验收

79. 数学精度检测时,如采用高精度检测,则中误差计算公式为( )。式中,$M$为成果中误差;$n$为检测点(边)总数;$\Delta_i$为较差。

A. $M=\sqrt{\dfrac{\sum_{i=1}^{n}\Delta_i^2}{n}}$　　B. $M=\sqrt{\dfrac{\sum_{i=1}^{n}\Delta_i^2}{2n}}$　　C. $M=\sqrt{\dfrac{\sum_{i=1}^{n}\Delta_i^2}{n-1}}$　　D. $M=\sqrt{\dfrac{\sum_{i=1}^{n}\Delta_i^2}{2n-1}}$

80. 在"二级检查与一级验收"制度中,有些资料要按100%提取样本原件或复印件。以下选项中,不需要按100%提取样本原件或复印件的是( )。

　　A. 项目设计书　　B. 仪器检定证书　　C. 质量跟踪卡　　D. 技术总结

二、多项选择题(共20题,每题2分。每题的备选项中,有2个或2个以上符合题意,至少有1个错项。错选,本题不得分;少选,所选的每个选项得0.5分)

81. 下列属于测绘法律法规体系的是( )。

　　A. 法律　　　　　　　　　　　　　B. 行政法规

C. 行业协会规章 D. 政府规章

E. 重要规范性文件

82. 根据《测绘地理信息市场信用信息管理暂行办法》，测绘地理信息行政主管部门对有不良信用信息或者信用等级较低的测绘资质单位，应当加强日常监管，必要时可以实施下列措施（　　）。

  A. 对失信行为通知其上级主管部门

  B. 对失信行为以适当方式予以曝光

  C. 依法向招标单位、招标代理机构、有关项目组织实施单位告知该单位信用情况

  D. 依法予以降低测绘资质等级、削减测绘业务范围或者吊销测绘资质证书

  E. 法律、法规规定的其他制约措施

83. 测绘人员应当主动出示测绘作业证的情况是（　　）。

  A. 进入机关、企业、住宅小区、耕地或者其他地块进行测绘时

  B. 使用测量标志时

  C. 接受测绘地理信息主管部门的执法监督检查时

  D. 送检测量仪器时

  E. 办理与所进行的测绘活动相关的其他事项时

84. 中外合资企业申请测绘资质应当具备的条件是（　　）。

  A. 符合《中华人民共和国测绘法》以及外商投资的法律法规的有关规定

  B. 符合《测绘资质管理规定》的有关要求

  C. 合资、合作企业须中方控股

  D. 已经依法进行企业登记，并取得中华人民共和国法人资格

  E. 合资、合作企业员工中，外国人比例不得超过50%

85. 下列属于招标方式的是（　　）。

  A. 公开招标 B. 直接发包

  C. 邀请招标 D. 议标

  E. 定向招标

86. 下列选项中，属于地理信息系统质量元素的是（　　）。

  A. 运行环境 B. 附件质量

  C. 系统结构与功能 D. 逻辑一致性

E. 资料质量

87. 建设永久性测量标志,应当符合的要求是(    )。

    A. 使用国家规定的测绘基准和测绘标准
    B. 由县级以上人民政府测绘地理信息主管部门组织实施
    C. 选择有利于测量标志长期保护和管理的点位
    D. 应满足埋石施工标准
    E. 符合法律、法规规定的其他要求

88. 下列基础测绘项目,由国务院测绘地理信息主管部门组织实施的有(    )。

    A. 建立全国统一的测绘基准和测绘系统
    B. 建立和更新国家基础地理信息系统
    C. 组织实施国家基础航空摄影
    D. 获取国家基础地理信息遥感资料
    E. 测制和更新1∶1万至1∶5000国家基本比例尺地图、影像图和数字化产品

89. 测绘标准应当及时复审的情形是(    )。

    A. 不适应科学技术的发展和经济建设需要的
    B. 相关技术发生了重大变化的
    C. 标准实施中出现重大技术问题或有重要反对意见的
    D. 与国际相应标准不一致的
    E. 标准规定内容宽泛的

90. 可以作为测绘成果量监督抽查的质量判定依据是(    )。

    A. 国家法律法规
    B. 国家标准、行业标准、地方标准
    C. 测绘单位明示的企业标准
    D. 最新科研成果
    E. 项目设计文件和合同约定的各项内容

91. 外国的组织或者个人依法与中华人民共和国有关部门或者单位合资、合作,经批准在中华人民共和国领域内从事测绘活动的,测绘成果(    )。

    A. 归中方部门或者单位所有
    B. 归双方共有

C. 由中方部门或者单位向国务院测绘地理信息主管部门汇交测绘成果目录

D. 由中方部门或者单位向国务院测绘地理信息主管部门汇交测绘成果副本

E. 由中方部门或者单位向省测绘地理信息主管部门汇交测绘成果副本

92. 测绘单位应当按照测绘生产技术规律办事,有权拒绝用户提出的违反国家有关规定的不合理要求,有权提出保证测绘质量所必需的(　　)。

A. 工作条件
B. 合理工期
C. 合格设备
D. 合理价格
E. 交通工具

93. 申请使用基础测绘成果应当符合的条件有(　　)。

A. 有测绘项目合同书

B. 有明确、合法的使用目的

C. 申请的基础测绘成果范围、种类、精度与使用目的相一致

D. 符合国家的保密法律法规及政策

E. 有上级主管部门介绍信

94. 根据《合同法》的规定,关于订立合同应遵循原则的说法正确的是(　　)。

A. 当事人法律地位平等

B. 自愿的原则

C. 遵守法律和不得损害社会公共利益的原则

D. 守时的原则

E. 诚实信用的原则

95. 专业技术设计的"设计方案",其具体内容应根据各专业测绘活动的内容和特点确定。设计方案的内容一般包括以下几个方面(　　)。

A. 作业区的自然地理情况

B. 作业所需的测量仪器的类型、数量、精度指标

C. 作业的技术路线或流程

D. 各工序的作业方法、技术指标和要求

E. 作业区居民的风俗习惯

96. 关于我国贯彻 ISO 9000 族标准状况,以下描述正确的有(　　)。

A. 我国虽然不是 ISO 组织的成员国,但一直积极参加标准的建立工作

B. 我国自 1984 年开始,即开始对 ISO 9000 族标准进行研究和转换

C. 1988 年 12 月,我国发布等效采用的 GB/T 10300 系列标准

D. 1992 年 10 月,我国又发布等同采用的 GB/TB 19000 系列标准

E. 对 ISO 9000 族标准的修改、换版,我国有关部门一直采取同步跟踪的做法

97. 下列设备中,属于外业设备的是(　　)。

　　A. 水准仪　　　　　　　　　　B. 数字摄影测量工作站
　　C. 航空摄影机　　　　　　　　D. GPS 测量系统
　　E. 数字成图系统

98. 以下选项中,属于测绘仪器防锈措施的是(　　)。

　　A. 严禁使用吸潮后的干燥剂
　　B. 测区作业终结收测时,将金属外露面的临时保护油脂全部清除干净,涂上新的防腐油脂
　　C. 防锈油脂涂抹后应用电容器纸或防锈纸等加封盖
　　D. 作业中暂时停用的电子仪器,每周至少通电 1 小时,同时使各个功能正常运转
　　E. 保管在不能保证恒温恒湿的要求时,须做到通风、干燥、防尘

99. 对于测绘专业技术总结,以下选项中,属于"工程测量"专业范畴的是(　　)。

　　A. 线路测量　　　　　　　　　B. 重力测量
　　C. 库区淹没测量　　　　　　　D. 变形测量
　　E. 航空摄影测量外业

100. "地理信息系统"专业技术总结包括以下内容(　　)。

　　A. 引言　　　　　　　　　　　B. 利用已有资料情况
　　C. 技术结论　　　　　　　　　D. 开发工作评价
　　E. 实际开发结果

# 注册测绘师资格考试测绘管理与法律法规

# 模拟试卷(1)参考答案及解析

一、单项选择题(共80题,每题1分。每题的备选项中,只有1个最符合题意)

1. C

解析:《测绘法》是我国从事测绘活动和进行测绘管理的基本准则和依据,它是我国测绘工作的基本法律,是从事测绘活动的基本准则。《宪法》是我国的根本大法,《测绘法》是在《宪法》的框架下制定的。《民法通则》和《合同法》都不能全面地适应测绘工作的需要。

2. C

解析:《测绘法》第四条,国务院测绘地理信息主管部门负责全国测绘工作的统一监督管理。国务院其他有关部门按照国务院规定的职责分工,负责本部门有关的测绘工作。县级以上地方人民政府测绘地理信息主管部门负责本行政区域测绘工作的统一监督管理。县级以上地方人民政府其他有关部门按照本级人民政府规定的职责分工,负责本部门有关的测绘工作。军队测绘部门负责管理军事部门的测绘工作,并按照国务院、中央军事委员会规定的职责分工负责管理海洋基础测绘工作。

3. D

解析:《测绘法》第二条,在中华人民共和国领域和中华人民共和国管辖的其他海域从事测绘活动,应当遵守本法。

4. C

解析:《测绘法》(2002版)第九条,在不妨碍国家安全的情况下,确有必要采用国际坐标系统的,必须经国务院测绘地理信息主管部门会同军队测绘部门批准。

注:2017年7月1日实施的新版《测绘法》没有"国际坐标系统"的相关内容。

5. C

解析:根据测绘成果质量错漏扣分标准,A类、B类、C类、D类错漏的扣分值依次为 $42$ 分、$12/t$ 分、$4/t$ 分、$1/t$。$t$ 为调整系数,一般情况下取 $t=1$,故选C。

6. C

解析:根据《测绘资质管理规定》,甲级测绘单位,应当通过ISO 9000系列质量保证体系认证;乙级测绘单位,应当通过ISO 9000系列质量保证体系认证,或者通过省级测绘地理信息行政主管部门考核;丙级测绘单位,应当通过设区的市级以上测绘地理信息行政主管部门考核;丁级测绘单位,应当通过县级以上测绘地理信息行政主管部门考核。

7. D

解析：《注册测绘师制度暂行规定》第十七条，"中华人民共和国注册测绘师注册证"每一注册有效期为3年。"中华人民共和国注册测绘师注册证"和执业印章在有效期限内是注册测绘师的执业凭证，由注册测绘师本人保管、使用。

8. A

解析：根据《测绘资质管理规定》第十四条，申请单位符合法定条件的，测绘资质审批机关做出拟准予行政许可的决定，通过本机关网站向社会公示5个工作日。

9. C

解析：根据《测绘资质管理规定》第五条，国家测绘地理信息局是甲级测绘资质审批机关，负责审查甲级测绘资质申请并做出行政许可决定。

省级测绘地理信息行政主管部门是乙、丙、丁级测绘资质审批机关，负责受理、审查乙、丙、丁级测绘资质申请并做出行政许可决定；负责受理甲级测绘资质申请并提出初步审查意见。

省级测绘地理信息行政主管部门可以委托有条件的设区的市级测绘地理信息行政主管部门受理本行政区域内乙、丙、丁级测绘资质申请并提出初步审查意见；可以委托有条件的县级测绘地理信息行政主管部门受理本行政区域内丁级测绘资质申请并提出初步审查意见。

10. C

解析：《注册测绘师制度暂行规定》第十七条，"中华人民共和国注册测绘师注册证"每一注册有效期为3年。"中华人民共和国注册测绘师注册证"和执业印章在有效期限内是注册测绘师的执业凭证，由注册测绘师本人保管、使用。

11. B

解析：根据《注册测绘师制度暂行规定》第十三条，国家测绘局为注册测绘师资格的注册审批机构。各省、自治区、直辖市人民政府测绘地理信息主管部门负责注册测绘师资格的注册审查工作。

12. B

解析：根据《注册测绘师执业管理办法（试行）》第二十二条，注册测绘师继续教育必修内容通过培训的形式进行，由国家测绘地理信息局推荐的机构承担。必修内容培训每次30学时，注册测绘师须在一个注册有效期内参加2次不同内容的培训。

13. B

**解析:**《测绘作业证管理规定》第十一条,测绘人员离(退)休或调离工作单位的,必须由原所在测绘单位收回测绘作业证,并及时上交发证机关。测绘人员调往其他测绘单位的,由新调入单位重新申领测绘作业证。

第十三条,测绘作业证由省、自治区、直辖市人民政府测绘地理信息主管部门或者其委托的市(地)级人民政府测绘地理信息主管部门负责注册核准。每次注册核准有效期为三年。注册核准有效期满前三十日内,各测绘单位应当将测绘作业证送交单位所在地的省、自治区、直辖市人民政府测绘地理信息主管部门或者其委托的市(地)级人民政府地理信息主管部门注册核准。过期不注册核准的测绘作业证无效。

第十条,测绘人员必须依法使用测绘作业证,不得利用测绘作业证从事与其测绘工作身份无关的活动。

14. D

**解析:**《测绘资质管理规定》第十七条,测绘资质单位的名称、注册地址、法定代表人发生变更的,应当在有关部门核准完成变更后30日内,向测绘资质审批机关提出变更申请,并提交下列材料的原件扫描件:①变更申请文件;②有关部门核准变更证明;③测绘资质证书正、副本。

15. C

**解析:**所谓无效合同就是不具有法律约束力和不发生履行效力的合同。一般合同一旦依法成立,就具有法律拘束力,但是无效合同却由于违反法律、行政法规的强制性规定或者损害国家、社会公共利益,因此,即使其成立,也不具有法律拘束力。《合同法》第五十二条规定,有下列情形之一的,合同无效:①一方以欺诈、胁迫的手段订立合同,损害国家利益;②恶意串通,损害国家、集体或者第三人利益;③以合法形式掩盖非法目的;④损害社会公共利益;⑤违反法律、行政法规的强制性规定。

16. D

**解析:**《测绘市场管理暂行办法》第三十二条,对已列入《测绘收费标准》的测绘产品计费不得低于《测绘收费标准》规定标准的百分之八十五。

17. B

**解析:**公开招标是一种无限竞争性招标。采用这种做法时,招标人要在国内外主要报刊上刊登招标广告,凡对该项招标内容有兴趣的人均有机会购买招标资料进行投标。选择性招标又称邀请招标,是有限竞争性招标。采用种做法时,招标人不在报刊上刊登广告,而是根据自己具体的业务关系和情报资料由招标人对客商进行邀请,进行资格预审后,再由他们进行投标。

18. A

解析：《中华人民共和国反不正当竞争法》第二十七条，投标者串通投标，抬高标价或者压低标价；投标者和招标者相互勾结，以排挤竞争对手的公平竞争的，其中标无效。监督检查部门可以根据情节处以一万元以上二十万元以下的罚款。

19. D

解析：《合同法》第四十七条，限制民事行为能力人订立的合同，经法定代理人追认后，该合同有效，但纯获利益的合同或者与其年龄、智力、精神健康状况相适应而订立的合同，不必经法定代理人追认。

20. C

解析：《合同法》第一百一十六条，当事人既约定违约金，又约定定金的，一方违约时，对方可以选择适用违约金或者定金条款。

21. A

解析：《中华人民共和国测量标志保护条例》第十二条，国家对测量标志实行义务保管制度。设置永久性测量标志的部门应当将永久性测量标志委托测量标志设置地的有关单位或者人员负责保管，签订测量标志委托保管书，明确委托方和被委托方的权利和义务，并由委托方将委托保管书抄送乡级人民政府和县级以上人民政府管理测绘工作的部门备案。

22. A

解析：《中华人民共和国测量标志保护条例》第十五条，国家对测量标志实行有偿使用；但是，使用测量标志从事军事测绘任务的除外。测量标志有偿使用的收入应当用于测量标志的维护、维修，不得挪作他用。具体办法由国务院测绘地理信息主管部门会同国务院物价行政主管部门规定。

23. C

解析：《测绘法》第六十四条，违反本法规定，有下列行为之一的，给予警告，责令改正，可以并处二十万元以下的罚款；对直接负责的主管人员和其他直接责任人员，依法给予处分；造成损失的，依法承担赔偿责任；构成犯罪的，依法追究刑事责任：

（一）损毁、擅自移动永久性测量标志或者正在使用中的临时性测量标志；

（二）侵占永久性测量标志用地；

（三）在永久性测量标志安全控制范围内从事危害测量标志安全和使用效能的活动；

（四）擅自拆迁永久性测量标志或者使永久性测量标志失去使用效能，或者拒绝支付迁建费用；

(五)违反操作规程使用永久性测量标志,造成永久性测量标志毁损。

**24. D**

解析:《测绘法》第九条,国家设立和采用全国统一的大地基准、高程基准、深度基准和重力基准,其数据由国务院测绘地理信息主管部门审核,并与国务院其他有关部门、军队测绘部门会商后,报国务院批准。

**25. A**

解析:《基础测绘条例》第十九条,国家依法保护基础测绘设施。任何单位和个人不得侵占、损毁、拆除或者擅自移动基础测绘设施。基础测绘设施遭受破坏的,县级以上地方人民政府测绘地理信息主管部门应当及时采取措施,组织力量修复,确保基础测绘活动正常进行。

**26. C**

解析:《基础测绘条例》第十四条,设区的市、县级人民政府依法组织实施1∶2000至1∶500比例尺地图、影像图和数字化产品的测制和更新以及地方性法规、地方政府规章确定由其组织实施的基础测绘项目。

**27. D**

解析:《中华人民共和国标准化法》第六条,对需要在全国范围内统一的技术要求,应当制定国家标准。国家标准由国务院标准化行政主管部门制定。对没有国家标准而又需要在全国某个行业范围内统一的技术要求,可以制定行业标准。行业标准由国务院有关行政主管部门制定,并报国务院标准化行政主管部门备案,在公布国家标准之后,该项行业标准即行废止。对没有国家标准和行业标准而又需要在省、自治区、直辖市范围内统一的工业产品的安全、卫生要求,可以制定地方标准。地方标准由省、自治区、直辖市标准化行政主管部门制定,并报国务院标准化行政主管部门和国务院有关行政主管部门备案,在公布国家标准或者行业标准之后,该项地方标准即行废止。

**28. C**

解析:《测绘标准化工作管理办法》第二十八条,测绘国家和行业标准化指导性技术文件发布后三年内必须复审,以决定是否继续有效、转化为标准或者撤销。

**29. C**

解析:《测绘计量管理暂行办法》第五条,取得计量标准证书后,属社会公用计量标准的,由组织建立该项标准的政府计量行政主管部门审批核发社会公用计量标准证书,方可使用,并向同级测绘主管部门备案;属部门最高等级计量标准的,由主管部门批准使用,并向国务院测绘主管部门备案。测绘计量标准在合格证书期满前六个月,应按规定向原发证机关申请复查。

**30. D**

解析:《测绘成果管理条例》第九条,测绘项目出资人或者承担国家投资的测绘项目的单位应当自测绘项目验收完成之日起3个月内,向测绘地理信息主管部门汇交测绘成果副本或者目录。测绘地理信息主管部门应当在收到汇交的测绘成果副本或者目录后,出具汇交凭证。

**31. C**

解析:《关于进一步加强涉密测绘成果管理工作的通知》第五条,涉密测绘成果使用单位,必须依据经审批同意的使用目的和范围使用涉密测绘成果。使用目的或项目完成后,使用单位必须按照有关规定及时销毁涉密测绘成果。如需要用于其他目的的,应另行办理审批手续。任何单位和个人不得擅自复制、转让或转借涉密测绘成果。

**32. A**

解析:《测绘成果质量监督抽查管理办法》第三条,国家测绘局负责组织实施全国质量监督抽查工作。县级以上地方人民政府测绘地理信息主管部门负责组织实施本行政区域内质量监督抽查工作。

第五条国家测绘局按年度制定全国质量监督抽查计划,重点组织实施重大测绘项目、重点工程测绘项目以及与人民群众生活密切相关、影响面广的其他测绘项目成果的质量监督抽查。测绘地理信息主管部门不应对同一测绘项目或者同一批次测绘成果重复抽查。

第十五条对依法进行的测绘成果质量监督检验,受检单位不得拒绝。拒绝接受监督检验的,受检的测绘项目成果质量按照"批不合格"处理。

**33. D**

解析:《中华人民共和国保守国家秘密法》第二十条,机关、单位对是否属于国家秘密或者属于何种密级不明确或者有争议的,由国家保密行政管理部门或者省、自治区、直辖市保密行政管理部门确定。

**34. B**

解析:《基础地理信息数据档案管理与保护规范》第7.5.3条,为保证地理信息数据档案的长期有效性,光盘应每5年迁移一次。

**35. D**

解析：《测绘成果管理条例》第十一条，测绘成果保管单位应当建立健全测绘成果资料的保管制度，配备必要的设施，确保测绘成果资料的安全，并对基础测绘成果资料实行异地备份存放制度。

36. D

解析：《测绘生产质量管理规定》第七条，测绘单位必须建立以质量为中心的技术经济责任制，明确各部门、各岗位的职责及相互关系，规定考核办法，以作业质量、工作质量确保测绘产品质量。

37. B

解析：《测绘成果管理条例》第十条，测绘地理信息主管部门自收到汇交的测绘成果副本或者目录之日起10个工作日内，应当将其移交给测绘成果保管单位。

38. A

解析：《测绘质量监督管理办法》第十六条，测绘产品质量监督检查的主要方式为抽样检验，其工作程序和检验方法，按照《测绘成果质量监督抽查管理办法》执行。

39. D

解析：《测绘生产质量管理规定》第十七条，重大测绘项目应实施首件产品的质量检验，对技术设计进行验证。首件产品质量检验点的设置，由测绘单位根据实际需要自行确定。

40. A

解析：《测绘成果质量监督抽查管理办法》第十五条，对依法进行的测绘成果质量监督检验，受检单位不得拒绝。拒绝接受监督检验的，受检的测绘项目成果质量按照"批不合格"处理。

41. B

解析：《测绘成果质量监督抽查管理办法》第二十三条，质量监督抽查不合格的测绘单位，组织实施质量监督抽查的测绘地理信息主管部门应当向其下达整改通知书，责令其自整改通知书下发之日起三个月内进行整改，并按原技术方案组织复查。

42. C

解析：《测绘科学技术档案管理规定》第十一条，国务院测绘地理信息主管部门下设国家测绘档案资料馆及其大地测量档案分馆。省、自治区、直辖市人民政府测绘地理信息主管部门下设省级测绘档案资料馆。

**43. B**

解析:《测绘科学技术档案管理规定》第二十条,测绘科技档案的保管期限分为永久、长期、短期三种:①凡具有重要凭证作用和长久需要查考、利用的测绘科技档案应列为永久保存;②凡在相当长的时期内(15年至20年)具有查考、利用、凭证作用的测绘科技档案应列为长期保存;③凡在短期内(15年以内)具有查考、利用、凭证作用的测绘科技档案应列为短期保存。

**44. D**

解析:《基础测绘成果提供使用管理暂行办法》第五条,提供使用下列基础测绘成果由国家测绘局受理审批:①全国统一的一、二等平面控制网、高程控制网和国家重力控制网的数据、图件;②1:50万、1:25万、1:10万、1:5万、1:2.5万国家基本比例尺地图、影像图和数字化产品;③国家基础航空摄影所获取的数据、影像等资料,以及获取基础地理信息的遥感资料;④国家基础地理信息数据;⑤其他应当由国家测绘局审批的基础测绘成果。

**45. A**

解析:《重要地理信息数据审核公布管理规定》第十六条,单位和个人具有下列情形之一的,由省级测绘地理信息主管部门依法给予警告,责令改正,可以并处十万元以下罚款;构成犯罪的,依法追究刑事责任;尚不够刑事处罚的,对负有直接责任的主管人员和其他直接责任人员,依法给予行政处分:①擅自发布已经国务院批准并授权国务院有关部门公布的重要地理信息数据的;②擅自发布未经国务院批准的重要地理信息数据的。

**46. D**

解析:《重要地理信息数据审核公布管理规定》第十二条,重要地理信息数据公布时,应当注明审核、公布部门。

**47. A**

解析:《测绘生产质量管理规定》第十四条,测绘任务的实施,应坚持先设计后生产,不允许边设计边生产,禁止没有设计进行生产。技术设计书应按测绘主管部门的有关规定经过审核批准,方可付诸执行。市场测绘任务根据具体情况编制技术设计书或测绘任务书,作为测绘合同的附件。

第十五条,测绘任务实施前,应组织有关人员的技术培训,学习技术设计书及有关的技术标准、操作规程。

**48. C**

解析:《公开地图内容表示补充规定(试行)》第六条,公开地图不得表示下列内容的具体形状及属性(用于公共服务的设施可以标注名称),确需表示位置时其位置精度不得高于100m:①大型水利设施、电力设施、通信设施、石油和燃气设施、重要战略物资储备库、气象台站、降雨雷达站和水文观测站(网)等涉及国家经济命脉,对人民生产、生活有重大影响的民用设施;②监狱、劳动教养所、看守所、拘留所、强制隔离戒毒所、救助管理站和安康医院等与公共安全相关的单位;③公开机场的内部结构及运输能力属性;④渡口的内部结构及属性。

**49. D**

**解析:**《中华人民共和国地图编制出版管理条例》第二十六条,违反本条例规定,未经批准,擅自从事地图出版活动或者超越经批准的地图出版范围出版地图的,由出版行政管理部门责令停止违法活动,没收全部非法地图出版物和违法所得,可以并处违法所得5倍以上15倍以下的罚款。

**50. B**

**解析:** 测绘项目合同甲方的义务包括:向乙方提交该测绘项目相关的资料;完成对乙方提交的技术设计书的审定工作;保证乙方的测绘队伍顺利进入现场工作;保证工程款按时到位;允许乙方内部使用执行本合同所生产的测绘成果等。选项ACD均属于甲方的义务;选项B(组织测绘队伍进场作业),是乙方的义务。

**51. B**

**解析:** 测绘经营成本,包括两大类:①员工福利及他项费用,包括福利费、职工教育经费、住房公积金、养老保险金、失业保险等;②机构运营费用,包括业务往来费用、办公费用、仪器购置、维护及更新费用、工会经费等。选项B(直接人工费),属于生产成本。

**52. D**

**解析:**《测绘合同》示范文本(GF-2000—0306)第八条,对乙方所提供的测绘成果的质量有争议的,由测区所在地的省级测绘产品质量监督检验站裁决。其费用由败诉方承担。故选D。

**53. D**

**解析:**《测绘合同》示范文本(GF-2000—0306)第十三条(乙方违约责任)第5款,乙方擅自转包本合同标的的,甲方有权解除合同,并可要求乙方偿付预算工程费30%的违约金。故选D。

**54. A**

**解析:** 测绘合同变更的条件有:①原测绘合同关系的有效存在;②当事人双方协商一

致,不损害国家及社会公共利益;③合同非要素内容发生变更;④须遵循法定形式。选项A(乙方主要领导发生变化),不属于测绘合同变更的条件。

**55. C**

解析:《测绘工程产品价格》"总说明"第六条,测区面积不足1幅1:500~1:5000比例尺地形图,按以下公式(小面积系数)计算价格:标准幅价格×1.3。

**56. A**

解析:凡直接根据国家经济计划而签订的合同,称为计划合同。不以国家计划为合同成立的前提,称为非计划合同,又称普通合同。

**57. A**

解析:根据测绘成果质量要求,测绘生产人员必须严格执行操作规程,按照技术设计进行作业,并对作业质量负责。

**58. B**

解析:专业技术设计,是对测绘专业活动的技术要求进行设计。专业技术设计一般由具体承担"相应测绘专业任务"的法人单位负责编写。

**59. C**

解析:属于"工程测量"范畴的专业技术有施工测量、竣工测量、线路测量、变形测量等。选项C(重力测量),属于"大地测量"的专业技术范畴。

**60. A**

解析:属于"界线测绘"范畴的专业技术有房产测绘、地籍测绘、境界测绘等。选项A(线路测量),属于"工程测量"的专业技术范畴。

**61. D**

解析:关于贯标工作的组织步骤实施,其中,质量管理体系运行和实施阶段,时间一般应不少于3个月。故选项D描述不正确。选项ABC,描述正确。

**62. D**

解析:"质量管理"的八项原则是:①以顾客为关注焦点原则;②领导作用原则;③全员参与原则;④过程方法原则;⑤管理的系统方法原则;⑥持续改进原则;⑦基于事实的决策方法原则;⑧互利的供方关系原则。选项D(统计技术的作用),是"质量管理体系"的十二项基本原理之一。

**63. A**

解析：测绘单位贯标工作的目的，为了和国际接轨，提高质量管理水平，满足顾客对测绘产品的需求和期望，提高整体效率和市场竞争能力，增加利润。

64. D

解析：质量管理体系文件的编写原则有：①系统协调原则。②整体优化原则。③采用过程方法原则。④操作实施和证实检查的原则。选项D(守时原则)，不属于质量管理体系文件的编写原则。

65. C

解析：本题考查质量控制的主要环节，质量控制活动的完成，一般分为标准、信息(反馈)、纠正三个环节。

66. D

解析：质量目标就是期望项目最终能够达到的质量等级。质量等级分为合格、良好、优秀。

67. B

解析：质量控制的基本依据：①测绘合同；②技术设计书或作业指导书；③法律和法规；④国家规范和行业标准。选项B(测绘项目资金预算)，不属于质量控制的基本依据。

68. C

解析：测绘项目工程的资金预算控制(成本目标)包括：①分析：测绘项目资金预算科学性合理性。②检查：各阶段测绘项目资金预算执行与工程进度的符合性。③核查：测绘项目资金预算执行内容的完整性。选项C(仪器设备按计划落实的控制监督)，属于测绘项目工程的进度控制(工期目标)。

69. D

解析：工程进度设计的内容包括：①划分作业区的困难类别；②根据设计方案，分别计算统计各工序的工作量；③根据统计的工作量和计划投入的生产实力，参照有关生产定额，分别列出年度进度计划和各工序的衔接计划。选项D(测绘单位质量管理部门对测绘成果进行最终检查)，是测绘工程项目质量控制措施。

70. B

解析：本题考查地理信息数据的维护。为保证地理信息数据档案的长期有效性，光盘应每5年迁移一次，对线性磁带应每10年迁移一次。

71. D

解析：在人、车流量大的街道上作业时，必须穿着色彩醒目的带有安全警示反光的马夹，并应设置安全警示标志牌(墩)，必要时还应安排专人担任安全警戒员。选项D描述正确，选项ABC描述不正确。

72. C

解析：测绘内业生产的安全管理规定：①作业场所，照明/噪声/辐射等环境条件应符合作业要求；②面积大于100$m^2$的作业场所的安全出口不少于2个；等等。

73. A

解析：对于保管仪器的仪器库房，库房应有消防设备，但不能用一般酸碱式灭火器，宜用液体$CO_2$或$CCl_4$及新型灭火器。

74. B

解析："测绘技术总结"中的"概述"应包括以下内容：任务来源、目标、工作量等；任务的安排与完成情况；经费执行情况；作业区概况；已有资料利用情况等。选项B(技术标准和规范)，属于"技术设计执行情况"中的内容。

75. D

解析："测绘技术总结"第三部分为"测绘成果质量说明与评价"，其内容包括：说明和评价项目最终测绘成果(或产品)的质量情况(包括必要的精度统计)；产品达到的技术指标；并说明最终测绘成果(或产品)的质量检查报告的名称和编号；等等。选项D(质量保障措施的执行情况)，属于"技术设计执行情况"中的内容。

76. D

解析：工程测量专业中，变形测量技术总结包括"概述"、"利用已有资料情况"等内容。其中，"概述"内容包括：①项目名称、来源、目的、内容，生产单位，生产起止时间，生产安排概况；②测区地点、范围，建筑物(构筑物)分布情况及观测条件，标志的特征；③作业技术依据；④完成任务量。选项D(测量资料的分析与利用)，属于"利用已有资料情况"内容。

77. C

解析：地理信息系统专业技术总结包括四部分：引言，实际开发结果，开发工作评价，经验与教训。其中，"开发工作评价"的内容包括：①对生产效率的评价；②对产品质量的评价；③对技术方法的评价；④出错原因的分析。选项C(逐项列出本软件产品的主要功能和性能)，属于"实际开发结果"内容。

78. C

解析："二级检查与一级验收"制度包括：

(1)"过程检查",测绘单位作业部门组织(采用全数检查);

(2)"最终检查",测绘单位质量管理部门组织(一般采用全数检查,涉及野外检查项的一般采用抽样检查);

(3)"验收",项目管理单位组织(一般采用抽样检查)。

**79. A**

解析:数学精度检测时,如采用高精度检测,则中误差计算公式为:$M=\sqrt{\dfrac{\sum\limits_{i=1}^{n}\Delta_i^2}{n}}$。式中,$M$ 为成果中误差;$n$ 为检测点(边)总数;$\Delta_i$ 为较差。其推导依据是,将(高精度检测的)检测值视为真值。

**80. C**

解析:在"二级检查与一级验收"制度中,以下资料需要按100%提取样本原件或复印件:项目设计书、专业设计书、生产过程中的补充规定、技术总结、检查报告及检查记录、仪器检定证书、检验资料复印件,其他需要提供的文档资料等。选项C(质量跟踪卡),不在此列。

**二、多项选择题(共 20 题,每题 2 分。每题的备选项中,有 2 个或 2 个以上符合题意,至少有 1 个错项。错选,本题不得分;少选,所选的每个选项得 0.5 分)**

**81. ABDE**

解析:目前,我国已经初步建立了由法律、行政法规、地方性法规、部门规章、政府规章、重要规范性文件等共同组成的测绘法律法规体系,为测绘管理提供了依据,为从事测绘活动提供了基本准则。行业协会规章不能作为法律法规的一部分。

**82. BCDE**

解析:《测绘地理信息市场信用信息管理暂行办法》第二十三条,测绘地理信息行政主管部门对有不良信用信息或者信用等级较低的测绘资质单位,应当加强日常监管,必要时可以实施下列措施:①对失信行为以适当方式予以曝光;②依法向招标单位、招标代理机构、有关项目组织实施单位告知该单位信用情况;③依法予以降低测绘资质等级、削减测绘业务范围或者吊销测绘资质证书;④法律、法规规定的其他制约措施。

**83. ABCE**

解析:《测绘作业证管理规定》第七条,测绘人员在下列情况下应当主动出示测绘作业证:①进入机关、企业、住宅小区、耕地或者其他地块进行测绘时;②使用测量标志时;③接受测绘地理信息主管部门的执法监督检查时;④办理与所进行的测绘活动相关的其他事项时,进入保密单位、军事禁区和法律法规规定的需经特殊审批的区域进行测绘活动时,还应当按照规定持有关部门的批准文件。

**84. ABCD**

解析:《外国的组织或者个人来华测绘管理暂行办法》第八条,合资、合作测绘应当取得国务院测绘地理信息主管部门颁发的"测绘资质证书"。

合资、合作企业申请测绘资质应当具备下列条件:①符合《测绘法》以及外商投资的法律法规的有关规定;②符合《测绘资质管理规定》的有关要求;③合资、合作企业须中方控股。外国的组织或者个人在中华人民共和国领域只申请互联网地图服务测绘资质的,必须依法设立合资企业,且外方投资者在合资企业中的出资比例,最终不得超过50%;④已经依法进行企业登记,并取得中华人民共和国法人资格。

**85. ACD**

解析:招标有公开招标、邀请招标、议标三种方式。

**86. ACE**

解析:地理信息系统质量元素有五个:资料质量、运行环境、数据(库)质量、系统结构与功能、系统管理与维护。

**87. ACE**

解析:《中华人民共和国测量标志保护条例》第八条,建设永久性测量标志,应当符合下列要求:①使用国家规定的测绘基准和测绘标准;②选择有利于测量标志长期保护和管理的点位;③符合法律、法规规定的其他要求。

**88. ABCD**

解析:《基础测绘条例》第十二条,下列基础测绘项目,由国务院测绘地理信息主管部门组织实施:①建立全国统一的测绘基准和测绘系统;②建立和更新国家基础地理信息系统;③组织实施国家基础航空摄影;④获取国家基础地理信息遥感资料;⑤测制和更新全国1:100万至1:2.5万国家基本比例尺地图、影像图和数字化产品。

**89. ABC**

解析:《测绘标准化工作管理办法》第二十七条,标准复审周期一般不超过五年。属于下列情况之一的应当及时进行复审:①不适应科学技术的发展和经济建设需要的;②相关技术发生了重大变化的;③标准实施中出现重大技术问题或有重要反对意见的。

**90. ABCE**

解析:《测绘成果质量监督抽查管理办法》第八条,质量监督抽查的质量判定依据是国家法律法规、国家标准、行业标准、地方标准,以及测绘单位明示的企业标准、项目设计文件和合同约定的各项内容。

91. AD

**解析:**《测绘成果管理条例》第八条,外国的组织或者个人依法与中华人民共和国有关部门或者单位合资、合作,经批准在中华人民共和国领域内从事测绘活动的,测绘成果归中方部门或者单位所有,并由中方部门或者单位向国务院测绘地理信息主管部门汇交测绘成果副本。

92. ABD

**解析:**《测绘质量监督管理办法》第九条,测绘单位应当按照测绘生产技术规律办事,有权拒绝用户提出的违反国家有关规定的不合理要求,有权提出保证测绘质量所必需的工作条件及合理工期、合理价格。

93. BCD

**解析:**《基础测绘成果提供使用管理暂行办法》第八条,申请使用基础测绘成果应当符合下列条件:①有明确、合法的使用目的;②申请的基础测绘成果范围、种类、精度与使用目的相一致;③符合国家的保密法律法规及政策。

94. ABCE

**解析:**合同的基本原则:①当事人法律地位平等;②自愿的原则;③公平的原则;④诚实信用的原则;⑤遵守法律和不得损害社会公共利益的原则;⑥合同效力。选项D(守时原则),不是合同的基本原则。选项ABCE描述正确。

95. BCD

**解析:**设计方案的内容包括:规定作业所需的测量仪器的类型、数量、精度指标以及对仪器校准或检定的要求;作业的技术路线或流程;各工序的作业方法、技术指标和要求;生产过程中的质量控制环节;数据安全、备份;上交和归档成果;有关附录、附图等。选项AE,属于踏勘报告的内容。

96. CDE

**解析:**本题考查我国贯彻ISO 9000族标准状况。我国是ISO组织的成员国,故选项A不对;我国自1987年开始,即开始对ISO 9000族标准进行研究和转换,故选项B不对。选项CDE描述正确。

97. ACD

**解析:**本题考查测绘项目组织中设备的配备。外业设备有经纬仪、水准仪、全站仪、

GPS测量系统、航空摄影机。内业设备有数字摄影测量工作站、数字成图系统。

98. BCE

**解析**：选项A(严禁使用吸潮后的干燥剂)，属于测绘仪器防雾措施；选项D(作业中暂时停用的电子仪器，每周至少通电1小时，同时使各个功能正常运转)，属于测绘仪器防霉措施。选项BCE，均属于测绘仪器的防锈措施。

99. ACD

**解析**：工程测量专业主要包括控制测量、地形测图、施工测量、线路测量、竣工总图编绘与实测、变形测量、库区淹没测量等。选项B(重力测量)，属于大地测量专业范畴；选项E(航空摄影测量外业)，属于摄影测量与遥感专业范畴。

100. ADE

**解析**："地理信息系统"技术总结包括引言、实际开发结果、开发工作评价、经验与教训等内容。选项BC不属于"地理信息系统"技术总结内容。

# 注册测绘师资格考试测绘管理与法律法规

## 模拟试卷(2)

一、单项选择题(共 80 题,每题 1 分。每题的备选项中,只有 1 个最符合题意)

1. 关于国家设立和采用全国统一的大地基准、高程基准、深度基准和重力基准,下列叙述错误的是(　　)。

　　A. 其数据由国务院测绘地理信息主管部门审核

　　B. 与国务院其他有关部门、军队测绘部门会商

　　C. 报国务院批准

　　D. 从事测绘活动,必须采用国家规定的测绘基准

2. 在测绘工作中,当需要建立相对独立的平面坐标系时,应当(　　)。

　　A. 自行决定

　　B. 与测绘项目委托方协商

　　C. 向省级以上人民政府测绘地理信息主管部门备案

　　D. 获得省级以上人民政府测绘地理信息主管部门批准

3. 下列关于行政许可实施主体的表述中,错误的是(　　)。

　　A. 法定的行政机关

　　B. 被授权的具有管理公共事务职能的组织

　　C. 行业协会

　　D. 被委托的行政机关

4. 根据《反不正当竞争法》,经营者不得以(　　)为目的,以低于成本的价格销售商品。

　　A. 断货清仓　　　　　　　　　　B. 占领低端市场

　　C. 排挤对手　　　　　　　　　　D. 清偿债务

5. 根据《注册测绘师制度暂行规定》,取得"中华人民共和国注册测绘师资格证书"的人员,经过(　　)后方可以注册测绘师的名义执业。

　　A. 培训　　　　　B. 备案　　　　　C. 审批　　　　　D. 注册

6. 测绘人员进行测绘活动时,应当持有( )。

  A. 工作证    B. 测绘作业证件
  C. 注册测绘师证    D. 单位介绍信

7. 测绘单位在从事测绘活动中,因泄露国家秘密被国家安全机关查处的,测绘资质审批机关应当( )。

  A. 暂停其测绘资质证书有效性    B. 吊销其测绘资质证书
  C. 责令其停业整顿    D. 注销其测绘资质证书

8. 注册测绘师资格考试合格,颁发人事部统一印制,人事部、国家测绘局共同用印的( )。

  A. "中华人民共和国注册测绘师合格证书"
  B. "中华人民共和国注册测绘师资格证书"
  C. "中华人民共和国注册测绘师注册证"
  D. "中华人民共和国注册测绘师执业证"

9. 合资、合作测绘可从事的测绘内容有( )。

  A. 大地测量    B. 测绘航空摄影
  C. 大型建筑物变形监测    D. 导航电子地图编制

10. 注册测绘师延续注册、重新申请注册和逾期初始注册,应当完成本专业的继续教育。注册测绘师继续教育分为必修内容和选修内容,在一个注册有效期内,必修内容和选修内容均不得少于( )学时。

  A. 30    B. 45    C. 60    D. 80

11. 初次申请测绘资质,下列说法正确的是( )。

  A. 条件达到即可申请甲级    B. 不得超过乙级
  C. 不得超过丙级    D. 不得超过丁级

12. 申请领取测绘作业证时,对申领人的真实情况负责的是( )。

  A. 申领者本人    B. 申领单位
  C. 发证部门    D. 当地公安机关

13. 根据《测绘市场管理暂行办法》,测绘项目的承包方,可以向其他具有测绘资质的单位分包,但分包量不得大于该项目总承包量的(   )。

    A. 10%　　　　　B. 20%　　　　　C. 30%　　　　　D. 40%

14. 根据《测绘市场管理暂行办法》,进入测绘市场的测绘项目,金额(   )的及其他须实行公开招标的测绘项目,应当通过招标方式确定承揽。

    A. 达到 10 万　　B. 超过 10 万　　C. 到达 20 万　　D. 超过 20 万

15. 关于项目发包,下列说法错误的是(   )。

    A. 测绘项目发包有招标发包和直接发包两种方式
    B. 较大规模的测绘项目一般采用招标发包方式
    C. 小规模的测绘项目一般采用直接发包方式
    D. 较大规模的基础测绘项目一般采用招标发包方式

16. 对合同的格式条款有两种以上解释的,下列说法正确的是(   )。

    A. 应当做出不利于提供格式条款一方的解释
    B. 应当由仲裁机构做出裁决
    C. 应该采用格式条款提供方的解释
    D. 应当由法院做出判决

17. 对已交付使用的测绘成果,因不符合合同规定的质量标准,出现质量不合格并造成损失的,由(   )负责。

    A. 使用方　　　　B. 测绘方　　　　C. 监理方　　　　D. 验收组织方

18. 测绘人员使用永久性测量标志,应当持有(   )。

    A. 介绍信　　　　　　　　　　　　B. 测绘作业证
    C. 身份证　　　　　　　　　　　　D. 注册测绘师资格证

19. (   )应当对永久性测量标志设立明显标记,并委托当地有关单位指派专人负责保管。

    A. 省级测绘地理信息主管部门　　　B. 省级建设行政主管部门
    B. 当地乡级人民政府　　　　　　　D. 永久性测量标志的建设单位

20. 下列情形中,如果建立相对独立的平面坐标系,可由省级测绘地理信息局审批的是(   )。

A. 建立苏州市独立平面坐标系

B. 建立三峡水库独立平面坐标系

C. 南京地铁建设中建立独立平面坐标系

D. 某国家核电项目建立独立平面坐标系

21. 基础测绘的经费由(　　)。

  A. 国务院统一安排       B. 省级财政负责

  C. 县级财政负责        D. 县级以上各级人民政府负责

22. 1∶100万至1∶5000国家基本比例尺地图、影像图和数字化产品至少(　　)更新一次。

  A. 2年    B. 3年    C. 4年    D. 5年

23. 根据《测绘计量管理暂行办法》，下列关于测绘计量器具的说法中错误的是(　　)。

  A. 必须经测绘计量检定机构或测绘计量标准检定合格，方可申领测绘资格证书

  B. 必须经周期检定合格，才能用于测绘生产

  C. 在测绘计量器具检定周期内，可由使用者依据仪器使用状况自行检校

  D. 教学示范用测绘计量器具也必须进行周期检定合格，方可用于教学

24. 根据《测绘标准化工作管理办法》，测绘国家标准和国家标准化指导性技术文件的复审结论经(　　)同意，报(　　)审批发布。

  A. 国家测绘局 国务院

  B. 国家测绘局 国务院标准化行政主管部门

  C. 国务院标准化行政主管部门 国务院测绘地理信息主管部门

  D. 国务院标准化行政主管部门 国务院

25. 测绘国家和行业标准化指导性技术文件发布后(　　)年内必须复审，以决定是否继续有效、转化为标准或者撤销。

  A. 2年    B. 3年    C. 4年    D. 5年

26. 关于利用涉及国家秘密的测绘成果开发生产的产品，下列说法正确的是(　　)。

  A. 其秘密等级与原测绘成果的秘密等级一致

  B. 其秘密等级低于原测绘成果的秘密等级一个等级

C. 未经国务院测绘地理信息主管部门或者省、自治区、直辖市人民政府测绘地理信息主管部门进行保密技术处理的,其秘密等级不得低于所用测绘成果的秘密等级

D. 其不具有国家秘密属性

27. 关于基础测绘成果和财政投资完成的其他测绘成果的使用,下列说法错误的是(　　)。

A. 用于国民经济建设的,可以无偿使用

B. 用于国家机关决策的,应当无偿提供

C. 各级人民政府及其有关部门和军队因防灾、减灾、国防建设等公共利益的需要,可以无偿使用

D. 用于社会公益性事业的,应当无偿提供

28. 国家秘密的保密期限届满的,自行(　　)。

A. 延期　　　　B. 降低保密级别　　　C. 公开　　　　D. 解密

29. 单位和个人擅自发布未经国务院批准的重要地理信息数据,由(　　)依法给予警告,责令改正。

A. 省级测绘地理信息主管部门　　　　B. 国务院测绘行政管理部门

C. 军队测绘管理部门　　　　D. 国家公安机关

30. 测绘地理信息项目的技术和质检负责人等关键岗位须由(　　)。

A. 项目负责人　　　　B. 测绘单位总工

C. 注册测绘师　　　　D. 注册监理工程师

31. 下列地理信息中,不属于国家重要地理信息数据的是(　　)。

A. 国界、国家海岸线长度

B. 领土、领海、毗连区、专属经济区面积

C. 国家海岸滩涂面积、岛礁数量和面积

D. 长江的水流速度

32. 下列说法错误的是(　　)。

A. 重要地理信息数据的公布由国务院批准

B. 重要地理信息数据由国务院或者国务院授权的部门以公告形式公布

C. 在新闻传播活动中,需要使用重要地理信息数据的,应当使用依法公布重要地理信息数据

D. 在教学活动中,可以使用未经公布的重要地理信息数据

33. 下列说法错误的是(　　)。

A. 甲级测绘资格单位应当设立质量管理或质量检查机构
B. 乙级测绘资格单位应当设立质量管理或质量检查机构
C. 丙级测绘资格单位应当设立质量管理或质量检查机构
D. 丁级测绘资格单位应当设立专职质量管理或质量检查人员

34. 对外提供属于国家秘密的测绘成果,应当按照国务院和中央军事委员会规定的审批程序,报国务院测绘地理信息主管部门或者省、自治区、直辖市人民政府测绘地理信息主管部门审批;测绘地理信息主管部门在审批前,应当征求(　　)的意见。

A. 外交部　　　　　　　　　　B. 保密行政主管部门
C. 测绘单位　　　　　　　　　D. 军队有关部门

35. 国务院测绘地理信息主管部门建立(　　);省、自治区、直辖市人民政府测绘主管部门建立(　　),负责实施测绘产品质量监督检验工作。

A. 质检站　质检中心　　　　　B. 质检局　质检处
C. 质检中心　质检站　　　　　D. 质检处　质检科

36. 关于测绘项目成果的质量监督抽查,下列说法正确的是(　　)。

A. 测绘地理信息主管部门可以对同一测绘项目成果重复抽查
B. 测绘地理信息主管部门可以对同一批次测绘成果重复抽查
C. 测绘地理信息主管部门可以对同一测绘项目或者同一批次测绘成果重复抽查
D. 测绘地理信息主管部门不应对同一测绘项目或者同一批次测绘成果重复抽查

37. 组织实施质量监督抽查的测绘地理信息主管部门收到受检单位书面异议报告,需要进行复检的,应当(　　)组织。

A. 重新设计技术方案、按原样本
B. 按原技术方案、重新选择样本
C. 按原技术方案、原样本
D. 重新设计技术方案、重新选择样本

38. 测绘单位的( )对提供的测绘产品承担产品质量责任。

    A. 负责人                              B. 总工

    C. 分管质量的负责人              D. 法定代表人

39. 凡是几个单位分工协作完成的测绘科技项目或工程,下列关于测绘档案保存的说法错误的是( )。

    A. 由主办单位保存一套完整档案

    B. 协作单位可以保存与自己承担任务有关的档案正本

    C. 协作单位应将自己承担任务有关的档案副本或复制本送交主办单位保存

    D. 各单位分别保存各自承担任务有关的档案

40. 没有及时进行测绘科技资料的形成、积累、整理和归档工作的单位,由( )口头警告或通报批评。

    A. 科技行政部门                    B. 档案行政部门

    C. 测绘行政部门                    D. 保密行政部门

41. 经测绘地理信息主管部门批准准予使用基础测绘成果的,被许可使用人持批准文件到( )领取。

    A. 国家基础地理信息中心         B. 省基础地理信息中心

    C. 指定的测绘成果资料保管单位    D. 成果所在地省级档案馆

42. 建议人建议审核公布重要地理信息数据,应当向国务院测绘地理信息主管部门提交的书面资料,不包括( )。

    A. 建议人基本情况

    B. 重要地理信息数据的详细数据成果资料,科学性及公布的必要性说明

    C. 重要地理信息数据获取的技术方案及对数据验收评估的有关资料

    D. 省级测绘地理信息主管部门的初审意见

43. 国务院测绘地理信息主管部门应当组织对建议人提交的重要地理信息数据进行审核,审核的内容不包括( )。

    A. 重要地理信息数据公布的必要性

    B. 提交的有关资料的真实性与完整性

    C. 重要地理信息数据的可靠性与科学性

    D. 建议人的建议动机和个人资料

44. 外国组织或者个人经批准在中华人民共和国领域和管辖的其他海域单独测绘时，由（　　）督促其在测绘任务完成后即直接向国家测绘局提交全部测绘成果副本一式两份。

  A. 省级测绘地理信息主管部门  B. 国家安全部门
  C. 中方接待单位  D. 军方测绘管理部门

45. 下列可以在公开地图上表示的是（　　）。

  A. 重要桥梁的限高、限宽
  B. 渡口的位置
  C. 江河的通航能力、水深、流速、底质和岸质属性
  D. 高压电线、通信线、管道的属性

46. 根据《房产测绘管理办法》，下列关于房产测绘委托的说法中，错误的是（　　）。

  A. 房产管理中需要的房产测绘，由房地产行政主管部门委托房产测绘单位进行
  B. 委托房产测绘的，委托人与房产测绘单位应当签订书面房产测绘合同
  C. 房产测绘单位应当是独立的经济实体，与委托人不得有利害关系
  D. 房产测绘所需费用由房地产行政主管部门和房屋产权所有人共同支付

47. 下列选项中，不属于测绘项目合同乙方义务的是（　　）。

  A. 编制技术设计书
  B. 作业根据技术设计书要求确保测绘项目如期完成
  C. 组织测绘队伍进场
  D. 完成对技术设计书的审定（批）工作

48. 根据《测绘合同》示范文本(GF-2000—0306)第十二条（甲方违约责任）第4款，对于乙方提供的图纸等资料以及属于乙方的测绘成果，甲方有义务保密，不得向第三人提供或用于本合同以外的项目，否则乙方有权要求甲方按本合同工程款总额的（　　）赔偿损失。

  A. 5%  B. 10%  C. 20%  D. 30%

49. 根据《测绘合同》示范文本(GF-2000—0306)第十三条（乙方违约责任）第4款，对于甲方提供的图纸和技术资料以及属于甲方的测绘成果，乙方有保密义务，不得向第三人转让，否则甲方有权要求乙方按本合同工程款总额的（　　）赔偿损失。

A. 5%　　　　　　　B. 10%　　　　　　　C. 20%　　　　　　　D. 30%

50. 测绘项目合同,首先要描述测绘范围。以下选项中,不属于"测绘范围"必须明确的内容是(　　)。

　　A. 地理位置　　　　B. 人口密度　　　　C. 测区边界　　　　D. 测区面积

51. 根据《测绘工程产品价格》"总说明"第六条,面积调整系数计算公式为(　　)。

　　A. (实际面积－标准面积)/标准面积×0.8
　　B. (实际面积－标准面积)/标准面积×1.3
　　C. (实际面积－标准面积)/实际面积×0.8
　　D. (实际面积－标准面积)/实际面积×1.3

52. 依据《合同法》,以下选项中,不属于合同订立原则的是(　　)。

　　A. 当事人依法享有自愿订立合同的权利
　　B. 当事人应当遵循公平的原则
　　C. 当事人应当遵循守时敬业的原则
　　D. 当事人应当遵循诚实守信的原则

53. 测绘项目根据内容不同分为大地测量、工程测量、摄影遥感测量、野外地形数据采集及成图、(　　)、界线测绘、基础地理信息建库等专业活动。

　　A. 施工测量　　　　　　　　　　　　B. 竣工测量
　　C. 地图制图印刷　　　　　　　　　　D. 变形监测

54. 测绘技术设计分为两类:项目设计、专业技术设计。项目设计一般由(　　)负责编写。

　　A. 承担项目的法人单位　　　　　　　B. 承担相应测绘专业任务的法人单位
　　C. 测绘任务的委托单位　　　　　　　D. 测绘单位的总工程师

55. 测绘项目的技术设计文件编写完成后,承担测绘任务的法人单位必须对其进行审核,然后再报(　　)审批。

　　A. 承担测绘任务的法人单位　　　　　B. 测绘单位的总工程师
　　C. 测绘单位的法人代表　　　　　　　D. 测绘任务的委托单位

56. 对于"摄影测量与遥感"专业技术设计书,以下选项中,不属于"摄影测量与遥感"

范畴的是(　　)。

  A. 变形测量　　　　B. 航空摄影　　　　C. 摄影测量　　　　D. 遥感

57. 对于测绘项目技术设计方案,如果设计方案采用新技术、新方法和新工艺时,宜采用(　　)。

  A. 变换方法进行验证

  B. 对照类似的测绘成果进行验证

  C. 试验、模拟或试用验证方法

  D. 比较验证方法

58. 2000版ISO 9000族标准是面向21世纪的质量管理标准,目前仅有(　　)个标准。

  A. 4　　　　　　　B. 5　　　　　　　C. 6　　　　　　　D. 8

59. 以下选项中,不属于"质量管理"原则的是(　　)。

  A. 持续改进原则

  B. 互利的供方关系原则

  C. 质量管理体系评价

  D. 以顾客为关注焦点原则

60. 对于贯标工作的组织步骤实施,以下关于"质量管理体系运行和实施阶段"时间的说法,正确的是(　　)。

  A. 时间应控制在1个月以内　　　　B. 时间一般需要1个月左右

  C. 时间一般需要2个月左右　　　　D. 时间应不少于3个月

61. 在项目组织过程中,正确的顺序为(　　)。

  A. 目标分解→作业工序分解→人员配备和设备配备

  B. 作业工序分解→目标分解→人员配备和设备配备

  C. 作业工序分解→人员配备和设备配备→目标分解

  D. 人员配备和设备配备→目标分解→作业工序分解

62. 以下选项中,属于测绘项目内业设备的是(　　)。

  A. 数字摄影测量工作站　　　　　　B. GPS测量系统

C. 航空摄影机 D. 全站仪

63. 以下选项中,不属于测绘项目工程"质量控制"措施的是( )。

   A. 测绘单位作业部门的过程检查
   B. 测绘单位作业部门检查进度,对进度偏差,有针对性地采取措施
   C. 测绘单位质量管理部门的最终检查
   D. 项目管理单位组织的质量验收

64. 对于测绘项目工程的进度控制(工期目标),对仪器检定证书的原件要进行( )检查。

   A. 100% B. 80% C. 70% D. 50%

65. 地籍细部测量成果的质量元素有3个。以下选项中,不属于"地籍细部测量成果"质量元素的是( )。

   A. 地物点测量 B. 资料质量 C. 界址点测量 D. 点位质量

66. 关于测绘仪器防雾措施,做法错误的是( )。

   A. 严禁使用吸潮后的干燥剂
   B. 调整仪器时,勿用手心对准光学零件表面
   C. 每次轻擦完光学零件表面后,再用干棉球擦拭一遍
   D. 外业仪器一般情况下1年须对仪器的光学零件外露表面进行一次全面擦拭

67. 以下选项中,属于地下管线作业安全注意事项的是( )。

   A. 无向导协助,禁止进入情况不明的地下管道作业
   B. 禁止食用不易识别的野生菌菇等
   C. 外业测绘严禁单人夜间行动
   D. 在野兽经常出没的地区,应设专人值勤

68. 对于保管仪器的仪器库房,库房内的温度不能有剧烈变化,最好保持室温在( )。

   A. 8~12℃ B. 12~16℃ C. 16~20℃ D. 20~24℃

69. 以下选项中,不属于测绘仪器防锈措施的是( )。

   A. 外业仪器一般情况下6个月须对仪器外露表面的润滑防锈油脂进行一次更换
   B. 内业仪器一般应在1年内须将仪器所用临时性防锈油脂全部更换一次

C. 内业仪器一般应在1年内对仪器外表进行一次全面清擦,并用电吹风烘烤外露表面

D. 内业仪器发现锈蚀现象,必须立即除锈

70. "测绘技术总结"一般由四部分组成,其中第二部分为"技术设计执行情况"。以下选项中,不属于"技术设计执行情况"中的内容的是(    )。

A. 各专业技术总结　　　　　　　　B. 技术标准和规范
C. 质量保障措施的执行情况　　　　D. 已有资料利用情况

71. 大地测量专业中,平面控制测量技术总结包括"概述"、"利用已有资料情况"等内容。以下选项中,不属于"利用已有资料情况"内容的是(    )。

A. 测区名称、范围、行政隶属　　　B. 采用的基准和系统
C. 起算数据及其等级　　　　　　　D. 已知点的利用和联测

72. 摄影测量与遥感专业中,航空摄影测量内业技术总结包括"概述"、"利用已有资料情况"等内容。以下选项中,不属于"概述"内容的是(    )。

A. 任务来源、目的
B. 测区地理位置、行政隶属
C. 对外业控制点和调绘成果进行分析
D. 作业技术依据,采用的投影、坐标系、高程系等

73. 测绘项目验收前,测绘单位应提交检查验收的有关资料。以下选项中,不属于提交检查验收资料的是(    )。

A. 项目设计书　　　　　　　　　　B. 工程预算书
C. 数据文件　　　　　　　　　　　D. 检查报告

74. 数学精度检测时,如采用同精度检测,则中误差计算公式为(    )。式中,$M$为成果中误差;$n$为检测点(边)总数;$\Delta_i$为较差。

A. $M=\sqrt{\dfrac{\sum_{i=1}^{n}\Delta_i^2}{n}}$　　B. $M=\sqrt{\dfrac{\sum_{i=1}^{n}\Delta_i^2}{2n}}$　　C. $M=\sqrt{\dfrac{\sum_{i=1}^{n}\Delta_i^2}{n-1}}$　　D. $M=\sqrt{\dfrac{\sum_{i=1}^{n}\Delta_i^2}{2n-1}}$

75. 测绘产品成果质量检查验收,单位成果质量的等级划分为(    )。

A. 优级品、良级品、合格品　　　　B. 优级品、良级品、合格品、不合格品
C. 优级品、合格品、不合格品　　　D. 合格品、不合格品

76. 质量子元素评分方法。首先将质量子元素得分预置为100分,然后,根据质量子元素中出现的错漏逐个扣分。其计算公式为:$S_2 = 100 - \{a_1 \times \frac{12}{t} + a_2 \times \frac{4}{t} + a_3 \times \frac{1}{t}\}$;式中,$S_2$为质量子元素得分,$t$为扣分值调整系数。$a_1$为质量子元素中的(　　)个数。

　　A. A类错漏　　　　B. B类错漏　　　　C. C类错漏　　　　D. D类错漏

77. "数据质量",是GPS测量成果的质量元素之一,其有3个质量子元素。下列选项中,(　　)不属于数据质量的质量子元素。

　　A. 数学精度　　　　B. 观测质量　　　　C. 埋石质量　　　　D. 计算质量

78. "点位质量",是水准测量成果的质量元素之一。其有2个质量子元素:选点质量和埋石质量。以下选项中,不属于"埋石质量"检查项的是(　　)。

　　A. 点位选择　　　　　　　　　　B. 标石类型
　　C. 标石埋设规格　　　　　　　　D. 托管手续内容

79. 管线测量成果的质量元素有3个:控制测量精度、管线图质量、资料质量。其中,"管线图质量"包括3个质量子元素。以下选项中,不属于"管线图质量"质量子元素的是(　　)。

　　A. 数学精度　　　　　　　　　　B. 地理精度
　　C. 整饰质量　　　　　　　　　　D. 资料完整性

80. 导航电子地图的质量元素有6个。以下选项中,不属于"导航电子地图"质量元素的是(　　)。

　　A. 位置精度　　　　　　　　　　B. 逻辑一致性
　　C. 图面质量　　　　　　　　　　D. 地图内容适用性

二、多项选择题(共20题,每题2分。每题的备选项中,有2个或2个以上符合题意,至少有1个错项。错选,本题不得分;少选,所选的每个选项得0.5分)

81. 下列说法正确的是(　　)。

　　A. 国家设立全国统一的测绘基准
　　B. 设立测绘基准要有严格的审核审批程序
　　C. 测绘基准数据由国务院测绘地理信息主管部门审核,报国务院批准
　　D. 从事测绘活动,应当采用国家规定的测绘基准

E. 测绘基准包括大地基准、高程基准和深度基准

82. 下列说法,正确的是(　　)。

   A. 行政机关提供行政许可申请书格式文本,可以收取文本成本费
   B. 行政机关提供行政许可申请书格式文本,不得收费
   C. 行政机关实施行政许可,依照法律、行政法规收取的费用必须全部上缴国库
   D. 行政机关实施行政许可,依照法律、行政法规收取的费用,扣除成本开支后上缴国库
   E. 财政部门可以成本支出的方式向行政机关返还行政许可所收取的费用

83. 测绘人员(　　),由所在单位收回其测绘作业证并及时交回发证机关;对情节严重者依法给予行政处分;构成犯罪的,依法追究刑事责任。

   A. 将测绘作业证转借他人的
   B. 擅自涂改测绘作业证的
   C. 丢失作业证并被他人冒用的
   D. 利用测绘作业证严重违反工作纪律、职业道德或者损害国家、集体或者他人利益的
   E. 利用测绘作业证进行欺诈及其他违法活动的

84. 下列专业的技术人员属于测绘专业技术人员的是(　　)。

   A. 土地管理　　　　　　　　　　B. 导航工程
   C. 地理国情监测　　　　　　　　D. 工程勘察
   E. 工民建

85. 承担测绘项目的单位必须具备的条件有(　　)。

   A. 必须具备相应的测绘资质
   B. 要有完成所承担测绘项目的能力,不能将测绘项目转包他人
   C. 必须具有相应的历史业绩
   D. 没有违法记录
   E. 应当对测绘成果质量负责

86. 经营者不得采用(　　)不正当手段从事市场交易,损害竞争对手。

   A. 假冒他人的注册商标
   B. 擅自使用知名商品特有的名称、包装、装潢,或者使用与知名商品近似的名称、

包装、装潢,造成和他人的知名商品相混淆,使购买者误认为是该知名商品

C. 擅自使用他人的企业名称或者姓名,引人误认为是他人的商品

D. 在商品上伪造或者冒用认证标志、名优标志等质量标志,伪造产地,对商品质量作引人误解的虚假表示

E. 以低价倾销商品

87. 属于我国目前采用的测绘基准是(　　)。

　　A. 大地基准　　　　　　　　　B. 地心基准
　　C. 高程基准　　　　　　　　　D. 深度基准
　　E. 重力基准

88. 基础测绘应急保障预案的内容包括(　　)。

　　A. 应急保障组织体系
　　B. 应急装备和器材配备
　　C. 应急响应
　　D. 基础地理信息数据的应急测制和更新
　　E. 应急经费

89. 关于测绘标准,下列说法正确的是(　　)。

　　A. 测绘行业标准不得与测绘国家标准相违背
　　B. 测绘地方标准不得与测绘国家标准
　　C. 测绘地方标准和测绘行业标准可以根据情况选择使用
　　D. 测绘行业标准只需测绘行业内遵守
　　E. 测绘地方标准不得和测绘行业标准相违背

90. 关于汇交测绘成果,下列说法正确的是(　　)。

　　A. 中央财政投资完成的测绘项目,向国务院测绘地理信息主管部门汇交
　　B. 省级财政投资完成的测绘项目,向测绘项目所在地的省级人民政府测绘地理信息主管部门汇交
　　C. 设区的市级财政投资完成的测绘项目,向测绘项目所在地的市级人民政府测绘地理信息主管部门汇交
　　D. 使用其他资金完成的测绘项目,向测绘项目所在地的省、自治区、直辖市人民政府测绘地理信息主管部门汇交

E.使用其他资金完成的测绘项目,由承担测绘项目的单位汇交

91.对法人或者其他组织需要利用属于国家秘密的基础测绘成果的,测绘地理信息主管部门审查同意的,应当以书面形式告知测绘成果的(　　)。

　　A.秘密等级　　　　　　　　　　B.应用范围
　　C.保密要求　　　　　　　　　　D相关著作权保护要求
　　E.使用期限

92.测绘单位的质量主管负责人按照职责分工负责(　　)。

　　A.质量方针、质量目标的贯彻实施,签发有关的质量文件及作业指导书
　　B.组织编制测绘项目的技术设计书,并对设计质量负责
　　C.处理生产过程中的重大技术问题和质量争议
　　D.审核技术总结,审定测绘产品的交付验收
　　E.对作业过程进行现场监督和检查

93.以下选项中,属于测绘项目合同乙方义务的有(　　)。

　　A.完成技术设计书的编制,并交由本单位总工程师审定
　　B.组织测绘队伍进场作业
　　C.应当根据技术设计书要求确保测绘项目如期完成
　　D.保证工程款按时到位,以保证工程的顺利进行
　　E.未经甲方允许,乙方不得将本合同标的的全部或部分转包给第三方

94.下列选项中,属于管理类标准的是(　　)。

　　A.《工程测量规范》
　　B.《基础地理信息标准数据基本规定》
　　C.《导航电子地图安全处理技术基本要求》
　　D.《测绘作业人员安全规范》
　　E.《公开版地图质量评定标准》

95.质量管理体系文件编写原则有(　　)。

　　A.经济优先原则
　　B.操作实施和证实检查的原则
　　C.系统协调原则
　　D.整体优化原则

E. 简单易行原则

96. 测绘项目三大目标管理包括（　　）。

A. 质量目标　　　　　　　　B. 信用目标
C. 工期目标　　　　　　　　D. 成本目标
E. 进展目标

97. 对于测绘生产突发事故的应急处理工作，以下选项中，描述正确的有（　　）。

A. 安全事故一经发生或发现，现场人员在第一时间报警
B. 泄密事故应在发生或发现后 48 小时内报告
C. 轻伤事故应在发生或发现后 12 小时内报告
D. 其他事故应在发生或发现后立即报告
E. 未经单位应急领导小组授权，任何人不得接受新闻媒体采访或以个人名义发布消息

98. "测绘技术总结"一般由四部分组成。以下选项中，属于"测绘技术总结"的组成内容的是（　　）。

A. 技术设计执行情况　　　　B. 评审标准
C. 成果质量说明与评价　　　D. 检查验收意见
E. 上交和归档的成果及资料清单

99. 地图集的质量元素包括整体质量和图集内图幅质量，而整体质量包括（　　）等质量子元素。

A. 图面配置质量　　　　　　B. 图集内容思想性
C. 地图精度　　　　　　　　D. 图集内容统一、协调性
E. 图集内容全面、完整性

100. 空中三角测量成果"计算质量"的主要检查项包括（　　）。

A. 计算软件的可靠性　　　　B. 公共点较差
C. 内定向、相对定向精度　　D. 多余控制点不符值
E. 内业加密点的平面位置精度

# 注册测绘师资格考试测绘管理与法律法规

# 模拟试卷(2)参考答案及解析

一、单项选择题(共80题,每题1分。每题的备选项中,只有1个最符合题意)

**1. D**

解析:《测绘法》第九条,国家设立和采用全国统一的大地基准、高程基准、深度基准和重力基准,其数据由国务院测绘地理信息主管部门审核,并与国务院其他有关部门、军队测绘部门会商后,报国务院批准。

第十条,国家建立全国统一的大地坐标系统、平面坐标系统、高程系统、地心坐标系统和重力测量系统,确定国家大地测量等级和精度以及国家基本比例尺地图的系列和基本精度。具体规范和要求由国务院测绘地理信息主管部门会同国务院其他有关部门、军队测绘部门制定。

第十一条,因建设、城市规划和科学研究的需要,国家重大工程项目和国务院确定的大城市确需建立相对独立的平面坐标系统的,由国务院测绘地理信息主管部门批准;其他确需建立相对独立的平面坐标系统的,由省、自治区、直辖市人民政府测绘地理信息主管部门批准。建立相对独立的平面坐标系统,应当与国家坐标系统相联系。

**2. D**

解析:《测绘法》第十一条,因建设、城市规划和科学研究的需要,国家重大工程项目和国务院确定的大城市确需建立相对独立的平面坐标系统的,由国务院测绘地理信息主管部门批准;其他确需建立相对独立的平面坐标系统的,由省、自治区、直辖市人民政府测绘地理信息主管部门批准。建立相对独立的平面坐标系统,应当与国家坐标系统相联系。

**3. C**

解析:行政许可主体是行政许可行为的实施者,它的设置状况不仅直接关系到行政许可的实施效力和公民、法人或者其他组织的合法权益,而且也关系到行政许可活动的效率。具体来说,行政许可主体,即实施行政许可机关或者组织,是指基于相对人的申请,对相对人的申请进行审查从而决定是否准许或者认可相对人所申请的活动或资格的行政机关和法律法规授权的组织。它是行政主体概念在行政许可活动领域中的具体表现形式。行政许可的实施主体主要有三种:法定的行政机关、被授权的具有管理公共事务职能的组织、被委托的行政机关。

**4. C**

解析:《反不正当竞争法》第十一条,经营者不得以排挤对手为目的,以低于成本的价格销售商品。有下列情形之一的,不属于不正当行为:①销售鲜活商品;②处理有效期限即将到期的商品或者其他积压的商品;③季节性降价;④因清偿债务、转产、歇业降价销售商品。

5. D

解析:《注册测绘师制度暂行规定》第三章第十二条,国家对注册测绘师资格实行注册执业管理,取得"中华人民共和国注册测绘师资格证书"的人员,经过注册后方可以注册测绘师的名义执业。

6. B

解析:《测绘法》第三十一条,测绘人员进行测绘活动时,应当持有测绘作业证件。任何单位和个人不得阻碍测绘人员依法进行测绘活动。

7. D

解析:《测绘资质管理规定》第三十三条,测绘资质单位在从事测绘活动中,因泄露国家秘密被国家安全机关查处的,测绘资质审批机关应当注销其测绘资质证书。

8. B

解析:《注册测绘师制度暂行规定》第十条,注册测绘师资格考试合格,颁发人事部统一印制,人事部、国家测绘局共同用印的"中华人民共和国注册测绘师资格证书",该证书在全国范围有效。

9. C

解析:《外国的组织或者个人来华测绘管理暂行办法》第七条,合资、合作测绘不得从事下列活动:①大地测量;②测绘航空摄影;③行政区域界线测绘;④海洋测绘;⑤地形图、世界政区地图、全国政区地图、省级及以下政区地图、全国性教学地图、地方性教学地图和真三维地图的编制;⑥导航电子地图编制;⑦国务院测绘地理信息主管部门规定的其他测绘活动。

10. C

解析:《注册测绘师执业管理办法(试行)》第二十一条,注册测绘师延续注册、重新申请注册和逾期初始注册,应当完成本专业的继续教育。注册测绘师继续教育分为必修内容和选修内容,在一个注册有效期内,必修内容和选修内容均不得少于60学时。

11. B

解析:《测绘资质管理规定》第十六条,初次申请测绘资质不得超过乙级。测绘资质单位申请晋升甲级测绘资质的,应当取得乙级测绘资质满2年。

12. B

解析:《测绘作业证管理规定》第十六条,测绘单位申报材料不真实,虚报冒领测绘作业证的,由省、自治区、直辖市人民政府测绘地理信息主管部门收回冒领的证件,并根据其情节给予通报批评。

13. D

解析:《测绘市场管理暂行办法》第二十一条,测绘项目的承包方必须以自己的设备、技术和劳力完成所承揽项目的主要部分。测绘项目的承包方,可以向其他具有测绘资格的单位分包,但分包量不得大于该项目总承包量的百分之四十。分包出的任务由总承包方向发包方负完全责任。

14. D

解析:《测绘市场管理暂行办法》第十六条,进入测绘市场的测绘项目,金额超过二十万元的及其他须实行公开招标的测绘项目,应当通过招标方式确定承揽方。

15. D

解析:发包是指将工程项目、加工生产项目等生产经营项目交给承担单位或者个人来完成。一般来说,发包的方式包括招标发包和直接发包两种方式。测绘项目的发包方式也是按照这两种方式进行。就当前情况来说,较大规模的工程测绘项目、地籍测绘项目、房产测绘项目等一般采取招标发包的方式;小规模的工程测绘项目、地籍测绘项目、房产测绘项目采取直接发包的方式。由于基础测绘成果往往属于保密范畴,基础测绘项目尚不宜采用招标的方式确定承担单位,目前仍以直接发包为主。

16. A

解析:《中华人民共和国合同法》第四十一条,对格式条款的理解发生争议的,应当按照通常理解予以解释。对格式条款有两种以上解释的,应当做出不利于提供格式条款一方的解释。格式条款和非格式条款不一致的,应当采用非格式条款。

17. B

解析:《测绘市场管理暂行办法》第三十条,对已交付使用的测绘成果,因不符合合同规定的质量标准出现质量不合格并造成损失的,由测绘单位负责。

18. B

解析:《中华人民共和国测量标志保护条例》第十六条,测绘人员使用永久性测量标志,应当持有测绘工作证件,并接受县级以上人民政府管理测绘工作的部门的监督和负责保管测量标志的单位和人员的查询,确保测量标志完好。

**19. D**

解析:《测绘法》第四十二条,永久性测量标志的建设单位应当对永久性测量标志设立明显标记,并委托当地有关单位指派专人负责保管。

**20. C**

解析:《测绘法》第十一条,因建设、城市规划和科学研究的需要,国家重大工程项目和国务院确定的大城市确需建立相对独立的平面坐标系统的,由国务院测绘地理信息主管部门批准;其他确需建立相对独立的平面坐标系统的,由省、自治区、直辖市人民政府测绘地理信息主管部门批准。

**21. D**

解析:《基础测绘条例》第三条,基础测绘是公益性事业。县级以上人民政府应当加强对基础测绘工作的领导,将基础测绘纳入本级国民经济和社会发展规划及年度计划,所需经费列入本级财政预算。国家对边远地区和少数民族地区的基础测绘给予财政支持。具体办法由财政部门会同同级测绘地理信息主管部门制定。

**22. D**

解析:《基础测绘条例》第二十一条,国家实行基础测绘成果定期更新制度。基础测绘成果更新周期应当根据不同地区国民经济和社会发展的需要、测绘科学技术水平和测绘生产能力、基础地理信息变化情况等因素确定。其中,1∶100 万至 1∶5000 国家基本比例尺地图、影像图和数字化产品至少 5 年更新一次;自然灾害多发地区以及国民经济、国防建设和社会发展急需的基础测绘成果应当及时更新。基础测绘成果更新周期确定的具体办法,由国务院测绘地理信息主管部门会同军队测绘部门和国务院其他有关部门制定。

**23. D**

解析:《测绘计量管理暂行办法》第十三条,承担测绘任务的单位和个体测绘业者,其所使用的测绘计量器具必须经政府计量行政主管部门考核合格的测绘计量检定机构或测绘计量标准检定合格,方可申领测绘资格证书。无检定合格证书的,不予受理资格审查申请。

上述测绘单位和个体测绘业者使用的测绘计量器具,必须经周期检定合格,才能用于测绘生产,检定周期见附表规定。未经检定、检定不合格或超过检定周期的测绘计量器具,不得使用。教学示范用测绘计量器具可以免检,但须向省级测绘主管部门登记,并不得用于测绘生产。在测绘计量器具检定周期内,可由使用者依据仪器使用状况自行检校。

24. B

解析：《测绘标准化工作管理办法》第二十九条，测绘国家标准和国家标准化指导性技术文件的复审结论经国家测绘局审查同意，报国务院标准化行政主管部门审批发布。

25. B

解析：《测绘标准化工作管理办法》第二十八条，测绘国家和行业标准化指导性技术文件发布后三年内必须复审，以决定是否继续有效、转化为标准或者撤销。

26. C

解析：《测绘成果管理条例》第十六条，国家保密工作部门、国务院测绘地理信息主管部门应当商军队测绘部门，依照有关保密法律、行政法规的规定，确定测绘成果的秘密范围和秘密等级。

利用涉及国家秘密的测绘成果开发生产的产品，未经国务院测绘地理信息主管部门或者省、自治区、直辖市人民政府测绘地理信息主管部门进行保密技术处理的，其秘密等级不得低于所用测绘成果的秘密等级。

27. A

解析：《测绘成果管理条例》第十九条，基础测绘成果和财政投资完成的其他测绘成果，用于国家机关决策和社会公益性事业的，应当无偿提供。除前款规定外，测绘成果依法实行有偿使用制度。但是，各级人民政府及其有关部门和军队因防灾、减灾、国防建设等公共利益的需要，可以无偿使用测绘成果。

28. D

解析：《中华人民共和国保守国家秘密法》第十九条，国家秘密的保密期限已满的，自行解密。机关、单位应当定期审核所确定的国家秘密。对在保密期限内因保密事项范围调整不再作为国家秘密事项，或者公开后不会损害国家安全和利益，不需要继续保密的，应当及时解密；对需要延长保密期限的，应当在原保密期限届满前重新确定保密期限。提前解密或者延长保密期限的，由原定密机关、单位决定，也可以由其上级机关决定。

29. A

解析：《重要地理信息数据审核公布管理规定》第十六条，单位和个人具有下列情形之一的，由省级测绘地理信息主管部门依法给予警告，责令改正，可以并处十万元以下罚款；构成犯罪的，依法追究刑事责任；尚不够刑事处罚的，对负有直接责任的主管人员和其他直接责任人员，依法给予行政处分：

①擅自发布已经国务院批准并且授权国务院有关部门公布的重要地理信息数据的；

②擅自发布未经国务院批准的重要地理信息数据的。

30. C

**解析:**《注册测绘师执业管理办法(试行)》第十四条,测绘地理信息项目的技术和质检负责人等关键岗位须由注册测绘师充任。

31. D

**解析:**《测绘成果管理条例》第二十三条,重要地理信息数据包括:①国界、国家海岸线长度;②领土、领海、毗连区、专属经济区面积;③国家海岸滩涂面积、岛礁数量和面积;④国家版图的重要特征点,地势、地貌分区位置;⑤国务院测绘地理信息主管部门商国务院其他有关部门确定的其他重要自然和人文地理实体的位置、高程、深度、面积、长度等地理信息数据。

32. D

**解析:**《测绘成果管理条例》第二十五条,国务院批准公布的重要地理信息数据,由国务院或者国务院授权的部门以公告形式公布。在行政管理、新闻传播、对外交流、教学等对社会公众有影响的活动中,需要使用重要地理信息数据的,应当使用依法公布的重要地理信息数据。

33. C

**解析:**《测绘生产质量管理规定》第五条,测绘单位必须健全质量管理的规章制度。甲级、乙级测绘资格单位应当设立质量管理或质量检查机构;丙级、丁级测绘资格单位应当设立专职质量管理或质量检查人员。

34. D

**解析:**《测绘成果管理条例》第十八条,对外提供属于国家秘密的测绘成果,应当按照国务院和中央军事委员会规定的审批程序,报国务院测绘地理信息主管部门或者省、自治区、直辖市人民政府测绘地理信息主管部门审批;测绘地理信息主管部门在审批前,应当征求军队有关部门的意见。

35. C

**解析:**《测绘质量监督管理办法》第十三条,国务院测绘地理信息主管部门建立"测绘产品质量监督检验测试中心"(以下简称质检中心);省、自治区、直辖市人民政府测绘主管部门建立"测绘产品质量监督检验站"(以下简称质检站),负责实施测绘产品质量监督检验工作。

36. D

**解析:**《测绘成果质量监督抽查管理办法》第五条,国家测绘局按年度制定全国质量监督抽查计划,重点组织实施重大测绘项目、重点工程测绘项目以及与人民群众生活密切相关、影响面广的其他测绘项目成果的质量监督抽查。测绘地理信息主管部门不应对同一测绘项目或者同一批次测绘成果重复抽查。

37. C

解析:《测绘成果质量监督抽查管理办法》第十九条,组织实施质量监督抽查的测绘地理信息主管部门收到受检单位书面异议报告,需要进行复检的,应当按原技术方案、原样本组织。

38. D

解析:《测绘生产质量管理规定》第八条,测绘单位的法定代表人确定本单位的质量方针和质量目标,签发质量手册;建立本单位的质量体系并保证其有效运行;对提供的测绘产品承担产品质量责任。

39. D

解析:《测绘科学技术档案管理规定》第十九条,凡是几个单位分工协作完成的测绘科技项目或工程,由主办单位保存一套完整档案。协作单位可以保存与自己承担任务有关的档案正本,但应将副本或复制本送交主办单位保存。

40. C

解析:《测绘科学技术档案管理规定》第三十二条,对违反本规定,没有及时进行测绘科技资料的形成、积累、整理和归档工作的单位,由测绘行政部门口头警告或通报批评。造成严重后果的单位领导人,由其上级机关给予行政处分。

41. C

解析:《基础测绘成果提供使用管理暂行办法》第十五条,经测绘地理信息主管部门批准准予使用基础测绘成果的,被许可使用人持批准文件到指定的测绘成果资料保管单位领取。

42. D

解析:《重要地理信息数据审核公布管理规定》第七条,建议人建议审核公布重要地理信息数据,应当向国务院测绘地理信息主管部门提交以下书面资料:①建议人基本情况;②重要地理信息数据的详细数据成果资料,科学性及公布的必要性说明;③重要地理信息数据获取的技术方案及对数据验收评估的有关资料;④国务院测绘地理信息主管部门规定的其他资料。

43. D

解析:《重要地理信息数据审核公布管理规定》第九条,国务院测绘地理信息主管部门应当组织对建议人提交的重要地理信息数据进行审核。审核主要包括以下内容:①重要地理信息数据公布的必要性;②提交的有关资料的真实性与完整性;③重要地理信息数据的可靠性与科学性;④重要地理信息数据是否符合国家利益,是否影响国家安全;⑤与相关历史数据、已公布数据的对比。

44. C

解析:《关于汇交测绘成果目录和副本的实施办法》第八条,外国组织或者个人经批准在中华人民共和国领域和管辖的其他海域单独测绘时,由中方接待单位督促其在测绘任务完成后即直接向国家测绘局提交全部测绘成果副本一式两份;与中华人民共和国有关部门、单位合作测绘时,由中方合作者在测绘任务完成后的两个月内,向国家测绘局提交全部测绘成果副本一式两份。

45. B

解析:《公开地图内容表示补充规定(试行)》第七条,公开地图不得表示下列内容的属性:①重要桥梁的限高、限宽、净空、载重量和坡度属性,重要隧道的高度和宽度属性,公路的路面铺设材料属性;②江河的通航能力、水深、流速、底质和岸质属性,水库的库容属性,拦水坝的构筑材料和高度属性,水源的性质属性,沼泽的水深和泥深属性;③高压电线、通信线、管道的属性。

46. D

解析:《房产测绘管理办法》第六条,有下列情形之一的,房屋权利申请人、房屋权利人或者其他利害关系人应当委托房产测绘单位进行房产测绘:①申请产权初始登记的房屋;②自然状况发生变化的房屋;③房屋权利人或者其他利害关系人要求测绘的房屋。房产管理中需要的房产测绘,由房地产行政主管部门委托房产测绘单位进行。

第八条,委托房产测绘的,委托人与房产测绘单位应当签订书面房产测绘合同。

第九条,房产测绘单位应当是独立的经济实体,与委托人不得有利害关系。

第十条,房产测绘所需费用由委托人支付。房产测绘收费标准按照国家有关规定执行。

47. D

解析:测绘项目合同乙方的义务包括:编制技术设计书,并交甲方审定;组织测绘队伍进场作业;根据技术设计书要求确保测绘项目如期完成;允许甲方内部使用乙方为执行本合同所提供的属乙方所有的测绘成果;未经甲方允许,乙方不得将本合同标的全部或部分转包给第三方。选项ABC,均属于乙方的义务;选项D(对技术设计书的审定工作),是甲方的义务。

**48. C**

解析:《测绘合同》示范文本(GF-2000—0306)第十二条(甲方违约责任)第4款,对于乙方提供的图纸等资料以及属于乙方的测绘成果,甲方有义务保密,不得向第三人提供或用于本合同以外的项目,否则乙方有权要求甲方按本合同工程款总额的20%赔偿损失。

**49. C**

解析:《测绘合同》示范文本(GF-2000—0306)第十三条(乙方违约责任)第4款,对于甲方提供的图纸和技术资料以及属于甲方的测绘成果,乙方有保密义务,不得向第三人转让,否则,甲方有权要求乙方按本合同工程款总额的20%赔偿损失。

**50. B**

解析:对于测绘项目合同的测绘范围,首先必须明确该测绘项目所涉及的工作地点、具体的地理位置、测区边界和所覆盖的测区面积等内容。选项B(人口密度),不在此之列。

**51. A**

解析:《测绘工程产品价格》"总说明"第六条,面积调整系数计算公式为:(实际面积—标准面积)/标准面积×0.8。

**52. C**

解析:合同订立原则有:
(1)合同当事人的法律地位平等,一方不得将自己的意志强加给另一方;
(2)当事人依法享有自愿订立合同的权利,任何单位和个人不得非法干预;
(3)当事人应当遵循公平原则确定各方的权利和义务;
(4)当事人行使权利、履行义务应当遵循诚实守信的原则;
(5)当事人订立、履行合同,应当遵循法律、行政法规,尊重社会公德,不得干扰社会经济秩序,损害社会公共利益。
选项C,不属于合同的订立原则。

**53. C**

解析:测绘项目通常包括一项或多项不同的测绘活动。构成测绘项目的测绘活动根据其内容不同可以分为大地测量、工程测量、摄影测量与遥感、野外地形数据采集及成图、地图制图、地图印刷、界线测绘、基础地理信息数据建库、地理信息系统等测绘专业活动。选项ABD,均属于工程测量的范畴。

**54. A**

解析:测绘技术设计分为两类:项目设计、专业技术设计。项目设计一般由承担项目的法人单位负责编写。

**55. D**

解析:测绘项目的技术设计文件编写完成后,①承担测绘任务的法人单位必须对其进行审核;②再报测绘任务的委托单位审批。

**56. A**

解析:属于"摄影测量与遥感"范畴的专业技术有航空摄影、摄影测量、遥感等。选项A(变形测量),属于"工程测量"的专业技术范畴。

**57. C**

解析:对于测绘项目技术设计方案,如果设计方案采用新技术、新方法和新工艺时,宜采用试验、模拟或试用验证方法。

**58. B**

解析:本题考查2000版ISO 9000族标准的特点。2000年版ISO 9000族标准是面向21世纪的质量管理标准,目前仅有5个标准。标准数量减少,通用性更强了。

**59. C**

解析:"质量管理"的8项原则是:①以顾客为关注焦点原则;②领导作用原则;③全员参与原则;④过程方法原则;⑤管理的系统方法原则;⑥持续改进原则;⑦基于事实的决策方法原则;⑧互利的供方关系原则。选项C(质量管理体系评价),是"质量管理体系"的十二项基本原理之一。

**60. D**

解析:对于贯标工作的组织步骤实施,其中,质量管理体系运行和实施阶段,时间应不少于3个月。

**61. A**

解析:在项目组织过程中,首先要对项目的目标进行分解,然后对项目的作业工序进行分解,在此基础上进行人员配备和设备配备。选项A正确。

**62. A**

解析:目前测绘项目的主要设备包括7类设备:①水准仪;②经纬仪;③全站仪;④GPS测量系统;⑤航空摄影机;⑥数字摄影测量工作站;⑦数字成图系统。其中,前五项为外业设备,后两项为内业设备。

63. B

解析:测绘项目工程"质量控制"措施有:①测绘单位作业部门的过程检查(采用全数检查);②测绘单位质量管理部门的最终检查(一般采用全数检查,涉及野外检查项的一般采用抽样检查);③项目管理单位组织的质量验收(一般采用抽样检查)。选项B(检查进度),属于测绘项目工程的进度控制。

64. A

解析:测绘项目工程的进度控制(工期目标),①人员按计划落实的控制监督。②仪器设备按计划落实的控制监督。其中,对仪器检定证书的原件要进行100%检查。

65. D

解析:地籍细部测量成果的质量元素有三个:界址点测量、地物点测量、资料质量。选项D(点位质量),是"地籍控制测量成果"的质量元素。

66. D

解析:本题考查测绘仪器防雾措施。选项D的做法不正确,外业仪器一般情况下6个月应对仪器的光学零件外露表面进行一次全面的擦拭,内业仪器一般1年须对仪器未密封的部分进行一次全面的擦拭。选项ABC,描述正确。

67. A

解析:地下管线作业注意事项有:

(1)无向导协助,禁止进入情况不明的地下管道作业;

(2)作业人员必须佩戴防护帽、安全灯,身穿安全警示服,应配备通信设备,并保持与地面人员的通信畅通;

(3)在城区或道路上进行地下管线探测作业时,应在管道口设置安全隔离标志牌(墩),安排专人担任安全警戒员。夜间作业时,应设置安全警示灯。

选项A,描述正确。

68. B

解析:对于保管仪器的仪器库房,库房内的温度不能有剧烈变化,最好保持室温在12~16℃。

69. C

解析:测绘仪器的防锈措施有:外业仪器一般情况下6个月须对仪器外露表面的润滑防锈油脂进行一次更换;内业仪器一般应在1年内须将仪器所用临时性防锈油脂全部更换一次;内业仪器发现锈蚀现象,必须立即除锈;等等。选项C(用电吹风烘烤外露表面),

属于测绘仪器的防雾措施。

**70. D**

解析:《测绘技术总结》第二部分为"技术设计执行情况",其内容包括:①说明生产所依据的技术性文件,包括技术标准和规范等;②说明项目总结所依据的各专业技术总结;③说明项目设计书和有关的技术标准、规范的执行情况;④重点描述主要技术问题和处理方法、特殊情况的处理及其达到的效果等;⑤说明项目实施中质量保障措施的执行情况;等等。选项D(已有资料利用情况),属于"概述"中的内容。

**71. A**

解析:大地测量专业中,平面控制测量技术总结包括"概述"、"利用已有资料情况"等内容。其中,"利用已有资料情况"内容包括:①采用的基准和系统;②起算数据及其等级;③已知点的利用的联测;④资料中存在的主要问题和处理方法。选项A(测区名称、范围、行政隶属),属于"概述"中的内容。

**72. C**

解析:摄影测量与遥感专业中,航空摄影测量内业技术总结包括"概述"、"利用已有资料情况"等内容。其中,"概述"内容包括:①任务来源、目的、摄影比例尺、成图比例尺、生产单位、生产起止日期、生产安排概况;②测区地理位置、面积、行政隶属,地形的主要特征等;③作业技术依据,采用的投影、坐标系、高程系和等高距;④计划与实际完成工作量的比较,作业率的统计。选项C(对外业控制点和调绘成果进行分析),属于"利用已有资料情况"内容。

**73. B**

解析:测绘项目验收前,测绘单位应提交检查验收的有关资料。提交检查验收的资料包括:①项目设计书、技术设计书、技术总结等;②文档簿、质量跟踪卡等;③数据文件,包括图库内外整饰信息文件、元数据文件等;④作为数据源使用的原图或复制的二底图;⑤图形或影像数据输出的检查图或模拟图;⑥技术规定或技术设计书规定的其他文件资料;⑦检查报告;等等。选项B(工程预算书),不在此之列。

**74. B**

解析:数学精度检测时,如采用同精度检测,则中误差计算公式为:$M=\sqrt{\dfrac{\sum\limits_{i=1}^{n}\Delta_i^2}{2n}}$。式中,$M$为成果中误差;$n$为检测点(边)总数;$\Delta_i$为较差。其推导依据是,将(同精度检测的)检测值与原观测值视为双观测值。

**75. B**

解析：测绘产品成果质量检查验收，单位成果质量的等级划分为四级：优级品、良级品、合格品、不合格品。

**76. B**

解析：质量子元素评分方法。其计算公式为：$S_2 = 100 - \left\{ a_1 \times \dfrac{12}{t} + a_2 \times \dfrac{4}{t} + a_3 \times \dfrac{1}{t} \right\}$；式中，$S_2$ 为质量子元素得分，$t$ 为扣分值调整系数。$a_1$、$a_2$、$a_3$ 分别为质量子元素中的 B 类错漏、C 类错漏、D 类错漏个数。

**77. C**

解析："数据质量"，是 GPS 测量成果的质量元素之一，其有 3 个质量子元素：数学精度、观测质量、计算质量。选项 C（埋石质量），是"点位质量"的质量子元素。

**78. A**

解析："点位质量"，是水准测量成果的质量元素之一。其有 2 个质量子元素：选点质量和埋石质量。"埋石质量"的检查项包括：标石类型、标石埋设规格、托管手续内容等。选项 A（点位选择），是"选点质量"质量子元素的检查项。

**79. D**

解析：管线测量成果的质量元素有 3 个：控制测量精度、管线图质量、资料质量。其中，"管线图质量"包括 3 个质量子元素：数学精度、地理精度、整饰质量。选项 D（资料完整性），是"资料质量"的质量子元素。

**80. D**

解析：导航电子地图的质量元素有 6 个：位置精度、属性精度、逻辑一致性、完整性与正确性、图面质量、附件质量。选项 D（地图内容适用性），是"专题地图编绘"的质量元素。

**二、多项选择题(共 20 题，每题 2 分。每题的备选项中，有 2 个或 2 个以上符合题意，至少有 1 个错项。错选，本题不得分；少选，所选的每个选项得 0.5 分)**

**81. ABD**

解析：《测绘法》第九条，国家设立和采用全国统一的大地基准、高程基准、深度基准和重力基准，其数据由国务院测绘地理信息主管部门审核，并与国务院其他有关部门、军队测绘部门会商后，报国务院批准。

**82. BC**

解析：《行政许可法》第五十八条，行政机关实施行政许可和对行政许可事项进行监督检查,不得收取任何费用。但是,法律、行政法规另有规定的,依照其规定。

行政机关提供行政许可申请书格式文本,不得收费。行政机关实施行政许可所需经费应当列入本行政机关的预算,由本级财政予以保障,按照批准的预算予以核拨。

第五十九条,行政机关实施行政许可,依照法律、行政法规收取费用的,应当按照公布的法定项目和标准收费;所收取的费用必须全部上缴国库,任何机关或者个人不得以任何形式截留、挪用、私分或者变相私分。财政部门不得以任何形式向行政机关返还或者变相返还实施行政许可所收取的费用。

83. ABDE

**解析:**《测绘作业证管理规定》第十五条,测绘人员有下列行为之一的,由所在单位收回其测绘作业证并及时交回发证机关,对情节严重者依法给予行政处分;构成犯罪的,依法追究刑事责任:①将测绘作业证转借他人的;②擅自涂改测绘作业证的;③利用测绘作业证严重违反工作纪律、职业道德或者损害国家、集体或他人利益的;④利用测绘作业证进行欺诈及其他违法活动的。

84. ABC

**解析:** 根据《测绘资质分级标准》,测绘专业技术人员,是指测绘工程、地理信息、地图制图、摄影测量、遥感、大地测量、工程测量、地籍测绘、土地管理、矿山测量、导航工程、地理国情监测等专业的技术人员。测绘相关专业技术人员,是指地理、地质、工程勘察、资源勘查、土木、建筑、规划、市政、水利、电力、道桥、工民建、海洋、计算机、软件、电子、信息、通信、物联网、统计、生态、印刷等专业的技术人员。

85. ABE

**解析:** 承担测绘项目的单位的条件:①必须具备相应的测绘资质;②要有完成所承担测绘项目的能力,不能将测绘项目转包他人;③应当对测绘成果质量负责。

86. ABCD

**解析:**《中华人民共和国反不正当竞争法》第五条,经营者不得采用下列不正当手段从事市场交易,损害竞争对手:①假冒他人的注册商标;②擅自使用知名商品特有的名称、包装、装潢,或者使用与知名商品近似的名称、包装、装潢,造成和他人的知名商品相混淆,使购买者误认为是该知名商品;③擅自使用他人的企业名称或者姓名,引人误认为是他人的商品;④在商品上伪造或者冒用认证标志、名优标志等质量标志,伪造产地,对商品质量作引人误解的虚假表示。

87. ACDE

**解析:**《测绘法》第九条,国家设立和采用全国统一的大地基准、高程基准、深度基准和重力基准,其数据由国务院测绘地理信息主管部门审核,并与国务院其他有关部门、军队测绘部门会商后,报国务院批准。

**88. ABCD**

**解析:**《基础测绘条例》第十一条,县级以上人民政府测绘地理信息主管部门应当根据应对自然灾害等突发事件的需要,制订相应的基础测绘应急保障预案。

基础测绘应急保障预案的内容应当包括应急保障组织体系、应急装备和器材配备、应急响应、基础地理信息数据的应急测制和更新等应急保障措施。

**89. ABE**

**解析:**《测绘标准化工作管理办法》第十三条,测绘行业标准不得与测绘国家标准相违背,测绘地方标准不得与测绘国家标准和测绘行业标准相违背。

**90. ABD**

**解析:**《测绘成果管理条例》第六条,中央财政投资完成的测绘项目,由承担测绘项目的单位向国务院测绘地理信息主管部门汇交测绘成果资料;地方财政投资完成的测绘项目,由承担测绘项目的单位向测绘项目所在地的省、自治区、直辖市人民政府测绘地理信息主管部门汇交测绘成果资料;使用其他资金完成的测绘项目,由测绘项目出资人向测绘项目所在地的省、自治区、直辖市人民政府测绘地理信息主管部门汇交测绘成果资料。

**91. ACD**

**解析:**《测绘成果管理条例》第十七条,法人或者其他组织需要利用属于国家秘密的基础测绘成果的,应当提出明确的利用目的和范围,报测绘成果所在地的测绘地理信息主管部门审批。测绘地理信息主管部门审查同意的,应当以书面形式告知测绘成果的秘密等级、保密要求以及相关著作权保护要求。

**92. ABCD**

**解析:**《测绘生产质量管理规定》第九条,测绘单位的质量主管负责人按照职责分工负责质量方针、质量目标的贯彻实施,签发有关的质量文件及作业指导书;组织编制测绘项目的技术设计书,并对设计质量负责;处理生产过程中的重大技术问题和质量争议;审核技术总结;审定测绘产品的交付验收。

**93. BCE**

**解析:**测绘项目合同,乙方的义务有:①完成技术设计书的编制,并交由甲方审定;②组织测绘队伍进场作业;③应当根据技术设计书要求确保测绘项目如期完成;④允许甲方内部使用乙方为执行本合同所提供的属乙方所有的测绘成果;⑤未经甲方允许,乙方不得将本合同标的的全部或部分转包给第三方。

选项A(交由本单位总工程师审定),描述不正确。选项D(保证工程款按时到位),是甲方的义务。选项BCE,描述正确。

**94. CD**

解析:本题考查测绘标准的分类。《工程测量规范》属于获取与处理类标准;《基础地理信息标准数据基本规定》属于成果与服务类标准;《导航电子地图安全处理技术基本要求》《测绘作业人员安全规范》属于管理类标准;《公开版地图质量评定标准》属于检验与测试类标准。

**95. BCD**

解析:质量管理体系文件的编写原则:①系统协调原则;②整体优化原则;③采用过程方法原则;④操作实施和证实检查的原则。选项BCD,正确。

**96. ACD**

解析:测绘项目三大目标管理包括工期目标、成本目标、质量目标。

**97. ADE**

解析:测绘生产突发事故的应急处理:①安全事故一经发生或发现,现场人员在第一时间报警,之后,自作业组开始,利用应急通信设备逐级上报事故情况。②泄密事故应在发生或发现后24小时内报告。③轻伤事故应在发生或发现后2小时内报告。④其他事故应在发生或发现后立即报告。⑤未经单位应急领导小组授权,任何人不得接受新闻媒体采访或以个人名义发布消息,以避免因消息失真而导致不良影响。选项BC,描述不正确;选项ADE,描述正确。

**98. ACE**

解析:"测绘技术总结"通常由概述、技术设计执行情况、成果(或产品)质量说明和评价、上交和归档的成果(或产品)及其资料清单四部分组成。

**99. BDE**

解析:地图集的质量元素包括两个:整体质量,图集内图幅质量。而"整体质量"又包括3个质量子元素:图集内容思想性,图集内容全面、完整性,图集内容统一、协调性。

**100. BCD**

解析:本题考查空中三角测量成果的"计算质量"检查项。主要检查项包括基本定向点权、内定向、相对定向精度,多余控制点不符值,公共点较差。

# 2015年全国注册测绘师资格考试测绘管理与法律法规试卷

一、单项选择题(共80题,每题1分。每题的备选项中,只有1个最符合题意)

1. 根据《测绘资质分级标准》,下列测绘专业范围中,只设了甲级测绘资质等级的是( )。

  A. 大地测量         B. 工程测量
  C. 导航电子地图制作     D. 不动产测绘

2. 某公司申请乙级测绘资质,根据《测绘资质管理规定》,该申请由( )审批。

  A. 国务院测绘地理信息主管部门   B. 所在地省级测绘地理信息主管部门
  C. 所在地市级测绘地理信息主管部门   D. 县级测绘地理信息主管部门

3. 某单位申请工程测量甲级测绘资质,根据《测绘资质管理规定》和《测绘资质分级标准》,下列关于该单位必须具备的条件的说明中,错误的是( )。

  A. 该单位应当已取得工程测量乙级测绘资质满2年
  B. 该单位近两年完成的测绘服务总值不少于400万元
  C. 该单位的办公场所面积不得少于600$m^2$
  D. 该单位应当通过ISO9000系列质量保证体系认证

4. 根据《注册测绘师制度暂行规定》,下列测绘活动中,不属于注册测绘师执业范围的是( )。

  A. 测绘项目技术设计     B. 测绘项目技术咨询和技术评估
  C. 测绘项目组织管理与实施     D. 测绘成果质量检验、审查、鉴定

5. 注册测绘师王某在一家测绘资质单位工作,在其执业过程中因测绘成果质量问题给他人造成了经济损失,根据《注册测绘师制度暂行规定》,该经济损失的赔偿责任应当由( )承担。

  A. 王某所在的测绘资质单位   B. 王某
  C. 王某所在的测绘资质单位负责人   D. 测绘成果实际完成人

6. 根据《注册测绘师执业管理办法(试行)》,下列关于注册测绘师执业活动的说法中,

错误的是( )。

  A. 注册测绘师只能在一个测绘资质单位办理注册手续

  B. 注册单位与注册测绘师人事关系所在单位或聘用单位必须一致

  C. 修改经注册测绘师签字盖章的文件原则上由注册测绘师本人进行

  D. 注册测绘师应恪守职业道德,严守国家秘密和委托单位的商业、技术秘密

7. 根据《测绘成果质量监督抽查管理办法》,测绘成果质量监督抽查的检验结论由( )负责审定。

  A. 检验负责人        B. 检验单位

  C. 被检验单位        D. 测绘地理信息主管部门

8. 根据测绘成果管理条例,外国的组织或个人依法在我国合资、合作从事测绘活动的,测绘成果归( )所有。

  A. 外国的组织或个人      B. 合资、合作企业

  C. 中方部门或者单位      D. 测绘地理信息主管部门

9. 根据《测绘作业证管理规定》,下列关于测绘作业证的说法中,错误的是( )。

  A. 所有测绘人员必须领取测绘作业证

  B. 进入机关、企业、住宅小区进行测绘时,应当主动出示测绘作业证

  C. 使用测量标志或者接受监督检查时,应当主动出示测绘作业证

  D. 遗失测绘作业证,应当立即向所在单位报告并说明情况

10. 下列投标行为中,招标投标法没有禁止的是( )。

  A. 相互串通投标报价      B. 以低于成本的报价竞标

  C. 低于测绘产品收费标准报价    D. 向招标人行贿

11. 根据《测绘地理信息质量管理办法》,测绘地理信息项目通过验收后,测绘单位应当将项目质量信息报送( )。

  A. 委托单位

  B. 测绘产品质量监督检验单位

  C. 项目所在地测绘地理信息行政主管部门

  D. 项目所在地省级测绘地理信息行政主管部门

12. 甲、乙双方签订了一份测绘合同,下列关于该合同变更的说法中,正确的

是( )。

    A. 经双方协商一致,可以变更

    B. 任何情况下,双方都不得变更

    C. 一方不履行合同,另一方可以变更

    D. 需要变更的,双方必须协商一致,并报主管部门审批

13. 甲、乙测绘公司约定采用合同书形式订立测绘项目合同,但在合同签字盖章前,乙方已经履行了主要义务,甲也接受了测绘成果。根据合同法,甲、乙公司之间的测绘项目合同( )。

    A. 可变更                    B. 可撤销

    C. 成立                        D. 无效

14. 根据测绘法,下列测绘项目承发包做法中,正确的是( )。

    A. 向不具有相应测绘资质等级的单位发包

    B. 迫使测绘单位以低于测绘成本价承包

    C. 将承包业务量的1/3分包给具有相应测绘资质的单位

    D. 将承包的项目转包给具有相应测绘资质的单位

15. 根据测绘法,全国统一的大地基准、高程基准、深度基准和重力基准,其数据由( )审核。

    A. 国务院

    B. 军队测绘部门

    C. 国务院测绘地理信息主管部门

    D. 国务院测绘地理信息主管部门会同有关部门

16. 根据《建立相对独立的平面坐标系统管理办法》,江苏省南京市建立相对独立的平面坐标系统,应当由( )负责审批。

    A. 国务院测绘地理信息主管部门        B. 江苏省测绘地理信息主管部门

    C. 南京市测绘地理信息主管部门        D. 军队测绘部门

17. 根据基础测绘条例,测制和更新1∶1万至1∶5000国家基本比例尺地图,应当由( )组织实施。

    A. 国务院测绘地理信息主管部门        B. 省级测绘地理信息主管部门

C. 市级测绘地理信息主管部门　　　　D. 县级测绘地理信息主管部门

18. 根据测绘法，全国基础测绘规划应当报（　　）批准。

    A. 国务院

    B. 国务院发展改革主管部门

    C. 国务院测绘地理信息主管部门

    D. 国务院测绘地理信息主管部门会同军队测绘部门

19. 根据《测绘标准化工作管理办法》，对需要在全国范围内统一的测绘技术要求。应当制定（　　）标准。

    A. 行业　　　　　　　　　　　　　B. 国家

    C. 通用　　　　　　　　　　　　　D. 专业

20. 根据标准化法，测绘行业实施后，国务院行政主管部门应当根据科学技术的发展和经济建设的需要适时进行（　　）。

    A. 复审　　　　　　　　　　　　　B. 验证

    C. 评估　　　　　　　　　　　　　D. 修订

21. 根据测绘法，城市建设领域的工程测量活动，与房屋产权、产籍相关的房屋面积的测量，应当执行由（　　）负责组织编制的测量技术规范。

    A. 国务院建设行政主管部门、国务院计量行政主管部门

    B. 国务院测绘地理信息主管部门、国务院计量行政主管部门

    C. 国务院建设行政主管部门、国务院土地行政主管部门

    D. 国务院建设行政主管部门、国务院测绘地理信息主管部门

22. 根据《测绘成果质量监督抽查管理办法》，测绘成果质量检验开始时，检验单位应当组织召开（　　），向受检单位出示测绘地理信息主管部门开具的监督抽查通知单，并告知检验依据、方法、程序等。

    A. 调度会　　　　　　　　　　　　B. 培训会

    C. 首次会　　　　　　　　　　　　D. 通报会

23. 根据《注册测绘师执业管理办法（试行）》，在一个注册有效期内，注册测绘师继续教育的必修内容和选修内容均不得少于（　　）学时。

    A. 30　　　　　B. 40　　　　　C. 60　　　　　D. 80

24. 根据《测绘生产质量管理规定》,对重大测绘项目的技术设计进行验证的方法是( )。

    A. 检验全部产品的质量　　　　　　　B. 检验部分产品的质量
    C. 检验首件产品的质量　　　　　　　D. 检验随机抽样产品的质量

25. 根据测绘法,对测绘成果质量负责的单位是( )。

    A. 委托测绘任务的单位　　　　　　　B. 质量监督检验单位
    C. 完成测绘任务的单位　　　　　　　D. 监理单位

26. 根据测绘成果管理条例,外国的组织或者个人依法在中华人民共和国领域内从事测绘活动的,应当向( )汇交测绘成果。

    A. 国务院测绘地理信息主管部门　　　B. 省级测绘地理信息主管部门
    C. 市级测绘地理信息主管部门　　　　D. 军队测绘地理信息主管部门

27. 根据测绘成果管理条例,利用涉及国家秘密测绘成果开发生产的产品,未经( )进行保密技术处理的,其秘密等级不得低于所用测绘成果的秘密等级。

    A. 省级以上测绘地理信息主管部门　　B. 省级以上保密管理部门
    C. 县级测绘地理信息主管部门　　　　D. 县级以上保密管理部门

28. 根据保守国家秘密法,国家秘密的保密期限,除另有规定外,绝密级不得超过( )年。

    A. 10　　　　　　　　　　　　　　　B. 15
    C. 20　　　　　　　　　　　　　　　D. 30

29. 根据《遥感影像公开使用管理规定(试行)》,公开使用的遥感影像空间位置精度最高不得高于( )m。

    A. 5　　　　　　　　　　　　　　　 B. 10
    C. 25　　　　　　　　　　　　　　　D. 50

30. 某测绘资质单位要利用涉密的基础测绘成果,已经测绘地理信息主管部门审查同意。根据测绘成果管理条例,下列有关测绘成果说明的内容中,测绘地理信息主管部门可不书面告知的是( )。

    A. 测绘成果的秘密等级　　　　　　　B. 测绘成果的保密要求

C. 测绘成果的著作权保护要求　　　　D. 测绘成果的生产单位及技术指标

31. 广州市一家测绘资质单位要使用广东省域内1∶5万国家基本比例尺地图和数字化产品。根据《基础测绘成果提供使用管理暂行办法》,负责审批测绘成果的部门是(　　)。

　　A. 国务院测绘地理信息主管部门　　　B. 广东省测绘地理信息主管部门
　　C. 广州市测绘地理信息主管部门　　　D. 军队测绘部门

32. 根据测绘成果管理条例,测绘成果的秘密范围和秘密等级由(　　)依法确定。

　　A. 国家保密工作部门
　　B. 国务院测绘地理信息主管部门
　　C. 国务院测绘地理信息主管部门会同军队测绘部门
　　D. 国家保密工作部门、国务院测绘地理信息主管部门商军队测绘部门

33. 某甲级测绘资质单位依法承担一项省级财政投资的基础测绘项目。根据测绘成果条例,下列关于该项目测绘成果汇交的说法中,错误的是(　　)。

　　A. 应当由该测绘单位负责汇交成果
　　B. 应当向国务院测绘地理信息主管部门汇交成果
　　C. 应当汇交测绘成果副本
　　D. 应当无偿汇交测绘成果

34. 根据测绘法,中华人民共和国地图的国界线标准样图由(　　)拟订。

　　A. 国务院民政部门和国务院测绘地理信息主管部门
　　B. 外交部和国务院测绘地理信息主管部门
　　C. 国务院测绘地理信息主管部门
　　D. 外交部和国务院民政部门

35. 根据测绘法,权属界址线发生变化时,应当及时进行(　　)。

　　A. 变更测绘　　　　　　　　　　　B. 权属测绘
　　C. 地籍测绘　　　　　　　　　　　D. 更新测绘

36. 根据物权法,下列有关材料中,申请登记不动产登记时不提供的是(　　)。

　　A. 不动产权属证明　　　　　　　　B. 不动产界址资料
　　C. 不动产权面积资料　　　　　　　D. 不动产登记簿

37. 根据物权法,下列关于不动产登记费收取标准的说法中,正确的是( )。

　　A. 按件收取　　　　　　　　　B. 按不动产面积收取
　　C. 按不动产体积收取　　　　　D. 按不动产价值比例收取

38. 根据《房产测绘管理办法》,当事人对房产测绘成果有异议时,可以委托( )鉴定。

　　A. 法院
　　B. 测绘地理信息主管部门
　　C. 国家认定的房产测绘成果鉴定机构
　　D. 房地产行政主管部门

39. 根据《测绘地理信息业务档案管理规定》,建档单位向项目组织部门所属的档案保管机构移交测绘地理信息业务档案,应当自项目验收完成之日起( )个月内完成。

　　A. 1　　　　　　　　　　　　　B. 2
　　C. 3　　　　　　　　　　　　　D. 6

40. 根据土地管理法,国家建立全国土地管理信息系统,对( )状况进行动态监测。

　　A. 土地权属　　　　　　　　　B. 土地利用
　　C. 土地宗地面积　　　　　　　D. 土地污染

41. 根据《测绘标准化工作管理办法》,对于基础地理信息数据生产及基础地理信息系统建设、更新与维护的方法、过程、质量和管理等方面的技术要求,应当制定测绘( )。

　　A. 国际标准　　　　　　　　　B. 国家标准
　　C. 行业标准　　　　　　　　　D. 地方标准

42. 根据《地图审核管理规定》,下列内容中,测绘地理信息主管部门进行地图审核不必审查的是( )。

　　A. 保密审查
　　B. 重要地理要素名称
　　C. 国界线、省级区域界限
　　D. 居民地与道路等公共设施的相互关系

43. 根据《遥感影像公开使用管理规定(试行)》,卫星遥感影像提供或销售机构向测绘地理信息主管部门报送客户登记信息备案,备案的周期为每( )一次。

A. 2个月 B. 3个月
C. 半年 D. 一年

44. 根据《地图审核管理规定》，涉及两个以上省级行政区域的地图，应当由（　　）审核。

   A. 国务院测绘地理信息主管部门 B. 省级测绘地理信息主管部门
   C. 涉及两个省的省级测绘地理信息主管部门 D. 涉及两个省的省级民政部门

45. 根据《公开地图内容表述若干规定》，下列设施和内容中，不得在公开地图产品上表示的是（　　）。

   A. 民用机场 B. 国家经济运行数据
   C. 港湾、港口性质 D. 国防军事设施

46. 根据测量标志保护条例，建设永久性测量标志需要占用土地的，地面标志的范围为（　　）$m^2$。

   A. 20～50 B. 36～100
   C. 100～200 D. 200～300

47. 根据测量标志保护条例，下列关于测量标志保护制度的说法中，错误的是（　　）。

   A. 国家对测量标志实行义务保管制度
   B. 国家对测量标志实行有偿使用制度
   C. 从事军事测绘任务可以无偿使用测量标志
   D. 设置永久性测量标志的，应当设立统一监制的专门标牌

48. 某建筑公司因工程建设，需要拆迁一座国家二等水准点。该水准点的拆迁应当由（　　）批准。

   A. 国务院测绘地理信息主管部门
   B. 省级测绘地理信息主管部门
   C. 测量标志所在地的市级测绘地理信息主管部门
   D. 测量标志所在地的县级测绘地理信息主管部门

49. 根据《测绘生产困难类别细则》，地形图更新修测中，当更新修测工作量比例大于（　　）时，按重测对待。

   A. 30% B. 50%

C. 60%  D. 70%

50. 某测绘单位承担了 0.8km² 的工业区域 1∶2000 地形图测绘项目,根据《测绘生产成本费用定额》,该项目报价应为( )元。(工业区域成本费用为 38899.39 元/km²,小面积系数为 1.3%)

  A. 31119.51        B. 31625.20
  C. 38899.39        D. 40455.36

51. 某测绘单位拟委托开展测绘航空摄影工作,根据《测绘生产成本费用定额》,影响该项目经费预算的主要因素是( )。

  A. 该测绘单位的资质等级   B. 航摄范围及比例尺
  C. 航摄单位的资质等级    D. 航摄仪型号

52. 根据《省级行政区域界线勘界测绘技术规定(试行)》,边界协议书附图比例尺的选择,以清晰反映边界线走向为原则,一般地区边界线地形图的比例尺应当选用( )。

  A. 1∶1 万         B. 1∶2.5 万
  C. 1∶5 万         D. 1∶10 万

53. 根据《数字城市地理空间信息公告平台技术规范》,下列原则中,不属于数字城市地理空间信息公共平台建设原则的是( )。

  A. 唯一性原则       B. 通用性原则
  C. 安全性原则       D. 法定性原则

54. 根据《测绘技术设计规定》,设计评审的依据是( )。

  A. 设计输入内容      B. 技术设计文件
  C. 测绘合同        D. 设计验收报告

55. 根据《重要地理信息数据审核公布管理规定》,重要地理信息数据公布时,应当说明( )。

  A. 批准机关        B. 审核、公布部门
  C. 数据类别        D. 审核、公布时间

56. 某测绘单位承担了某市 1∶2000 地形图数字航空摄影测量任务,下列测绘技术设计内容中,不包含在该项目技术设计范围内的是( )。

A. 项目设计 B. 基础控制专业技术设计
C. 数字航空摄影专业技术设计 D. 权属调查专业技术设计

57. 决定测绘项目设备资源配置方案的主要因素不包括( )。

A. 测区状况 B. 作业方法
C. 项目工期 D. 合同价款

58. 根据《行政区域界线测绘规范》,当界桩点的平面坐标采用GPS定位测量时,应与高等级 GPS 控制网进行联测,联测控制点点数最少不少于( )。

A. 3 B. 4
C. 5 D. 6

59. 根据《测绘计量检定人员资格认证办法》,计量检定员证的有效期为( )年。

A. 2 B. 3
C. 4 D. 5

60. 下列测绘项目组织活动中,与测绘项目承担单位无关的是( )。

A. 成本控制 B. 进度控制
C. 质量控制 D. 投资控制

61. 下列关于测绘外业生产(地下管线作业)安全规定的说法,错误的是( )。

A. 无向导协助时禁止进入地下管道作业
B. 对规模较大的管道,在下井调查或施放探头、电极导线时可以用明火照明
C. 作业人员须戴防护帽和安全灯,穿安全警示工作服、佩戴通信设备
D. 禁止选择输送易燃、易爆气体管道作为直接法或充电法作业的充电点

62. 根据《测绘仪器防霉、防雾、防锈》,下列"三防"措施中,错误的是( )。

A. 仪器野外作业应该避免阳光直接暴晒
B. 仪器箱内应投入防雾剂
C. 仪器润滑防锈油脂应符合挥发性低、流散性高的要求
D. 仪器保管室的相对湿度应控制在70%以下

63. 根据《测绘地理信息业务档案管理规定》,全野外数字测图的仪器设备检定资料保管期限为( )年。

A. 5  B. 10
C. 15  D. 30

64. "测绘技术总结"一般由四部分组成,其中第二部分为"技术设计执行情况"。"技术设计执行情况"中不必说明的内容是(  )。

A. 技术标准和技术设计文件执行情况
B. 出现的主要技术问题和处理方法
C. 产品达到的技术指标
D. 经验、教训和遗留问题

65. 某单位编写测绘项目技术总结,内容包括三部分:概述、技术设计执行情况、上交和归档成果资料清单。请问,该测绘项目技术总结缺少的内容是(  )。

A. 任务来源  B. 已有成果资料利用情况
C. 任务工作量  D. 测绘成果质量说明与评价

66. 下列内容中,不属于 GPS 测量内业技术总结内容的是(  )。

A. 误差检验及相关参数和平差结果的精度估计
B. 外业观测数据质量分析和野外数据检核情况
C. 上交成果中尚存问题和需要说明的其他问题、建议或改进意见
D. 各种附表与附图

67. 测绘生产过程中,若采用了新技术、新方法、新材料,应在技术总结(  )详细阐述和总结其应用情况。

A. 概述  B. 技术设计执行情况
C. 成果质量说明和评价  D. 上交成果资料清单

68. 根据《测绘成果质量检查与验收》,测绘成果应当通过(  )的最终质量检查。

A. 作业组  B. 作业队(室)
C. 测绘单位  D. 项目管理单位

69. 根据《测绘成果质量检查与验收》,下列关于成果单位的划分中,错误的是(  )。

A. 像片控制测量成果以"区域网"、"景"为单位
B. 影像平面图以"幅"为单位
C. 水准测量成果以"点"或"测段"为单位

D. 房屋面积测量以"套"为单位

70. 根据《测绘成果质量检查与验收》，在测绘项目成果同精度检测时，参与数学精度统计的误差值应不大于（　　）倍中误差。

A. $\sqrt{2}$　　　　　　　　　　　　B. 2
C. $2\sqrt{2}$　　　　　　　　　　　　D. 3

71. 根据《测绘成果质量检查与验收》，实施测绘项目成果数学精度检测时，检测的点（边）最大数量少于（　　）个（条）时，以误差的算术平均值代替中误差。

A. 15　　　　　　　　　　　　B. 20
C. 25　　　　　　　　　　　　D. 30

72. 根据《测绘地理信息管理办法》，测绘质检机构取得注册测绘师资格的人员经（　　）后，以注册测绘师名义开展工作。

A. 批准　　　　　　　　　　　B. 登记
C. 考核合格　　　　　　　　　D. 注册

73. 根据《基础地理信息数据档案管理与保护规范》，归档材料的完整性和准确性由（　　）总负责。

A. 单位项目负责人　　　　　　B. 归档当事人
C. 单位质量负责人　　　　　　D. 单位技术负责人

74. 根据《基础地理信息档案管理与保护规范》，下列关于成果归档的说法中，正确的是（　　）。

A. 数据说明文件应与文档材料放在同一载体

B. 文档材料和数据成果材料应一式两份

C. 档案形成单位应在项目完成后三个月内完成归档

D. 档案内容包含档案目录数据

75. 《基础地理信息档案管理与保护规范》，下列目录数据检验项目中，基础地理信息数据档案归档时不检验的是（　　）

A. 目录数据正确性　　　　　　B. 数据有效性
C. 目录数据完整性　　　　　　D. 计算机病毒

76. 根据《测绘法》,测量土地、建筑物、构筑物和地面其他附着物的权属界址线,应当按照( )确定的权属界线的界址点、界址线或者提供的有关登记资料和附图进行。

    A. 县级以上土地管理部门    B. 乡镇土地管理部门
    C. 县级以上人民政府    D. 乡镇人民政府

77. 根据《测绘合同》示范文本,甲方按约定结清全部工程费用后,乙方应当按照( )向甲方交付全部测量成果。

    A. 技术设计书要求    B. 测绘技术标准要求
    C. 测绘法律法规要求    D. 技术总结说明

78. 根据《质量管理体系要求》,下列质量改进措施中,不属于纠正措施的是( )。

    A. 记录所采取措施的结果    B. 确定不合格的原因
    C. 消除发现的不合格    D. 确定和实施所需的措施

79. 根据《质量管理体系要求》,下列质量管理内容中,不属于最高管理者职责的是( )。

    A. 处理质量争议    B. 确保质量目标的制定
    C. 制定质量方针    D. 进行管理评审

80. 根据《测绘生产成本费用定额》,作业区域平均海拔高度最低不低于( )m时,成本费用定额中可增加高原系数。

    A. 1500    B. 2200
    C. 3000    D. 3500

二、多项选择题(共 20 题,每题 2 分,每题的备选项中,有 2 个或 2 个以上符合题意,至少 1 个错项。错选,本题不得分;少选,所选的每个选项得 0.5 分)

81. 根据《测绘地理信息业务档案管理规定》,下列业务档案中,档案保管期限为 10 年的有( )。

    A. 确定高程基准的水准路线观测手簿
    B. 海岸地形测量观测数据
    C. 工程测量观测记录手簿、观测数据
    D. GNSS 大地控制网外业观测手簿、观测数据
    E. 全野外数字测图的控制点观测手簿

82. 根据《外国的组织或者个人来华测绘管理暂行办法》，下列测绘活动中，合资合作测绘不得从事的有( )。

   A. 大地测量　　　　　　　　　　B. 测绘航空摄影

   C. 摄影测量和遥感　　　　　　　D. 海洋测绘

   E. 导航电子地图

83. 甲乙双方签订了一份测绘合同，根据合同法，下列情况发生时，甲方可以解除合同的是( )。

   A. 因不可抗拒力致使不能实现合同目的的

   B. 在履行期限届满之前，乙方明确表示不履行合同主要内容

   C. 乙方延迟履行合同内容，经催告后在合理期限内仍未履行

   D. 乙方有违法行为致使测绘资质证书被依法吊销

   E. 乙方管理层发生重大人事变动

84. 根据基础测绘条例，基础测绘工作应当遵循的原则有( )。

   A. 高效便民　　　　　　　　　　B. 分级管理

   C. 定期更新　　　　　　　　　　D. 保障安全

   E. 统筹规划

85. 根据《测绘标准化工作管理办法》，下列测绘标准中，属于强制性国家标准的是( )。

   A. 中国山脉山峰名称代码

   B. 基础地理信息标准数据基本规定

   C. 国家大地测量基本技术规定

   D. 基础地理信息数字产品元数据

   E. 导航电子地图安全处理技术基本要求

86. 根据《测绘生产质量管理规定》，下列工作内容中，属于测绘单位质量主管责任人的职责的有( )。

   A. 确定本单位的质量方针和质量目标，签发质量手册

   B. 组织编制测绘项目技术设计书

   C. 处理生产过程中的重大技术问题和质量争议

   D. 审核技术总结

E. 审定测绘产品的交付验收

87. 根据《测绘地理信息业务档案管理规定》,下列工作环节中,应当同步提出测绘地理信息业务档案建档工作要求的有( )。

    A. 项目计划                    B. 库房建设
    C. 管理程序                    D. 质量控制
    E. 经费预算

88. 根据《关于进一步加强涉密测绘成果管理工作的通知》,下列关于涉密成果使用的说法中,正确的有( )。

    A. 航空摄影成果必须先送审后提供使用
    B. 涉密测绘成果必须先归档入库再提供使用
    C. 如果要用于其他目的,应当向测绘地理信息主管部门备案
    D. 必须依据经审批同意的目的和范围使用涉密测绘成果
    E. 严格执行涉密测绘成果提供使用审核制度

89. 根据测绘成果管理条例,下列地理信息数据中,属于重要地理信息数据的有( )。

    A. 石家庄市的行政区域面积        B. 重庆市行政区域面积
    C. 我国陆地国土面积              D. 我国专属经济区面积
    E. 我国海岸滩涂面积

90. 根据《房产测绘管理办法》,用于房屋权属登记等房产管理的房产测绘成果,房地产行政主管部门应当对其( )进行审核。

    A. 实测单位的资格             B. 适用性
    C. 界址点准确性               D. 面积测算依据与方法
    E. 档案管理情况

91. 下列关于地图编制出版活动的说法中,正确的有( )。

    A. 保密地图不得以任何形式出版发行展示
    B. 公开地图不得表示任何国家秘密及事项
    C. 内部地图经质量检查合格可以公开出版
    D. 地图的比例尺应当符合国家规范
    E. 公开出版或者展示地图应当依法

92. 根据《测量标志保护条例》,下列行为中,依法应当受到行政处罚的有( )。

   A. 设立永久性测量标志未设定明显标记

   B. 违反测绘操作规程进行测绘,使永久性测量标志受到损坏

   C. 损毁永久性测量标志

   D. 建设永久性测量标志未使用国家规定的测绘标准

   E. 工程建设单位擅自拆迁永久性测量标志

93. 根据《基础地理信息标准数据基本规定》,下列数据中,应当由国务院测绘地理信息主管部门委托的机关认定的有( )。

   A. 1∶10000 基础地理信息数据

   B. B级卫星定位控制点数据

   C. 1∶50000 基础地理信息数据

   D. 二等平面控制点数据

   E. 三等水准点数据

94. 根据《测绘合同》示范文本,测绘项目合同的主要内容有( )。

   A. 测量范围         B. 执行技术标准

   C. 测绘设备         D. 测绘内容

   E. 测绘工程费

95. 根据《测绘生产质量管理规定》,测绘单位应在关键工序,重点工序设置必要的检验点,设置现场检验点应当考虑的主要因素有( )。

   A. 测绘任务的工程量     B. 测绘任务进度安排

   C. 作业人员水平        D. 降低质量成本

   E. 测量任务的性质

96. 根据《测绘作业人员安全规范》,下列关于测绘内业作业场所安全说法管理的说法中,正确的有( )。

   A. 不得随意拉设电线

   B. 面积大于 100m² 的作业场所的安全出口应不少于 4 个

   C. 作业场所应按有关规定配备灭火器具

   D. 作业场所应配置必要的安全警示标志

   E. 禁止超负荷用电

97. 下列关于测绘技术总结的说法中,正确的有( )。

　　A. 测绘技术总结分项目总结和专业技术总结

　　B. 项目总结由承担项目的法人单位负责或组织编写

　　C. 测绘技术总结项目单位归档,无需上交

　　D. 测绘技术总结应由项目承担单位总工或技术负责人审核、签字

　　E. 测绘技术总结可根据需要选用项目设置的术语、符号和计量单位

98. 根据《测绘成果质量检查与验收》,下列质量特性中,属于大比例尺地形图成果类质量错误的有( )。

　　A. 数据组织不正确

　　B. 地物点平面绝对位置中误差超限

　　C. 漏有内容的层或数据层名称错

　　D. 行政村及以上行政名称错误

　　E. 文件命名,数据格式错误

99. 根据《基础地理信息数据档案管理与保护规范》,下列数据中,属于应当收集、积累、归档的基础地理信息数据的有( )。

　　A. 重要的原始基础地理信息数据

　　B. 各种公开出版的数字地图

　　C. 基础测绘生产活动中形成的地名数据

　　D. 重大工程项目中形成的控制测量数据成果

　　E. 基础地理信息数据库的元数据

100. 下列内容中,属于质量管理体系质量原则的有( )。

　　A. 效益优先　　　　　　　　B. 持续改进

　　C. 成本控制　　　　　　　　D. 过程方法

　　E. 领导作用

# 2015年全国注册测绘师资格考试测绘管理与法律法规试卷参考答案及解析

一、单项选择题(共80题,每题1分。每题的备选项中,只有1个最符合题意)

1. C

解析:《测绘资质分级标准》〔2014〕中,导航电子地图制作专业标准,只设了甲级测绘资质等级。故选C。

注:"大地测量"设有:甲乙;"工程测量"设有:甲乙丙丁;"不动产测绘"设有:甲乙丙丁。

2. B

解析:《测绘资质管理规定》第五条,国家测绘局负责审批甲级测绘资质并颁发甲级《测绘资质证书》;省、自治区、直辖市人民政府测绘地理信息主管部门负责受理甲级测绘资质申请并提出初审意见;负责受理乙、丙、丁级测绘资质申请,做出审批决定,颁发乙、丙、丁级《测绘资质证书》。故选B。

注意关键词:"审批"和"初审"。

3. B

解析:《测绘资质分级标准》第七项,申请晋升甲级测绘资质的,应当符合以下条件:近2年内完成的测绘服务总值不少于1600万元,且有3个以上测绘工程项目取得省级以上测绘地理信息行政主管部门认可的质检机构出具的质量检验合格证明。另外,甲级单位的办公场所面积不得少于$600m^2$,且应当通过ISO 9000系列质量保证体系认证。选项B,描述不正确。

4. C

解析:《注册测绘师制度暂行规定》第二十九条,注册测绘师的执业范围:
①测绘项目技术设计;
②测绘项目技术咨询和技术评估;
③测绘项目技术管理、指导与监督;
④测绘成果质量检验、审查、鉴定;
⑤国务院有关部门规定的其他测绘业务。
选项C,不属于注册测绘师的执业范围。

5. A

解析:《注册测绘师执业管理办法(试行)》第十七条,因测绘地理信息成果质量问题造成的经济损失,由注册单位承担赔偿责任;注册单位依法向承担该业务的注册测绘师追责;探索建立注册测绘师执业责任保险制度。故选A。

6. B

解析:《注册测绘师执业管理办法(试行)》第四条,依法取得中华人民共和国注册测绘师资格证书(简称资格证书)的人员,通过一个且只能是一个具有测绘资质的单位(简称注册单位)办理注册手续,并取得《中华人民共和国注册测绘师注册证》(简称注册证)和执业印章后,方可以注册测绘师名义开展执业活动。注册单位与注册测绘师人事关系所在单位或聘用单位可以不一致。选项ACD,描述正确。选项B,描述不正确。

7. B

解析:《测绘成果质量监督抽查管理办法》第十六条,检验单位必须按照国家有关规定和技术标准,客观、公正地作出检验结论,并于全部检验工作结束后三十个工作日内将检验报告及检验结论寄(交)达受检单位。因此,测绘成果质量监督抽查的检验结论是由"检验单位"负责审定的。故选B。

8. C

解析:《外国的组织或者个人来华测绘管理暂行办法》第十五条,来华测绘成果的管理依照有关测绘成果管理法律法规的规定执行;来华测绘成果归中方部门或者单位所有,未经依法批准,不得以任何形式将测绘成果携带或者传输出境。故选C。

9. A

解析:本题涉及《测绘作业证管理规定》第二、七、十条。

第二条,测绘外业作业人员和需要持测绘作业证的其他人员(以下简称测绘人员)应当领取测绘作业证;进行外业测绘活动时应当持有测绘作业证。

第七条,测绘人员在下列情况下应当主动出示测绘作业证:

①进入机关、企业、住宅小区、耕地或者其他地块进行测绘时;

②使用测量标志时;

③接受测绘地理信息主管部门的执法监督检查时;

④办理与所进行的测绘活动相关的其他事项时。

第十条,测绘人员必须依法使用测绘作业证,不得利用测绘作业证从事与其测绘工作身份无关的活动;遗失测绘作业证,应当立即向所在单位报告并说明情况。

选项A,描述不正确。

10. C

解析:《招标投标法》第三十二条,投标人不得相互串通投标报价,不得排挤其他投标人的公平竞争,损害招标人或者其他投标人的合法权益;投标人不得与招标人串通投标,损害国家利益、社会公共利益或者他人的合法权益;禁止投标人以向招标人或者评标委员会成员行贿的手段谋取中标。

第三十三条,投标人不得以低于成本的报价竞标,也不得以他人名义投标或者以其他方式弄虚作假,骗取中标。

选项ABD是招标投标法禁止的行为,选项C是合法的,故选C。

**11. C**

**解析**:《测绘地理信息质量管理办法》第二十三条,测绘地理信息项目通过验收后,测绘单位应将项目质量信息报送项目所在地测绘地理信息行政主管部门。故选C。

**12. A**

**解析**:《合同法》第七十七条(合同变更条件),当事人协商一致,可以变更合同。法律、行政法规规定变更合同应当办理批准、登记等手续的,依照其规定执行。测绘合同,经双方协商一致,可以变更,不需要报主管部门审批。故选A。

**13. C**

**解析**:《合同法》第三十六条(书面合同与合同成立),法律、行政法规规定或者当事人约定采用书面形式订立合同,当事人未采用书面形式但一方已经履行主要义务,对方接受的,该合同成立。故选C。

**14. C**

**解析**:《测绘法》第二十九条,测绘单位不得超越资质等级许可的范围从事测绘活动,不得以其他测绘单位的名义从事测绘活动,不得允许其他单位以本单位的名义从事测绘活动。测绘项目实行招投标的,测绘项目的招标单位应当依法在招标公告或者投标邀请书中对测绘单位资质等级作出要求,不得让不具有相应测绘资质等级的单位中标,不得让测绘单位低于测绘成本中标。中标的测绘单位不得向他人转让测绘项目。

**15. C**

**解析**:《测绘法》第九条,国家设立和采用全国统一的大地基准、高程基准、深度基准和重力基准,其数据由国务院测绘地理信息主管部门审核,并与国务院其他有关部门、军队测绘部门会商后,报国务院批准。本题应选C。

注意关键词:"审核"和"批准"。

**16. A**

**解析**:《建立相对独立的平面坐标系统管理办法》第三条。

(1)下列确需建立相对独立的平面坐标系统的,由国家测绘局负责审批:

① 50万人口以上的城市;

②列入国家计划的国家重大工程项目;

③其他需国家测绘局审批的。

(2)下列确需建立相对独立的平面坐标系统的,由省、自治区、直辖市测绘地理信息主管部门(以下简称省级测绘地理信息主管部门)负责审批:

①50万人口以下的城市;

②列入省级计划的大型工程项目;

③其他需省级测绘地理信息主管部门审批的。

南京市属于"50万人口以上的城市",故选A。

17. B

解析:《基础测绘条例》第十三条:下列基础测绘项目,由省、自治区、直辖市人民政府测绘地理信息主管部门组织实施:

①建立本行政区域内与国家测绘系统相统一的大地控制网和高程控制网;

②建立和更新地方基础地理信息系统;

③组织实施地方基础航空摄影;

④获取地方基础地理信息遥感资料;

⑤测制和更新本行政区域1∶1万至1∶5000国家基本比例尺地图、影像图和数字化产品。

故选B。

18. A

解析:《测绘法》第十六条,国务院测绘地理信息主管部门会同国务院其他有关部门、军队测绘部门组织编制全国基础测绘规划,报国务院批准后组织实施。本题应选A。

注意关键词:"编制"和"批准"。

19. B

解析:《测绘标准化工作管理办法》第十条,测绘领域内,需要在全国范围内统一的技术要求,应当制定"国家标准";对没有国家标准而又需要在测绘行业范围内统一的技术要求,可以制定测绘"行业标准";对没有国家标准和行业标准而又需要在省、自治区、直辖市范围内统一的技术要求,可以制定相应的"地方标准"。故选B。

注意关键词:"全国范围内"、"行业范围内"和"地方范围内"。

20. A

解析:《测绘标准化工作管理办法》第二十七条,标准复审周期一般不超过五年。属于下列情况之一的应当及时进行复审:
①不适应科学技术的发展和经济建设需要的;
②相关技术发生了重大变化的;
③标准实施中出现重大技术问题或有重要反对意见的。
故选 A。

21. D

解析:《测绘法》第二十三条,城乡建设领域的工程测量活动,与房屋产权、产籍相关的房屋面积的测量,应当执行由国务院住房城乡建设主管部门、国务院测绘地理信息主管部门组织编制的测量技术规范。故选 D。

22. C

解析:《测绘成果质量监督抽查管理办法》第十三条,检验开始时,检验单位应当组织召开首次会,向受检单位出示测绘地理信息主管部门开具的监督抽查通知单,并告知检验依据、方法、程序等。故选 C。

23. C

解析:《注册测绘师执业管理办法(试行)》第二十一条,注册测绘师延续注册、重新申请注册和逾期初始注册,应当完成本专业的继续教育。注册测绘师继续教育分为必修内容和选修内容,在一个注册有效期内,必修内容和选修内容均不得少于 60 学时。故选 C。

24. C

解析:《测绘生产质量管理规定》第十七条,重大测绘项目应实施首件产品的质量检验,对技术设计进行验证。故选 C。

25. C

解析:《测绘法》第三十九条,测绘单位应当对完成的测绘成果质量负责。县级以上人民政府测绘地理信息主管部门应当加强对测绘成果质量的监督管理。故选 C。

26. A

解析:《测绘成果管理条例》第八条,外国的组织或者个人依法与中华人民共和国有关部门或者单位合资、合作,经批准在中华人民共和国领域内从事测绘活动的,测绘成果归中方部门或者单位所有,并由中方部门或者单位向国务院测绘地理信息主管部门汇交测绘成果副本;外国的组织或者个人依法在中华人民共和国管辖的其他海域从事测绘活动的,由其按照国务院测绘地理信息主管部门的规定汇交测绘成果副本或者目录。故选 A。

**27. A**

解析:《测绘成果管理条例》第十六条,国家保密工作部门、国务院测绘地理信息主管部门应当商军队测绘部门,依照有关保密法律、行政法规的规定,确定测绘成果的秘密范围和秘密等级;利用涉及国家秘密的测绘成果开发生产的产品,未经国务院测绘地理信息主管部门或者省、自治区、直辖市人民政府测绘地理信息主管部门进行保密技术处理的,其秘密等级不得低于所用测绘成果的秘密等级。故选 A。

**28. D**

解析:《保守国家秘密法》第十五条,国家秘密的保密期限,除另有规定外,绝密级不超过三十年,机密级不超过二十年,秘密级不超过十年。故选 D。

**29. D**

解析:《遥感影像公开使用管理规定(试行)》第四条,公开使用的遥感影像空间位置精度不得高于 50m;影像地面分辨率(以下简称分辨率)不得优于 0.5m;不标注涉密信息、不处理建筑物、构筑物等固定设施。故选 D。

**30. D**

解析:《测绘成果管理条例》第十七条,法人或者其他组织需要利用属于国家秘密的基础测绘成果的,应当提出明确的利用目的和范围,报测绘成果所在地的测绘地理信息主管部门审批;测绘地理信息主管部门审查同意的,应当以书面形式告知测绘成果的秘密等级、保密要求以及相关著作权保护要求。选项 D,不在此之列,故选 D。

**31. A**

解析:《基础测绘成果提供使用管理暂行办法》第五条,提供使用下列基础测绘成果由国家测绘局受理审批:

①全国统一的一、二等平面控制网、高程控制网和国家重力控制网的数据、图件;

②1∶50 万、1∶25 万、1∶10 万、1∶5 万、1∶2.5 万国家基本比例尺地图、影像图和数字化产品;

③国家基础航空摄影所获取的数据、影像等资料,以及获取基础地理信息的遥感资料;

④国家基础地理信息数据;

⑤其他应当由国家测绘局审批的基础测绘成果。

本题,负责审批测绘成果的部门是国家测绘地理信息局(即国务院测绘地理信息主管部门),故选 A。

32. D

解析:《测绘成果管理条例》第十六条,国家保密工作部门、国务院测绘地理信息主管部门应当商军队测绘部门,依照有关保密法律、行政法规的规定,确定测绘成果的秘密范围和秘密等级(可参考27题解析)。故选D。

33. B

解析:《测绘成果管理条例》第六条,中央财政投资完成的测绘项目,由承担测绘项目的单位向国务院测绘地理信息主管部门汇交测绘成果资料;地方财政投资完成的测绘项目,由承担测绘项目的单位向测绘项目所在地的省、自治区、直辖市人民政府测绘地理信息主管部门汇交测绘成果资料。第七条:测绘成果属于基础测绘成果的,应当汇交副本;属于非基础测绘成果的,应当汇交目录;测绘成果的副本和目录实行无偿汇交。选项ACD,描述正确。选项B,描述不正确(应为:向省级人民政府测绘地理信息主管部门汇交成果)。

34. B

解析:《测绘法》第二十条,中华人民共和国国界线的测绘,按照中华人民共和国与相邻国家缔结的边界条约或者协定执行,由外交部组织实施。中华人民共和国地图的国界线标准样图,由外交部和国务院测绘地理信息主管部门拟定,报国务院批准后公布。本题应选B。

注意关键词:"拟定"和"批准"。

35. A

解析:《测绘法》第二十二条,测量土地、建筑物、构筑物和地面其他附着物的权属界址线,应当按照县级以上人民政府确定的权属界线的界址点、界址线或者提供的有关登记资料和附图进行。权属界址线发生变化的,有关当事人应当及时进行变更测绘。故选A。

36. D

解析:《物权法》第十一条,当事人申请登记,应当根据不同登记事项提供权属证明和不动产界址、面积等必要材料。选项D,不在此列。

37. A

解析:《物权法》第二十二条,不动产登记费按件收取,不得按照不动产的面积、体积或者价款的比例收取。具体收费标准由国务院有关部门会同价格主管部门规定。故选A。

38. C

解析:《房产测绘管理办法》第十七条,当事人对房产测绘成果有异议的,可以委托国家认定的房产测绘成果鉴定机构鉴定。故选C。

39. B

解析:《测绘地理信息业务档案管理规定》第十八条,测绘地理信息项目组织部门在完成项目验收后,应当将项目验收意见抄送档案保管机构;建档单位应当在测绘地理信息项目验收完成之日起2个月内,向项目组织部门所属的档案保管机构移交测绘地理信息业务档案,办理归档手续。故选B。

40. B

解析:《土地管理法》第三十条,国家建立全国土地管理信息系统,对土地利用状况进行动态监测。故选B。

41. B

解析:《测绘标准化工作管理办法》第十一条,对于基础地理信息数据生产及基础地理信息系统建设、更新与维护的方法、过程、质量、检验和管理等方面的技术要求,应当制定测绘国家标准。故选B。

42. D

解析:《地图审核管理规定》第十二条,国务院测绘地理信息主管部门或者省级测绘地理信息主管部门对地图内容的审查包括:
①保密审查;
②国界线、省、自治区、直辖市行政区域界线(包括中国历史疆界)和特别行政区界线;
③重要地理要素及名称等内容;
④国务院测绘地理信息主管部门规定需要审查的其他地图内容。
选项D,不在此列,是不必审查的内容。

43. C

解析:《遥感影像公开使用管理规定(试行)》第九条,从事提供或销售分辨率高于10m的卫星遥感影像活动的机构,应当建立客户登记制度,包括客户名称与性质、提供的影像覆盖范围和分辨率、用途、联系方式等内容。每半年一次向所在地省级以上测绘地理信息行政主管部门报送备案。故选C。

44. A

解析:《地图审核管理规定》第四条,下列地图由国务院测绘地理信息主管部门审核:
①世界性和全国性地图(含历史地图);
②台湾省、香港特别行政区、澳门特别行政区的地图;
③涉及国界线的省区地图;

④涉及两个以上省级行政区域的地图;
⑤全国性和省、自治区、直辖市地方性中小学教学地图;
⑥省、自治区、直辖市历史地图;
⑦引进的境外地图;
⑧世界性和全国性示意地图。
故选 A。

45. D

解析:《公开地图内容表示若干规定》第三条,公开地图和地图产品上不得表示下列内容:
①国防、军事设施,及军事单位;
②未经公开的港湾、港口、沿海潮浸地带的详细性质,火车站内站线的具体线路配置状况;
③航道水深、船闸尺度、水库库容、输电线路电压等精确数据,桥梁、渡口、隧道的结构形式和河底性质;
④未经国家有关部门批准公开发表的各项经济建设的数据等;
⑤未公开的机场(含民用、军民合用机场)和机关、单位;
⑥其他涉及国家秘密的内容。
故选 D。

46. B

解析:《测量标志保护条例》第十条,建设永久性测量标志需要占用土地的,地面标志占用土地的范围为 $36\sim100m^2$,地下标志占用土地的范围为 $16\sim36m^2$。故选 B。

47. D

解析:根据《测量标志保护条例》第九条至第十五条有关规定:国家对测量标志实行义务保管制度;国家对测量标志实行有偿使用(使用测量标志从事军事测绘任务的除外);测量标志有偿使用的收入应当用于测量标志的维护、维修,不得挪作他用;设置永久性测量标志的,应当对永久性测量标志设立明显标记;设置基础性测量标志的,还应当设立由国务院测绘地理信息主管部门统一监制的专门标牌。选项 D,描述不正确(正确描述为:设置基础性测量标志的,应当设立统一监制的专门标牌)。

48. A

解析:《测量标志保护条例》第十九条,进行工程建设,应当避开永久性测量标志;确实无法避开,需要拆迁永久性测量标志或者使永久性测量标志失去使用效能的,工程建设单

位应当履行下列批准手续:

①拆迁基础性测量标志或者使基础性测量标志失去使用效能的,由国务院测绘地理信息主管部门或者省、自治区、直辖市人民政府管理测绘工作的部门批准。

②拆迁部门专用的永久性测量标志或者使部门专用的永久性测量标志失去使用效能的,应当经设置测量标志的部门同意,并经省、自治区、直辖市人民政府管理测绘工作的部门批准。"国家二等水准点"属于基础性测量标志,该水准点的拆迁应当由国务院测绘地理信息主管部门批准。

故选 A。

**49. D**

解析:《测绘生产困难类别细则》附录三(地形图更新修测工日定额),更新修测工作量比例大于 70% 时,按重测对待。故选 D。

**50. D**

解析:依题意计算,$0.8 \times 38899.39 \times 1.3 = 40455.36$ 元,故选 D。

编者注:根据《测绘生产成本费用定额》规定,测区面积不足 1 幅的 1∶500～1∶2000 比例尺地形图按一个标准幅计算。1∶2000 比例尺地形图一个标准幅为 $1km^2$,故本题项目报价应为 $1.0 \times 38899.39 \times 1.3 = 50569.21$ 元。

**51. B**

解析:根据《测绘生产成本费用定额》总说明,项目经费预算主要考虑:影响测绘生产成本费用变动的各种经济因素和技术因素。本题,很显然,"航摄范围及比例尺"是影响本项目(测绘航空摄影项目)的测绘生产成本费用的主要因素。故选 B。

**52. C**

解析:《省级行政区域界线勘界测绘技术规定(试行)》第十五条,边界线地形图根据边界线实地调绘的大比例尺地形图严格转绘、整理而成;边界线地形图的比例尺一般为 1∶5 万,荒漠戈壁地区可用 1∶10 万比例尺,但同一条边界线的地形图比例尺应一致;边界线局部地段确因地形复杂而容易引起界线走向不清时,应同时加绘 1∶1 万比例尺边界线地形图。故选 C。

**53. D**

解析:《数字城市地理空间信息公共平台技术规范》(CH/Z 9001—2007)第五章,数字城市地理空间信息公共平台建设原则,包括:通用性、先进性、唯一性、安全性。选项 D(法定性),不在此列。

54. A

解析:《测绘技术设计规定》(CH/T 1004—2005)第5.4.2条(设计评审的实施方法),设计评审的主要内容和要求如下:

①评审依据:设计输入的内容。

②评审目的:评价技术设计文件满足要求(主要是设计输入要求)的能力;识别问题并提出必要的措施。

③评审内容:送审的技术设计文件或设计更改内容及其有关说明。

④评审方式:依据评审的具体内容确定评审的方式,包括传递评审、会议评审以及有关负责人审核等。

⑤参加评审人员:评审负责人、与所评审的设计阶段有关的职能部门的代表,必要时邀请的有关专家等。

故选 A。

55. B

解析:《重要地理信息数据审核公布管理规定》第十二条,重要地理信息数据公布时,应当注明审核、公布部门。故选B。

56. D

解析:测绘技术设计内容包括:项目(总体)设计、专业技术设计。对于数字航空摄影测量任务,其专业技术设计包括:航空摄影、航空摄影测量外业(含基础控制测量)、航空摄影测量内业等。故选项ABC,均在此列。选项D(权属调查专业设计)属于"地籍调查项目"的设计范围,与"数字航空摄影测量"项目无关。

57. D

解析:决定测绘项目设备资源配置方案的主要因素有:测区状况、工作内容、项目工期、作业方法、技术要求等,与项目"合同价款"无关,故选D。

58. A

解析:《行政区域界线测绘规范》(GB/T 17796—2009)第6.2条,界桩点的平面测量,采用静态相对定位方法观测时,应与高等级GPS控制网进行联测,联测控制点点数应不少于3。故选A。

59. D

解析:《测绘计量检定人员资格认证办法》第十四条,《计量检定员证》有效期为五年;在有效期届满九十日前,测绘计量检定人员应当按照本办法规定,向原颁证机关提出复审申请;逾期未经复审的,其《计量检定员证》自动失效。故选D。

**60. D**

解析:测绘项目承担单位,针对测绘项目的目标管理,要做好三大控制:进度控制、成本控制、质量控制。选项 D(投资控制)是甲方单位应考虑的。故选 D。

**61. B**

解析:对于地下管线作业的安全规定,选项 ACD,描述正确。对规模较大的管道,在下井调查或施放探头、电极导线时严禁采用明火照明。选项 B,描述不正确。

**62. C**

解析:《测绘仪器防霉、防雾、防锈》(CH/T 8002—1991)续表 3,关于防锈说明,外业仪器防锈用油脂,除了具有良好的防锈性能,还应具有优良的置换性,并应符合挥发性低、流散性小的要求。选项 C,描述不正确。选项 ABD,描述正确。

**63. B**

解析:《测绘地理信息业务档案管理规定》的附件"测绘地理信息业务档案保管期限表"第 4.2 条(全野外数字测图)。其中,"仪器设备检定资料"保管期限为 10 年。故选 B。

**64. C**

解析:"测绘技术总结"第二部分为"技术设计执行情况",其主要内容包括:

①作业技术依据,包括使用标准、法规和有关技术文件等;

②主要仪器设备和工具的使用及检验情况;

③作业方法,执行技术设计书和技术标准的情况,特殊问题的处理,推行应用新技术、新方法、新材料的经验教训;

④新产品项目要按工序总结生产中执行技术设计书和技术标准的情况,对发生的主要技术问题,采取的措施及其效果等,加以详细总结,对以后生产提出改进意见;

⑤保证和提高质量的主要措施,成果质量和精度的统计、分析和评价,存在的重大问题及处理意见。

选项 C,不在此列。

**65. D**

解析:"测绘技术总结"一般由四部分组成:概述、技术设计执行情况、测绘成果质量说明与评价、上交和归档成果资料清单。故选 D。

**66. B**

解析:GPS 测量内业技术总结内容包括:误差检验及相关参数、平差结果的精度估计、上交成果中尚存问题、需要说明的其他问题或改进意见、各种附表与附图等。选项 B,

是外业作业内容,不属于内业技术总结的内容,故选 B。

**67. B**

解析:"测绘技术总结"一般由四部分组成,其中第二部分为"技术设计执行情况",其主要内容包括:

①作业技术依据,包括使用标准、法规等;

②主要仪器设备及检验情况;

③作业方法,执行技术设计书和技术标准的情况,特殊问题的处理,推行应用新技术、新方法、新材料的经验教训;

④新产品项目要按工序总结生产中执行技术设计书和技术标准的情况,对发生的主要技术问题,采取的措施及其效果等,加以详细总结,对以后生产提出改进意见;

⑤保证和提高质量的主要措施,成果质量和精度的统计、分析和评价,存在的重大问题及处理意见。

故选项 B 为本题正确答案。

**68. C**

解析:《测绘成果质量检查与验收》(GB/T 24356—2009)第 4.1 条(二级检查一级验收),测绘成果质量通过二级检查一级验收方式进行控制,测绘成果应依次通过测绘单位作业部门的过程检查、测绘单位质量管理部门的最终检查和项目管理单位组织的验收或委托具有资质的质量检验机构进行质量验收。故选 C。

注意关键词:"过程检查"(作业组)、"最终检查"(测绘单位)、"验收"(项目管理单位)。

**69. D**

解析:《测绘成果质量检查与验收》(GB/T 24356—2009)第 3.1 条,为实施检查与验收而划分的基本单位:

①大地测量成果中的各级三角点、导级点、GPS 点、重力点和水准测段等以"点"或"测段"为单位;

②像片控制测量成果以"区域网"、"景"为单位;

③地形测量、地图编制、地籍测绘等测绘成果的各种比例尺地形图或影像平面图中以"幅"为单位;

④房产面积测算成果以"幢"为单位等。

选项 D,描述不正确。

**70. C**

解析:《测绘成果质量检查与验收》(GB/T 24356—2009)第 4.3 条(数字精度检测):

①高精度检测时,在允许中误差2倍以内(含2倍)的误差值均应参与数学精度统计,超过允许中误差2倍的误差视为粗差;

②同精度检测时,在允许中误差$2\sqrt{2}$倍以内(含$2\sqrt{2}$倍)的误差值均应参与数学精度统计,超过允许中误差$2\sqrt{2}$倍的误差视为粗差。

故选C。

71. B

解析:《测绘成果质量检查与验收》(GB/T 24356—2009)第4.3条(数字精度检测),检测点(边)数量少于20时,以误差的算术平均值代替中误差;大于20时,按中误差统计。故选B。

72. D

解析:《注册测绘师执业管理办法(试行)》第四条,依法取得中华人民共和国注册测绘师资格证书的人员,通过一个且只能是一个具有测绘资质的单位办理注册手续,并取得《中华人民共和国注册测绘师注册证》和执业印章后,方可以注册测绘师名义开展执业活动。故选D。

73. A

解析:《基础地理信息数据档案管理与保护规范》(CH/T 1014—2006)第4.3条,基础地理信息数据档案形成单位应指定专人负责归档材料的积累和整理工作,归档材料的完整性和准确性由单位项目负责人总负责。数据档案管理单位负责数据档案的收集、接收、保管和维护等工作,并对归档材料从形成到归档的全过程进行监督检查和指导。故选A。

74. D

解析:《基础地理信息数据档案管理与保护规范》(CH/T 1014—2006)第5.1条和5.2条(归档内容、归档要求),有关规定:数据说明文件应与基础地理信息数据成果存放在同一载体上(选项A描述不准确);归档时,应同时提交与归档材料相关的档案目录数据(选项D正确);档案形成单位应在项目完成后两个月内完成归档(选项C不正确);基础测绘数据成果应与文档材料一同归档;归档的基础地理信息数据应为最终版本;文档材料归档一份,数据成果拷贝归档两份(选项B不正确)。故选D。

75. A

解析:《基础地理信息数据档案管理与保护规范》(CH/T 1014—2006),基础地理信息数据档案建(归)档检验登记表,目录数据检验项目包括:目录数据项完整性检验、数据有效性检验、病毒检验。选项A,不在此列。

76. C

解析:《测绘法》第二十二条,测量土地、建筑物、构筑物和地面其他附着物的权属界址线,应当按照县级以上人民政府确定的权属界线的界址点、界址线或者提供的有关登记资料和附图进行。权属界址线发生变化的,有关当事人应当及时进行变更测绘。故选 C。

77. A

解析:《测绘合同》示范文本(GF-2000—0306)第十一条,自测绘工程费全部结清之日起××日内,乙方根据技术设计书的要求向甲方交付全部测绘成果。故选 A。

78. C

解析:《质量管理体系要求》(GB/T 19001—2008)第 8.5.2 条(纠正措施),组织应采取措施,以消除不合格的原因,防止不合格的再发生。纠正措施与所遇到不合格的影响程度相适应。

纠正措施有:
①评审不合格(包括顾客抱怨);
②确定不合格的原因(选项 B);
③评价确保不合格不再发生的措施和需求;
④确定和实施所需的措施(选项 D);
⑤记录所采取措施的结果(选项 A);
⑥评审所采取的纠正措施的有效性。
选项 C(消除发现的不合格),属于"不合格品控制"措施,不属于"纠正"措施。

79. A

解析:《质量管理体系要求》(GB/T 19001—2008)第 5.1 条(管理承诺),最高管理者应通过以下活动,对其建立、实施质量管理体系并持续改进其有效性的承诺提供证据(即最高管理者的职责):
①向组织传达满足顾客和法律法规要求的重要性;
②制定质量方针;
③确保质量目标的制定;
④进行管理评审;
⑤确保资源的获得。
选项 A(处理质量争议),是单位质量主管责任人(总工程师)的职责,故选 A。

80. D

解析:《测绘生产成本费用定额》总说明第 6 条:高原系数是指作业区域平均海拔高度

大于等于 3500m 时,成本费用定额增加的比例。故选 D。

**二、多项选择题(共 20 题,每题 2 分,每题的备选项中,有 2 个或 2 个以上符合题意,至少 1 个错项。错选,本题不得分;少选,所选的每个选项得 0.5 分)**

81. BCDE

**解析:** 参看《测绘地理信息业务档案管理规定》之附件:《测绘地理信息业务档案保管期限表》。档案保管期限为 10 年的有:选项 B(10.1 条)、选项 C(9.1 条)、选项 D(3.1.4.2 条)、选项 E(4.2.1 条)。故选 BCDE。选项 A(3.2.3.2 条),档案保管期限为 30 年。

82. ABDE

**解析:**《外国的组织或者个人来华测绘管理暂行办法》第七条,合资、合作测绘不得从事下列活动:

①大地测量;

②测绘航空摄影;

③行政区域界线测绘;

④海洋测绘;

⑤地形图、世界政区地图、全国政区地图、省级及以下政区地图、全国性教学地图、地方性教学地图和真三维地图的编制;

⑥导航电子地图编制;

⑦国务院测绘地理信息主管部门规定的其他测绘活动。

只有选项 C 不在此列,故选 ABDE。

83. ABCD

**解析:**《合同法》第九十四条,有下列情形之一的,当事人可以解除合同:

①因不可抗力致使不能实现合同目的;

②在履行期限届满之前,当事人一方明确表示或者以自己的行为表明不履行主要债务;

③当事人一方迟延履行主要债务,经催告后在合理期限内仍未履行;

④当事人一方迟延履行债务或者有其他违约行为致使不能实现合同目的;

⑤法律规定的其他情形。

故选 ABCD。

84. BCDE

**解析:**《基础测绘条例》第四条,基础测绘工作应当遵循统筹规划、分级管理、定期更新、保障安全的原则。故选 BCDE。

85. BCE

**解析:**《测绘标准化工作管理办法》第十二条,测绘国家标准及测绘行业标准分为强制性标准和推荐性标准。下列情况应当制定强制性测绘标准或者强制性条款:

①涉及国家安全、人身及财产安全的技术要求;
②建立和维护测绘基准与系统必须遵守的技术要求;
③国家基本比例尺地图测绘与更新必须遵守的技术要求;
④基础地理信息标准数据的生产和认定;
⑤测绘行业范围内必须统一的技术术语、符号、代码、生产与检验方法等;
⑥需要控制的重要测绘成果质量技术要求;
⑦国家法律、行政法规规定强制执行的内容及其技术要求。

各标准的编号如下:
A.《中国山脉山峰名称代码》(GB/T 22483—2008);
B.《基础地理信息标准数据基本规定》(GB 21139—2007);
C.《国家大地测量基本技术规定》(GB 22021—2008);
D.《基础地理信息数字产品元数据》(CH/T 1007—2001);
E.《导航电子地图安全处理技术基本要求》(GB 20263—2006)。

GB 表示强制性国家标准,故选 BCE。选项 A 为推荐性国家标准;选项 D 为推荐性行业标准。

86. BCDE

**解析:**《测绘生产质量管理规定》第九条,测绘单位的质量主管负责人,按照职责分工:负责质量方针、质量目标的贯彻实施,签发有关的质量文件及作业指导书;组织编制测绘项目的技术设计书,并对设计质量负责;处理生产过程中的重大技术问题和质量争议;审核技术总结;审定测绘产品的交付验收。故选 BCDE。选项 A,是最高管理者的职责。

87. ACDE

**解析:**《测绘地理信息业务档案管理规定》第十三条,测绘地理信息业务档案建档工作应当纳入测绘地理信息项目计划、经费预算、管理程序、质量控制、岗位责任。测绘地理信息项目实施过程中,应当同步提出建档工作要求,同步检查建档制度执行情况。故选 ACDE。

88. ABDE

**解析:**《关于进一步加强涉密测绘成果管理工作的通知》:
①严格遵守航空摄影成果先送审后提供使用的规定(选项 A)。
②必须严格按照先归档入库再提供使用的规定管理涉密测绘成果(选项 B)。
③要严格执行涉密测绘成果提供使用审批制度(选项 E)。县级以上测绘地理信息主

管部门要明确本机关负责成果管理的机构统一办理审批事项,不得多头审批、越级审批。

④各测绘资质单位或者测绘项目出资人依法开展测绘活动获取的涉密测绘成果,应当采取必要的措施确保成果安全。

⑤涉密测绘成果使用单位,必须依据经审批同意的使用目的和范围使用涉密测绘成果(选项D)。使用目的或项目完成后,使用单位必须按照有关规定及时销毁涉密测绘成果。如需要用于其他目的的,应另行办理审批手续(选项C不正确)。任何单位和个人不得擅自复制、转让或转借涉密测绘成果。

故选ABDE。

89. CDE

**解析:**《测绘成果管理条例》第二十三条,重要地理信息数据包括:
①国界、国家海岸线长度;
②领土、领海、毗连区、专属经济区面积;
③国家海岸滩涂面积、岛礁数量和面积;
④国家版图的重要特征点,地势、地貌分区位置;
⑤国务院测绘地理信息主管部门商国务院其他有关部门确定的其他重要自然和人文地理实体的位置、高程、深度、面积、长度等地理信息数据。

故选CDE。

90. ABCD

**解析:**《房产测绘管理办法》第十八条,用于房屋权属登记等房产管理的房产测绘成果,房地产行政主管部门应当对施测单位的资格、测绘成果的适用性、界址点准确性、面积测算依据与方法等内容进行审核。审核后的房产测绘成果纳入房产档案统一管理。故选ABCD。

91. ABDE

**解析:**《中华人民共和国地图编制出版管理条例》第三条,编制出版地图,必须遵守保密法律、法规(选项E);公开地图不得表示任何国家秘密和内部事项(选项B)。

第九条,编制地图,地图的比例尺应符合国家规定(选项D)。

第二十条,保密地图和内部地图不得以任何形式公开出版、发行或者展示(选项A正确,选项C不正确)。

故选ABDE。

92. BCE

**解析:**《测量标志保护条例》第二十二条、第二十三条。

第二十二条,测量标志受国家保护,禁止下列有损测量标志安全和使测量标志失去使用效能的行为:

①损毁或者擅自移动地下或者地上的永久性测量标志以及使用中的临时性测量标志的(选项C);

②在测量标志占地范围内烧荒、耕作、取土、挖沙或者侵占永久性测量标志用地的;

③在距永久性测量标志50m范围内采石、爆破、射击、架设高压电线的;

其他条省略。

第二十三条,有本条例第二十二条禁止的行为之一,或者有下列行为之一的,由县级以上人民政府管理测绘工作的部门责令限期改正,给予警告,并可以根据情节处以5万元以下的罚款;对负有直接责任的主管人员和其他直接责任人员,依法给予行政处分:

①干扰或者阻挠测量标志建设单位依法使用土地或者在建筑物上建设永久性测量标志的;

②工程建设单位未经批准擅自拆迁永久性测量标志或者使永久性测量标志失去使用效能的,或者拒绝按照国家有关规定支付迁建费用的(选项E);

③违反测绘操作规程进行测绘,使永久性测量标志受到损坏的(选项B);

④无证使用永久性测量标志并且拒绝县级以上人民政府管理测绘工作的部门监督和负责保管测量标志的单位和人员查询的。

故选BCE。

93. BCD

**解析**:《基础地理信息标准数据基本规定》(GB 21139—2007)第7.3条,重要地理信息数据和国务院测绘地理信息主管部门依法组织施测的其他基础地理信息数据,由国务院测绘地理信息主管部门授权的机构认定,或依法律法规规定的程序审核批准。这些数据包括:大地原点,一、二等平面控制点数据(选项D),水准原点,一、二等水准点数据(不含选项E),天文点数据,重力点数据,AA级、A级和B级卫星定位控制点数据(选项B),1:25000、1:50000、1:100000、1:250000、1:500000和1:1000000基础地理信息数据(不含测量控制点数据)(包含选项C,不含选项A)。故选BCD。

依据7.4条,选项AE,由数据表现地的省级测绘地理信息主管部门授权的机构认定。

94. ABDE

**解析**:《测绘合同》示范文本(GF-2000—0306)。

第一条:测绘范围(包括测区地点、面积、测区地理位置等);

第二条:测绘内容(包括测绘项目和工作量等);

第三条:执行技术标准;

第四条:测绘工程费;
第五条:甲方的义务;
第六条:乙方的义务;
第七条:测绘项目完成工期。
故选 ABDE。

## 95. CDE

**解析**:《测绘生产质量管理规定》第二十条,测绘单位应当在关键工序、重点工序设置必要的检验点,实施工序产品质量的现场检查。现场检验点的设置,可以根据测绘任务的性质、作业人员水平、降低质量成本等因素,由测绘单位自行确定。故选 CDE。

## 96. ACDE

**解析**:《测绘作业人员安全规范》(CH 1016—2008)第 6.1 条,内业生产作业场所的安全规定:
①照明、噪声、辐射等环境条件应符合作业要求;
②作业场所中不得随意拉设电线(选项 A);
③通风、取暖、空调、照明等用电设施要有专人管理、检修;
④面积大于 $100m^2$ 的作业场所的安全出口应不少于两个(选项 B 不对);
⑤安全出口、通道、楼梯等应保持畅通并设有明显标志和应急照明设施;
⑥作业场所应按《中华人民共和国消防法》规定配备灭火器具(选项 C);
⑦应定期进行消防设施和安全装置的有效期和能否正常使用检查;
⑧作业场所应配置必要的安全(警示)标志(选项 D);
⑨禁止在作业场所吸烟以及使用明火取暖,禁止超负荷用电(选项 E);
⑩使用电器取暖或烧水,不用时要切断电源。
故选 ACDE。

## 97. ABD

**解析**:"测绘技术总结"的一般规定:
①技术总结分项目技术总结与专业技术总结(选项 A);
②项目技术总结系指一个测绘项目在其成果验收合格后,对整个项目所作的技术总结,由承担任务的法人单位生产管理部门负责编写(选项 B);
③专业技术总结是指项目中各主要测绘专业所完成的测绘成果,在最终检查合格后,分别撰写的技术总结,由生产单位负责编写;
④技术总结经单位总工或单位主要技术负责人审核签字后(选项 D),随测绘成果、技术设计书和验收(检查)报告一并上缴和归档(选项 C 不正确);

⑤文字要简明扼要,公式、数据和图表应准确,名词、术语、符号、代号和计量单位等均应与有关法规和标准一致(选项 E 不正确)。

故选 ABD。

## 98. ABCE

**解析**：根据《测绘成果质量检查与验收》(GB/T 24356—2009)第 8.5.3 条(表 42),大比例尺地形图质量错漏分类表,属于 A 类错误的有:平面或高程起算点使用错误、地物点平面绝对位置中误差超限(选项 B)、文件命名数据格式错误(选项 E)、属性代码普遍不接边、漏有内容的层或数据层名称错(选项 C)等 12 项;属于 B 类错误的有:数据组织不正确(选项 A)、部分属性代码不接边、其他较重要的错漏等 3 项;此外,还有 C 类错误和 D 类错误。本题正确答案为 ABCE。

## 99. ACE

**解析**：《基础地理信息数据档案管理与保护规范》(CH/T 1014—2006)3.2 条,应当收集、积累、归档的基础地理信息数据的有:

①重要的原始基础地理信息数据(选项 A);

②基础测绘生产活动中形成的、以数字形式存在的、关于地球表面自然地理形态和社会经济概况的基础信息数据,包括大地测量数据、摄影测量与卫星遥感数据、数字地图数据(如数字线划图、数字栅格图、数字高程模型、数字正射影像图、土地覆盖数据、专题地图数据等)、地名数据(选项 C)、基础地理信息数据库、专题数据库等,以及上述数据的元数据(选项 E)。

故选 ACE。

## 100. BDE

**解析**：质量管理体系质量原则有八项:

①以顾客为中心;

②领导作用(选项 E);

③全员参与;

④过程方法(选项 D);

⑤管理的系统方法;

⑥持续改进(选项 B);

⑦基于事实的决策方法;

⑧互利的供方关系。

故选 BDE。

# 2016年全国注册测绘师资格考试测绘管理与法律法规

## 试　　卷

一、单项选择题(共80题,每题1分。每题的备选项中,只有1个最符合题意)

1.根据《注册测绘师制度暂行规定》,下列行为中,属于注册测绘师依法享受的权利是(　　)。

　　A.允许他人以本人名义执业
　　B.获得与执业责任相应的劳动报酬
　　C.对本单位的成果质量进行监管
　　D.以个人名义从事测绘活动,承担测绘业务

2.某单位初次申请测绘资质,按照《测绘资质管理规定》,下列专业范围中,可以受理甲级资质申请的是(　　)。

　　A.工程测量　　　　　　　　　　B.地图编制
　　C.导航电子地图制作　　　　　　D.互联网地图服务

3.某测绘公司,持有乙级测绘资质,在一次测绘获得中擅自将持有的1∶5万比例尺地形图进行复制,提交给外资公司使用,被该市国家安全部门查处。测绘资质审批机关应给予其(　　)的处罚。

　　A.降为丙级资质　　　　　　　　B.核减专业范围
　　C.注销资质证书　　　　　　　　D.暂扣资质证书6个月

4.《测绘地理信息行业信用管理办法》规定,测绘资质单位受到测绘地理信息监管部门行政处罚的,计入单位的(　　)信息。

　　A.基本　　　　　　　　　　　　B.严重失信
　　C.一般失信　　　　　　　　　　D.轻微失信

5.负责注册测绘师资格注册审查工作的部门是(　　)。

　　A.省级测绘地理信息主管部门　　B.国家测绘地理信息局
　　C.受聘测绘单位　　　　　　　　D.县级以上人力资源主管部门

6.根据合同法,下列合同中,属于有效合同的是(　　)。

A. 损害社会公共利益的合同

B. 限制民事行为能力人订立的纯获利益的合同

C. 以合法形式掩盖非法目的的合同

D. 以胁迫手段强制订立的合同

7.根据招标投标法,招标人对已发出的招标文件进行必要的澄清时,应按招标文件要求提交投标文件截止时间至少( )日前,以书面形式通知所有标书收受人。

    A.七　　　　　　B.十　　　　　　C.十五　　　　　　D.二十

8.某开发区将本区的不动产测绘业务发包给具备不动产测绘业务资质的 A 公司。根据工作需要,A 公司依法将部分不动产测绘业务分包给具有甲级测绘资质的 B 公司。项目完成后,经质量抽查,由 B 公司完成的项目中存在部分质量不合格产品。根据《测绘地理信息管理办法》,下列说法正确的是( )。

    A. B 公司负责

    B. A 公司负完全责任

    C. A、B 公司共同负责

    D. A 公司负次要责任,B 公司负主要责任

9.根据测绘法有关规定,测绘资质单位测制的测绘成果质量不合格,情节严重的,可给予的行政处罚是( )。

    A. 责令重测

    B. 没收违法所得

    C. 降低资质等级直至吊销测绘资质证书

    D. 责令补测,赔偿用户损失

10.注册测绘师延续注册、重新申请注册和逾期初始注册的必备条件是( )。

    A. 脱产培训　　　　　　　B. 考试合格

    C. 继续教育　　　　　　　D. 技术水平

11.下列关于基础测绘年度计划的说法中,正确的是( )。

    A. 海南省基础测绘年度计划由海南省测绘地理信息局负责编制,并报经国家测绘地理信息局批准

    B. 国务院发展改革部门会同国家测绘地理信息局编制全国基础测绘年度计划

    C. 陕西省铜川市测绘地理行政主管部门负责编制本市基础测绘年度计划,并报

铜川市人民政府备案

D. 海南省基础测绘年度计划由海南省发展计划部门编制,并报海南省政府备案

12. "中华人民共和国注册测绘师注册证"的注册有效期为(　　)年。

  A. 2      B. 3      C. 5      D. 10

13. 下列行为中,属于不正当竞争行为的是(　　)。

  A. 季节性降价

  B. 以低于成本的价格销售商品来占有市场

  C. 处理有效期即将到期的商品

  D. 转产降价销售商品

14. 下列代码中,表示行业标准的是(　　)。

  A. GD     B. GB/T     C. CH/T     D. GBJ

15. 根据《测绘地理信息管理办法》,实施测绘地理信息项目应坚持的原则是(　　)。

  A. 先设计后生产      B. 边设计边生产

  C. 先生产再设计      D. 根据需要确定设计与生产的关系

16. 根据测绘法,下列部门中,可作出暂扣测绘资质证书的行政处罚决定的部门是(　　)。

  A. 县级以上测绘地理信息行政主管部门

  B. 颁发测绘资质证书的部门

  C. 当地工商行政管理部门

  D. 违法行为发生地测绘地理信息行政主管部门

17. 测绘作业证的注册核准有效期为(　　)年。

  A. 2      B. 3      C. 5      D. 8

18. 国家对从事测绘活动的单位实行测绘资质管理制度,根据《测绘资质管理规定》,测绘资质的等级分为(　　)级。

  A. 综甲、甲、乙、丙、丁五级      B. 甲、乙、丙、丁四级

  C. 特甲、甲、乙、丙、丁五级      D. 甲、乙、丙三级

19. 某公司申请了工程测量、不动产测量两个专业范围的测绘资质证书,根据《测绘资质分级标准》对该公司人员数量的要求是(　　)。

　　A. 两个专业要求人员数量之和

　　B. 达到其中一个专业人员数量的 1.5 倍

　　C. 对人员数量不累加计算

　　D. 根据实际,酌情处理

20. 外国的组织或者个人在我国领域从事测绘活动,必须依法采取的形式(　　)。

　　A. 委托、合资　　　　　　　　　　B. 合资、合作

　　C. 委托、合作　　　　　　　　　　D. 投资、协作

21. 根据测绘成果管理条例,使用财政资金以外的其他资金完成的测绘项目,负责汇交测绘成果资料的是(　　)。

　　A. 测绘项目出资人　　　　　　　　B. 测绘项目承担单位

　　C. 测绘项目监理单位　　　　　　　D. 测绘项目管理部门

22. 根据测绘成果管理条例,下列测绘成果中,不属于基础测绘成果的是(　　)。

　　A. 基础航空摄影所获得的数据影像资料

　　B. 国家基本比例尺地图

　　C. 正式印刷的教学地图

　　D. 基础地理信息系统的数据信息等

23. 根据测绘成果管理条例,测绘地理信息主管部门自收到汇交的测绘成果副本或者目录之日起(　　)个工作日内,应当将其移交给测绘成果保管单位。

　　A. 5　　　　　　B. 10　　　　　　C. 15　　　　　　D. 20

24. 根据测绘成果管理条例,对外提供属于国家秘密的测绘成果,测绘地理信息主管部门在审批前应征求(　　)的意见。

　　A. 省级以上保密行政管理部门　　　B. 省级以上国家安全机关

　　C. 军队有关部门　　　　　　　　　D. 外交部门

25. 根据涉密测绘地理信息安全管理相关规定,使用单位应在涉密测绘成果使用完成后(　　)个月内,销毁申请使用的涉密测绘成果。

A. 1　　　　　　　B. 2　　　　　　　C. 3　　　　　　　D. 6

26. 根据涉密测绘成果管理相关规定,涉密测绘成果必须按照被许可的(　　)使用。

　　A. 使用目的和范围　　　　　　　B. 使用范围和时间
　　C. 使用目的和时间　　　　　　　D. 使用时间和保证

27. 根据《基础测绘成果提供使用管理暂行办法》,提供、使用不涉及国家秘密的基础测绘成果的相应管理办法由(　　)制定。

　　A. 县级以上测绘地理信息主管部门　　B. 测绘成果资料保管单位
　　C. 测绘项目的出资人　　　　　　　　D. 省级以上测绘地理信息主管部门

28. 根据测绘成果管理条例国家要对重要的地理信息数据实行(　　)制度。

　　A. 统一监督与管理　　　　　　　B. 统一审核与管理
　　C. 统一公布与监督　　　　　　　D. 统一审核与公布

29. 根据测绘成果管理条例,在建立以地理信息数据为基础的信息系统过程中,对利用不符合国家标准的基础地理信息数据的行为,除责令改正、给予警告外,可以处以(　　)万元以下的罚款。

　　A. 50　　　　　　B. 10　　　　　　C. 5　　　　　　D. 1

30. 根据测绘法,省级行政区域界线的标准画法图,由(　　)拟订。

　　A. 国务院民政部门
　　B. 国务院测绘地理信息主管部门
　　C. 相邻省级人民政府
　　D. 国务院民政部门和国务院测绘地理信息主管部门

31. 根据行政区域界线管理条例,负责编制省级行政区域界线详图的部门是(　　)。

　　A. 国务院测绘地理信息主管部门　　B. 省级测绘地理信息主管部门
　　C. 国务院民政部门　　　　　　　　D. 省级民政部门

32. 根据测绘法,组织管理地籍测绘的部门是(　　)。

　　A. 省级以上测绘地理信息主管部门　　B. 省级以上土地行政主管部门
　　C. 县级以上测绘地理信息主管部门　　D. 县级以上土地行政主管部门

33. 根据《房产测绘管理办法》，下列成果中，不属于房产测绘成果的是（ ）。

    A. 不动产登记簿　　　　　　　　B. 房产簿册
    C. 房产数据　　　　　　　　　　D. 房产图集

34. 根据地图管理条例，在地图上绘制中华人民共和国国界，应当按照中国国界线（ ）绘制。

    A. 有关参考样图　　　　　　　　B. 画法参考样图
    C. 有关标准样图　　　　　　　　D. 画法标准样图

35. 地图管理条例规定，国家对向社会公开的地图实行（ ）制度。

    A. 审查　　　　B. 审核　　　　C. 核准　　　　D. 备案

36. 根据地图管理条例，下列地图中，需要向国务院测绘地理信息行政主管部门审批的是（ ）。

    A. 广东省地图　　　　　　　　　B. 江苏省政区图
    C. 河北省全图　　　　　　　　　D. 澳门特别行政区地图

37. 根据地图管理和资质管理相关规定，下列关于互联网地图服务单位从事相应活动的说法中，错误的是（ ）。

    A. 应当使用经依法批准的地图
    B. 加强对互联网地图新增内容的核查校对
    C. 可以从事导航电子地图制作等相关业务
    D. 新增内容按照有关规定向省级以上测绘地理信息主管部门备案

38. 根据《测绘资质管理规定》，测绘资质单位的部分专业范围不符合相应资质标准条件的，应当依法给予（ ）。

    A. 降低资质等级　　　　　　　　B. 核减相应业务范围
    C. 责令限期改正　　　　　　　　D. 吊销测绘资质证书

39. 根据《测绘资质分级标准》，下列专业技术人员中，计入测绘专业技术人员数量的是（ ）。

    A. 年龄超过65周岁的人员　　　　B. 兼职人员
    C. 财务管理专业的会计人员　　　D. 大地测量工程师

40. 根据测量标志保护条例,工程建设单位经批准拆迁永久性测量标志,但拒绝按照国家有关规定支付迁建费用的,由县级以上测绘地理信息主管部门责令限期改正,给予警告,并可以根据情节处以（　　）万元以下的罚款。

  A. 1　　　　　　B. 3　　　　　　C. 5　　　　　　D. 10

41. 根据《测绘地理信息质量管理办法》,下列测绘成果的验收方式中,适用于基础测绘项目、测绘地理信息专项和重大建设工程测绘地理信息项目的是（　　）。

  A. 材料验收　　　B. 会议验收　　　C. 质量检验　　　D. 用户试用检查

42. 下列关于测绘资质证书的说法中,错误的是（　　）。

  A. 测绘资质证书分为正本和副本　　　B. 正本、副本具有同等法律效力
  C. 由国家人社部统一印制　　　　　　D. 由国家测绘地理信息局统一印制

43. 根据《质量管理体系基础和术语》,下列原则中,不属于质量管理原则的是（　　）。

  A. 领导作用原则　　　B. 全员参与原则
  C. 经验管理原则　　　D. 持续改进原则

44. 根据《测绘生产成本费用定额》,下列地籍测绘工作中,经费没纳入成本费用的是（　　）。

  A. 地籍调查、界址点标定　　　B. 图根控制测量
  C. 界址点测量　　　　　　　　D. 宗地图绘制

45. 根据《国家测绘应急保障预案》,不属于测绘应急保障措施内容的是（　　）。

  A. 做好测绘应急保障成果资料储备工作
  B. 完善测绘应急保障基础设施
  C. 及时对国家测绘应急保障工作宣传报道
  D. 加快测绘应急高技术攻关

46. 根据《测绘生产成本费用定额》,全野外地形数据采集编辑项目中,要求基础数字线划图满足地籍图、房产图精度需要时的费用定额增加幅度是（　　）。

  A. 10%　　　　　B. 20%　　　　　C. 30%　　　　　D. 40%

47. 根据《测绘工程产品价格》,测绘工程产品合同价格可在测绘工程产品价格基础上上下浮动（　　）。

A. 10％ B. 15％ C. 20％ D. 30％

48.根据《测绘技术设计规定》,技术设计文件中采用新技术、新方法、新工艺的应进行验证。下列验证方法中,不宜采用的是( )。

A. 试验 B. 模拟
C. 试用 D. 对照类似的测绘成果

49.根据《测绘技术设计规定》,设计评审的依据是( )。

A. 设计输入内容 B. 技术设计文件
C. 测绘项目价格 D. 设计验证报告

50.根据《测绘技术设计规定》,测绘技术设计文件的审批主体是( )。

A. 承担测绘任务的单位技术负责人 B. 测绘任务的委托单位
C. 测绘任务的监理单位 D. 承担测绘任务的法人单位

51.根据《测绘技术设计规定》,下列有关单位中,负责编写测绘专业技术设计的是( )。

A. 承担项目的法人单位 B. 承担相应测绘专业任务的法人单位
C. 项目的监理单位 D. 项目立项报批单位

52.在项目组织过程中,正确的顺序为( )。

A. 作业工序分解→人员配备和设备配备→目标分解
B. 目标分解→人员配备和设备配备→作业工序分解
C. 人员配备和设备配备→目标分解→作业工序分解
D. 目标分解→作业工序分解→人员配备和设备配备

【注:因原题丢失,本题为模拟题】

53.下列因素中,不属于测绘项目中人力资源配置的是( )。

A. 工作内容 B. 项目工期 C. 合同价款 D. 技术要求

54.根据《测绘地理信息质量管理办法》,下列监理单位依法开展监理工作的说法中,错误的是( )。

A. 监理单位资质符合性要求 B. 监理工作实施符合相关规定
C. 监理单位对出具的监理质量报告负责 D. 监理单位对项目成果质量负责

55. 根据《测绘生产质量管理规定》，下列质量管理工作内容中，不属于单位法定代表人职责的是（　　）。

　　A. 签发质量手册　　　　　　　　　　B. 确定本单位质量方针

　　C. 确定本单位的质量目标　　　　　　D. 签发有关质量文件

56. 根据《测绘地理信息质量管理办法》，充任测绘地理信息项目的技术和质量检验等关键岗位负责人的必需条件是（　　）。

　　A. 注册测绘师　　　　　　　　　　　B. 测绘工程师

　　C. 3年以上的测绘高级工程师　　　　D. 经单位培训考核通过的技术人员

57. 根据国家测绘地理信息局《关于进一步做好应急测绘保障服务工作的通知》，下列自然灾害发生后测绘应急保障工作内容的说法中，错误的是（　　）。

　　A. 及时启动应急保障预案

　　B. 重新制定受灾区域的基础测绘规划

　　C. 各部门应积极配合，为应急测绘成果提供绿色通道

　　D. 根据受灾区域情况，及时开展资料收集、实地测量、数据处理和加工

58. 根据《测绘作业安全管理规定》，下列做法错误的是（　　）。

　　A. 对进入测区的作业人员进行安全意识教育和安全技能培训

　　B. 在沙漠、荒漠、人烟稀少等地区作业过程中，单车作业应当进行全面加固

　　C. 作业车辆应配备适宜的轮胎，且每车有双备胎

　　D. 作业车辆油压、气压低时应低挡行驶

59. 根据《测绘作业人员安全规范》，下列外业出测前的准备工作中，错误的是（　　）。

　　A. 对进入测区的所有作业人员进行安全意识教育和安全技能培训

　　B. 对所有作业人员熟练使用通信、导航定位等安全保障设备进行培训

　　C. 进行专项防疫培训后进入高致病疫区作业

　　D. 制订行车计划，对车辆进行安全检查

60. 根据《测绘仪器防霉、防雾、防锈》，下列测绘仪器三防中，错误的是（　　）。

　　A. 带有电器装置的仪器在保管期内应一年通电干燥一次

　　B. 保管室不能保证恒温、恒湿时，须做到通风、干燥、防尘

　　C. 仪器室相对湿度控制在70%以下

D. 新购仪器进行一次全面的三防性能检查,并建立三防保养档案

61. 下列关于测绘专业技术总结编写的说法中,正确的是( )。

   A. 测绘专业技术总结由测绘单位技术人员编写

   B. 测绘专业技术总结由测绘单位技术负责人编写

   C. 测绘专业技术总结由测绘单位负责人编写

   D. 测绘专业技术总结由项目委托单位审核

62. 根据《测绘成果质量检查与验收》,下列质量检查项中,属于平面控制测量的数学精度质量子元素检查项的是( )。

   A. 归心元素、天线高测定方法的正确性

   B. 起算点的兼容性及分布合理性

   C. 点位满足观测条件的符合情况

   D. 边长相对中误差与设计书的符合情况

63. 根据《测绘成果质量检查与验收》,单位成果质量要求中的全部检查项检查是( )。

   A. 全数检查    B. 详查    C. 概查    D. 抽查

64. 根据《测绘成果质量检查与验收》,过程检查采用的方法是( )。

   A. 简单随机抽样              B. 分层随机抽样

   C. 全数检查                  D. 概查

65. 根据《测绘成果质量检查与验收》,下列关于批成果质量核定的要求中,正确的是( )。

   A. 验收单位根据批成果质量等级,核定样本质量等级

   B. 测绘单位未评定批成果质量等级的,以验收单位评定的样本质量等级作为批成果质量等级

   C. 验收单位评定的样本质量等级与测绘单位评定的批成果质量等级不一致时,以测绘单位评定的批成果质量等级作为批成果质量等级

   D. 批成果质量等级根据测绘单位的样本质量等级和批成果质量等级共同核定

66. 根据《测绘成果质量检查与验收》,高精度检测时,中误差计算公式是( )。

   A. $M=\pm\sqrt{\dfrac{\sum_{i=1}^{n}\Delta_i^2}{n-1}}$    B. $M=\pm\sqrt{\dfrac{\sum_{i=1}^{n}\Delta_i^2}{n}}$    C. $M=\pm\sqrt{\dfrac{\sum_{i=1}^{n}\Delta_i^2}{2n}}$    D. $M=\pm\sqrt{\dfrac{\sum_{i=1}^{n}\Delta_i^2}{2n-1}}$

67. 根据《测绘成果质量监督抽查管理办法》,受检单位对监督检验结论有异议,提出书面异议报告,检验单位应自收到受检单位书面异议报告之日起( )工作日做出复检结论。

  A. 5      B. 10      C. 15      D. 20

68. 根据《测绘管理工作国家秘密范围的规定》,下面所列的国家基本比例尺地形图及其数字化成果中,定为秘密级的是( )。

  A. 1∶25万    B. 1∶2.5万    C. 1∶5万    D. 1∶10万

69. 下列关于涉密测绘成果管理的要求中,正确的是( )。

  A. 涉密测绘成果实行统一保管和提供使用
  B. 造成测绘成果泄密的,必须依法追究相关人员的刑事责任
  C. 涉密测绘成果的多级衍生品可以公开使用
  D. 测绘成果保管单位使用涉密测绘成果不需要审批

70. 根据《测绘管理工作国家秘密范围的规定》,下列测绘成果中,定位绝密级的是( )。

  A. 国家大地坐标系、地心坐标系之间的相互转换参数
  B. 重力加密点成果
  C. 线路长度超过1000km的国家等级水准网成果资料
  D. 山东省青岛市GPSC级网控制点坐标成果

71. 根据《测绘地理信息业务档案管理规定》,下列关于保管期满的测绘地理信息业务档案处理的说法中,错误的是( )。

  A. 档案保管机构对保管期满的测绘地理信息业务档案提出鉴定意见
  B. 鉴定意见需报同级测绘地理信息行政主管部门批准
  C. 对不具有保存价值的档案登记、造册、销毁
  D. 禁止擅自销毁测绘地理信息业务档案

72. 根据《测绘地理信息业务档案保管期限表》,项目工作总结与技术总结的保存期限为( )。

  A. 5年     B. 10年     C. 20年     D. 永久

73. 根据《基础地理信息数据档案管理与保护规范》,下列关于数据档案归档管理的说法中,正确的是( )。

A. 基础地理信息数据归档资料的完整性和准确性由单位总工程师总负责

B. 档案形成单位应在项目完成后两个月内完成归档

C. 数据说明文件与基础地理信息数据成果分载体存放

D. 归档后的数据成果不得替换

74. 根据《基本地理信息数据档案管理与保护规范》，下列关于数据档案销毁的要求中，错误的是（  ）。

A. 数据档案销毁前应履行审批程序

B. 销毁数据档案时，异地储存的数据档案同时销毁

C. 数据档案逻辑或物理销毁后，应从计算机系统中将其彻底清除

D. 数据档案销毁时应有数据档案管理单位派员监销，防止泄密

75. 签订合同的测绘项目完成后，工程费结算的依据是（  ）。

A. 测绘生产成本费用定额

B. 测绘工程产品价格

C. 测绘技术要求

D. 测绘项目合同

76. 测绘合同签订后，由于甲方工程停止而终止，并且乙方未进入现场工作，双方没有约定定金。根据《测绘合同》示范文本，甲方应偿付乙方预算工程费的（  ）。

A. 5%　　　　　B. 10%　　　　　C. 20%　　　　　D. 30%

77. 根据《质量管理体系要求》(2008年版)，下列关于文件控制的说法中，错误的是（  ）。

A. 文件经过修订更新，使用前需再次批准

B. 组织应对外来文件进行识别，并控制其分发

C. 文件经修订更新后，在任何情况下都不能使用修订更新前的文件

D. 保留作废的文件，需对其适当标识

78. 根据《质量管理体系要求》(2008年版)，下列关于质量方针的说法中，错误的是（  ）。

A. 管理者代表负责制定质量方针

B. 质量方针应与组织的宗旨相适应

C. 质量方针是制定和评审质量目标的框架

D. 管理评审时应对质量方针持续的适宜性进行评审

79. 根据《测绘资质分级标准》(2008年版),下列专业范围中,设立丙级测绘资质的是( )。

    A. 摄影测量与遥感　　　　　　　　B. 地图编制

    C. 测绘航空摄影　　　　　　　　　D. 互联网地图服务

80. 根据《质量管理体系要求》(2008年版),不属于顾客财产的是( )。

    A. 顾客提供的软件　　　　　　　　B. 顾客认可的供方样品

    C. 顾客提供的产品图样　　　　　　D. 顾客的个人信息

二、多项选择题(共20题,每题2分。每题的备选项中,有2个以上符合题意,至少有1个错项。错选,本题不得分;少选,所选的每个选项得0.5分)

81. 从事基础测绘活动应当使用全国统一的测绘基准,包括( )。

    A. 深度基准　　　　　　　　　　　B. 长度基准

    C. 高程基准　　　　　　　　　　　D. 大地基准

    E. 极坐标基准

82. 某公司经申请获得了丙级工程测绘资质。按照测绘地理信息质量管理的有关规定,该公司在质量管理方面应当设立( )。

    A. 质量管理机构　　　　　　　　　B. 专职质量管理人员

    C. 专职质量检查人员　　　　　　　D. 质量检查机构

    E. 计量检查人员

83. 下列关于测绘活动的说法中,正确的有( )。

    A. 测绘单位可以超越资质等级许可范围从事测绘活动

    B. 测绘单位不得将承包的测绘项目转包

    C. 测绘单位不得以其他测绘单位名义从事测绘活动

    D. 任何单位和个人不得妨碍、阻挠测绘人员依法进行测绘活动

    E. 领取新的测绘资质证书的同时,应将原测绘资质证书交回测绘资质审批机关

84. 基础测绘项目承担单位应当具备的条件包括( )。

    A. 具有与所承担的基础测绘项目相应等级的测绘资质

    B. 国家企、事业单位

    C. 具备健全的保密制度和完善的保密设施

D. 能严格执行有关保守国家秘密法律、法规的规定

E. 专业技术人员超过单位人员的60%

85. 根据地图管理条例,编制地图应当遵守国家有关地图内容表示的规定。根据规定,下列内容中,地图上不得表示的有(    )。

  A. 危害国家统一、主权和领土完整的

  B. 危害国家安全,损害国家荣誉和利益的

  C. 属于国家秘密的

  D. 影响民族团结、侵害民族风俗习惯的

  E. 政府驻地及名称

86. 根据测绘成果管理条例,测绘成果保管单位需要采取的测绘成果资料管理措施有(    )。

  A. 配备必要的设施

  B. 建立健全测绘成果资料的保管制度

  C. 对外提供涉密测绘成果,需要经单位领导审批

  D. 对基础测绘成果资料实行异地备份存放制度

  E. 对涉密人员实行分类管理

87. 根据涉密测绘成果管理相关规定,测绘地理信息主管部门对申请使用涉密测绘成果的审核内容包括(    )。

  A. 使用目的与申请范围

  B. 使用理由与时间

  C. 保密制度建设情况

  D. 涉密测绘成果保管使用环境设施条件

  E. 核心涉密人员持证上岗情况

88. 根据《基础测绘成果提供使用管理暂行办法》,申请使用基础测绘成果应当符合的条件有(    )。

  A. 有明确的合法的使用目的

  B. 申请的范围与使用目的相一致

  C. 申请的种类与使用范围相对应

  D. 申请的精度与使用目的相一致

E. 符合国家的保密法律法规及政策

89. 根据测绘成果管理条例,下列地理信息数据中,属于重要地理信息数据的有( )。

　　A. 国界、国家海岸线长度
　　B. 国家版图的重要特征点,地势、地貌分区位置
　　C. 经济特区、开发区面积
　　D. 领土、领海、毗连区、专属经济区面积
　　E. 经某省级人民政府组织相关部门勘定的省级界线长度

90. 根据地图管理条例,下列地图中,不需要送审的有( )。

　　A. 时事宣传图　　　　　　　　B. 北京市全图
　　C. 景区图　　　　　　　　　　D. 街区图
　　E. 地铁线路图

91. 根据《城市地理信息系统设计规范》,城市地理信息系统设计应遵循的基本原则包括( )。

　　A. 实用性原则　　　　　　　　B. 标准化、规范化原则
　　C. 可行性原则　　　　　　　　D. 通用性原则
　　E. 先进性原则

92. 按照《测绘生产困难类别细则》,划分测绘项目困难类别的主要依据包括( )。

　　A. 产品形式　　　　　　　　　B. 测绘工作内容
　　C. 技术工艺条件　　　　　　　D. 测区自然环境条件
　　E. 设备装备水平

93. 根据《城市地理信息系统设计规范》,城市地理信息系统应当具备的基本功能包括( )。

　　A. 数据输入　　　　　　　　　B. 数据编辑
　　C. 数据处理　　　　　　　　　D. 数据查询、检索和统计
　　E. 系统的自我完善

94. 根据《测绘技术设计规定》,项目设计书中质量保证措施和要求的内容包括( )。

　　A. 组织管理　　　　　　　　　B. 资源保证

C. 质量控制 D. 测绘作业安全

E. 数据安全

95. 根据《测绘技术设计规定》,项目设计书对项目进度安排的内容包括( )。

   A. 划分作业区的困难类别

   B. 项目工程价格

   C. 根据设计方案分别计算统计各工序的工作量

   D. 说明计划投入的生产实力

   E. 参照有关生产定额,分别列出年度进度计划和各工序衔接计划

96. "测绘技术总结"一般由四部分组成。以下选项中,属于"测绘技术总结"组成内容的是( )。

   A. 项目概述 B. 技术设计评审情况

   C. 技术设计执行情况 D. 测绘成果质量说明和评价

   E. 上交和归档的成果及其资料清单

97. 根据《数字测绘成果质量检查与验收》,数字测绘成果质量检查的方法有( )。

   A. 首幅图检查 B. 参考数据比对

   C. 野外实测 D. 内部检查

   E. 过程检查

98. 下列关于涉密测绘成果管理的要求中,正确的是( )。

   A. 航空摄影成果须先送审后提供使用

   B. 涉密测绘成果须先归档入库再提供使用

   C. 使用单位按规定获得涉密成果,项目完成后可以按涉密成果在本单位保存

   D. 使用单位按规定获得涉密成果后,如需用于其他目的,应另行办理审批手续

   E. 涉密测绘成果使用中造成泄密事件的都要依法追究其刑事责任

99. 根据《基础地理信息数据档案管理与保护规范》,归档的基础地理信息数据成果应包含( )。

   A. 最终的数据成果 B. 重要的原始数据成果

   C. 文档材料 D. 相关软件

   E. 数据说明文件

100. 根据《质量管理体系要求》(2008年版)，对不合格品处置适当的有（　　）。

A. 采取措施、消除发现的不合格
B. 不合格品纠正后即可交付使用
C. 标注说明，让步使用、放行不合格
D. 对不合格品进行标识和隔离，并报废处理
E. 投入使用后发现的不合格品，可采用维修的方式处置

# 2016年全国注册测绘师资格考试测绘管理与法律法规试卷参考答案及解析

一、单项选择题(共80题,每题1分。每题的备选项中,只有1个最符合题意)

**1. B**

解析:《注册测绘师制度暂行规定》第三十四条,注册测绘师享有下列权利:

(1)使用注册测绘师称谓;

(2)保管和使用本人的"中华人民共和国注册测绘师注册证"和执业印章;

(3)在规定的范围内从事测绘执业活动;

(4)接受继续教育;

(5)对违反法律、法规和有关技术规范的行为提出劝告,并向上级测绘地理信息主管部门报告;

(6)获得与执业责任相应的劳动报酬;

(7)对侵犯本人执业权利的行为进行申诉。

**2. C**

解析:《测绘资质管理规定》第十六条,初次申请测绘资质不得超过乙级。测绘资质单位申请晋升甲级测绘资质的,应当取得乙级测绘资质满2年。申请的专业范围只设甲级的,不受前款规定限制。根据《测绘资质分级标准》,只有导航电子地图制作专业只设甲级。

**3. C**

解析:《测绘资质管理规定》第三十三条,测绘资质单位在从事测绘活动中,因泄露国家秘密被国家安全机关查处的,测绘资质审批机关应当注销其测绘资质证书。

**4. B**

解析:《测绘地理信息行业信用管理办法》第十三条,测绘资质单位受到测绘地理信息行政主管部门及相关部门行政处罚的,计入该单位的严重失信信息,自该信息生效之日起两年内不得申请晋升测绘资质等级或者新增专业范围。

**5. A**

解析:《注册测绘师执业管理办法(试行)》第五条,申请注册测绘师注册程序如下:

(1)申请人填写注册申请表;

(2)注册单位审核后,报省级测绘地理信息行政主管部门;

(3)省级测绘地理信息行政主管部门审查并提出意见后报国家测绘地理信息局；

(4)国家测绘地理信息局审批；

(5)国家测绘地理信息局做出批准注册决定后在国家测绘地理信息局网站公布。

6. B

解析：《合同法》第四十七条，限制民事行为能力人订立的合同，经法定代理人追认后，该合同有效，但纯获利益的合同或者与其年龄、智力、精神健康状况相适应而订立的合同，不必经法定代理人追认。

第五十二条，有下列情形之一的，合同无效：

(1)一方以欺诈、胁迫的手段订立合同，损害国家利益；

(2)恶意串通，损害国家、集体或者第三人利益；

(3)以合法形式掩盖非法目的；

(4)损害社会公共利益；

(5)违反法律、行政法规的强制性规定。

7. C

解析：《招标投标法》第二十三条，招标人对已发出的招标文件进行必要的澄清或者修改的，应当在招标文件要求提交投标文件截止时间至少十五日前，以书面形式通知所有招标文件收受人。该澄清或者修改的内容为招标文件的组成部分。

8. B

解析：《测绘地理信息管理办法》第二十四条，测绘地理信息项目依照国家有关规定实行项目分包的，分包出的任务由总承包方向发包方负完全责任。

9. C

解析：《测绘法》第六十三条，违反本法规定，测绘成果质量不合格的，责令测绘单位补测或者重测；情节严重的，责令停业整顿，并处降低测绘资质等级或者吊销测绘资质证书；造成损失的，依法承担赔偿责任。故选C。

10. C

解析：《注册测绘师制度暂行规定》第二十七条，继续教育是注册测绘师延续注册、重新申请注册和逾期初始注册的必备条件。在每个注册期内，注册测绘师应按规定完成本专业的继续教育。注册测绘师继续教育，分必修课和选修课，在一个注册期内必修课和选修课均为60学时。

11. B

解析：《基础测绘条例》第十条，国务院发展改革部门会同国务院测绘地理信息主管部门，编制全国基础测绘年度计划。县级以上地方人民政府发展改革部门会同同级测绘地理信息主管部门，编制本行政区域的基础测绘年度计划，并分别报上一级主管部门备案。只有选项B描述正确。

12. B

解析：《注册测绘师制度暂行规定》第十七条，"中华人民共和国注册测绘师注册证"每一注册有效期为3年。"中华人民共和国注册测绘师注册证"和执业印章在有效期限内是注册测绘师的执业凭证，由注册测绘师本人保管、使用。

13. B

解析：《反不正当竞争法》第十一条，经营者不得以排挤对手为目的，以低于成本的价格销售商品。有下列情形之一的，不属于不正当行为：
(1)销售鲜活商品；
(2)处理有效期限即将到期的商品或者其他积压的商品；
(3)季节性降价；
(4)因清偿债务、转产、歇业降价销售商品。

14. C

解析：国家标准的代号(GB)是由汉字(国标)拼音大写字母构成，强制性国家标准代号为"GB"，推荐性国家标准的代号为"GB/T"（备注：T为汉字"推"拼音大写字母）。行业标准代号(CH)由汉字拼音(测绘)大写字母组成，再加上斜线T，表示推荐性行业标准。

15. A

解析：《测绘地理信息管理办法》第十九条，测绘单位应建立合同评审制度，确保具有满足合同要求的实施能力。测绘地理信息项目实施，应坚持先设计后生产，不允许边设计边生产，禁止没有设计进行生产。技术设计文件需要审核的，由项目委托方审核批准后实施。

16. B

解析：《测绘法》第六十六条，本法规定的降低测绘资质等级、暂扣测绘资质证书、吊销测绘资质证书的行政处罚，由颁发测绘资质证书的部门决定；其他行政处罚，由县级以上人民政府测绘地理信息主管部门决定。

17. B

解析:《测绘作业证管理规定》第十三条,测绘作业证由省、自治区、直辖市人民政府测绘地理信息主管部门或者其委托的市(地)级人民政府测绘地理信息主管部门负责注册核准。每次注册核准有效期为三年。注册核准有效期满前三十日内,各测绘单位应当将测绘作业证送交单位所在地的省、自治区、直辖市人民政府测绘地理信息主管部门或者其委托的市(地)级人民政府测绘地理信息主管部门注册核准。过期不注册核准的测绘作业证无效。

18. B

解析:《测绘资质管理规定》第四条,测绘资质分为甲、乙、丙、丁四级。测绘资质的专业范围划分为:大地测量、测绘航空摄影、摄影测量与遥感、地理信息系统工程、工程测量、不动产测绘、海洋测绘、地图编制、导航电子地图制作、互联网地图服务。测绘资质各专业范围的等级划分及其考核条件由《测绘资质分级标准》规定。

19. C

解析:《测绘资质分级标准》通用标准2.3,同一单位申请两个以上专业范围的,对人员数量的要求不累加计算。

20. B

解析:《测绘法》第八条,外国的组织或者个人在中华人民共和国领域和中华人民共和国管辖的其他海域从事测绘活动,应当经国务院测绘地理信息主管部门会同军队测绘部门批准,并遵守中华人民共和国有关法律、行政法规的规定。外国的组织或者个人在中华人民共和国领域从事测绘活动,应当与中华人民共和国有关部门或者单位合作进行,并不得涉及国家秘密和危害国家安全。

21. A

解析:《测绘成果管理条例》第六条,中央财政投资完成的测绘项目,由承担测绘项目的单位向国务院测绘地理信息主管部门汇交测绘成果资料;地方财政投资完成的测绘项目,由承担测绘项目的单位向测绘项目所在地的省、自治区、直辖市人民政府测绘地理信息主管部门汇交测绘成果资料;使用其他资金完成的测绘项目,由测绘项目出资人向测绘项目所在地的省、自治区、直辖市人民政府测绘地理信息主管部门汇交测绘成果资料。本题为使用其他资金完成的测绘项目,故选A。

22. C

解析:《基础测绘条例》第二条,本条例所称基础测绘,是指建立全国统一的测绘基准和测绘系统,进行基础航空摄影,获取基础地理信息的遥感资料,测制和更新国家基本比例尺地图、影像图和数字化产品,建立、更新基础地理信息系统。

23. B

解析：《测绘成果管理条例》第十条，测绘地理信息主管部门自收到汇交的测绘成果副本或者目录之日起10个工作日内，应当将其移交给测绘成果保管单位。

24. C

解析：《测绘成果管理条例》第十八条，对外提供属于国家秘密的测绘成果，应当按照国务院和中央军事委员会规定的审批程序，报国务院测绘地理信息主管部门或者省、自治区、直辖市人民政府测绘地理信息主管部门审批；测绘地理信息主管部门在审批前，应当征求军队有关部门的意见。

25. D

解析：《国家测绘局关于进一步加强涉密测绘成果行政审批与使用管理工作的通知》第六条，各级测绘地理信息主管部门应当依法对涉密测绘成果使用情况进行跟踪检查；使用单位应当切实加强管理，对申请使用的涉密测绘成果保管、利用、销毁等情况开展经常性检查，不得擅自留存、复制、转让或转借涉密测绘成果，使用目的或项目完成后，使用单位必须在六个月内销毁申请使用的涉密测绘成果，确因工作需要继续使用的，必须按照涉密测绘成果提供使用管理规定办理审批手续。

26. A

解析：《关于进一步加强涉密测绘成果管理工作的通知》，涉密测绘成果使用单位，必须依据经审批同意的使用目的和范围使用涉密测绘成果。使用目的或项目完成后，使用单位必须按照有关规定及时销毁涉密测绘成果。如需要用于其他目的的，应另行办理审批手续。任何单位和个人不得擅自复制、转让或转借涉密测绘成果。

27. B

解析：《基础测绘成果提供使用管理暂行办法》第二条，提供、使用不涉及国家秘密的基础测绘成果，由测绘成果资料保管单位按照便民、高效的原则，制定相应的提供、使用办法，报同级测绘地理信息主管部门批准后实施。

28. D

解析：《测绘成果管理条例》第二十二条，国家对重要地理信息数据实行统一审核与公布制度。任何单位和个人不得擅自公布重要地理信息数据。

29. B

解析：《测绘成果管理条例》第二十九条，违反本条例规定，有下列行为之一的，由测绘地理信息主管部门或者其他有关部门依据职责责令改正，给予警告，可以处10万元以下

的罚款;对直接负责的主管人员和其他直接责任人员,依法给予处分:

(1)建立以地理信息数据为基础的信息系统,利用不符合国家标准的基础地理信息数据的;(2)擅自公布重要地理信息数据的;

(3)在对社会公众有影响的活动中使用未经依法公布的重要地理信息数据的。

**30. D**

解析:省级及以下行政区域界线的标准画法图,由国务院民政部门和国务院测绘地理信息主管部门拟订,报国务院批准后公布。

**31. C**

解析:《行政区域界线管理条例》第十四条,行政区域界线详图是反映县级以上行政区域界线标准画法的国家专题地图。任何涉及行政区域界线的地图,其行政区域界线画法一律以行政区域界线详图为准绘制。国务院民政部门负责编制省、自治区、直辖市行政区域界线详图;省、自治区、直辖市人民政府民政部门负责编制本行政区域内的行政区域界线详图。

**32. C**

解析:县级以上测绘地理信息主管部门按照地籍测绘规划,组织管理地籍测绘。

**33. A**

解析:《房产测绘管理办法》第十六条,房产测绘成果包括房产簿册、房产数据和房产图集等。

**34. D**

解析:《地图管理条例》第十条,在地图上绘制中华人民共和国国界、中国历史疆界、世界各国间边界、世界各国间历史疆界,应当遵守下列规定:

(1)中华人民共和国国界,按照中国国界线画法标准样图绘制;

(2)中国历史疆界,依据有关历史资料,按照实际历史疆界绘制;

(3)世界各国间边界,按照世界各国国界线画法参考样图绘制;

(4)世界各国间历史疆界,依据有关历史资料,按照实际历史疆界绘制。

中国国界线画法标准样图、世界各国国界线画法参考样图,由外交部和国务院测绘地理信息行政主管部门拟订,报国务院批准后公布。

**35. B**

解析:《地图管理条例》第十五条,国家实行地图审核制度。向社会公开的地图,应当报送有审核权的测绘地理信息行政主管部门审核。但是,景区图、街区图、地铁线路图等内容简单的地图除外。

**36. D**

**解析：**《地图管理条例》第十七条，国务院测绘地理信息行政主管部门负责下列地图的审核：

(1) 全国地图以及主要表现地为两个以上省、自治区、直辖市行政区域的地图；

(2) 香港特别行政区地图、澳门特别行政区地图以及台湾地区地图；

(3) 世界地图以及主要表现地为国外的地图；

(4) 历史地图。

第十八条，省、自治区、直辖市人民政府测绘地理信息行政主管部门负责审核主要表现地在本行政区域范围内的地图。其中，主要表现地在设区的市行政区域范围内不涉及国界线的地图，由设区的市级人民政府测绘地理信息行政主管部门负责审核。

**37. C**

**解析：**《测绘资质管理规定》第四条，测绘资质分为甲、乙、丙、丁四级。

测绘资质的专业范围划分为大地测量、测绘航空摄影、摄影测量与遥感、地理信息系统工程、工程测量、不动产测绘、海洋测绘、地图编制、导航电子地图制作、互联网地图服务。可见，导航电子地图制作和互联网地图服务属于不同的专业范围，选项 C 的说法是错误的。

**38. B**

**解析：**《测绘资质管理规定》第三十条，测绘资质单位的部分专业范围不符合相应资质标准条件的，应当依法予以核减相应专业范围。

**39. D**

**解析：**对于测绘专业技术人员，《测绘资质分级标准》中有明确的条件要求。本题选项中，年龄超过 65 周岁的人员、兼职人员、财务管理专业的会计人员等，均不能计入测绘专业技术人员范畴。故选 D。

**40. C**

**解析：**《测量标志保护条例》第二十三条，有下列行为之一的，由县级以上人民政府管理测绘工作的部门责令限期改正，给予警告，并可以根据情节处以 5 万元以下的罚款；对负有直接责任的主管人员和其他直接责任人员，依法给予行政处分；造成损失的，应当依法承担赔偿责任：

(1) 干扰或者阻挠测量标志建设单位依法使用土地或者在建筑物上建设永久性测量标志的；

(2)工程建设单位未经批准擅自拆迁永久性测量标志或者使永久性测量标志失去使用效能的,或者拒绝按照国家有关规定支付迁建费用的;

(3)违反测绘操作规程进行测绘,使永久性测量标志受到损坏的;

(4)无证使用永久性测量标志并且拒绝县级以上人民政府管理测绘工作的部门监督和负责保管测量标志的单位和人员查询的。

**41. C**

**解析**:《测绘地理信息质量管理办法》第二十条,测绘地理信息项目实行"两级检查、一级验收"制度。项目委托方负责项目验收。基础测绘项目、测绘地理信息专项和重大建设工程测绘地理信息项目的成果未经测绘质检机构实施质量检验,不得采取材料验收、会议验收等方式验收,以确保成果质量;其他项目的验收应根据合同约定执行。

**42. C**

**解析**:《测绘资质管理规定》第十五条,测绘资质证书分为正本和副本,由国家测绘地理信息局统一印制,正、副本具有同等法律效力。

**43. C**

**解析**:根据《质量管理体系基础和术语》,第二章基本概念和质量管理原则中,明确指出八项质量管理原则:以顾客为关注焦点原则,领导作用原则,全员参与原则,过程方法原则,管理的系统方法原则,持续改进原则,基于事实的决策方法原则,互利的供方关系原则。选项C(经验管理原则),不在此之列。

**44. A**

**解析**:根据《测绘生产成本费用定额》,地籍测绘主要工作内容有图根控制测量,界址点测量,地籍要素数据采集编辑,面积测算,地籍图(宗地图)绘制,检查修改,成果资料整理。因此,选项A(地籍调查、界址点标定),其经费没有纳入成本费用。

**45. C**

**解析**:根据《国家测绘应急保障预案》,在保障措施一章中明确了八项主要措施,包括制定测绘应急保障预案,组建高素质测绘应急保障队伍,确保测绘应急保障资金,做好测绘应急保障成果资料储备工作,建设应急地理信息服务平台,完善测绘应急保障基础设施,加快测绘应急高技术攻关,确保通讯畅通。选项C,不属于测绘应急保障措施。

**46. B**

**解析**:《测绘生产成本费用定额》总说明:当要求基础数字线划图满足地籍图、房产图精度需要时,其费用定额增加幅度是20%。

**47. A**

解析:根据《测绘工程产品价格》,为保护测绘单位和用户的合法权益,防止不正当竞争,确保测绘工程产品质量,测绘工程产品合同价格可在本价格的基础上上下浮动10%。

**48. D**

解析:根据《测绘技术设计规定》,设计方案采用新技术、新方法和新工艺时,应对技术设计文件进行验证。验证宜采用试验、模拟或试用等方法,根据其结果验证技术设计文件是否符合规定要求。

**49. A**

解析:根据《测绘技术设计规定》,测绘技术设计过程是一组将设计输入转化为设计输出的活动,包括设计策划、设计输入、设计输出、设计评审、设计验证、设计审批和设计更改。设计评审:确定设计输出达到规定目标的适宜性、充分性和有效性所进行的活动。评审依据是设计输入内容。

**50. B**

解析:《测绘技术设计规定》第5.6.3.2条,技术设计文件经审核签字后,一式二至四份报测绘任务的委托单位审批。

**51. B**

解析:根据《测绘技术设计规定》,专业技术设计是对测绘专业活动的技术要求进行设计,是在项目设计基础上按照测绘活动内容进行的具体设计。由具体承担相应测绘专业任务的法人单位负责编写。

**52. D**

解析:在项目组织过程中,首先要对项目的目标进行分解,然后对项目的作业工序进行分解,在此基础上进行人员配备和设备配备。选项D正确。

**53. C**

解析:测绘项目人力资源配置的包括工作内容、项目工期、技术要求。选项C,不在此列。

**54. D**

解析:《测绘地理信息质量管理办法》第二十一条,国家法律法规或委托方有明确要求实施监理的测绘地理信息项目,应依法开展监理工作,监理单位资质及监理工作实施应符合相关规定。监理单位对其出具的监理报告负责。

第二十二条,测绘单位对其完成的测绘地理信息成果质量负责,所交付的成果,必须保证是合格品。因此选项D的说法是错误的。

55. D

解析：根据《测绘生产质量管理规定》，法定代表人签发质量手册，确定本单位质量方针和质量目标，对本单位提供的测绘成果承担质量责任。行政领导及总工程师(质量主管负责人)按照职责分工签发质量文件及作业指导书，对本单位成果的技术设计质量负责。选项D，不属于单位法定代表人职责。

56. A

解析：根据《测绘地理信息质量管理办法》，甲、乙级测绘资质单位应设立质量管理和质量检查机构；丙、丁级测绘资质单位应设立专职质量管理和质量检查人员。测绘地理信息项目的技术和质检负责人等关键岗位须由注册测绘师充任。

57. B

解析：国家测绘地理信息局《关于进一步做好应急测绘保障服务工作的通知》，就进一步做好应急测绘保障服务工作提出了六个要求。其中，第四个要求是，要继续完善应急测绘保障服务机制。要及时总结各类自然灾害抢险救灾行动中的成功经验和存在不足，尽快形成任务分工清晰、责任明确、整体运转协调、有机联动的应急测绘工作机制，同时，加快建立本地测绘部门与行业单位防灾减灾动员协调机制。根据第四条可知，是完善测绘服务机制，并不是重新规划，因此选项B是错误的。

58. B

解析：根据《测绘作业安全管理规定》，其中有：对进入测区的作业人员进行安全意识教育和安全技能培训；在人烟稀少地区应采用双车作业，配备适宜的轮胎，每车应有双备胎；高原、山区行车气压低时应低挡行驶，少用制动，严禁滑行；等等。可知在沙漠、荒漠、人烟稀少等地区作业过程中，应采用双车作业，因此选项B是错误的。

59. C

解析：根据《测绘作业人员安全规范》，出测前的准备，①对进入测区的作业人员进行安全意识教育和安全技能培训。②了解测区有关危害因素，拟订具体的安全生产措施。③按规定配发劳动防护用品。④掌握人员身体健康情况。⑤组织赴疫区、污染区的人员学习相关知识，高致病区应禁止作业人员进入。⑥所有作业人员都应该熟练使用通信、导航定位等安全保障设备。⑦出测前应制订行车计划，对车辆进行安全检查，严禁疲劳驾驶。选项C，描述不正确。

60. A

解析：根据《测绘仪器防霉、防雾、防锈》表三,对于带电器装置的仪器在其保管期内应在1~3个月之间通电干燥一次。选项A,描述不正确。

61. A

解析：对于测绘技术总结,项目总结由承担该测绘项目的法人单位负责编写,专业技术总结由承担相应测绘任务的生产单位负责编写,通常由技术人员编写。只有选项A描述正确。

62. D

解析：《测绘成果质量检查与验收》第8.5.1条,平面控制测量的数学精度质量子元素检查项包括：①点位中误差与规范及设计书的符合情况；②边长相对中误差与规范及设计书的符合情况。

63. B

解析：《测绘成果质量检查与验收》第3.11条,详查：对单位成果质量要求的全部检查项进行的检查。

64. C

解析：《测绘成果质量检查与验收》第6条,二级检查、一级验收：成果应依次通过测绘单位作业部门的过程检查、测绘单位质量管理部门的最终检查和项目管理单位组织的质量验收。具体要求如下：

(1)过程检查采用全数检查和详查。

(2)最终检查一般采用全数检查,涉及野外检查项的采用抽样检查,样本以外的应实施内业全数检查。应编写检查报告,随成果一并提交验收。

(3)验收一般采用抽样检查。质量检验机构应对样本进行详查,必要时可对样本以外的单位成果的重要检查项进行概查。

(4)最终检查应审核过程检查记录,验收应审核最终检查记录,审核中发现的问题作为资料质量错漏处理。

因此,过程检查采用的方法是全数检查和详查,故选C。

65. B

解析：根据《测绘成果质量检查与验收》,验收单位根据评定的样本质量等级核定批成果质量等级,当测绘单位未评定批成果质量等级,或验收单位评定的样本质量等级与测绘单位评定的批成果质量等级不一致时,以验收单位评定的样本质量等级作为批成果质量等级。

66. B

解析：根据《测绘成果质量检查与验收》，图类单位成果高程精度检测、平面位置精度检测及相对位置精度检测，检测点（边）应分布均匀、位置明显。检测点（边）数量视地物复杂程度、比例尺等具体情况确定，每幅图一般各选取 20~50 个。

高精度检测时，中误差计算式 $M = \pm \sqrt{\dfrac{\sum\limits_{i=1}^{n} \Delta_i^2}{n}}$；同精度检测时，中误差计算式 $M = \pm \sqrt{\dfrac{\sum\limits_{i=1}^{n} \Delta_i^2}{2n}}$。式中，$M$ 为成果中误差；$n$ 为检测点（边）总数；$\Delta_i$ 为较差。

**67. B**

解析：根据《测绘成果质量监督抽查管理办法》，受测绘地理信息主管部门委托对测绘单位进行抽查监督的检验单位须于全部检验工作结束后 30 个工作日内将检验报告及检验结论交受检单位。拒绝接受监督检验的，受检的测绘项目成果质量按照批不合格处理。受检单位对监督检验结论有异议的，可以自收到检验结论之日起 15 个工作日内向测绘地理信息主管部门提出书面异议报告，并抄送检验单位。检验单位应在 10 个工作日内复测。

**68. A**

解析：根据《测绘管理工作国家秘密范围的规定》，测绘成果保密范围见表。

题 68 解表

| 项目 | 绝密 | 机密 | 秘密 |
| --- | --- | --- | --- |
| 坐标转换参数 | 有 | | |
| 地形图保密技术参数算法 | 有 | | |
| DEM | 1:1万、1:5万 | | |
| 重力异常成果 | 高于 5′×5′，优于 1mgl | 高于 30′×30′，优于 5mgl | 高于 30′×30′~1°×1°，5~10mgl |
| 高程异常成果 | | 优于 1m | 优于 1~2m |
| 国家等级控制点（重力点） | | 国家等级控制点及等级重力点 | 重力加密点 |
| 国家等级水准网成果 | | | 构成环线或长度超过 1000m |
| 垂线偏差 | | 优于 3″ | 优于 3″~6″ |
| 涉及军事区国家基本比例尺地形图 | | 大于或等于 1:1万 | 非军事禁区，1:5000；覆盖超过 6km² 的大于 1:5000 |
| 国家基本比例尺地形图 | | 1:2.5万、1:5万、1:10万 | 1:1万、1:25万、1:50万 |
| 航摄影像 | | | 军事禁区及国家安全要害部门 |
| 涉及国民经济重要设施 | | | 精度优于 100m 的点位坐标 |

69. A

解析：《国家测绘局关于进一步加强涉密测绘成果行政审批与使用管理工作的通知》规定：各级测绘地理信息主管部门必须严格执行涉密测绘成果提供使用审批制度，依法履行行政审批职能。要明确本机关负责成果管理的机构统一办理审批事项，不得多头审批、越级审批。未经行政审批，任何单位、部门和个人不得擅自提供使用涉密测绘成果。涉密测绘成果及其衍生产品，未经国家测绘局或者省、自治区、直辖市测绘地理信息主管部门进行保密技术处理的，不得公开使用。对违反规定，擅自审批、提供、使用涉密测绘成果的行为，相关测绘地理信息主管部门要依法严查，对造成失泄密后果的要依法追究责任，切实维护国家秘密安全。等等。根据以上各条款，可知只有选项A是正确的。

70. A

解析：根据《测绘管理工作国家秘密范围的规定》，坐标转换参数，地形图保密技术参数算法，定位为"绝密级"。可参见题68解表。

71. C

解析：根据《测绘地理信息业务档案管理规定》，保管与销毁规定：

(1) 档案保管机构应当将测绘地理信息业务档案分类、整理并编制目录。

(2) 测绘地理信息业务档案保管期限分永久和定期。定期保存的，期限为10年或30年。

(3) 档案保管机构应当具备档案安全保管条件，配有保护设施设备。

(4) 档案保管机构应定期对测绘地理信息业务档案保管状况进行检查。

(5) 档案保管机构应当对保管期满的测绘地理信息业务档案提出鉴定意见，并报同级测绘地理信息主管部门批准，对不再具有保存价值的档案应当登记、造册，经批准后按规定销毁。

(6) 因机构变动等原因，测绘地理信息业务档案保管关系发生变更的，原单位应当妥善保管测绘地理信息业务档案并向指定机构移交。

(7) 鼓励单位和个人向档案保管机构移交、捐赠、寄存测绘地理信息业务档案。

因此，根据第(5)条，选项C描述不正确，需要在批准后才可销毁。

72. D

解析：《测绘地理信息业务档案保管期限表》第1.4条(见表)，"工作总结与技术总结"的保存期限为"永久"。

题72解表

| 1.4 | 项 目 验 收 | |
|---|---|---|
| | 项目验收报告(验收意见、专家名单等) | 永久 |

续上表

| 1.4 | 项 目 验 收 | |
|---|---|---|
| | 工作与技术总结(项目总结、阶段总结、各工序小结、数据处理报告等) | 永久 |
| | 工程监理总结 | 永久 |
| | 质量检查报告(院级检查报告、局级检查报告、国家级检查报告) | 永久 |
| | 财务审计决算报告 | 永久 |
| | 档案验收报告(归档质量检验报告、文件信息采集目录、移交清单) | 永久 |

**73. B**

**解析:**《基础地理信息数据档案管理与保护规范》第4条,基础地理信息数据归档资料的完整性和准确性由单位项目负责人总负责,因此选项A描述不正确。

第5.2条,归档要求:

(1)档案形成单位应在项目完成后两个月内完成归档。

(2)基础测绘数据成果应与文档材料一同归档。

(3)归档的基础地理信息数据应为最终版本。

(4)归档后,如果档案形成单位又对基础地理信息数据成果进行了更新(即补充或完善)。应将更新后的数据成果及时归档,以替换原归档的数据成果。

(5)文档材料归档一份,数据成果复制品归档两份。

(6)归档数据成果和相关软件,一般不压缩、不加密,如进行了压缩和加密,应将解压缩软件和密钥、加密和解密软件同时归档。

因此,选项B描述正确,选项D描述不正确。

第6.1条规定,同一项目的数据档案应存储在同种载体介质上,因此选项C描述不正确。

**74. A**

**解析:**根据《基本地理信息数据档案管理与保护规范》第9条,数据档案销毁的要求:

(1)数据档案在销毁之前应进行鉴定,并按有关规定办理销毁手续。

(2)经数据迁移后废弃的原介质,除数据转存新格式情况外不需鉴定,审批后直接销毁。

(3)销毁数据档案时,应对异地储存的数据档案同时销毁。

(4)若磁带还有再利用价值,可对磁带进行消磁或全容量写操作,不得只进行初始化。

(5)数据档案逻辑或物理销毁后,应从计算机系统中将其彻底清除。

(6)当销毁光盘上的数据档案时,须连同光盘一起销毁。

(7)数据档案销毁时应有数据档案管理单位派员监销,防止泄密。

因此可知数据销毁不需要履行审批程序,选项A描述不正确。

## 75. D

**解析**：签订合同的测绘项目完成后，工程费结算的依据是测绘项目合同。

## 76. D

**解析**：根据《测绘合同》示范文本规定，甲方违约：合同签订后，由于甲方工程停止而终止合同的，乙方未进入现场工作前，甲方无权请求返还定金。双方没有约定定金的，应偿付乙方预算工程费的30%。乙方已进入现场工作，甲方应按完成的实际工作量支付工程价款。

## 77. C

**解析**：根据《质量管理体系要求》（2008年版）第4.2.3条，质量管理体系所要求的文件应予以控制。记录是一种特殊类型的文件，应依据要求进行控制。应编制形成文件的程序，以规定以下方面所需的控制：

(1) 为使文件是充分与适宜的，文件发布前得到批准；

(2) 必要时对文件进行评审与更新，并再次批准；

(3) 确保文件的更改和现行修订状态得到识别；

(4) 确保在使用处可获得适用文件的有关版本；

(5) 确保文件保持清晰、易于识别；

(6) 确保组织所确定的策划和运行质量管理体系所需的外来文件得到识别，并控制其分发；

(7) 防止作废文件的非预期使用，如果出于某种目的而保留作废文件，对这些文件进行适当的标识。

因此选项C描述不正确。

## 78. A

**解析**：《质量管理体系要求》（2008年版）第5.1条，管理承诺最高管理者应通过以下活动，对其建立、实施质量管理体系并持续改进其有效性的承诺提供证据：①向组织传达满足顾客和法律法规要求的重要性；②制定质量方针；③确保质量目标的制定；④进行管理评审；⑤确保资源的获得。因此质量方针是由最高管理者制定的，选项A描述不正确。

## 79. A

**解析**：《测绘资质分级标准》第三条，凡申请"测绘资质证书"的单位，必须同时达到通用标准和相应的专业标准要求。丙级测绘资质的业务范围仅限于工程测量、摄影测量与遥感、地籍测绘、房产测绘、地理信息系统工程、海洋测绘，且不超过上述范围内的四项业务。丁级测绘资质的业务范围仅限于工程测量、地籍测绘、房产测绘、海洋测绘，且不超过上述范围内的三项业务。

80. B

**解析：**《质量管理体系要求》（2008年版）第7.5.4条，顾客财产包括知识产权和个人信息，以及顾客提供的软件和产品图样。组织应爱护在组织控制下或组织使用的顾客财产。组织应识别、验证、保护和维护供其使用或构成产品一部分的顾客财产。如果顾客财产发生丢失、损坏或发现不适用的情况，组织应向顾客报告，并保持记录。

二、多项选择题（共20题，每题2分。每题的备选项中，有2个以上符合题意，至少有1个错项。错选，本题不得分；少选，所选的每个选项得0.5分）

81. ACD

**解析：**《基础测绘条例》第十七条，从事基础测绘活动，应当使用全国统一的大地基准、高程基准、深度基准、重力基准，以及全国统一的大地坐标系统、平面坐标系统、高程系统、地心坐标系统、重力测量系统，执行国家规定的测绘技术规范和标准。故选ACD。

82. BC

**解析：**《测绘地理信息质量管理办法》第十六条，甲、乙级测绘资质单位应设立质量管理和质量检查机构；丙、丁级测绘资质单位应设立专职质量管理和质量检查人员。测绘地理信息项目的技术和质检负责人等关键岗位须由注册测绘师充任。

83. BCDE

**解析：**《测绘资质管理规定》第十九条，测绘资质单位在领取新的测绘资质证书的同时，应当将原测绘资质证书交回测绘资质审批机关。

《测绘法》第二十九条，测绘单位不得超越资质等级许可的范围从事测绘活动，不得以其他测绘单位的名义从事测绘活动，不得允许其他单位以本单位的名义从事测绘活动。测绘项目实行招投标的，测绘项目的招标单位应当依法在招标公告或者投标邀请书中对测绘单位资质等级作出要求，不得让不具有相应测绘资质等级的单位中标，不得让测绘单位低于测绘成本中标。中标的测绘单位不得向他人转让测绘项目。

第三十一条，测绘人员进行测绘活动时，应当持有测绘作业证件。任何单位和个人不得阻碍测绘人员依法进行测绘活动。

84. ACD

**解析：**《基础测绘条例》第十六条，基础测绘项目承担单位应当具有与所承担的基础测绘项目相应等级的测绘资质，并不得超越其资质等级许可的范围从事基础测绘活动。基础测绘项目承担单位应当具备健全的保密制度和完善的保密设施，严格执行有关保守国家秘密法律、法规的规定。

85. ABCD

解析:《地图管理条例》第八条,编制地图,应当执行国家有关地图编制标准,遵守国家有关地图内容表示的规定。地图上不得表示下列内容:

(1)危害国家统一、主权和领土完整的;

(2)危害国家安全、损害国家荣誉和利益的;

(3)属于国家秘密的;

(4)影响民族团结、侵害民族风俗习惯的;

(5)法律、法规规定不得表示的其他内容。

86. ABD

解析:《测绘成果管理条例》第十一条,测绘成果保管单位应当建立健全测绘成果资料的保管制度,配备必要的设施,确保测绘成果资料的安全,并对基础测绘成果资料实行异地备份存放制度。测绘成果资料的存放设施与条件,应当符合国家保密、消防及档案管理的有关规定和要求。

87. ACD

解析:根据《关于加强涉密测绘成果管理工作的通知》,法人或者其他组织申请使用涉密测绘成果,应当具有明确、合法的使用目的和范围,具备成果保管、保密的基本设施与条件,按管理权限报测绘成果所在地的县级以上测绘地理信息主管部门审批。

88. ABDE

解析:《基础测绘成果提供使用管理暂行办法》第八条,申请使用基础测绘成果应当符合下列条件:

(1)有明确、合法的使用目的;

(2)申请的基础测绘成果范围、种类、精度与使用目的相一致;

(3)符合国家的保密法律法规及政策。

89. ABD

解析:《测绘成果管理条例》第二十三条,重要地理信息数据包括:

(1)国界、国家海岸线长度;

(2)领土、领海、毗连区、专属经济区面积;

(3)国家海岸滩涂面积、岛礁数量和面积;

(4)国家版图的重要特征点,地势、地貌分区位置;

(5)国务院测绘地理信息主管部门和国务院其他有关部门确定的其他重要自然和人

文地理实体的位置、高程、深度、面积、长度等地理信息数据。

**90. CDE**

解析：《地图管理条例》第十五条，国家实行地图审核制度。向社会公开的地图，应当报送有审核权的测绘地理信息行政主管部门审核。但是，景区图、街区图、地铁线路图等内容简单的地图除外。地图审核不得收取费用。

**91. ABCE**

解析：《城市地理信息系统设计规范》第4.2条，城市地理信息系统设计应遵循的基本原则包括：
(1)面向用户原则(实用性原则,适用性原则,可扩充性原则,可行性原则)；
(2)标准化,规范化原则；
(3)成本效益优化原则,先进性原则。

**92. BCD**

解析：《测绘生产困难类别细则》总说明，本细则所列项目的困难类别分成三类，是依据测绘工作内容、技术工艺条件和测区自然环境条件划分的。

**93. ABCD**

解析：《城市地理信息系统设计规范》第6条，城市地理信息系统应当具备的基本功能模块包括：数据输入模块，数据编辑模块，数据处理模块，数据查询模块，空间分析模块，数据输出模块。

**94. ABCE**

解析：《测绘技术设计规定》第5.3.2.5.5条，质量保证措施和要求的内容包括：①组织管理措施:规定项目实施的组织管理和主要人员的职责和权限。②资源保证措施:对人员的技术能力或培养的要求；对软、硬件装备的需求等。③质量控制措施:规定生产过程中的质量控制环节和产品质量检查、验收的主要要求。④数据安全措施:规定数据安全和备份方面的要求。

**95. ACDE**

解析：《测绘技术设计规定》第5.3.2.6.1条，进度安排中应对以下内容做出规定：①划分作业区的困难类别。②根据设计方案，分别计算统计各工序的工作量。③根据统计的工作量和计划投入的生产实力，参照有关生产定额，分别列出年度计划和各工序的衔接计划。

**96. ACDE**

解析:"测绘技术总结"一般由四部分组成:概述、技术设计执行情况、测绘成果质量说明与评价、上交和归档成果资料清单。故选 ACDE。

97. BCD

解析:《数字测绘成果质量检查与验收》第5.1.2条,数字测绘成果质量检查的方法如下:①参考数据对比;②野外实测;③内部检查。

98. ABD

解析:《国家测绘局关于加强涉密测绘成果管理工作的通知》第八条,经审批获得的涉密测绘成果,被许可使用人(以下简称用户)只能用于被许可的使用目的和范围。使用目的或项目完成后,用户要按照有关规定及时销毁涉密测绘成果,由专人核对、清点、登记、造册、报批、监销,并报提供成果的单位备案;如需要用于其他目的的,应另行办理审批手续。任何单位和个人不得擅自复制、转让或转借。因此,选项C错误,选项D正确。

第十一条,航空摄影成果须先送审后提供使用,涉密测绘成果须先归档入库再提供使用未经国家测绘局或者省、自治区、直辖市测绘地理信息主管部门进行保密技术处理的,不得公开使用,严禁在公共信息网络上登载发布使用。因此,选项A和选项B正确。

第十六条,发现问题,要严肃处理,认真整改。属于泄密问题或者存在失泄密隐患的,要立即采取补救措施并及时报告。造成泄密后果的,要依照党纪政纪予以处理,追究相关人员的责任;情节严重、构成犯罪的,要移送有关部门,依法追究刑事责任。因此选项E错误。

故选 ABD。

99. ABE

解析:《基础地理信息数据档案管理与保护规范》第5.1.1条,对归档的基础地理信息数据成果做出如下阐述:基础地理信息数据成果应包括最终数据成果、重要的阶段性数据成果、重要的原始数据成果和数据说明文件。如数据成果包含元数据,应随同数据成果一起归档。

100. AC

解析:《质量管理体系要求》(2008年版)第8条,组织应确保不符合产品要求的产品得到识别和控制,以防止其非预期的使用或交付。应编制形成文件的程序,以规定不合格品控制以及不合格品处置的有关职责和权限。适用时,组织应通过下列一种或几种途径处置不合格品:

(1)采取措施,消除发现的不合格;

(2)经有关授权人员批准,适用时经顾客批准,让步使用、放行或接收不合格品;

(3)采取措施,防止其原预期的使用或应用;

(4)当在交付或开始使用后发现产品不合格时,组织应采取与不合格的影响或潜在影响的程度相适应的措施。

在不合格品得到纠正之后应对其再次进行验证,以证实符合要求。

因此选项 AC 正确。

# 2017年全国注册测绘师资格考试测绘管理与法律法规

## 试 卷

一、单项选择题(共80题,每题1分。每题的备选项中,只有1个最符合题意)

1. 根据《中华人民共和国测绘法》,测绘事业是经济建设、国防建设和社会发展的( )事业。

  A. 公益性          B. 政府性
  C. 保障性          D. 基础性

2. 某公司首次向该省测绘地理信息局申请测绘资质。审核期间,该公司与一家单位签订了测绘合同,并完成了该单位办公新区的社会活动。对于该公司违法行为,省测绘地理信息局调查后发现情节轻微,则应给予的处罚是( )。

  A. 没收测绘工具并处五万元以下的罚款

  B. 没收违法所得可处十万元以上的罚款

  C. 对该公司负责人依法给予警告,并没收测绘工具

  D. 责令停止违法行为,没收违法所得和测绘成果,并处约定报酬一倍以上二倍以下的罚款

3. 申请测绘资质的单位符合法定条件的,测绘资质审批机关作出拟准予行政许可的决定,并通过本机关网站向社会公示( )个工作日。

  A. 1            B. 5
  C. 10           D. 15

4. 根据《测绘资质分级标准》,下列人员中,属于测绘专业技术人员的是( )。

  A. 计算机专业技术人员      B. 工民建专业技术人员
  C. 土地管理专业技术人员     D. 水利专业技术人员

5. 某测绘有限公司具有不动产测绘业务以及测绘资质,为拓展业务,促进企业发展,公司拟申请不动产测绘业务甲级测绘资质。根据有关规定,该公司至少应当取得乙级资质满( )年,方可进行申请。

  A. 1            B. 2
  C. 5            D. 8

6. 根据《测绘资质分级标准》,下列人员中,不能计入测绘中级专业技术人员类别中的是( )。

    A. 获得测绘专业博士学位并在测绘专业技术岗位工作 1 年以上的人员

    B. 获得测绘地理信息行业技师职业资格的人员

    C. 获得测绘及相关专业硕士学位并在测绘专业技术岗位工作 2 年的人员

    D. 测绘专科毕业并在测绘专业技术岗位工作 8 年的人员

7. 下列测绘资质业务范围子项中,不属于工程测量专业子项的是( )。

    A. 地下管线测量      B. 地面移动测量

    C. 规划测量      D. 矿山测量

8. 申请测绘资质应当具备相当数量的专业技术人员。根据《测绘资质分级标准》,注册测绘师可以计入( )数量。

    A. 高级专业技术人员      B. 高级相关专业技术人员

    C. 中级专业技术人员      D. 中级相关专业技术人员

9. 根据《注册测绘师制度暂行规定》,注册测绘师在注册有效期届满需要继续执业的,应按程序在届满前( )个工作日内申请继续注册。

    A. 30      B. 45

    C. 60      D. 90

10. 根据《注册测绘师制度暂行规定》,注册测绘师资格的注册审批机构是( )。

    A. 国家测绘地理信息局      B. 人力资源社会保障部

    C. 省级测绘地理信息主管部门      D. 省级人力资源社会保障主管部门

11. 根据《外国的组织或者个人来华测绘管理暂行办法》,外国的组织或者个人在某省开展一次性测绘活动,应与我国的有关部门或单位的测绘人员共同进行,并依程序取得( )的批准文件。

    A. 该省测绘地理信息主管部门      B. 该省人民政府

    C. 军队测绘部门      D. 国家测绘地理信息局

12. 以不正当手段取得《中华人民共和国注册测绘师资格证书》的,自发证机关收回证书之日起规定时限内,当事人不得再次参加注册测绘师资格考试。这个时限是( )年。

A. 3  B. 5
C. 8  D. 10

13. 测绘人员的测绘作业证件的式样,由( )统一规定。

   A. 国务院
   B. 国家测绘地理信息局
   C. 国务院人力资源和社会保障主管部门
   D. 国家测绘地理信息局及国务院人力资源和社会保障主管部门

14. 根据《中华人民共和国招标投标法》,依法必须进行招标的项目,自招标文件开始发出之日起至投标人提交投标文件截止之日止,最短不得少于( )日。

   A. 7   B. 15
   C. 20  D. 30

15. 某人口数为 500 余万的省会城市,因城市建设和城市规划需要,拟建立相对独立的平面坐标系统,则该项审批事项应当由( )批准。

   A. 该省测绘地理信息主管部门
   B. 住房和城乡建设部
   C. 国家测绘地理信息局
   D. 住房和城乡建设部会同国家测绘地理信息局

16. 2017 年,某市发展改革部门会同同级测绘地理信息主管部门,编制了该市基础测绘年度计划。根据规定,该年度计划应分别报上一级部门( )。

   A. 备案   B. 审核
   C. 审批   D. 备份

17. 强制性测绘行业标准编号式样是( )。

   A. CH ××××(顺序号)—××××(发布年号)
   B. CH/T ××××(顺序号)—××××(发布年号)
   C. CH/Z ××××(顺序号)—××××(发布年号)
   D. CH/ ××××(顺序号)—××××(发布年号)

18. 根据《中华人民共和国计量法》,下列关于计量器具管理的说法中,正确的是( )。

A. 个体工商户可以制造、修理简易的计量器具

B. 进口的计量器具必须经县级以上人民政府计量行政部门检定合格后方可销售

C. 县级以上人民政府计量行政部门不能对制造计量器具的质量进行监督检查

D. 制造计量器具的企业可以对制造的计量器具进行检定

19. 国家对测绘地理信息质量实行监督检查制度。根据《测绘地理信息质量管理办法》，对丙、丁级测绘资质单位的质量监督检查，要求是每（　　）年覆盖一次。

A. 1　　　　　　　　　　　　　　　B. 2

C. 5　　　　　　　　　　　　　　　D. 10

20. 根据《测绘地理信息质量管理办法》，测绘地理信息项目实施过程中，需要由注册测绘师充任的关键岗位是（　　）。

A. 单位负责人岗位　　　　　　　　　B. 生产管理负责人岗位

C. 技术和质检负责人岗位　　　　　　D. 项目管理负责人岗位

21. 根据《中华人民共和国测绘成果管理条例》，测绘成果保管单位应当建立健全测绘成果资料的保管制度，配备必要的设施，确保测绘成果资料的安全，并对基础测绘成果资料实行（　　）制度。

A. 异地备份存放　　　　　　　　　　B. 全数字化备份存放

C. 专人保管　　　　　　　　　　　　D. 委托保管

22. 根据《中华人民共和国测绘法》，对测绘项目出资人逾期不汇交测绘成果资料的，处（　　）的罚款。

A. 测绘约定报酬一倍以上二倍以下　　B. 违法所得二倍以下

C. 项目合同金额二倍以下　　　　　　D. 重测所需费用一倍以上二倍以下

23. 甲公司利用机密级测绘成果开发的产品，未经省级测绘地理信息主管部门进行保密技术处理，根据《中华人民共和国测绘成果管理条例》，下列关于该产品的密级的说法中，正确的是（　　）。

A. 产品密级只能定为机密级　　　　　B. 产品密级应当定为秘密级

C. 产品密级不得低于机密级　　　　　D. 产品密级可以定为秘密级或机密级

24. 根据《关于进一步贯彻落实测绘成果核心涉密人员保密管理制度的通知》，国家对测绘成果核心涉密人员实行持证上岗制度。《涉密测绘成果管理人员岗位培训证书》的有

效期为( )年。

  A. 1           B. 2
  C. 5          D. 10

25. 根据保守国家秘密法及其实施条例的有关规定,下列有关涉密信息系统建设与管理的说法中,错误的是( )。

  A. 涉密信息系统配备的保密设施、设备与涉密信息系统同步规划、同步建设、同步运行
  B. 涉密信息系统与互联网及其他公共信息网络实现物理隔离或逻辑隔离
  C. 不使用非涉密计算机处理国家秘密信息
  D. 根据涉密信息系统存储、处理信息的最高密级确定系统的密级

26. 根据《中华人民共和国保守国家秘密法》,国家秘密的密级、保密期限和保密范围的变更,应由( )决定。

  A. 密件使用单位
  B. 原定密机关、单位或者其上级机关
  C. 国家保密行政管理部门
  D. 国家保密行政管理部门指定的单位

27. 根据《基础测绘成果提供使用管理暂行办法》,涉密基础测绘成果被许可使用人主体资格发生变化时,应当向( )重新提出申请。

  A. 国家测绘地理信息局
  B. 成果所在地省级测绘地理信息主管部门
  C. 涉密基础测绘成果保管部门
  D. 原受理审批的测绘地理信息主管部门

28. 根据《重要地理信息数据审核公布管理规定》,公民个人建议审核公布重要地理信息数据时,应当向国家测绘地理信息局提交的书面资料不包括( )。

  A. 建议人的基本情况
  B. 重要地理信息数据的详细数据成果资料科学性及公布的必要性说明
  C. 与相关历史数据、已公布数据的对比材料
  D. 重要地理信息数据获取的技术方案及对数据验收评估的有关资料

29. 根据《中华人民共和国测绘法》,省、自治区、直辖市行政区域界线的标准画法图由

( )拟定。

A. 国务院
B. 外交部
C. 省、自治区、直辖市人民政府
D. 民政部和国家测绘地理信息局

30. 根据《行政区域界线管理条例》有关规定,行政区域界线详图是反映(　　)的国家专题地图。

A. 省级界线标准画法
B. 县级以上行政区域界线标准画法
C. 国界线标准画法
D. 省级行政区域边界标准化法

31. 根据《中华人民共和国物权法》,不动产物权的设立、变更、转让和消灭,经依法登记,发生效力。以下物权中,可不登记仍具法律效力的是(　　)。

A. 集体土地所有权
B. 国家土地所有权
C. 土地承包经营权
D. 建设用地使用权

32. 根据《房产测绘管理办法》,以下关于房产测绘的说法中,正确的是(　　)。

A. 房产测绘所需费用由房地产行政主管部门支付
B. 当事人对测绘成果有异议的可以委托房产测绘单位鉴定
C. 申请乙级以下房产测绘资质的由省级测绘地理信息主管部门审批发证,不再经过省级房地产行政主管部门初审
D. 房产测绘单位有在房产面积测算中弄虚作假欺骗房屋权利人违法行为的可以由县级以上土地管理部门给予罚款的处罚

33. 根据《地图审核管理规定》,地图内容审查工作机构,自接到地图内容审查通知书和相关申请材料之日起(　　)日内完成审查工作。

A. 3
B. 7
C. 15
D. 20

34. 根据《地图审核管理规定》,时事宣传地图,由国务院测绘地理信息主管部门受理商(　　)进行相应地图内容审查。

A. 外交部
B. 民政部
C. 教育部
D. 军队测绘部门

35. 下列关于地图审核管理的说法中,错误的是(　　)。

A. 国家测绘地理信息局可以委托省级测绘地理信息主管部门审核中国示意性地图

B. 直接使用国家测绘地理信息局或者省级测绘地理信息主管部门网站上提供下载的中国示意性地图,未对地图内容进行任何编辑、改动、删节、遮盖的可以不送审

C. 任何比例尺的中国示意性地图都应表示南海诸岛范围线以及钓鱼岛、赤尾屿等岛屿岛礁

D. 绘制中国示意性地图应完整表示中国领土,不得随意压盖中国地图图形范围

36. 根据《地图管理条例》,县级以上人民政府及其有关部门应当加强对(　　)的监督管理。

A. 地图编制、印刷、出版、展示和登载

B. 地图编制、出版、展示、登载和更新

C. 地图编制、出版、展示和更新

D. 地图编制、出版、展示、登载和互联网地图服务

37. 根据《公开地图内容表示补充规定(试行)》,(　　)不能在公开地图(地图产品)上表示。

A. 专用铁路、专用公路　　　　B. 省级人民政府驻地

C. 古代军事工程遗迹　　　　　D. 国务院公布的重要地理信息数据

38. 根据《公开地图内容表示若干规定》,以下选项中,描述正确的是(　　)。

A. 大陆和台湾分别设色,北京和台北名称注记等级相同

B. 在分省设色地图上,香港界内的陆地部分为单独设色

C. 把别国城市标注成我国城市,将我国城市标在国外

D. 用轮廓或色块表示中国疆域范围的中国示意性地图中,南海诸岛范围线未表示

39. 永久性测量标志的建设单位应当对永久性测量标志设立明显标记,并委托当地有关单位指派专人负责保管。下列行为中,属于"有损测量标志安全"的是(　　)。

A. 干扰或阻挠测量标志建设单位依法使用土地的

B. 在建筑物上建设永久性测量标志的

C. 在测量标志占地范围内烧荒、耕作、取土、挖沙的

D. 在距永久性测量标志50m范围外采石、爆破、射击、架设高压电线的

40. 根据《测量标志保护条例》,负责保管测量标志的单位和人员,发现测量标志有被

移动或者损毁的情况时,应当及时报告(　　)。

　　A. 当地县级测绘地理信息主管部门　　B. 当地县级人民政府

　　C. 当地乡级人民政府　　D. 当地县级以上测绘地理信息主管部门

41. 测绘工程监理是建设工程监理的一部分。以下选项中,属于监理单位责任的是(　　)。

　　A. 对项目成果质量负责　　B. 对其出具的监理报告负责

　　C. 对项目成本费用支出负责　　D. 对项目完成工期负责

42. 根据《中华人民共和国合同法》,对于分包工程的质量责任,以下说法中,正确的是(　　)。

　　A. 总承包方向发包方负完全责任

　　B. 分包方向发包方负完全责任

　　C. 监理方负完全责任

　　D. 总承包方和分包方共同向发包方负责任

43. 根据《测绘地理信息质量管理办法》,国家测绘质检机构同时承担多项职责,以下选项中,不属于国家测绘质检机构职责的是(　　)。

　　A. 协助管理国家测绘地理信息成果质量检验专家库

　　B. 对省级测绘质检机构检验业务进行监督管理

　　C. 协助指导测绘单位建立完善质量管理体系

　　D. 开展测绘地理信息质检专业技术人员的培训与交流

44. 测绘单位应当对其完成的测绘成果质量负责。测绘单位的(　　)对测绘项目的成果质量负直接责任。

　　A. 测绘单位的法定代表人　　B. 项目质量负责人

　　C. 质监机构负责人　　D. 作业部门负责人

45. 以下选项中,不属于摄影测量专业技术设计范畴的是(　　)。

　　A. 控制测量　　B. 调绘

　　C. 空中三角测量　　D. 排版、制版、印刷

46. 测绘工程项目目标可分解为工期目标、成本目标和(　　)。

A. 管理目标 B. 质量目标
C. 时间目标 D. 精度目标

47. 根据测绘内业生产安全管理规定,面积大于( )的作业场所,其安全出口应当不少于2个。

A. 60m² B. 80m²
C. 100m² D. 120m²

48. 在人、车流量大的城镇地区街道上作业时,应采取有关安全措施。以下安全措施的选项中,( )是不符合规范的。

A. 穿着色彩醒目的带有安全警示反光的马甲
B. 设置安全警示标志牌
C. 安排专人担任安全警戒员
D. 封闭街道禁止车辆、人员通行

49. 高空作业人员的身体条件要符合安全要求。下列病情中,不禁忌高空作业的是( )。

A. 心脏病 B. 高血压
C. 糖尿病 D. 癫痫

50. 根据《中华人民共和国招标投标法》,以下项目中,可以不进行招标的是( )。

A. 关系到社会公共利益的大型公共基础设施项目
B. 关系到公共安全的大型公用事业项目
C. 国有资金投资的项目
D. 利用扶贫资金实行以工代赈需要使用农民工的项目

51. 以下选项中,不属于发包人工程竣工工作的是( )。

A. 审查工程设计方案 B. 工程验收
C. 支付价款 D. 接收建设工程

52. 政府及其所属部门不得滥用行政权力。以下选项中,不属于滥用行政权力的是( )。

A. 限定他人购买其指定经营者的商品
B. 限制外地商品进入本地市场

443

C. 限制本地商品流向外地市场

D. 对经营者经营行为进行定期或不定期的监督检查

53. 以下选项中,不属于大地测量专业范畴的是(　　)。

  A. 一、二等点重力测量　  B. 一、二等水准观测

  C. 全球卫星定位系统观测C级　  D. 高等级工程控制测量

54. 质量目标是指组织在质量方面所追求的目的。以下选项中,(　　)不受质量目标的影响。

  A. 产品质量　  B. 作业有效性

  C. 安全生产　  D. 财务业绩

55. 根据《测绘成果质量监督抽查与数据认定规定》,下列内容中,不是地理信息标准数据认定内容的是(　　)。

  A. 生产单位合法性　  B. 数学基础符合性

  C. 数据内容符合性　  D. 数据资料管理的规范性

56. 根据《基础测绘条例》,下列内容中,不是基础测绘应急保障预案内容的是(　　)。

  A. 应急保障组织体系　  B. 应急保障培训和训练

  C. 应急保障装备和器材配备　  D. 基础地理信息数据的应急措施

57. 根据《测绘地理信息质量管理办法》,下列测绘项目中,可以采取测绘质检机构实施质量检验以外的形式进行成果质量验收的是(　　)。

  A. 某省1∶10000比例尺地形图更新项目

  B. 某省地理国情普查项目

  C. 长江干流某大型水利枢纽工程控制测量项目

  D. 规模较大的房产面积测量项目

58. 根据《国家基本比例尺地形图分幅和编号》,下列1∶2000比例尺地形图分幅方法中,不符合国家标准的是(　　)。

  A. 经纬度分幅　  B. 50cm×50cm正方形分幅

  C. 40cm×40cm正方形分幅　  D. 40cm×50cm矩形分幅

59. 根据《基础地理信息要素分类与代码》,基础地理信息要素分为(　　)大类。

A. 4 B. 8
C. 12 D. 16

60. 根据《基础地理信息数字产品元数据》,下列信息中,不属于基础地理信息数字产品矢量和栅格数据文件元数据内容的是( )。

A. 数据源 B. 空间参考系
C. 数据保密管理 D. 数据更新

61. "测绘技术总结"一般由四部分组成。某单位完成了某测绘工程,其中,作业小组对产品进行了100%的自查。在编制该测绘工程的项目总结时,自查情况应属于( )部分的内容。

A. 概述 B. 技术设计执行情况
C. 测绘成果质量说明与评价 D. 上交成果清单

62. "测绘技术总结"一般由四部分组成。"项目的来源、内容、目标和工作量"应在专业技术总结( )部分说明。

A. 概述 B. 技术设计执行情况
C. 测绘成果质量情况 D. 上交测绘成果和资料清单

63. 检查某幅外业数字测图法完成的1:500地形图,同精度检测了10条边,检测边长和图上边长较差分别为 0.08m、0.09m、0.10m、0.15m、0.30m、0.20m、0.12m、0.40m、0.10m、0.31m,规范允许中误差为±0.12m,则边长测量中误差为( )m。

A. 0.13 B. 0.16
C. 0.18 D. 0.19

64. 根据《测绘成果质量检查与验收》,下列单位中,可作为像片控制测量成果检查与验收的基本单位是( )。

A. 点 B. 张
C. 幅 D. 区域网

65. 根据《测绘成果质量检查与验收》,下列关于概查的说法中,错误的是( )。

A. 概查是对单位成果质量要求中的主要检查项进行的检查
B. 概查一般只记录A类、B类、C类错漏和普遍性问题
C. 概查中出现1个A类错漏既判成果概查为不合格

D. 概查中出现 3 个 B 类错漏则判成果概查为不合格

66. 根据《数字测绘成果质量检查与验收》，下列关于质量元素的说法中，正确的是（　　）。

　　A. 所有的质量元素适用于所有的数字测绘成果

　　B. 质量元素可以根据具体情况进行扩充或调整，并应经过生产方批准

　　C. 属性精度质量元素包括分类正确性和属性正确性两项质量子元素

　　D. 空间参考系质量元素包括大地基准、高程基准两项质量子元素

67. 根据《数字测绘成果质量检查与验收》，下列关于质量检查报告的说法中，正确的是（　　）。

　　A. 报告应用检验单位公章加盖骑缝章

　　B. 报告的复印件，未盖"检验单位公章"，同样有效

　　C. 报告中列出 1 名抽样者即可

　　D. 若对检验报告有异议应于收到报告起 20 日内向检验单位提出

68. 根据《测绘成果质量检查与验收》，下列情况中，直接判定为不合格的是（　　）。

　　A. 重要成果不全　　　　　　　　　B. 未提交质量检查报告

　　C. 未进行一级检查　　　　　　　　D. 技术总结内容不全面

69. 根据《中华人民共和国测绘成果管理条例》，下列选项中，描述正确的是（　　）。

　　A. 无人机航摄成果可以及时获取及时发布

　　B. 对依法获取的涉密测绘成果，测绘单位可根据需要变更使用

　　C. 涉密测绘成果应先归档后依法提供使用

　　D. 对依法获取的涉密测绘成果，获取单位可直接向合作方提供

70. 依据《测绘地理信息业务档案保管期限表》，下列选项中，需永久保存的资料是（　　）。

　　A. 点之记　　　　　　　　　　　　B. 控制点分布图

　　C. 外业观测数据　　　　　　　　　D. 仪器检定资料

71. 根据《测绘地理信息业务档案管理规定》，国家重大测绘项目档案验收，应由（　　）组织。

　　A. 国家测绘地理信息局

B. 省级测绘地理信息行政主管部门

C. 项目所在地的测绘地理信息行政主管部门

D. 专门的测绘地理信息业务档案保管机构

72. 依据《测绘地理信息业务档案保管期限表》,下列选项中,需永久保存的资料是(　　)。

　　A. 项目合同书　　　　　　　　　B. 项目设计书

　　C. 可行性研究报告　　　　　　　D. 项目验收报告

73. 基础测绘数据成果文档包括项目立项文件、项目实施文件、项目总结文件以及项目成果文件。其中,"基础测绘项目论证材料"应分类到(　　)中。

　　A. 项目立项文件　　　　　　　　B. 项目实施文件

　　C. 项目总结文件　　　　　　　　D. 项目成果文件

74. 根据地理信息数据安全管理有关规定,下列选项中,描述正确的是(　　)。

　　A. 在工作前放置在存储环境下的光盘必须在工作环境中至少1个小时

　　B. 储存库房应远离强磁场,房内应使用紫外线灯具

　　C. 归档后的数据档案介质不得外借,只能提供数据复制介质

　　D. 数据档案进行转存新格式拷贝后,原数据档案应于当年集中销毁

75. 根据《中华人民共和国保守国家秘密法》,涉密文件等级分为(　　)级。

　　A. 2　　　　　　　　　　　　　　B. 3

　　C. 4　　　　　　　　　　　　　　D. 5

76. 甲乙双方签订了测绘合同,由于(　　)造成测绘合同未按时完成,乙方应赔偿拖期损失费。

　　A. 测区天气恶劣　　　　　　　　B. 发生山体滑坡道路中断

　　C. 乙方投入人员不够　　　　　　D. 应军事演习中断外业测量工作

77. 风险控制是指风险管理者采取各种措施和方法,消灭或减少风险事件发生的各种可能性,或者减少风险事件发生时造成的损失。以下选项中,关于风险控制的说法,错误的(　　)。

　　A. 基于风险的思维是实现质量管理体系有效性的基础

　　B. 风险一律只具有负面影响

C. 基于风险控制,采取措施消除潜在的不合格

D. 应对风险和机遇,为获得改进结果奠定基础

78. 测绘技术总结分为"项目总结"和"专业技术总结"。专业技术总结编写的具体时间为(    )。

　　A. 外业生产完成后　　　　　　B. 成果检查合格后

　　C. 项目验收通过后　　　　　　D. 成果上交归档后

79. 在测绘产品的生产过程中,出现以下选项情况时,无须与顾客沟通的是(    )。

　　A. 顾客投诉　　　　　　　　　B. 处置顾客财产

　　C. 处理订单　　　　　　　　　D. 人力资源配置

80. 质量管理体系文件包含内部审核控制程序文件。以下选项中,关于内部审核的描述,错误的是(    )。

　　A. 根据监督审核部门确定的时间进行内部审核

　　B. 内部审核时,应关注质量管理体系是否得到有效的实施和保持

　　C. 组织应保留内部审核的成文信息

　　D. 内部审核结果应报告给相关管理者

**二、多项选择题(共 20 题,每题 2 分。每题的备选项中,有 2 个或 2 个以上符合题意,至少有 1 个错项。错选,本题不得分;少选,所选的每个选项得 0.5 分)**

81. 测绘资质年度报告内容包括本单位符合测绘资质条件情况、遵守法律法规情况、基本情况变化、测绘项目质量、诚信等级等情况。测绘资质年度报告应保证其(    )。

　　A. 严密性　　　　　　　　　　B. 真实性

　　C. 合法性　　　　　　　　　　D. 美观性

　　E. 科学性

82.《测绘资质分级标准》在几个市场化程度较高的专业范围下设置相应的甲、乙级测绘监理专业子项。以下选项中,设置测绘监理专业子项的有(    )。

　　A. 测绘航空摄影　　　　　　　B. 摄影测量与遥感

　　C. 工程测量　　　　　　　　　D. 不动产测绘

　　E. 地理信息系统工程

83. 根据《外国的组织或者个人来华测绘管理暂行办法》,外国的组织或者个人不得从

事（　　）。

  A. 海洋测绘           B. 世界政区地图绘制

  C. 测绘航空摄影         D. 不动产测绘

  E. 大地测量

84. 根据《中华人民共和国招标投标法》，招标的方式有（　　）。

  A. 内部招标           B. 公开招标

  C. 限定招标           D. 邀请招标

  E. 定向招标

85. 下列关于测绘地理信息项目组织实施的说法中，正确的是（　　）。

  A. 测绘地理信息项目实施可以边设计边生产

  B. 测绘地理信息项目实行三级检查两级验收制度

  C. 甲乙级测绘资质单位应设立质量管理和质量检查机构

  D. 测绘单位应建立合同评审制度

  E. 作业部门负责过程检查，测绘单位负责最终检查

86. 根据《中华人民共和国测绘成果管理条例》，应当向国家测绘地理信息局汇交测绘成果副本的有（　　）。

  A. 中央财政投资完成的非基础测绘项目所产生的测绘成果

  B. 依法与外国的组织和个人合资、合作测绘所形成的测绘成果

  C. 全国1∶100万至1∶25万国家基本比例尺地形图、影像图和数字化产品

  D. 实施国家基础航空摄影所获取的数据、影像资料

  E. 获取的国家基础地理信息遥感资料

87. 根据《中华人民共和国保守国家秘密法》，以下对涉密人员有关规定的描述，正确的是（　　）。

  A. 涉密人员按照涉密程度分为核心涉密人员、重要涉密人员和一般涉密人员，实行统一管理

  B. 涉密人员上岗应当经过保密教育培训，并签订保密承诺书

  C. 涉密人员不得出境

  D. 涉密人员在脱密期内，不得违反规定就业

  E. 机关、单位应当建立健全涉密人员管理制度，对涉密人员履行职责情况进行经常性的检查

88. 根据国家基础测绘成果审批规定,属于省级测绘地理信息主管部门审批的成果包括( )。

　　A. 某设区的市 1∶1 万国家基本比例尺地图
　　B. 某县一、二等平面控制网的数据
　　C. 某省基础航空摄影影像成果
　　D. 某县级市 1∶2000 比例尺地图
　　E. 某自治州三、四等高程控制网的数据

89. 根据《重要地理信息数据审核公布管理规定》,在( )等对社会公众有影响的活动中,需要使用重要地理信息数据的,应当使用依法公布的数据。

　　A. 单位内部使用　　　　　　　　B. 新闻传播
　　C. 对外交流　　　　　　　　　　D. 行政管理
　　E. 教学

90. 根据《地图管理条例》,互联网单位发现其网站传输的地图信息含有不得表示的内容时,应当( )。

　　A. 立即停止传输　　　　　　　　B. 保存有关记录
　　C. 删除违法信息　　　　　　　　D. 依法向有关主管部门报告
　　E. 通知互联网地图服务的相关用户进行处理

91. DLG 产品的质量元素一般包括空间参考系、位置精度、属性精度、完整性、逻辑一致性、时间精度、表征质量、附件质量等八个方面。其中,"表征质量"包含( )等质量子元素。

　　A. 几何表达　　　　　　　　　　B. 地理表达
　　C. 注记正确性　　　　　　　　　D. 要素完整性
　　E. 图廓整饰准确性

92. 根据测绘内业生产安全管理对作业场所的要求,以下说法中,正确的是( )。

　　A. 玻璃隔断提醒　　　　　　　　B. 严禁吸烟标志
　　C. 配电箱标志　　　　　　　　　D. 紧急疏散示意图
　　E. 保密场所标志

93. 根据《中华人民共和国合同法》,合同的内容由当事人约定,一般应包括以下条款( )。

　　A. 当事人的名称或者姓名和住址　　B. 标的
　　C. 数量　　　　　　　　　　　　D. 价款或者报酬

E. 担保人及其责任

94. 根据《国家测绘应急保障预案》,提供测绘应急保障和技术服务的核心任务是(    )。

   A. 启动生产安全事故应急救援预案　　B. 高效提供地图

   C. 高效提供地理信息数据　　　　　　D. 提供公共地理信息服务平台

   E. 根据需要开展遥感监测、导航定位、地图制作

95. 为健全测绘应急保障工作机制,有效整合利用测绘资源,提高应急测绘保障能力,为应对突发事件提供高效有序的测绘保障,国家制定了《测绘应急保障预案》,其依据是(    )。

   A.《中华人民共和国突发事件应对法》　B.《中华人民共和国测绘法》

   C.《中华人民共和国测绘成果管理条例》D.《地图管理条例》

   E.《国家突发公共事件总体应急预案》

96. 以下选项中,属于GNSS测量成果质量子元素的是(    )。

   A. 数据质量　　　　　　　　　　　　B. 埋石质量

   C. 观测质量　　　　　　　　　　　　D. 资料质量

   E. 整饰质量

97. 以下错漏项,属于导线测量A类错漏的有(    )。

   A. 点位中误差超限　　　　　　　　　B. 成果取舍重测不合理

   C. 验算项目缺项　　　　　　　　　　D. 漏绘点之记

   E. 缺主要成果资料

98. 测绘工程项目完成后,要提交归档文件。以下对归档文件的描述,正确的是(    )。

   A. 文档类文件应有题名　　　　　　　B. 文件应有责任者

   C. 文件应有归档者　　　　　　　　　D. 文件应有归档时间

   E. 文件应有形成时间

99. 根据测绘项目合同甲乙双方的义务和测绘项目技术设计等有关规定,下列说法中,正确的是(    )。

   A. 甲方接到乙方编制的技术设计书后应在约定的时间内完成技术设计书的审定工作

   B. 为保证乙方的测绘队伍顺利进入现场工作,甲方应为其提供必要的工作生产条件

   C. 乙方应当根据技术设计书要求确保测绘项目如期完工

   D. 乙方可以自行将合同标的的非重点部位分包给第三方

E. 甲方提供的图纸和技术资料乙方有保密义务不得向第三方转让

100. 基础地理信息数据成果归档检验的内容包括(　　)。

A. 成果目录和数据的完整性　　　　B. 成果符合性
C. 数据有效性　　　　　　　　　　D. 数据一致性
E. 病毒检验

# 2017年全国注册测绘师资格考试测绘管理与法律法规试卷参考答案及解析

一、单项选择题(共80题,每题1分,每题的备选项中,只有1个最符合题意)

1. D

解析:《中华人民共和国测绘法》第三条,测绘事业是经济建设、国防建设、社会发展的基础性事业。各级人民政府应当加强对测绘工作的领导。故选D。

2. D

解析:《中华人民共和国测绘法》第五十六条,违反本法规定,测绘单位有下列行为之一的,责令停止违法行为,没收违法所得和测绘成果,处测绘约定报酬一倍以上二倍以下的罚款,并可以责令停业整顿或者降低测绘资质等级;情节严重的,吊销测绘资质证书:

(一)超越资质等级许可的范围从事测绘活动;

(二)以其他测绘单位的名义从事测绘活动;

(三)允许其他单位以本单位的名义从事测绘活动。

故选D。

3. B

解析:《测绘资质管理规定》第十四条,申请单位符合法定条件的,测绘资质审批机关作出拟准予行政许可的决定,通过本机关网站向社会公示5个工作日。故选B。

4. C

解析:《测绘资质分级标准》,测绘专业技术人员,是指测绘工程、地理信息、地图制图、摄影测量、遥感、大地测量、工程测量、地籍测绘、土地管理、矿山测量、导航工程、地理国情监测等专业的技术人员。故选C。

5. B

解析:《测绘资质管理规定》第十六条,初次申请测绘资质不得超过乙级。测绘资质单位申请晋升甲级测绘资质的,应当取得乙级测绘资质满2年。申请的专业范围只设甲级的,不受前款规定限制。根据《测绘资质分级标准》,不动产测绘专业标准分甲、乙、丙、丁四级。故选B。

6. C

解析:《测绘资质分级标准》,符合下列条件之一的专业技术人员,可以计入中级专业技术人员数量:取得测绘及相关专业中级专业技术任职资格;获得测绘及相关专业博士学位并在测绘及相关专业技术岗位工作1年以上;获得测绘及相关专业硕士学位并在测绘及相关专业技术岗位工作3年以上;测绘及相关专业大学本科毕业并在测绘及相关专业技术岗位工作5年以上;测绘及相关专业大学专科毕业并在测绘及相关专业技术岗位工作7年以上;获得测绘地理信息行业技师职业资格(但不得超过2人)。选项C的人员,不满足以上要求,故选C。

7. B

**解析:** 根据《测绘资质分级标准》,工程测量专业子项包括控制测量、地形测量、规划测量、建筑工程测量、变形形变与精密测量、市政工程测量、水利工程测量、线路与桥隧测量、地下管线测量、矿山测量、工程测量监理。选项B(地面移动测量)不在此列,故选B。

8. C

**解析:**《测绘资质分级标准》,注册测绘师,是指经过考核认定和注册测绘师资格考试取得《中华人民共和国注册测绘师资格证书》,并依法进行注册的人员。注册测绘师可以计入中级专业技术人员数量。故选C。

9. A

**解析:**《注册测绘师制度暂行规定》第十九条,注册有效期届满需继续执业的,应在届满前30个工作日内,按照本规定第十四条规定的程序申请延续注册。审批机构应当根据申请人的申请,在规定的时限内作出是否准予延续注册的决定;逾期未作出决定的,视为准予延续。故选A。

10. A

**解析:**《注册测绘师制度暂行规定》第十三条,国家测绘局为注册测绘师资格的注册审批机构。各省、自治区、直辖市人民政府测绘地理信息主管部门负责注册测绘师资格的注册审查工作。故选A。

11. D

**解析:**《外国的组织或者个人来华测绘管理暂行办法》第六条,外国的组织或者个人在中华人民共和国领域测绘,必须与中华人民共和国的有关部门或者单位依法采取合资、合作的形式(以下简称合资、合作测绘)。经国务院及其有关部门或者省、自治区、直辖市人民政府批准,外国的组织或者个人来华开展科技、文化、体育等活动时,需要进行一次性测绘活动的(以下简称一次性测绘),可以不设立合资、合作企业,但是必须经国务院测绘地理信息主管部门会同军队测绘部门批准,并与中华人民共和国的有关部门和单位的测绘人员共同进行。故选D。

12. A

解析:《注册测绘师制度暂行规定》第十一条,对以不正当手段取得《中华人民共和国注册测绘师资格证书》的,由发证机关收回。自收回该证书之日起,当事人3年内不得再次参加注册测绘师资格考试。故选A。

13. B

解析:《测绘作业证管理规定》第四条,测绘作业证的式样,由国家测绘局统一规定。测绘作业证在全国范围内通用。故选B。

14. C

解析:《中华人民共和国招标投标法》第二十四条,招标人应当确定投标人编制投标文件所需要的合理时间;但是,依法必须进行招标的项目,自招标文件开始发出之日起至投标人提交投标文件截止之日止,最短不得少于20日。故选C。

15. C

解析:《中华人民共和国测绘法》第十一条,因建设、城市规划和科学研究的需要,国家重大工程项目和国务院确定的大城市确需建立相对独立的平面坐标系统的,由国务院测绘地理信息主管部门批准;其他确需建立相对独立的平面坐标系统的,由省、自治区、直辖市人民政府测绘地理信息主管部门批准。故选C。

16. A

解析:《基础测绘条例》第十条,国务院发展改革部门会同国务院测绘地理信息主管部门,编制全国基础测绘年度计划。县级以上地方人民政府发展改革部门会同同级测绘地理信息主管部门,编制本行政区域的基础测绘年度计划,并分别报上一级主管部门备案。故选A。

17. A

解析:强制性测绘行业标准编号式样是:CH××××(顺序号)—××××(发布年号)。故选A。

18. A

解析:《中华人民共和国计量法》第十七条,个体工商户可以制造、修理简易的计量器具。故选A。

19. C

解析:《测绘地理信息质量管理办法》第六条,国家对测绘地理信息质量实行监督检查制度。甲、乙级测绘资质单位每3年监督检查覆盖一次,丙、丁级测绘资质单位每5年监督检查覆盖一次。故选C。

**20. C**

**解析：**《测绘地理信息质量管理办法》第十六条，甲、乙级测绘资质单位应设立质量管理和质量检查机构；丙、丁级测绘资质单位应设立专职质量管理和质量检查人员。测绘地理信息项目的技术和质检负责人等关键岗位须由注册测绘师充任。故选C。

**21. A**

**解析：**《中华人民共和国测绘成果管理条例》第十一条，测绘成果保管单位应当建立健全测绘成果资料的保管制度，配备必要的设施，确保测绘成果资料的安全，并对基础测绘成果资料实行异地备份存放制度。故选A。

**22. D**

**解析：**《中华人民共和国测绘法》第六十条，违反本法规定，不汇交测绘成果资料的，责令限期汇交；测绘项目出资人逾期不汇交的，处重测所需费用一倍以上二倍以下的罚款；承担国家投资的测绘项目的单位逾期不汇交的，处五万元以上二十万元以下的罚款，并处暂扣测绘资质证书，自暂扣测绘资质证书之日起六个月内仍不汇交的，吊销测绘资质证书；对直接负责的主管人员和其他直接责任人员，依法给予处分。故选D。

**23. C**

**解析：**《中华人民共和国测绘成果管理条例》第十六条，国家保密工作部门、国务院测绘地理信息主管部门应当商军队测绘部门，依照有关保密法律、行政法规的规定，确定测绘成果的秘密范围和秘密等级。

利用涉及国家秘密的测绘成果开发生产的产品，未经国务院测绘地理信息主管部门或者省、自治区、直辖市人民政府测绘地理信息主管部门进行保密技术处理的，其秘密等级不得低于所用测绘成果的秘密等级。故选C。

**24. C**

**解析：**《关于进一步贯彻落实测绘成果核心涉密人员保密管理制度的通知》，岗位培训证书的有效期为5年。因离岗、离职（辞职、辞退、解聘、调离、退休）等原因不再从事测绘成果核心涉密岗位工作的，原持有的岗位培训证书自动失效。重新择业后仍从事测绘成果核心涉密岗位工作的，原持有的岗位培训证书在有效期内的仍继续有效至期满。故选C。

**25. B**

**解析：**《中华人民共和国保守国家秘密法》第二十四条，机关、单位应当加强对涉密信

息系统的管理,任何组织和个人不得有下列行为:

(一)将涉密计算机、涉密存储设备接入互联网及其他公共信息网络;

(二)在未采取防护措施的情况下,在涉密信息系统与互联网及其他公共信息网络之间进行信息交换;

(三)使用非涉密计算机、非涉密存储设备存储、处理国家秘密信息;

(四)擅自卸载、修改涉密信息系统的安全技术程序、管理程序;

(五)将未经安全技术处理的退出使用的涉密计算机、涉密存储设备赠送、出售、丢弃或者改作其他用途。

故选B。

26. B

**解析:**《中华人民共和国保守国家秘密法》第十八条,国家秘密的密级、保密期限和知悉范围,应当根据情况变化及时变更。国家秘密的密级、保密期限和知悉范围的变更,由原定密机关、单位决定,也可以由其上级机关决定。故选B。

27. D

**解析:**《基础测绘成果提供使用管理暂行办法》第十六条,被许可使用人主体资格发生变化时,应向原受理审批的测绘地理信息主管部门重新提出使用申请。故选D。

28. C

**解析:**《重要地理信息数据审核公布管理规定》第七条,建议人建议审核公布重要地理信息数据,应当向国务院测绘地理信息主管部门提交以下书面资料:

(一)建议人基本情况;

(二)重要地理信息数据的详细数据成果资料,科学性及公布的必要性说明;

(三)重要地理信息数据获取的技术方案及对数据验收评估的有关资料;

(四)国务院测绘地理信息主管部门规定的其他资料。

选项C不在此列,故选C。

29. D

**解析:**《中华人民共和国测绘法》第二十一条,行政区域界线的测绘,按照国务院有关规定执行。省、自治区、直辖市和自治州、县、自治县、市行政区域界线的标准画法图,由国务院民政部门和国务院测绘地理信息主管部门拟定,报国务院批准后公布。故选D。

30. B

**解析:**《行政区域界线管理条例》第十四条,行政区域界线详图是反映县级以上行政区域界线标准画法的国家专题地图。任何涉及行政区域界线的地图,其行政区域界线画法一律以行政区域界线详图为准绘制。国务院民政部门负责编制省、自治区、直辖市行政区域界线详图,省、自治区、直辖市人民政府民政部门负责编制本行政区域内的行政区域界线详图。故选 B。

31. B

解析:《中华人民共和国物权法》第九条,不动产物权的设立、变更、转让和消灭,经依法登记,发生效力;未经登记,不发生效力,但法律另有规定的除外。依法属于国家所有的自然资源,所有权可以不登记。"国家土地所有权"属于国家所有的自然资源,可以不登记,仍然具有法律效力。故选 B。

32. C

解析:房产测绘所需费用由委托人支付(选项 A 不正确);当事人对测绘成果有异议的可以委托具有房产测绘资质的单位鉴定(选项 B 不正确);房产测绘单位有在房产面积测算中弄虚作假欺骗房屋权利人违法行为的,可以由县级以上房地产行政主管部门给予罚款的处罚(选项 D 不正确)。本题,只有选项 C 描述正确。

33. D

解析:《地图审核管理规定》第十四条,国务院测绘地理信息主管部门和省级测绘地理信息主管部门受理地图审核申请后,应当及时将地图内容审查通知书和相关申请材料一起转至地图内容审查工作机构进行审查。地图内容审查工作机构,自接到地图内容审查通知书和相关申请材料之日起 20 日内完成审查工作。故选 D。

34. A

解析:《地图审核管理规定》第七条,下列地图无明确的审核标准和依据时,由国务院测绘地理信息主管部门受理商外交部进行相应地图内容审查:

(一)历史地图;

(二)世界性地图;

(三)时事宣传地图;

(四)其他需要商外交部审查的地图。

故选 A。

35. C

解析:《公开地图内容表示若干规定》第六条,比例尺等于或小于1∶1亿的,南海诸岛归属范围线可由9段线改为7段线,可不表示钓鱼岛、赤尾屿岛点。选项C,描述不正确。

36. D

**解析:**《地图管理条例》第三十二条,国家鼓励和支持互联网地图服务单位开展地理信息开发利用和增值服务。县级以上人民政府应当加强对互联网地图服务行业的政策扶持和监督管理。第四十二条,县级以上人民政府及其有关部门应当依法加强对地图编制、出版、展示、登载、生产、销售、进口、出口等活动的监督检查。故选D。

37. A

**解析:**《公开地图内容表示补充规定(试行)》明确规定以下内容不能在公开地图(地图产品)上表示:

(1)国防、军事设施及军事单位。具体内容包括指挥机关、地面和地下指挥工程、作战工程,军用机场、港口、码头、营区、训练场、试验场,军用洞库、仓库,军用通信、侦察、导航、观测台站和测量、导航、助航标志,军用道路、铁路专用线,军用通信、输电线路,军用输油、输水管道等。

(2)武器弹药、爆炸物品、剧毒物品、危险化学品、铀矿床和放射性物品的集中存放地、监狱、劳教所、看守所、拘留所、强制隔离戒毒所、救助管理站和安康医院等于公共安全相关的设施和单位。

故选A。

38. B

**解析:**《公开地图内容表示若干规定》第十五条,台湾省地图表示规定:台湾省在地图上应按省级行政区划单位表示;台北市作为省级行政中心表示;在分省设色的地图上,台湾省要单独设色。

第十四条,香港特别行政区、澳门特别行政区表示规定:在分省设色的地图上,香港界内的陆地部分要单独设色。

选项B,描述正确。其他选项描述不正确。

39. C

**解析:**选项C(在测量标志占地范围内烧荒、耕作、取土、挖沙)的行为,属于在永久性测量标志安全控制范围内从事危害测量标志安全和使用效能的活动。故选C。

40. C

**解析:**《测量标志保护条例》第十三条,负责保管测量标志的单位和人员,应当对其所保管的测量标志经常进行检查;发现测量标志有被移动或者损毁的情况时,应当及时报告当地乡级人民政府,并由乡级人民政府报告县级以上地方人民政府管理测绘工作的部门。故选C。

41. B

解析:测绘工程监理,其监理内容包括:项目的技术方案、技术流程、过程质量检查、成果质量检查。最后要提交一份"监理报告",最主要的内容就是过程检查和成果检查。监理单位对其出具的监理报告负责。故选 B。

42. A

解析:《中华人民共和国合同法》第二百七十二条,总承包人经发包人同意,可以将自己承包的部分工作交由第三人(分包方)完成。第三人就其完成的工作成果与总承包人向发包人承担连带责任。因此,对于分包工程的质量,总承包单位与分包单位都要负责。

(1)总承包方向发包方负完全责任;

(2)分包单位向总承包方负完全责任;对属于分包单位的原因造成的工程质量问题,总承包单位在向他人(发包方)承担责任后,可以根据分包合同的约定向分包人追偿。

故选 A。

43. B

解析:《测绘地理信息质量管理办法》第三十条,国家测绘质检机构同时承担以下职责:

(一)协助管理国家测绘地理信息成果质量检验专家库;

(二)协助指导测绘单位建立完善质量管理体系;

(三)开展测绘地理信息质检专业技术人员的培训与交流;

(四)对省级测绘质检机构检验业务进行技术指导,对其检验工作中存在的缺点和错误予以纠正。

选项 B(对省级测绘质检机构检验业务进行监督管理),不在此列,故选 B。

44. B

解析:测绘单位应当对其完成的测绘成果质量负责。测绘单位按照测绘项目的实际情况实行项目质量负责人制度。项目质量负责人对该测绘项目的产品质量负直接责任。故选 B。

45. D

解析:摄影测量专业技术设计,包括数字影像获取、控制测量、外业调绘与补测、空中三角测量、模型定向等。选项 D(排版、制版、印刷),属于"测图、制图、印刷"专业技术设计。

46. B

解析:测绘项目组织中,项目目标可分解为:工期目标、成本目标、质量目标。故选 B。

**47. C**

解析：本题考查测绘内业生产安全管理中作业场所的要求。作业场所面积大于 $100m^2$ 的安全出口应当不少于2个。故选C。

**48. D**

解析：在城镇地区作业安全注意事项有：在人、车流量大的街道上作业时，必须穿着色彩醒目的带有安全警示反光的马夹，并应设置安全警示标志牌(墩)，必要时还应安排专人担任安全警戒员。选项D(封闭街道禁止车辆、人员通行)，不符合规范。

**49. C**

解析：所谓高处(高空)作业是指人在一定位置为基准的高处进行的作业。高处作业人员的身体条件要符合安全要求。患有高血压病、心脏病、贫血、癫痫病等人员，不适合从事高处作业；对疲劳过度、精神不振和思想情绪低落人员要停止高处作业；严禁酒后从事高处作业。本题，不禁忌高空作业的是选项C(糖尿病)。

**50. D**

解析：根据《中华人民共和国招标投标法》第六十六条，涉及国家安全、国家秘密、抢险救灾或者属于利用扶贫资金实行以工代赈、需要使用农民工等特殊情况，不适宜进行招标的项目，按照国家有关规定可以不进行招标。故选D。

**51. A**

解析：工程竣工后，发包人的主要工作包括工程验收、支付价款、接收工程等。选项A(审查工程设计方案)，不在此列。

**52. D**

解析：政府及其所属部门不得滥用行政权力，限定他人购买其指定经营者的商品，限制其他经营者正当的经营活动，限制外地商品进入本地市场，或者本地商品流向外地市场等。选项D(对经营者经营行为进行监督检查)，属于政府及其所属部门正常行使行政权力。

**53. D**

解析：大地测量专业包括平面控制测量(高等级GNSS测量)、高程控制测量(一、二等水准测量)、重力测量、大地测量数据处理等。选项D(高等级工程控制测量)，属于工程测量专业范畴。故选D。

**54. C**

解析：质量目标是指组织在质量方面所追求的目的。质量目标会对作业有效性、产品质量、财务业绩等产生影响。"安全生产"不受质量目标的影响。故选 C。

**55. D**

解析：根据《测绘成果质量监督抽查与数据认定规定》，数据认定内容包括生产单位合法性、数学基础符合性、数据内容符合性、生产过程符合性等四个方面。选项 D 不在此列，故选 D。

**56. B**

解析：《基础测绘条例》第十一条，县级以上人民政府测绘地理信息主管部门应当根据应对自然灾害等突发事件的需要，制定相应的基础测绘应急保障预案。

基础测绘应急保障预案的内容应当包括应急保障组织体系、应急装备和器材配备、应急响应、基础地理信息数据的应急测制和更新等应急保障措施。选项 B 不在此列，故选 B。

**57. D**

解析：《测绘地理信息质量管理办法》第二十条，测绘地理信息项目实行"两级检查、一级验收"制度。作业部门负责过程检查，测绘单位负责最终检查。过程成果达到规定的质量要求后方可转入下一工序。必要时，可在关键工序、难点工序设置检查点，或开展首件成果检验。项目委托方负责项目验收。基础测绘项目、测绘地理信息专项和重大建设工程测绘地理信息项目的成果未经测绘质检机构实施质量检验，不得采取材料验收、会议验收等方式验收，以确保成果质量；其他项目的验收应根据合同约定执行。本题只有选项 D 符合题意，故选 D。

**58. C**

解析：《国家基本比例尺地形图分幅和编号》第 2.3 条，1∶2000 比例尺地形图可按规定的经差和纬差划分图幅，也可根据需要采用 50cm×50cm 正方形分幅和 40cm×50cm 矩形分幅。选项 C（40cm×40cm）不符合国家标准，故选 C。

**59. B**

解析：《基础地理信息要素分类与代码》第 4.2 条，大类包括定位基础，水系、居民地及设施、交通、管线、境界与政区、地貌、土质与植被等 8 类。故选 B。

**60. C**

解析：《基础地理信息数字产品元数据》第 2.1 条，元数据文件包括矢量和栅格数据文件的元数据内容。它存放有关数据源、数据分层、产品归属、空间参考系、数据质量、数据更新、图幅接边等方面的信息。选项 C 不在此列，故选 C。

**61. B**

**解析:**"测绘技术总结"一般由四部分组成,其中第二部分为"技术设计执行情况",其主要内容包括:

(1)说明生产所依据的技术性文件,包括测绘技术设计书及设计更改内容,有关的技术规范、规程和标准。

(2)说明和评价测绘技术活动过程中,项目测绘技术文件和有关技术性规范、规程的执行情况,重点说明测绘生产过程中技术设计书的更改内容、变更原因等。

(3)重点描述项目实施过程中出现的主要技术问题和处理方法、特殊情况的处理及其达到的效果等。

(4)说明项目实施中质量保证措施的执行情况,包括组织管理措施、资源保证措施和质量控制措施以及数据安全措施。

(5)新技术、新方法、新材料应用情况。

(6)总结项目实施中的经验、教训和遗留问题,并对今后生产提出改进意见和建议。

作业小组对产品进行100%的自查属于技术设计执行中的质量控制措施。故选B。

**62. A**

**解析:**"测绘技术总结"一般由四部分组成,其中第一部分为"概述",其主要内容包括:

(1)项目来源、内容、目标、工作量,项目的组织实施,专业测绘任务的划分、内容和相应任务的承担单位,产品交付与接收情况。

(2)项目执行情况,说明生产任务安排与安排情况,统计有关的作业定额与作业率,经费执行情况等。

(3)作业区概括和已有资料的利用情况。

故选A。

**63. C**

**解析:**较差中误差 $m = \pm\sqrt{\frac{[\varepsilon\varepsilon]}{n}} = \sqrt{\frac{0.4575}{10}}$

测量中误差为 $m_1 = \sqrt{m^2 - m_2^2} = \sqrt{0.04575^2 - 0.12^2} \approx 0.18\text{m}$

**64. D**

**解析:**《测绘成果质量检查与验收》第3.1条,大地测量成果中的各级三角点、导线点、GPS点、重力点和水准测段等以"点"或"测段"为单位,像片控制测量成果以"区域网"、"景"为单位;地形测量、地图编制、地籍测绘等测绘成果的各种比例尺地形或影像平面图中以"幅"为单位,房产面积测算成果以"幢"为单位等。故选D。

**65. B**

**解析:**《测绘成果质量检查与验收》第6.3.2条,概查是指对影响成果质量的主要项目和带倾向性的问题进行的一般性检查,一般只记录A类、B类错漏和普遍性问题。若概查中未发现A类错漏或B类错漏小于3个时,判成果概查为合格;否则,判成果概查为不合格。只有选项B描述不正确,故选B。

**66. C**

**解析:**《数字测绘成果质量检查与验收》第4.1条和第4.2条,质量元素根据技术设计、成果类型或用途等具体情况,可以扩充或调整。扩充或调整质量元素应经过生产委托方批准,并适用于批成果内的所有单位成果。其中,属性精度质量元素包括分类正确性和属性正确性两项质量子元素。空间参考系质量元素包括大地基准、高程基准、地图投影三项质量子元素。选项C描述正确,故选C。

**67. A**

**解析:**《数字测绘成果质量检查与验收》附录A.2.4,规定加盖单位公章处,应加盖检验单位公章,并用检验单位公章加盖骑缝章。检验报告注意事项规定,本报告复印件未加盖"检验单位公章"无效。若对检验报告有异议应于收到报告起15日内向检验单位提出。抽样者至少两人。只有选项A描述正确,故选A。

**68. A**

**解析:**《测绘成果质量检查与验收》第5.5.1条,当单位成果出现以下情况之一时,即判定为不合格:

(1)单位成果出现A类错漏;

(2)单位成果高程精度检测、平面位置精度检测及相对位置精度检测,任一项粗差比例超过5%;

(3)质量子元素质量得分小于60分。

重要成果不全属于A类错漏。故选A。

**69. C**

**解析:**《中华人民共和国测绘成果管理条例》第七条,无人机航摄成果属于基础测绘成果。第十七条,法人或者其他组织需要利用属于国家秘密的基础测绘成果的,应当提出明确的利用目的和范围,报测绘成果所在地的测绘地理信息主管部门审批。第二十二条,国家对重要地理信息数据实行统一审核与公布制度。任何单位和个人不得擅自公布重要地理信息数据。故选C。

**70. A**

解析:《测绘地理信息业务档案保管期限表》第 3.1.4 条(GNSS 大地控制网),"测量标志点之记、委托保管书"是需永久保存的资料。故选 A。

**71. A**

解析:《测绘地理信息业务档案管理规定》第八条,国家测绘地理信息局测绘地理信息业务档案管理职责包括:(一)贯彻执行国家档案工作的法律、法规和方针政策,统筹规划全国测绘地理信息业务档案工作;(二)制定国家测绘地理信息业务档案管理制度、标准和技术规范;(三)指导、监督、检查全国测绘地理信息业务档案工作;(四)组织国家重大测绘地理信息项目业务档案验收工作。故选 A。

**72. D**

解析:《测绘地理信息业务档案保管期限表》第 1.4 条(项目验收),"项目验收报告"是需永久保存的资料。故选 D。

**73. B**

解析:基础测绘数据成果文档应包括项目立项文件、项目实施文件、项目总结文件以及项目成果文件。(1)项目立项文件,说明项目申请(或建议)书、项目可行性报告、项目下达计划或任务文件、项目合同等;(2)项目实施文件,说明调研报告,招(投)标书,项目设计书(或实施方案),项目论证材料,项目实施过程中的有关专业设计、技术质量标准或要求,项目的各种计划、指示、请示及批复文件;(3)项目总结文件,说明项目阶段性和最终的工作总结、技术总结、评审、鉴定或验收材料等;(4)项目成果文件,说明标图、附表、文档簿、数据成果目录、相关软件、使用手册等。"基础测绘项目论证材料"应分类到"项目实施文件"中。故选 B。

**74. C**

解析:光盘必须在工作环境中至少 2 个小时(选项 A 不正确);房内不能使用紫外线灯具(选项 B 不正确);数据档案进行转存新格式拷贝后,原数据档案应继续保存 3 年(选项 D 不正确)。本题,只有选项 C 描述正确。故选 C。

**75. B**

解析:《中华人民共和国保守国家秘密法》将涉密等级分为绝密、机密、秘密三级。故选 B。

**76. C**

解析:《中华人民共和国合同法》第一百一十七条,因不可抗力不能履行合同的,根据不可抗力的影响,部分或者全部免除责任,但法律另有规定的除外。本题,选项 ABD 均属不可抗力的影响,故选 C。

**77. B**

解析:风险是未来的不确定性对实现目标的影响。因此,从事后的结果看,这种影响可能对实现既定目标有好处(正面影响),也可能有坏处(负面影响)。所谓好坏或正面负面都是指对结果的判断而言的,风险本身是无所谓好坏的。选项 B,描述不正确。

**78. B**

解析:测绘技术总结分为"项目总结"和"专业技术总结"。专业技术总结编写的具体时间为成果检查合格后。故选 B。

**79. D**

解析:在测绘产品的生产过程中,出现顾客投诉、处理订单、处置顾客财产等情况时,均需与顾客沟通。而出现"人力资源配置"(选项 D)的问题时,无须与顾客沟通,因为它属于乙方内部问题,与顾客无关。故选 D。

**80. A**

解析:一般情况下对公司质量管理体系涉及的各部门内部审核至少每年一次,且都要确保每年在管理评审之前。选项 A 描述不正确,其他选项描述正确。

**二、多项选择题(共 20 题,每题 2 分。每题的备选项中,有 2 个或 2 个以上符合题意,至少有 1 个错项。错选,本题不得分;少选,所选的每个选项得 0.5 分)**

**81. BC**

解析:测绘资质年度报告应保证其真实性和合法性。故选 BC。

**82. BCDE**

解析:根据《测绘资质分级标准》,该标准在摄影测量与遥感、地理信息系统工程、工程测量、不动产测绘、海洋测绘等 5 个市场化程度较高的专业范围下设置相应的甲、乙级测绘监理专业子项。故选 BCDE。

**83. ABCE**

解析:《外国的组织或者个人来华测绘管理暂行办法》第七条,合资、合作测绘不得从事下列活动:

(一)大地测量;

(二)测绘航空摄影;

(三)行政区域界线测绘;

(四)海洋测绘;

(五)地形图、世界政务地图、全国政区地图、省级及以下政区地图、全国性教学地图、地方性教学地图和真三维地图的编制;

(六)导航电子地图编制;

(七)国务院测绘地理信息主管部门规定的其他测绘活动。

故选 ABCE。

84. BD

解析:《中华人民共和国招标投标法》第十条,招标分为公开招标和邀请招标。公开招标,是指招标人以招标公告的方式邀请不特定的法人或者其他组织投标。邀请招标,是指招标人以投标邀请书的方式邀请特定的法人或者其他组织投标。故选 BD。

85. CDE

解析:测绘地理信息项目实施先设计再生产;对测绘成果采用"二级检查一级验收"制度,即测绘单位作业部门的过程检查、测绘单位质量管理部门的最终检查、项目管理单位组织的质量验收。选项 AB,描述不正确;其他选项描述正确,故选 CDE。

86. BCDE

解析:《中华人民共和国测绘成果管理条例》第七条,测绘成果属于基础测绘成果的,应当汇交副本;属于非基础测绘成果的,应当汇交目录。测绘成果的副本和目录实行无偿汇交。下列测绘成果为基础测绘成果:

(一)为建立全国统一的测绘基准和测绘系统进行的天文测量、三角测量、水准测量、卫星大地测量、重力测量所获取的数据、图件;

(二)基础航空摄影所获取的数据、影像资料;

(三)遥感卫星和其他航天飞行器对地观测所获取的基础地理信息遥感资料;

(四)国家基本比例尺地图、影像图及其数字化产品;

(五)基础地理信息系统的数据、信息等。

第八条,外国的组织或者个人依法与中华人民共和国有关部门或者单位合资、合作,经批准在中华人民共和国领域内从事测绘活动的,测绘成果归中方部门或者单位所有,并由中方部门或者单位向国务院测绘地理信息主管部门汇交测绘成果副本。

本题,只有选项 A 属于非基础测绘成果。故选 BCDE。

87. BDE

解析:《中华人民共和国保守国家秘密法》第三十五条,在涉密岗位工作的人员(以下简称涉密人员),按照涉密程度分为核心涉密人员、重要涉密人员和一般涉密人员,实行分类管理(选项 A 描述为"统一管理",不正确)。

第三十六条,涉密人员上岗应当经过保密教育培训,掌握保密知识技能,签订保密承诺书,严格遵守保密规章制度,不得以任何方式泄露国家秘密(选项 B 正确)。机关、单位应当把保密承诺书的签订和管理作为一项经常性工作来抓,建立健全保密承诺长效管理机制(选项E正确)。

第三十七条,涉密人员出境应当经有关部门批准,有关机关认为涉密人员出境将对国家安全造成危害或者对国家利益造成重大损失的,不得批准出境(选项C描述不正确)。

第三十八条,涉密人员离岗离职实行脱密期管理。涉密人员在脱密期内,应当按照规定履行保密义务,不得违反规定就业,不得以任何方式泄露国家秘密(选项D正确)。

选项AC描述不正确。故选BDE。

88. ACE

**解析:** 基础测绘成果审批规定:

(1)国家测绘地理信息主管部门审批包括一、二等控制网和国家重力控制网,1∶50万~1∶2.5万国家基本比例尺地图、影像图和数字化产品,基础航空摄影所获取的数据、影像等资料及遥感资料,国家基础地理信息数据。

(2)省级测绘地理信息主管部门审批包括本行政区域内的三、四等控制网,本行政区域内的1∶1万、1∶5000等国家基本比例尺地图、影像图,本行政区域内的基础航空摄影所获取的数据、影像等资料以及获取基础地理信息的遥感资料,本行政区域内的基础地理信息数据。

(3)市、县级测绘地理信息主管部门审批包括本行政区域内与国家控制网相连接以及加密控制网,本行政区域内的1∶500、1∶1000、1∶2000国家基本比例尺地图、影像图,本行政区域内的基础地理信息数据。

本题,选项B属于国家审批范围;选项D属于市、县级审批范围。选项ACE正确。

89. BCDE

**解析:**《重要地理信息数据审核公布管理规定》第四条,在行政管理、新闻传播、对外交流等对社会公众有影响的活动、公开出版的教材(教学活动)以及需要使用重要地理信息数据的,应当使用依法公布的数据。故选BCDE。

90. ABD

**解析:**《地图管理条例》第三十六条,互联网地图服务单位用于提供服务的地图数据库及其他数据库不得存储、记录含有按照国家有关规定在地图上不得表示的内容。互联网地图服务单位发现其网站传输的地图信息含有不得表示的内容的,应当立即停止传输,保存有关记录,并向县级以上人民政府测绘地理信息行政主管部门、出版行政主管部门、网络安全和信息化主管部门等有关部门报告。故选ABD。

91. ABCE

**解析:** DLG产品的质量元素有8个。其中,"表征质量"一般包含以下质量子元素:几何表达、地理表达、符号、注记正确性、整饰准确性。故选ABCE。

## 92. ABCD

**解析**：测绘内业生产安全管理对作业场所的要求：作业场所应配置必要的安全(警告)标志，如配电箱(柜)标志、资料重地严禁烟火标志、严禁吸烟标志、紧急疏散示意图、上下楼梯警告线以及玻璃隔断提醒标志等，且保证标志完好清晰。故选 ABCD。

## 93. ABCD

**解析**：《中华人民共和国合同法》第12条，合同的内容由当事人约定，一般应包括以下条款：(一)当事人的名称或者姓名和住所；(二)标的；(三)数量；(四)质量；(五)价款或者报酬；(六)履行期限、地点和方式；(七)违约责任；(八)解决争议的方法。故选 ABCD。

## 94. BCDE

**解析**：《国家测绘应急保障预案》第1.1条，测绘应急保障的核心任务是为应对突发自然灾害、事故灾难、公共卫生事件、社会安全事件等突发公共事件高效有序地提供地图、基础地理信息数据、公共地理信息服务平台等测绘成果，根据需要开展遥感监测、地图制作等技术服务。故选 BCDE。

## 95. ABCE

**解析**：《测绘应急保障预案》前言，为健全测绘应急保障工作机制，有效整合利用测绘资源，提高应急测绘保障能力，为应对突发事件提供高效有序的测绘保障，依据《中华人民共和国突发事件应对法》《中华人民共和国测绘法》《中华人民共和国测绘成果管理条例》《国家突发公共事件总体应急预案》《国务院关于加强测绘工作的意见》《国家测绘应急保障预案》，制定本预案。故选项 ABCE 正确。

## 96. BCE

**解析**：GNSS 测量成果质量元素有3个，质量子元素有7个，具体内容见下表。对照该表，属于 GNSS 测量成果质量子元素的是选项 BCE，故选 BCE。

题 96 解表

| 质量元素 | 质量子元素 |
|---|---|
| 1.数据质量 | (1)数学精度 |
| | (2)观测质量 |
| | (3)计算质量 |
| 2.点位质量 | (1)选点质量 |
| | (2)埋石质量 |
| 3.资料质量 | (1)整饰质量 |
| | (2)资料完整性 |

## 97. ACE

**解析**：对照导线测量成果质量错漏分类表(A类、B类、C类、D类)，"点位中误差超限"

"验算项目缺项""缺主要成果资料"等属于 A 类错漏,故选 ACE。而选项 B(成果取舍重测不合理)和选项 D(漏绘点之记),均属于 B 类错漏。

98. ABE

**解析:** 归档文件目录的项目有文号、责任者、备注、日期(文件形成时间)、页数、件号、题名等。故选 ABE。

99. ABCE

**解析:** 测绘项目合同中乙方的义务,未经甲方允许,乙方不得将本合同标的全部或部分转包给第三方。选项 D(乙方可以自行将合同标的的非重点部位分包给第三方),描述不正确。其他选项正确。故选 ABCE。

100. ACDE

**解析:** 基础地理信息数据成果归档检验的内容包括数据有效性、数据一致性、成果内容的完整性、病毒检验等。故选 ACDE。

# 附 录

## 《中华人民共和国测绘法》

(1992年12月28日第七届全国人民代表大会常务委员会第二十九次会议通过,2002年8月29日第九届全国人民代表大会常务委员会第二十九次会议第一次修订,2017年4月27日第十二届全国人民代表大会常务委员会第二十七次会议第二次修订)

### 目 录

第一章　总则
第二章　测绘基准和测绘系统
第三章　基础测绘
第四章　界线测绘和其他测绘
第五章　测绘资质资格
第六章　测绘成果
第七章　测量标志保护
第八章　监督管理
第九章　法律责任
第十章　附则

### 第一章　总　则

**第一条**　为了加强测绘管理,促进测绘事业发展,保障测绘事业为经济建设、国防建设、社会发展和生态保护服务,维护国家地理信息安全,制定本法。

**第二条**　在中华人民共和国领域和中华人民共和国管辖的其他海域从事测绘活动,应当遵守本法。

本法所称测绘,是指对自然地理要素或者地表人工设施的形状、大小、空间位置及其属性等进行测定、采集、表述,以及对获取的数据、信息、成果进行处理和提供的活动。

**第三条**　测绘事业是经济建设、国防建设、社会发展的基础性事业。各级人民政府应当加强对测绘工作的领导。

**第四条**　国务院测绘地理信息主管部门负责全国测绘工作的统一监督管理。国务院其他有关部门按照国务院规定的职责分工,负责本部门有关的测绘工作。

县级以上地方人民政府测绘地理信息主管部门负责本行政区域测绘工作的统一监督管理。县级以上地方人民政府其他有关部门按照本级人民政府规定的职责分工,负责本部门有关的测绘工作。

军队测绘部门负责管理军事部门的测绘工作,并按照国务院、中央军事委员会规定的职责分工负责管理海洋基础测绘工作。

**第五条**　从事测绘活动,应当使用国家规定的测绘基准和测绘系统,执行国家规定的测绘技术规范和标准。

**第六条** 国家鼓励测绘科学技术的创新和进步,采用先进的技术和设备,提高测绘水平,推动军民融合,促进测绘成果的应用。国家加强测绘科学技术的国际交流与合作。

对在测绘科学技术的创新和进步中做出重要贡献的单位和个人,按照国家有关规定给予奖励。

**第七条** 各级人民政府和有关部门应当加强对国家版图意识的宣传教育,增强公民的国家版图意识。新闻媒体应当开展国家版图意识的宣传。教育行政部门、学校应当将国家版图意识教育纳入中小学教学内容,加强爱国主义教育。

**第八条** 外国的组织或者个人在中华人民共和国领域和中华人民共和国管辖的其他海域从事测绘活动,应当经国务院测绘地理信息主管部门会同军队测绘部门批准,并遵守中华人民共和国有关法律、行政法规的规定。

外国的组织或者个人在中华人民共和国领域从事测绘活动,应当与中华人民共和国有关部门或者单位合作进行,并不得涉及国家秘密和危害国家安全。

## 第二章 测绘基准和测绘系统

**第九条** 国家设立和采用全国统一的大地基准、高程基准、深度基准和重力基准,其数据由国务院测绘地理信息主管部门审核,并与国务院其他有关部门、军队测绘部门会商后,报国务院批准。

**第十条** 国家建立全国统一的大地坐标系统、平面坐标系统、高程系统、地心坐标系统和重力测量系统,确定国家大地测量等级和精度以及国家基本比例尺地图的系列和基本精度。具体规范和要求由国务院测绘地理信息主管部门会同国务院其他有关部门、军队测绘部门制定。

**第十一条** 因建设、城市规划和科学研究的需要,国家重大工程项目和国务院确定的大城市确需建立相对独立的平面坐标系统的,由国务院测绘地理信息主管部门批准;其他确需建立相对独立的平面坐标系统的,由省、自治区、直辖市人民政府测绘地理信息主管部门批准。

建立相对独立的平面坐标系统,应当与国家坐标系统相联系。

**第十二条** 国务院测绘地理信息主管部门和省、自治区、直辖市人民政府测绘地理信息主管部门应当会同本级人民政府其他有关部门,按照统筹建设、资源共享的原则,建立统一的卫星导航定位基准服务系统,提供导航定位基准信息公共服务。

**第十三条** 建设卫星导航定位基准站的,建设单位应当按照国家有关规定报国务院测绘地理信息主管部门或者省、自治区、直辖市人民政府测绘地理信息主管部门备案。国务院测绘地理信息主管部门应当汇总全国卫星导航定位基准站建设备案情况,并定期向军队测绘部门通报。

本法所称卫星导航定位基准站,是指对卫星导航信号进行长期连续观测,并通过通信设施将观测数据实时或者定时传送至数据中心的地面固定观测站。

**第十四条** 卫星导航定位基准站的建设和运行维护应当符合国家标准和要求,不得危害国家安全。

卫星导航定位基准站的建设和运行维护单位应当建立数据安全保障制度,并遵守保密法律、行政法规的规定。

县级以上人民政府测绘地理信息主管部门应当会同本级人民政府其他有关部门,加强对卫星导航定位基准站建设和运行维护的规范和指导。

## 第三章 基础测绘

**第十五条** 基础测绘是公益性事业。国家对基础测绘实行分级管理。

本法所称基础测绘，是指建立全国统一的测绘基准和测绘系统，进行基础航空摄影，获取基础地理信息的遥感资料，测制和更新国家基本比例尺地图、影像图和数字化产品，建立、更新基础地理信息系统。

**第十六条** 国务院测绘地理信息主管部门会同国务院其他有关部门、军队测绘部门组织编制全国基础测绘规划，报国务院批准后组织实施。

县级以上地方人民政府测绘地理信息主管部门会同本级人民政府其他有关部门，根据国家和上一级人民政府的基础测绘规划及本行政区域的实际情况，组织编制本行政区域的基础测绘规划，报本级人民政府批准后组织实施。

**第十七条** 军队测绘部门负责编制军事测绘规划，按照国务院、中央军事委员会规定的职责分工负责编制海洋基础测绘规划，并组织实施。

**第十八条** 县级以上人民政府应当将基础测绘纳入本级国民经济和社会发展年度计划，将基础测绘工作所需经费列入本级政府预算。

国务院发展改革部门会同国务院测绘地理信息主管部门，根据全国基础测绘规划编制全国基础测绘年度计划。

县级以上地方人民政府发展改革部门会同本级人民政府测绘地理信息主管部门，根据本行政区域的基础测绘规划编制本行政区域的基础测绘年度计划，并分别报上一级部门备案。

**第十九条** 基础测绘成果应当定期更新，经济建设、国防建设、社会发展和生态保护急需的基础测绘成果应当及时更新。

基础测绘成果的更新周期根据不同地区国民经济和社会发展的需要确定。

## 第四章 界线测绘和其他测绘

**第二十条** 中华人民共和国国界线的测绘，按照中华人民共和国与相邻国家缔结的边界条约或者协定执行，由外交部组织实施。中华人民共和国地图的国界线标准样图，由外交部和国务院测绘地理信息主管部门拟定，报国务院批准后公布。

**第二十一条** 行政区域界线的测绘，按照国务院有关规定执行。省、自治区、直辖市和自治州、县、自治县、市行政区域界线的标准画法图，由国务院民政部门和国务院测绘地理信息主管部门拟定，报国务院批准后公布。

**第二十二条** 县级以上人民政府测绘地理信息主管部门应当会同本级人民政府不动产登记主管部门，加强对不动产测绘的管理。

测量土地、建筑物、构筑物和地面其他附着物的权属界址线，应当按照县级以上人民政府确定的权属界线的界址点、界址线或者提供的有关登记资料和附图进行。权属界址线发生变化的，有关当事人应当及时进行变更测绘。

**第二十三条** 城乡建设领域的工程测量活动，与房屋产权、产籍相关的房屋面积的测量，应当执行由国务院住房城乡建设主管部门、国务院测绘地理信息主管部门组织编制的测量技术规范。

水利、能源、交通、通信、资源开发和其他领域的工程测量活动，应当执行国家有关的工程测量技术规范。

**第二十四条** 建立地理信息系统,应当采用符合国家标准的基础地理信息数据。

**第二十五条** 县级以上人民政府测绘地理信息主管部门应当根据突发事件应对工作需要,及时提供地图、基础地理信息数据等测绘成果,做好遥感监测、导航定位等应急测绘保障工作。

**第二十六条** 县级以上人民政府测绘地理信息主管部门应当会同本级人民政府其他有关部门依法开展地理国情监测,并按照国家有关规定严格管理、规范使用地理国情监测成果。

各级人民政府应当采取有效措施,发挥地理国情监测成果在政府决策、经济社会发展和社会公众服务中的作用。

## 第五章 测绘资质资格

**第二十七条** 国家对从事测绘活动的单位实行测绘资质管理制度。

从事测绘活动的单位应当具备下列条件,并依法取得相应等级的测绘资质证书,方可从事测绘活动:

(一)有法人资格;
(二)有与从事的测绘活动相适应的专业技术人员;
(三)有与从事的测绘活动相适应的技术装备和设施;
(四)有健全的技术和质量保证体系、安全保障措施、信息安全保密管理制度以及测绘成果和资料档案管理制度。

**第二十八条** 国务院测绘地理信息主管部门和省、自治区、直辖市人民政府测绘地理信息主管部门按照各自的职责负责测绘资质审查、发放测绘资质证书。具体办法由国务院测绘地理信息主管部门商国务院其他有关部门规定。

军队测绘部门负责军事测绘单位的测绘资质审查。

**第二十九条** 测绘单位不得超越资质等级许可的范围从事测绘活动,不得以其他测绘单位的名义从事测绘活动,不得允许其他单位以本单位的名义从事测绘活动。

测绘项目实行招投标的,测绘项目的招标单位应当依法在招标公告或者投标邀请书中对测绘单位资质等级作出要求,不得让不具有相应测绘资质等级的单位中标,不得让测绘单位低于测绘成本中标。

中标的测绘单位不得向他人转让测绘项目。

**第三十条** 从事测绘活动的专业技术人员应当具备相应的执业资格条件。具体办法由国务院测绘地理信息主管部门会同国务院人力资源社会保障主管部门规定。

**第三十一条** 测绘人员进行测绘活动时,应当持有测绘作业证件。

任何单位和个人不得阻碍测绘人员依法进行测绘活动。

**第三十二条** 测绘单位的测绘资质证书、测绘专业技术人员的执业证书和测绘人员的测绘作业证件的式样,由国务院测绘地理信息主管部门统一规定。

## 第六章 测绘成果

**第三十三条** 国家实行测绘成果汇交制度。国家依法保护测绘成果的知识产权。

测绘项目完成后,测绘项目出资人或者承担国家投资的测绘项目的单位,应当向国务院测绘地理信息主管部门或者省、自治区、直辖市人民政府测绘地理信息主管部门汇交测绘成果资料。属于基础测绘项目的,应当汇交测绘成果副本;属于非基础测绘项目的,应当汇交测绘成果目录。负责接收测绘成果副本和目录的测绘地理信息主管部门应当出具测绘成果汇交凭证,并及时将测绘成果副本和目录移交给保管单位。测绘成果汇交的具体办法由国务院规定。

国务院测绘地理信息主管部门和省、自治区、直辖市人民政府测绘地理信息主管部门应当及时编制测绘成果目录,并向社会公布。

第三十四条　县级以上人民政府测绘地理信息主管部门应当积极推进公众版测绘成果的加工和编制工作,通过提供公众版测绘成果、保密技术处理等方式,促进测绘成果的社会化应用。

测绘成果保管单位应当采取措施保障测绘成果的完整和安全,并按照国家有关规定向社会公开和提供利用。

测绘成果属于国家秘密的,适用保密法律、行政法规的规定;需要对外提供的,按照国务院和中央军事委员会规定的审批程序执行。

测绘成果的秘密范围和秘密等级,应当依照保密法律、行政法规的规定,按照保障国家秘密安全、促进地理信息共享和应用的原则确定并及时调整、公布。

第三十五条　使用财政资金的测绘项目和涉及测绘的其他使用财政资金的项目,有关部门在批准立项前应当征求本级人民政府测绘地理信息主管部门的意见;有适宜测绘成果的,应当充分利用已有的测绘成果,避免重复测绘。

第三十六条　基础测绘成果和国家投资完成的其他测绘成果,用于政府决策、国防建设和公共服务的,应当无偿提供。

除前款规定情形外,测绘成果依法实行有偿使用制度。但是,各级人民政府及有关部门和军队因防灾减灾、应对突发事件、维护国家安全等公共利益的需要,可以无偿使用。

测绘成果使用的具体办法由国务院规定。

第三十七条　中华人民共和国领域和中华人民共和国管辖的其他海域的位置、高程、深度、面积、长度等重要地理信息数据,由国务院测绘地理信息主管部门审核,并与国务院其他有关部门、军队测绘部门会商后,报国务院批准,由国务院或者国务院授权的部门公布。

第三十八条　地图的编制、出版、展示、登载及更新应当遵守国家有关地图编制标准、地图内容表示、地图审核的规定。

互联网地图服务提供者应当使用经依法审核批准的地图,建立地图数据安全管理制度,采取安全保障措施,加强对互联网地图新增内容的核校,提高服务质量。

县级以上人民政府和测绘地理信息主管部门、网信部门等有关部门应当加强对地图编制、出版、展示、登载和互联网地图服务的监督管理,保证地图质量,维护国家主权、安全和利益。

地图管理的具体办法由国务院规定。

第三十九条　测绘单位应当对完成的测绘成果质量负责。县级以上人民政府测绘地理信息主管部门应当加强对测绘成果质量的监督管理。

第四十条　国家鼓励发展地理信息产业,推动地理信息产业结构调整和优化升级,支持开发各类地理信息产品,提高产品质量,推广使用安全可信的地理信息技术和设备。

县级以上人民政府应当建立健全政府部门间地理信息资源共建共享机制,引导和支持企业提供地理信息社会化服务,促进地理信息广泛应用。

县级以上人民政府测绘地理信息主管部门应当及时获取、处理、更新基础地理信息数据,通过地理信息公共服务平台向社会提供地理信息公共服务，实现地理信息数据开放共享。

## 第七章　测量标志保护

**第四十一条**　任何单位和个人不得损毁或者擅自移动永久性测量标志和正在使用中的临时性测量标志，不得侵占永久性测量标志用地，不得在永久性测量标志安全控制范围内从事危害测量标志安全和使用效能的活动。

本法所称永久性测量标志，是指各等级的三角点、基线点、导线点、军用控制点、重力点、天文点、水准点和卫星定位点的觇标和标石标志，以及用于地形测图、工程测量和形变测量的固定标志和海底大地点设施。

**第四十二条**　永久性测量标志的建设单位应当对永久性测量标志设立明显标记，并委托当地有关单位指派专人负责保管。

**第四十三条**　进行工程建设，应当避开永久性测量标志；确实无法避开，需要拆迁永久性测量标志或者使永久性测量标志失去使用效能的，应当经省、自治区、直辖市人民政府测绘地理信息主管部门批准；涉及军用控制点的，应当征得军队测绘部门的同意。所需迁建费用由工程建设单位承担。

**第四十四条**　测绘人员使用永久性测量标志，应当持有测绘作业证件，并保证测量标志的完好。

保管测量标志的人员应当查验测量标志使用后的完好状况。

**第四十五条**　县级以上人民政府应当采取有效措施加强测量标志的保护工作。

县级以上人民政府测绘地理信息主管部门应当按照规定检查、维护永久性测量标志。

乡级人民政府应当做好本行政区域内的测量标志保护工作。

## 第八章　监督管理

**第四十六条**　县级以上人民政府测绘地理信息主管部门应当会同本级人民政府其他有关部门建立地理信息安全管理制度和技术防控体系，并加强对地理信息安全的监督管理。

**第四十七条**　地理信息生产、保管、利用单位应当对属于国家秘密的地理信息的获取、持有、提供、利用情况进行登记并长期保存，实行可追溯管理。

从事测绘活动涉及获取、持有、提供、利用属于国家秘密的地理信息，应当遵守保密法律、行政法规和国家有关规定。

地理信息生产、利用单位和互联网地图服务提供者收集、使用用户个人信息的，应当遵守法律、行政法规关于个人信息保护的规定。

**第四十八条**　县级以上人民政府测绘地理信息主管部门应当对测绘单位实行信用管理，并依法将其信用信息予以公示。

**第四十九条**　县级以上人民政府测绘地理信息主管部门应当建立健全随机抽查机制，依法履行监督检查职责，发现涉嫌违反本法规定行为的，可以依法采取下列措施：

（一）查阅、复制有关合同、票据、账簿、登记台账以及其他有关文件、资料；

（二）查封、扣押与涉嫌违法测绘行为直接相关的设备、工具、原材料、测绘成果资料等。

被检查的单位和个人应当配合，如实提供有关文件、资料，不得隐瞒、拒绝和阻碍。

任何单位和个人对违反本法规定的行为，有权向县级以上人民政府测绘地理信息主管部门举报。接到举报的测绘地理信息主管部门应当及时依法处理。

## 第九章 法律责任

**第五十条** 违反本法规定，县级以上人民政府测绘地理信息主管部门或者其他有关部门工作人员利用职务上的便利收受他人财物、其他好处或者玩忽职守，对不符合法定条件的单位核发测绘资质证书，不依法履行监督管理职责，或者发现违法行为不予查处的，对负有责任的领导人员和直接责任人员，依法给予处分；构成犯罪的，依法追究刑事责任。

**第五十一条** 违反本法规定，外国的组织或者个人未经批准，或者未与中华人民共和国有关部门、单位合作，擅自从事测绘活动的，责令停止违法行为，没收违法所得、测绘成果和测绘工具，并处十万元以上五十万元以下的罚款；情节严重的，并处五十万元以上一百万元以下的罚款，限期出境或者驱逐出境；构成犯罪的，依法追究刑事责任。

**第五十二条** 违反本法规定，未经批准擅自建立相对独立的平面坐标系统，或者采用不符合国家标准的基础地理信息数据建立地理信息系统的，给予警告，责令改正，可以并处五十万元以下的罚款；对直接负责的主管人员和其他直接责任人员，依法给予处分。

**第五十三条** 违反本法规定，卫星导航定位基准站建设单位未报备案的，给予警告，责令限期改正；逾期不改正的，处十万元以上三十万元以下的罚款；对直接负责的主管人员和其他直接责任人员，依法给予处分。

**第五十四条** 违反本法规定，卫星导航定位基准站的建设和运行维护不符合国家标准、要求的，给予警告，责令限期改正，没收违法所得和测绘成果，并处三十万元以上五十万元以下的罚款；逾期不改正的，没收相关设备；对直接负责的主管人员和其他直接责任人员，依法给予处分；构成犯罪的，依法追究刑事责任。

**第五十五条** 违反本法规定，未取得测绘资质证书，擅自从事测绘活动的，责令停止违法行为，没收违法所得和测绘成果，并处测绘约定报酬一倍以上二倍以下的罚款；情节严重的，没收测绘工具。

以欺骗手段取得测绘资质证书从事测绘活动的，吊销测绘资质证书，没收违法所得和测绘成果，并处测绘约定报酬一倍以上二倍以下的罚款；情节严重的，没收测绘工具。

**第五十六条** 违反本法规定，测绘单位有下列行为之一的，责令停止违法行为，没收违法所得和测绘成果，处测绘约定报酬一倍以上二倍以下的罚款，并可以责令停业整顿或者降低测绘资质等级；情节严重的，吊销测绘资质证书：

（一）超越资质等级许可的范围从事测绘活动；

（二）以其他测绘单位的名义从事测绘活动；

（三）允许其他单位以本单位的名义从事测绘活动。

**第五十七条** 违反本法规定，测绘项目的招标单位让不具有相应资质等级的测绘单位中标，或者让测绘单位低于测绘成本中标的，责令改正，可以处测绘约定报酬二倍以下的罚款。招标单位的工作人员利用职务上的便利，索取他人财物，或者非法收受他人财物为他人谋取利益的，依法给予处分；构成犯罪的，依法追究刑事责任。

**第五十八条** 违反本法规定，中标的测绘单位向他人转让测绘项目的，责令改正，没收违法所得，处测绘约定报酬一倍以上二倍以下的罚款，并可以责令停业整顿或者降低测绘资质等级；情节严重的，吊销测绘资质证书。

**第五十九条** 违反本法规定，未取得测绘执业资格，擅自从事测绘活动的，责令停止违法行为，没收违法所得和测绘成果，对其所在单位可以处违法所得二倍以下的罚款；情节严重的，没收测绘工具;造成损失的,依法承担赔偿责任。

**第六十条** 违反本法规定,不汇交测绘成果资料的,责令限期汇交;测绘项目出资人逾期不汇交的,处重测所需费用一倍以上二倍以下的罚款;承担国家投资的测绘项目的单位逾期不汇交的,处五万元以上二十万元以下的罚款,并处暂扣测绘资质证书,自暂扣测绘资质证书之日起六个月内仍不汇交的,吊销测绘资质证书;对直接负责的主管人员和其他直接责任人员,依法给予处分。

**第六十一条** 违反本法规定,擅自发布中华人民共和国领域和中华人民共和国管辖的其他海域的重要地理信息数据的,给予警告,责令改正,可以并处五十万元以下的罚款;对直接负责的主管人员和其他直接责任人员,依法给予处分;构成犯罪的,依法追究刑事责任。

**第六十二条** 违反本法规定,编制、出版、展示、登载、更新的地图或者互联网地图服务不符合国家有关地图管理规定的,依法给予行政处罚、处分;构成犯罪的,依法追究刑事责任。

**第六十三条** 违反本法规定,测绘成果质量不合格的,责令测绘单位补测或者重测;情节严重的,责令停业整顿,并处降低测绘资质等级或者吊销测绘资质证书;造成损失的,依法承担赔偿责任。

**第六十四条** 违反本法规定,有下列行为之一的,给予警告,责令改正,可以并处二十万元以下的罚款;对直接负责的主管人员和其他直接责任人员,依法给予处分;造成损失的,依法承担赔偿责任;构成犯罪的,依法追究刑事责任:

(一)损毁、擅自移动永久性测量标志或者正在使用中的临时性测量标志的;

(二)侵占永久性测量标志用地的;

(三)在永久性测量标志安全控制范围内从事危害测量标志安全和使用效能的活动;

(四)擅自拆迁永久性测量标志或者使永久性测量标志失去使用效能,或者拒绝支付迁建费用;

(五)违反操作规程使用永久性测量标志,造成永久性测量标志毁损。

**第六十五条** 违反本法规定,地理信息生产、保管、利用单位未对属于国家秘密的地理信息的获取、持有、提供、利用情况进行登记、长期保存的,给予警告,责令改正,可以并处二十万元以下的罚款;泄露国家秘密的,责令停业整顿,并处降低测绘资质等级或者吊销测绘资质证书;构成犯罪的,依法追究刑事责任。

违反本法规定,获取、持有、提供、利用属于国家秘密的地理信息的,给予警告,责令停止违法行为,没收违法所得,可以并处违法所得二倍以下的罚款;对直接负责的主管人员和其他直接责任人员,依法给予处分;造成损失的,依法承担赔偿责任;构成犯罪的,依法追究刑事责任。

**第六十六条** 本法规定的降低测绘资质等级、暂扣测绘资质证书、吊销测绘资质证书的行政处罚,由颁发测绘资质证书的部门决定;其他行政处罚,由县级以上人民政府测绘地理信息主管部门决定。

本法第五十一条规定的限期出境和驱逐出境由公安机关依法决定并执行。

## 第十章 附 则

**第六十七条** 军事测绘管理办法由中央军事委员会根据本法规定。

**第六十八条** 本法自2017年7月1日起施行。

# 《测绘生产质量管理规定》

(1997年7月22日国家测绘局发布)

## 第一章 总 则

**第一条** 为了提高测绘生产质量管理水平,确保测绘产品质量,依据《中华人民共和国测绘法》及有关法规,制定本规定。

**第二条** 测绘生产质量管理是指测绘单位从承接测绘任务、组织准备、技术设计、生产作业直至产品交付使用全过程实施的质量管理。

**第三条** 测绘生产质量管理贯彻"质量第一、注重实效"的方针,以保证质量为中心,满足需求为目标,防检结合为手段,全员参与为基础,促进测绘单位走质量效益型的发展道路。

**第四条** 测绘单位必须经常进行质量教育,开展群众性的质量管理活动,不断增强干部职工的质量意识,有计划、分层次地组织岗位技术培训,逐步实行持证上岗。

**第五条** 测绘单位必须健全质量管理的规章制度。甲级、乙级测绘资格单位应当设立质量管理或质量检查机构;丙级、丁级测绘资格单位应当设立专职质量管理或质量检查人员。

**第六条** 测绘单位应当按照国家的《质量管理和质量保证》标准,推行全面质量管理,建立和完善测绘质量体系,并可自愿申请通过质量体系认证。

## 第二章 测绘质量责任制

**第七条** 测绘单位必须建立以质量为中心的技术经济责任制,明确各部门、各岗位的职责及相互关系,规定考核办法,以作业质量、工作质量确保测绘产品质量。

**第八条** 测绘单位的法定代表人确定本单位的质量方针和质量目标,签发质量手册;建立本单位的质量体系并保证其有效运行;对提供的测绘产品承担产品质量责任。

**第九条** 测绘单位的质量主管负责人按照职责分工负责质量方针、质量目标的贯彻实施,签发有关的质量文件及作业指导书;组织编制测绘项目的技术设计书,并对设计质量负责;处理生产过程中的重大技术问题和质量争议;审核技术总结;审定测绘产品的交付验收。

**第十条** 测绘单位的质量管理、质量检查机构及质量检查人员,在规定的职权范围内,负责质量管理的日常工作。编制年度质量计划,贯彻技术标准及质量文件;对作业过程进行现场监督和检查,处理质量问题;组织实施内部质量审核工作。

各级质量检查人员对其所检查的产品质量负责,并有权予以质量否决,有权越级反映质量问题。

**第十一条** 生产岗位的作业人员必须严格执行操作规程,按照技术设计进行作业,并对作业成果质量负责。

其他岗位的工作人员,应当严格执行有关的规章制度,保证本岗位的工作质量。因工作质量问题影响产品质量的,承担相应的质量责任。

**第十二条** 测绘单位可以按照测绘项目的实际情况实行项目质量负责人制度。项目质量负责人对该测绘项目的产品质量负直接责任。

## 第三章 生产组织准备的质量管理

**第十三条** 测绘单位承接测绘任务时,应当逐步实行合同评审(或计划任务评审),保证具有满足任务要求的实施能力,并将该项任务纳入质量管理网络。合同评审结果作为技术设计的一项重要依据。

**第十四条** 测绘任务的实施,应坚持先设计后生产,不允许边设计边生产,禁止没有设计进行生产。

技术设计书应按测绘主管部门的有关规定经过审核批准,方可付诸执行。市场测绘任务根据具体情况编制技术设计书或测绘任务书,作为测绘合同的附件。

**第十五条** 测绘任务实施前,应组织有关人员的技术培训,学习技术设计书及有关的技术标准、操作规程。

**第十六条** 测绘任务实施前,应对需用的仪器、设备、工具进行检验和校正;在生产中应用的计算机软件及需用的各种物资,应能保证满足产品质量的要求,不合格的不准投入使用。

## 第四章 生产作业过程的质量管理

**第十七条** 重大测绘项目应实施首件产品的质量检验,对技术设计进行验证。

首件产品质量检验点的设置,由测绘单位根据实际需要自行确定。

**第十八条** 测绘单位必须制定完整可行的工序管理流程表,加强工序管理的各项基础工作,有效控制影响产品质量的各种因素。

**第十九条** 生产作业中的工序产品必须达到规定的质量要求,经作业人员自查、互检,如实填写质量记录,达到合格标准后,方可转入下工序。下工序有权退回不符合质量要求的上工序产品,上工序应及时进行修正、处理。退回及修正的过程,都必须如实填写质量记录。

因质量问题造成下工序损失,或因错误判断造成上工序损失的,均应承担相应的经济责任。

**第二十条** 测绘单位应当在关键工序、重点工序设置必要的检验点,实施工序产品质量的现场检查。现场检验点的设置,可以根据测绘任务的性质、作业人员水平、降低质量成本等因素,由测绘单位自行确定。

**第二十一条** 对检查发现的不合格品,应及时进行跟踪处理,作出质量记录,采取纠正措施。不合格品经返工修正后,应重新进行质量检查;不能进行返工修正的,应予报废并履行审批手续。

**第二十二条** 测绘单位必须建立内部质量审核制度。经成果质量过程检查的测绘产品,必须通过质量检查机构的最终检查,评定质量等级,编写最终检查报告。

过程检查、最终检查和质量评定,按《测绘产品检查验收规定》和《测绘产品质量评定标准》执行。

## 第五章 产品使用过程的质量管理

**第二十三条** 测绘单位所交付的测绘产品,必须保证是合格品。

**第二十四条** 测绘单位应当建立质量信息反馈网络,主动征求用户对测绘质量的意见,并为用户提供咨询服务。

第二十五条　测绘单位应当及时、认真地处理用户的质量查询和反馈意见。与用户发生质量争议时，按照《测绘质量监督管理办法》的有关规定处理。

## 第六章　质　量　奖　惩

第二十六条　测绘单位应当建立质量奖惩制度。对在质量管理和提高产品质量中作出显著成绩的基层单位和个人，应给予奖励，并可申报参加测绘主管部门组织的质量评优活动。

第二十七条　对违章作业，粗制滥造甚至伪造成果的有关责任人；对不负责任，漏检错检甚至弄虚作假、徇私舞弊的质量管理、质量检查人员，依照《测绘质量监督管理办法》的相应条款进行处理。测绘单位对有关责任人员还可给予内部通报批评、行政处分及经济处罚。

## 第七章　附　　则

第二十八条　本规定由国家测绘局负责解释。

第二十九条　本规定自发布之日起施行。1988年3月国家测绘局发布的《测绘生产质量管理规定（试行）》同时废止。

# 参 考 文 献

[1] 国家测绘地理信息局职业技能鉴定指导中心.测绘管理与法律法规[M].北京:测绘出版社,2012.
[2] 杨敏.测绘管理与法律法规[M].天津:天津大学出版社,2012.
[3] 张万峰.中国测绘法律制度概论[M].北京:人民交通出版社,2007.
[4] 姚承宽.测绘行政管理基础[M].西安:西安地图出版社,2006.
[5] 曹康泰,陈邦柱.中华人民共和国测绘法释义[M].北京:法律出版社,2004.
[6] 卞耀武.中华人民共和国招标投标法释义[M].北京:法律出版社,2001.
[7] 李维森,谢经荣,等.中华人民共和国测绘成果管理条例释义[M].北京:中国法制出版社,2006.
[8] 张万峰.测绘法律知识读本[M].北京:法律出版社,2006.
[9] 郑文先.以成本管理为中心加强测绘项目管理[J].地矿测绘,2003,19(1):35-37.
[10] 国家测绘局.测绘与地理信息标准化指导与实践[M].北京:测绘出版社,2008.
[11] 周萌萌,黄鑫雄.谈测绘项目管理[J].现代测绘,2008,31(4):46-48.
[12] 宗蕴璋.质量管理[M].2版.北京:高等教育出版社,2008.
[13] 姚承宽.测绘管理探索与实践[M].福州:福建省地图出版社,2005.
[14] 胡康生.中华人民共和国合同法释义[M].北京:法律出版社,1999.
[15] 龚益鸣.现代质量管理学[M].北京:清华大学出版社,2008.
[16] 国家测绘局.CH/T 1004—2005 测绘技术设计规定[S].北京:测绘出版社,2005.
[17] 国家测绘局.GB/T 19996—2005 公开版地图质量评定标准[S].北京:中国标准出版社,2005.